内蒙古河套灌区农业水价综合改革理论与实践

康爱卿　龙岩　刘晓志　段媛媛　雷晓辉　王浩　著

中国水利水电出版社
www.waterpub.com.cn
·北京·

内 容 提 要

本书共分为10章：第1章绪论；第2章研究区域基本情况；第3章农业水价改革的基础理论；第4章磴口县农业灌溉初始水权分配；第5章农业水价制定理论和方法；第6章水权交易制度建设；第7章节水灌溉奖励与补贴；第8章农业水价改革基层能力建设；第9章农业水价改革国民经济效益评估；第10章农业水价综合改革信息管理系统。

本书主要面向水价改革、农业管理等相关行业的教师和研究生以及各地区负责农业水价改革管理领域的技术人员。

图书在版编目（CIP）数据

内蒙古河套灌区农业水价综合改革理论与实践 / 康爱卿等著. -- 北京 : 中国水利水电出版社, 2020.12
ISBN 978-7-5170-9350-3

Ⅰ. ①内… Ⅱ. ①康… Ⅲ. ①河套－灌区－农田灌溉－水价－物价改革－研究－内蒙古 Ⅳ. ①F726.2

中国版本图书馆CIP数据核字(2020)第272739号

书　　名	**内蒙古河套灌区农业水价综合改革理论与实践** NEIMENGGU HETAO GUANQU NONGYE SHUIJIA ZONGHE GAIGE LILUN YU SHIJIAN
作　　者	康爱卿　龙岩　刘晓志　段媛媛　雷晓辉　王浩　著
出版发行	中国水利水电出版社 (北京市海淀区玉渊潭南路1号D座　100038) 网址：www.waterpub.com.cn E-mail：sales@waterpub.com.cn 电话：(010) 68367658（营销中心）
经　　售	北京科水图书销售中心（零售） 电话：(010) 88383994、63202643、68545874 全国各地新华书店和相关出版物销售网点
排　　版	中国水利水电出版社微机排版中心
印　　刷	清淞永业（天津）印刷有限公司
规　　格	184mm×260mm　16开本　21.5印张　497千字
版　　次	2020年12月第1版　2020年12月第1次印刷
定　　价	**108.00**元

前　言

我国是一个农业大国，人口多、耕地少，水旱灾害频繁，水资源供需矛盾尖锐。全国总人口约占世界人口的20%，人口密度是世界平均的3倍，其中8亿多是农民，而人均耕地只有世界人均耕地的1/3，属于世界人均耕地最少的国家之一。我国农田灌溉过程中存在水资源短缺、水污染严重等突出问题，特别是农业作为用水大户，用水效率低、工程建管不完善、农业水价总体偏低等现象，严重制约我国节水型社会的发展。为了保障农田水利工程可持续发展，构建农田水利良性运行长效机制，缓解区域用水紧张，保证用水户用水需求，提高水资源利用率和整体效益，国家高度重视农业水价综合改革工作。以完好的农田水利工程体系为基础，以农民用水自治为核心，以科学的终端水价制为保证，构建三位一体的农田水利良性运行长效机制，形成农业水价价格机制，发挥价格的杠杆作用，达到节约用水、减轻农民负担、保障供水工程良性运行的“三赢”目标。为建立健全农业水价形成机制，促进农业节水和农业可持续发展，国务院办公厅印发《关于推进农业水价综合改革的意见》(国办发〔2016〕2号，简称《意见》)，提出用10年左右时间，建立健全合理反映供水成本、有利于节水和农田水利体制机制创新、与投融资体制相适应的农业水价形成机制；农业用水价格总体达到运行维护成本水平，农业用水总量控制和定额管理普遍实行，可持续的精准补贴和节水奖励机制基本建立，先进适用的农业节水技术措施普遍应用，农业种植结构实现优化调整，促进农业用水方式由粗放式向集约化转变。为保障《意见》顺利实施，推进农业水价综合改革需要从制度保障、终端采集、水资源分配、水权交易、运行维护等各方面开展研究，以建立农业水价综合改革需要的支撑体系。本书开展了河套灌区农业水价改革理论与实践研究。

编者根据我国农业水价综合改革工作及实施过程中的实际需要，结合实践经验，按照国家有关法规、标准、技术导则和最新学科研究成果，编写了此书。

在本书的编写过程中，得到了山西省阳泉市水文水资源勘测站李文炜站长的大力支持，对全书的编写提供了宝贵意见并进行了全部的校稿工作，并对本书的水权分配、价格制定等章节进行了撰写。山西省水文水资源勘测总站梁寅娇借鉴水文测站管理模式针对基层用水协会的建立、管理模式和运行等进行了撰写。

参加本书编写的主要人员有：康爱卿、龙岩、刘晓志、段媛媛、雷晓辉、王浩、李文炜、梁寅娇、张云辉、王超、张召、廖卫红、甘治国。

限于编者水平和时间，书中不足之处在所难免，恳请读者批评指正。

作者

2020年9月

目 录

第1章
绪　论

1.1　背景及问题

1.1.1　农业水价改革背景

中国是一个农业大国，特点是人口多、耕地少，水旱灾害频仍，水资源供需矛盾尖锐。全国总人口约占世界人口的20%，人口密度是世界平均的3倍，其中8亿多是农民，而人均耕地只有世界人均耕地的1/3，我国是世界人均耕地最少的国家之一。中国人口、耕地、气候、水资源等自然条件，决定了中国农业必须走灌溉农业的发展道路[1]。我国农田灌溉过程中存在水资源短缺、水污染严重等突出问题，特别是农业作为用水大户，存在用水效率低、工程建管不完善、农业水价总体偏低等现象，严重制约我国节水型社会的发展。为了保障农田水利工程可持续发展，构建农田水利良性运行长效机制，缓解区域用水紧张，保证用水户用水需求，提高水资源利用率和整体效益，国家高度重视农业水价综合改革工作。以完好的农田水利工程体系为基础，以农民用水自治为核心，以科学的终端水价制为保证，构建三位一体的农田水利良性运行长效机制，形成农业水价价格机制，发挥价格的杠杆作用，达到节约用水、减轻农民负担、保障供水工程良性运行的"三赢"目标[2]。

农业水价改革是一个复杂的发展过程，同时也是农田水利发展的一个阶段目标。我国农业水价改革发展历史悠久，分别是新中国成立初期的农业水价制度创建的起步阶段、改革开放后的不断完善农业水价法律法规的快速推进阶段和进入21世纪以来摸索实践的综合探索阶段。2007年，我国在部分省份展开了农业水价综合改革试点工作，在促进灌区农业节水发展，提升农民用水观念的普及等方面取得了较好的效益；2014年，国家发展改革委、农业部等四部委联合发文，从已有试点基础上在全国抽取80个县，继续推行农业水价综合改革试点项目。

2016年国务院《关于推进农业水价综合改革的意见》（国办发〔2016〕2号，简称《意见》）中提出用10年左右时间建立健全合理的农业水价形成机制，转变农业用水方式，从传统粗放式向集约化发展。2017年中央一号文件进一步指出全面推广农业水价综合改革，完善农业水价的形成机制与农业节水的激励机制。综上所述，积极推动农业水价综合改革，是保障农业生产、促进节约用水有效手段。

为建立健全农业水价形成机制，促进农业节水和农业可持续发展，国务院办公厅印

发《关于推进农业水价综合改革的意见》，提出用10年左右时间，建立健全合理反映供水成本、有利于节水和农田水利体制机制创新、与投融资体制相适应的农业水价形成机制；农业用水价格总体达到运行维护成本水平，农业用水总量控制和定额管理普遍实行，可持续的精准补贴和节水奖励机制基本建立，先进适用的农业节水技术措施普遍应用，农业种植结构实现优化调整，促进农业用水方式由粗放式向集约化转变。

《意见》从三个方面提出了农业水价综合改革的主要任务和措施：一是建立农业灌溉用水信息管理体系，加强供水计量设施建设；二是加快完善大中小微并举的农田水利工程体系，提高农业供水效率和效益；三是推广节水灌溉技术，合理安排农业生产结构，构建与水资源相匹配的农业生产布局。

在健全农业水价形成机制方面，提出了六个方面的改革任务：一是逐步实现成本定价；二是实行定额管理超用加价制度；三是推行终端水价制度，防止乱收费、乱加价；四是探索实行分类水价；五是创新农业水价管理；六是加强水费征收监管。

在创新农业用水管理机制方面，提出要建立健全两个制度、两种机制。

两个制度：一是建立农业水权制度，明晰初始水权，探索多种形式的水权交易；二是改革小型水利工程产权制度，明晰所有权，明确管护主体，落实管护费用，做好工程维修养护。

两种机制：一是建立农业用水精准补贴机制，在农业灌溉用水量控制和定额管理基础上，建立与节水成效、调价幅度、财力状况相匹配的农业用水精准补贴机制；二是完善节水奖励机制，根据节水量对实现节水的规模经营主体、农民用水合作组织和农户给予奖励。

如何保障《意见》顺利实施，推进农业水价综合改革需要从制度保障、终端采集、水资源分配、水权交易、运行维护等各方面开展研究，以建立农业水价综合改革需要的支撑体系。

1.1.2　大中型灌区运行管理中存在的问题及原因分析

我国是一个农业灌溉大国，大中型灌区是保障粮食生产和农村经济社会发展的重要基础设施。由于多种因素的影响，目前我国大中型灌区的运行管理中存在许多问题，影响着灌溉效益的发挥，必须尽快加以解决，才能保证国家粮食安全。

1.1.2.1　大中型灌区骨干工程及末级渠系

正确分析大中型灌区骨干工程和末级渠系存在的问题，是做好农业水价综合改革的前提。

1. 当前我国灌区工程存在的问题

引水灌溉是中国的传统，为提高粮食产量，古代人民建设了许多灌溉工程，有的至今仍发挥着作用，比如四川的都江堰、安徽的安丰塘（芍陂）、广西的灵渠等。新中国成立几十年来，我国的灌溉事业不断发展，农田灌溉面积从1949年的2.4亿亩[1]发展

[1] 1亩≈666.67m^2。

到2013年的9.52亿亩，占全国耕地面积的44%，每年在这些灌溉面积上生产的粮食占全国总量的3/4，生产的商品粮和经济作物都占90%以上。在中国人均耕地面积只占世界人均30%的情况下，我们的耕地灌溉率是世界平均水平的3倍，人均灌溉面积与世界人均水平基本持平。中国灌溉排水事业取得的巨大成就，使中国能够以占世界6%的可更新水资源量、9%的耕地，解决了占世界22%人口的温饱问题，为保障中国农业生产、粮食安全以及经济社会的稳定发展创造了条件。而大中型灌区则是保障我国粮食安全的主力军[3]。据统计，目前我国共有设计灌溉面积30万亩及以上的灌区456处，有效灌溉面积2.8亿亩，占全国耕地面积的15%，灌区内生产的粮食产量、农业总产值均超过全国总量的1/4，是我国粮食安全的重要保障和农业农村经济社会发展的重要支撑。

大型灌区出现的问题系统总结起来主要有以下几点。

（1）灌区规模较大导致一系列问题。我国现有的存在问题的大型灌区，在修建的时候都受了指导思想或自然条件的影响，显示出偏大的特点。刚建成的时候确实发挥了较大的作用，促进了所在地区农业、经济等的发展。但随着时间的推移，水源恶化及减少、设施老化、更新设施所需费用较大等原因的影响，导致设施利用率低，大型灌区的灌溉面积逐渐下降。

（2）农田灌水技术不合理。目前我国农田的灌溉大多采用比较传统的畦灌[4]。所谓畦灌，就是用土埂将耕地分隔成长条形的畦田，水流在畦田上形成薄水层，借重力作用沿畦长方向流动并浸润土壤的灌溉方法。通俗来讲，就是水从输水沟或者水渠直接流入地里，而且边流边渗，达到浸润土地和灌溉作物的目的。但这种灌溉方法的缺陷也是很明显的。这种大水漫灌的地面灌溉方式，使得水渗漏严重。不但浪费水资源，肥料的肥力也受到影响。

（3）管理体制落后。我国的大型灌区普遍存在重视工程建设、轻视内部管理的现象，主要表现在：①对人员的管理方面，大型灌区机构繁杂，人员较多，且缺乏有效的竞争意识，加之权责不明，推卸责任现象比较严重，导致整体工作效率较低；②运行机制落后，不适应社会发展需求，加上工作人员专业水平有限，在实际工作（例如水量结算、用水调度）中无法得出准确数据。这些都阻碍了大型灌区的长远发展。

（4）用水竞争激烈。受到一系列因素的影响，20世纪90年代以来，我国的黄河、淮河、海河等河流的水流量日益减少，甚至出现断流现象，相应地区的大型灌区也受到影响。大型灌区不仅支持着农业的灌溉，还提供了工业用水和人类饮水。三者互相竞争，导致水资源供求矛盾更加突出。

2. 原因分析

（1）农民兴办水利的积极性下降。随着社会主义市场经济体制的建立，粮价已经放开，外国的农产品已经占领了我国的部分市场，加之农民增收缓慢，种用的积极性不高，使兴办农田水利工程的积极性也有所下降。

（2）设施严重老化、配套水平较低。内蒙古自治区农田水利基础设施标准低，老化失修严重，抗御水旱灾害能力不强，与打造千亿斤粮食产能工程和发展现代农业的要求

不相适应。现有水利工程大部分修建于20世纪六七十年代，且排灌标准很低，目前功能普遍衰减。既造成排涝能力弱，农田积水无法排出，又导致提灌能力差，不能满足灌溉需要[5]。

(3) 重建设、轻管理，日常维护不足。由于投入不足，只建不管、重建轻管及水利设施带病运行的问题比较普遍，使得众多小型水利设施功能丧失殆尽，农业自然灾害频发严重制约了农业经济的发展，影响了农业增效、农民增收和农业现代化建设[6]。

(4) 设施产权不明，农户参与农田水利建设的积极性不高。由于缺乏明确的产权，村民自愿投工投劳开展直接受益的小型水利设施建设的动力不足，依赖思想更加严重。

(5) 农村科学文化水平普遍偏低，其建设管理制度也相对不够科学、不够先进，对于国家政策落实不彻底，各种科学技术的应用不及时，这就导致水利建设的落后，也造成了水利建设体系的瓦解，形成一个恶性的建设循环。

(6) 农业科技薄弱，应用面窄，灌溉技术落后、方法单一。因体制、组织缺位和资金的不足，综合运用滴灌、喷灌等节水技术，实施农业节水灌溉的科技兴农政策措施，一直没能得以有效推广和运用，减少灌溉用水损失，提高农业生产力与防灾减灾能力的愿望依然未能实现[7]。

(7) 用水机制不畅，投资与收益关系未理顺，村民用水无序和灌溉中搭便车行为时有发生。杂乱无序的用水行为，造成水利建设的重复，既加重了水利资源的浪费与破坏，又在无形中提高了用水成本[8]。

(8) 自然环境以及生态系统的破坏对我国农业水利的建设的影响也非常大，尤其是水土流失现象的增多，严重制约了我国水利工程各项功能的发挥，农民由于思想意识的闭塞和落后，造成了很多随意种植，破坏渠道的情况出现。这对于水土的流失，无疑是雪上加霜。

1.1.2.2　农业水价改革

农业水价是促进节约用水最重要的经济杠杆。近年来，国家高度重视农业水价改革，在各级政府的重视下，农业水价改革取得了不小的进展，但与我国水资源短缺的现状和其他资源产品价格改革的进程相比，农业水价改革还存在许多问题。

(1) 水价改革的基本情况。据史料记载，早在我国古代就出现了用水收费制度。在公元前2世纪，四川省的都江堰灌区就执行了每亩水田5kg稻谷的水费制度。如果把稻谷折算成钱，就是水费。水费再摊到总的用水量上，就是水价。

新中国成立后，水价改革不断推进，先后经历了政策性无偿供水阶段（1949—1965年）、政策性有偿供水阶段（1965—1985年）、水价改革起步阶段（1985—1995年）、水价改革发展阶段（1995—2003年）。2003年，国家颁布了《水利工程供水价格管理办法》，标志着我国水价改革进入了规范化、科学化的新阶段，水利工程供水是商品的概念正式得以明确。

商品是用来交换的，因此所有的商品都会有价格。水利工程供水价格是指供水经营者通过“拦、蓄、引、提”等水利工程设施销售给用户的天然水价格，由供水生产成本、费用、利润和税金组成。考虑到农业的比较效益差，农民的承受能力低，为了体现

向农业的政策倾斜，国家明确农业水价中不计利润和税金。当然，我们这里所说的只是国有水利工程供水的价格，即大多数灌区的斗渠入口价格。灌区末级渠系部分的水价长期以来未纳入政府管理范畴，也没有相应的成本核算和价格制定的规范[9]。

水费是农民最基本的生产性支出之一，是农田水利工程维修管护、正常运行的重要经济来源。没有水费的保障，灌溉工程就难以正常运行，渠系老化失修，工程供水能力衰减，灌溉面积严重萎缩，直接影响灌溉效益的发挥，最终受到影响的仍然是农民[10]。没有水费的保障，就难以管护灌区末级渠系，也不利于农民确立节约用水观念，甚至会出现没水可用的状况，最终受害的必然是农民。因此，如果不进行水价改革，灌溉工程将不能良性运行，“保障国家粮食安全，促进农民增收节支”也就成了一句空话。

党中央、国务院高度重视水价改革工作，多次强调要理顺关键性资源产品的价格形成机制，建立合理的水资源管理体制和水价形成机制，要特别关注农业水价的形成机制。一方面农民反映水费负担比较重，另一方面农业水资源浪费严重，灌溉工程不能良性运行。正是由于我们国家水资源短缺现象严重，农业用水量又很大，为了发挥价格杠杆作用，促进农业节约用水，党中央、国务院在取消向农民收取农业税等项目的时候，仍决定保留农业灌溉水费，并要求继续推进农业水价改革，探索建立既体现我国水资源紧缺状况，又要保证农民能够承受和工程良性运行的合理水价形成机制，达到促进节约用水、减轻农民负担、保障供水工程良性运行的“三赢”目标。

（2）当前农业水价改革面临的问题[11]。当前，农业水价改革中的主要问题是水费计收难、水管单位水费收入锐减、灌区渠末级渠系损毁率上升、农业的水资源利用效益和效率不高等。这些问题已经严重影响了农田水利设施的正常运行，影响了农业综合生产能力的持续提高，影响了农业节约用水工作的开展。

1）城市水价改革快于农村水价改革，农村水价改革滞后。现实的问题是农民收入有限，承受能力太低。据调查估算，一般种大田的农民年纯收入为300～400元，此收入尚不包括农民投入的劳动成本，如果加入劳动成本，比如按工人那样计入农民的工资，那么农民是在赔本种田，所以现在一些农村出现了众多良田变荒地的不正常现象。在这种背景下，即便农业水价测算得非常准确，从操作层面上来看难以实现，是没有任何意义的。此外，目前我国农民收入出现了减缓的趋势，增收难度很大，这两种因素的叠加，使得大幅度提高农业水价不具有现实性。

如果进行深层次的分析，我们会发现，农业水价不能到位的根本原因是工农业产品剪刀差的作用，所谓工农业产品剪刀差，就是工农业产品的不等价交换，工业品价格高于价值，农产品价格低于价值，剪刀差的拉大导致农民利益损失增大，一方面它意味着农民在工农业产品交换过程中用同等数量的农产品换回的工业消费品比上年要少，另一方面使农民的现金收入直接受到损失，这是农业效益低的主要原因。

2）城市供水价格改革快于水利工程供水价格改革，水利工程供水价格改革滞后。我国水利工程供水价格经过多年的改革，尤其是1997年以来的深化改革，在水价形成、水价管理制度等方面提出了比较明确和清晰的思路，取得了一些成效。但改革受到多种因素的制约。问题主要有：①价格管理权限过于集中。一省范围内的供水价格由省统一

制定、调整，加上政府的价格行为不规范，审批的水价难以符合大多数水利工程的实际情况；造成价格制定或调整周期长，难以反映水利工程供水能力变化的影响，形成的价格缺乏科学性和权威性。②供水价格依然偏低。到2004年底，全国水利工程供农业用水平均3.5分/m^3，仅部分补偿了供水单位的成本费用。③水价决定过程中价格主管部门缺位。主要是在制定现行成本规则时，没有价格主管部门的参与，使有些规定不适应价格管理的要求。④供水价格形成缺乏成本约束，导致供水单位成本的不合理增长。⑤水费计收、使用和管理等方面也存在一些问题。⑥用水户作为价格形成主体之一，尚未能很好地发挥其应有的作用。

3）从改革的措施看，改革主要着重于提高水价，普遍存在以调代改，甚至只调不改的情况。目前，城市供水价格改革已迈出了可喜的步伐，但存在的主要问题并未从根本上得到解决。比较普遍存在的问题是只调不改，甚至以调代改，致使针对水价形成中水资源费征收问题、成本不合理问题、污水处理费征收问题、水价的征收和计量等问题的改革难以深入。

（3）原因分析。工程状况差，末级渠系水价秩序混乱，搭车收费现象严重是当前农业水价偏低与农民实际水费负担重这一矛盾并存的主要原因。具体来说，农业水价偏低的原因主要有三个方面：一是当前农民收入水平不高，农业比较效益低，从农民承受能力角度考虑，政府在制定农业水价时，一般都大大低于供水成本；二是大部分地区的末级渠系水价还没有纳入政府价格管理范围，乡、村两级或有关部门代为计收水费，但缺乏相应的监督管理机制，导致末级渠系所收水费偏高，挤占了大量的价格空间；三是由于计量设施不完善，无法实现计量收费，农民大多按亩交费，政府制定的价格与农民实际缴纳的水费之间缺乏量化关系，导致对农业水价改革的误解。

在农业水价改革难以推动的同时，农民实际水费负担却比较高[12]。主要有两方面原因：一是搭车收费和截留挪用现象严重。农村税费改革以后，水费成为向农民收费的唯一途径，也成为搭车收费和截留挪用的目标。加之由于农田水利工程不配套，计量手段和量、测水设施不完善，难以实行计量收费，目前许多地方仍是通过行政手段，按耕地面积收取农业水费，这种收费方式导致没有灌溉的农民也要缴纳水费，增加了负担，也为搭车收费提供了便利条件。层层加码、挪用、截留、拖欠水费的现象在许多地区都比较普遍。某省县乡两级挪用、截留、拖欠水费达3.17亿元，相当于该省一年的应收农业水费。某灌区政府制定的价格为每方水5分钱，即使考虑到输水损失，按水量折算到农民田间应收水费也只有每亩30～35元，而农民实际缴纳的水费却为每亩70多元。二是工程状况差，水量损耗大，加重了农民水费支出。由于投入不足，大中型灌区工程状况非常差，骨干工程衬砌率非常低，末级渠系基本都为土渠，导致输水过程中“跑、冒、漏”现象非常严重，农业灌溉水的平均利用率只有45%，这就意味着灌区管理单位每供一方水，到农民田间就只剩0.45方水，如果一方水的价格为5分钱，农民实际承担的价格就成了0.11元。而还有约1/3的灌区水利用率不足35%，有的尾水灌区输水损失甚至高达80%，如果按水量折算后，实际负担的水费将更高。

1.1.2.3 大中型灌区运行管理体制

灌区运行管理体制是灌溉工程良性运行、水管单位良性发展、农业生产正常开展最重要的制度基础。当前大中型灌区运行管理体制存在许多问题，必须尽快加以解决。

(1) 大中型灌区运行管理体制[13]。长期以来，我国的大中型灌区大多数采用专业管理与农民集体管理相结合的管理形式，即由政府成立灌区专管机构［如灌区管理局(处)等］负责支渠以上（含支渠）的骨干工程管理和用水管理，而斗渠以上（含支渠）的末级渠系则由乡、村级集体经济组织负责，小型灌区基本上没有专业管理机构，由集体经济组织或农民自我管理。大中型灌区的这种管理体制带有强烈的计划经济色彩，无论骨干工程还是末级渠系的建设与运行管理，都是以政府行政主导为主，虽然勉强维持了灌区的基本运行，但从长期来看，灌溉工程却难以良性运行，工程状况日益恶化。随着改革开放和社会主义市场经济体制的建立，农村家庭联产承包责任的推行，特别是农村税费改革以来，现行的灌区管理体制越来越不能适应农村经济发展和农业灌溉的要求。

(2) 大中型骨干工程运行管理存在的问题。工程运行机制不顺，维护不到位，管理不到位，是当前灌区骨干工程运行管理存在的主要问题。在原有的管理体制下，政府用行政命令代替灌区的专业管理与经营管理。一方面灌区管理机构没有经营管理权，凡事必须通过相关管理机构；另一方面灌区管理单位的负担日益沉重[14]。灌区承担的防洪、排涝等公益性任务缺乏长期稳定的财政补偿机制，得不到合理的补偿，基本上要靠灌区管理单位自己解决。同时由于水价长期偏低，水费收缴难，灌区经费入不敷出，工程维修养护资金缺乏，管理人员的基本工资福利也没有保障，导致灌区骨干工程老化失修严重，灌区管理生存与发展面临困境。由于管理体制和运行机制不顺，维修管护不到位，我国大中型灌区使用20年以上的，多数很难保持完好。而一些发达国家灌区工程使用40年以上的情况却很普遍。

此外，许多灌区管理单位都不同程度地存在着机构臃肿、人浮于事的现象。再加上水管单位经济状况总体不好，很难留住一些有技术懂专业的人员。其结果是一方面人员膨胀，另一方面专业技术人才奇缺，机构人员问题制约了灌区的科学管理与持续健康发展[15]。

(3) 末级渠系运行管理存在的问题[16]。没有明确的管理主体，是当前末级渠系运行管理存在的突出问题。主要表现是：一方面，末级渠系工程有人用没人管，工程状况持续恶化，农民灌溉用水难以保证。由于地势和工程原因，浇地灌溉时，靠近灌区干、支渠上游的农田容易及时得到灌溉，但下游的农田用水量和时间要求却无法保障，特别是一些尾水灌区，这一现象更为突出。原来由政府行政组织农民对渠道进行的清淤等维修养护任务，由于缺乏相应的协调和组织，上游农民当然没有维修养护渠道的积极性，而下游农民自身又不可能单独去完成，这就导致本来就已破损严重的末级渠系更为壅堵。另一方面，田间灌溉缺乏组织，用水秩序乱，水事纠纷现象突出。在许多灌区，由于没有有效的管水组织，放水秩序杂乱无章，村、组之间要水和用水各自为政，用水矛盾突出，不仅要投入大量劳力看水，用水也得不到有效的保障，特别是下游的村、组放

一次水，需要户户有人看水，否则水根本到不了田间。由于灌溉得不到保证，用水户受益不均，上下游之间用水矛盾尖锐，用水纠纷多，经常出现打架、斗殴的情况。再加上现行按亩计收水费的方式，下游农民用不上水也要交费，必然又会加剧这一矛盾。

(4) 原因分析[16]。缺乏明晰产权的制度是末级渠系管理主体缺位的主要原因。缺乏明晰产权的制度有两层含义：一是旧的管理体制已被破坏，新的管理体制尚未形成。农村实行联产承包责任制以后，末级渠系原有的产权归属发生了变化，虽然末级渠系名义上仍为“集体”所有，但实际上这个“集体”已经消失，末级渠系工程的管理体制变成空白。而随着农村社会体制的变革，乡镇、行政村等基层管理组织的管理体制中也已经没有了农田水利基础设施的建设、运行和管理的工作职能。二是没有建立末级渠系工程产权制度。由于管理体制和产权制度建设滞后，造成末级渠系没有明确的管理主体和产权主体。政府认为既然是农民“集体”资产，就不该由政府投资进行改造；农民认为既没明确归我所有，就不该由我承担管护责任，直接导致工程措施有人用没人管、投入不足、管养不力、加剧了工程恶化趋势。

在自愿的原则下，由受益农户通过民主方式组建用水户协会，实行自我服务、民主管理，是解决末级渠系产权和管理主体缺位的最佳途径。近年来，水利部在组建农民用水户协会（也称“农民用水者协会”）、倡导用水户参与式管理、推进农业供水管理体制改革方面做了许多工作，取得了较好的效果。但总体上看还存在着两方面的问题，一是总体进展缓慢。由此可见，农民用水自治仍然缺乏相应的组织保障。

1.1.3 农业水价改革意义及取得成效

1.1.3.1 推进大中型灌区农业水价综合改革的重要意义

党的十七大把统筹城乡发展，解决好农业、农村、农民问题作为全党工作的重中之重。当前，国家粮食安全、农民增收减负、干旱缺水严重是我国农村工作面临的重要问题。以农业灌溉、特别是大中型灌区为核心的农田水利系统，是解决这些问题的重要基础。因此，推进大中型灌区农业水价综合改革，构建农田水利良性运行的长效机制，直接关系到国家粮食安全、农民增收减支、节水型社会建设以及水管体制改革的大局。

(1) 开展农业水价综合改革，加快推进末级渠系改造，是保障国家粮食安全的迫切需要[9]。

民以食为天，食以水为先。我国人口多，耕地少，解决十几亿人口的吃饭问题，始终是我们国家的头等大事。近年来，党中央、国务院高度重视粮食安全问题，支持粮食发展的政策力度不断加大，粮食稳定发展的政策框架基本建立，农民种粮积极性大大提高，粮食生产出现重要转机，连续四年获得丰收，实现了粮食供求的平衡，但这一基础并不巩固。从需求看，虽然粮食总产恢复到1万亿斤，但当年仍产不足需。随着我国人口增加、消费水平和城镇化水平的提高，粮食的总需求量将持续增加，农产品总量平衡的压力不断增大，农产品结构平衡的难度加大，农产品质量提升的任务艰巨。从供给看，耕地面积持续减少，淡水资源缺乏，农业基础条件较差，我国农业发展的资源约束日益加剧，提高农业综合生产能力的任务十分艰巨。特别是我国农业生产的基础条件比较薄弱，自然气候对粮食生产的影响极大，一旦出现流域性的极端气候变化，粮食生产必将受到严重影响。

历史的经验证明，灌溉面积的数量和质量始终是影响我国粮食安全一个极其重要的因素。提高农业综合生产能力，减少极端气候对粮食生产的影响，最有效的措施就是发展有效灌溉面积，改善农田灌排条件，增强农业综合生产能力，提高水土资源的产出效率和效益。实践证明，灌溉耕地的粮食产量是非灌溉耕地的2～4倍。大中型灌区灌排工程全部改造后，即使出现严重干旱，粮食亩产仍可提高100kg以上。

从我国粮食生产总体布局看，大中型灌区过去是、今后也必须是保障国家粮食安全的主力军。因此，大力推进大中型灌区工程改造，深化灌区管理体制和运行机制改革，提高农业综合生产能力，既是一项事关长远的战略任务，也是一项十分紧迫的现实要求。

（2）开展农业水价综合改革，加快推进末级渠系改造，是促进农民增收减支的迫切需要[17]。

农业水价改革和末级渠系改造涉及农业种植效益和灌溉成本，关系农民增收减负大局，事关农民切身利益。由于灌溉工程老化失修，渠系水利用系数低，输水灌溉过程中水量损失较为严重。同时，由于末级渠系水价没有纳入政府管理范围，一些地方搭车收费、截留挪用、拖欠水费的问题较为突出。较高的水费和末级渠系不配套造成的供水保证率不高，直接涉及农业的支出，使农民对水费收取产生误解。要解决这一问题，就得从“增收”和“减支”两个方面来入手。所谓“增收”就是通过改善灌溉条件，提高单位耕地的种植效益，让农作物生长需要灌溉时能浇上水，浇够水，可以有效提高农民种粮收益。所谓“减支”就是降低农业用水成本，减轻农民负担。而要达到这两方面的目的，就必须推进农业水价综合改革，加大财政对农业灌溉的支持力度，加快农田水利建设步伐。

（3）开展农业水价综合改革，加快推进末级渠系改造，是建设节水型社会的迫切需要[16]。

水资源短缺与农业用水效率低是制约我国农业生产的重要因素。农业缺水既有水资源总量不足，时空分布不均造成的因素，也与农业灌溉用水存在严重浪费密切相关。农业用水占我国总用水量的70%，但灌溉水利用系数只有0.45左右，即使实行精耕细作，单方水生产粮食也只有1kg左右，仅为发达国家的一半。目前，我国农业年缺水300亿m^3，且缺水量随经济增长和人口增加而不断增加。虽然农业有巨大的节水潜力，但如果不大力加强灌区的节水改造力度，提高用水效率，农业缺水问题自身得不到解决，更不可能通过农业节水来支持工业和城市用水，最终导致我国的缺水问题无法得到解决。

农业节水是一个系统工程，灌区是由水源工程、干渠、支渠、斗渠、农渠和毛渠组成的灌溉系统。单纯对灌区骨干工程进行节水改造并不能解决农业用水短缺和用水浪费的问题。因为大量的斗、农、毛渠没有进行节水改造，输水效率仍然不高，落后的灌溉方式仍然无法转变，用水浪费现象难以消除。近几年大中型灌区节水改造的经验证明，

对灌区的骨干工程和末级渠系进行全面的节水技术改造，节水效果最明显，改造完成后，灌溉水利用系数可以从原来的 0.45 提高到 0.54，结合推行科学的水价制度，可节水 20%左右。因此，必须通过农业水价综合改革，推动加大灌区建设投入，同时对骨干工程与末级渠系进行节水改造，只有这样才能从整体上促进农业节水[18]。

(4) 开展农业水价综合改革，加快推进末级渠系改造，是加快水管体制改革的迫切需要[19]。

我国农田水利工程采取专群结合的管理方式。大中型灌区的骨干工程一般设有专门管理机构，大中型灌区的斗口以下及小型灌区一般由村组集体管理。2002 年 9 月，国务院办公厅转发了《水利工程管理体制改革实施意见》(水建管〔2002〕429 号)，明确水利工程的防洪、排涝等公益性任务要纳入公共财政的补偿范围，同时要进一步完善水价形成机制，推动建立水利工程良性运行机制。截至目前，全国水管体制改革已经取得了初步成效，水利工程公益性功能的补偿在政策上得到了保证，但是，公益性任务财政补偿的落实却并不尽如人意。

农村税费改革以来，农业水价改革难以推进，水管单位水费实收率不断下降，水费收入大幅度下滑，再加上公益性任务财政资金不到位，造成水管单位无钱投入工程维修，工程隐患增加，渠道破损加剧，导致灌溉面积急剧萎缩、灌溉面积的减少和供水保证率降低，又导致水费收入进一步减少，灌区陷入恶性循环。同时，水费收入锐减还使许多水管单位职工工资欠发，职工队伍不稳，基层水管单位生存发展困难，直接影响了灌区水利设施的正常维护运行。因此，必须要在农业水价综合改革和末级渠系改造的基础上，进一步深入推进水管单位体制改革，保证大中型灌区工程良性运行，充分发挥效益，保证水管单位良性发展，为农民提供到位的灌溉服务。

(5) 提升人民对水资源的重视程度，实现高效水源利用。

传统水价机制往往难以有效的引起农户对水资源的重视程度。大量的农户由于受到固定水价成本的机制影响，在进行农作物的灌溉过程中丝毫不考虑水资源成本问题，大量的使用水资源灌溉土壤，农作物吸收了充足的水分，但同时也造成了水资源的极大浪费。

而通过当前阶段所开展的水价改革机制，通过阶梯式水价以及超用水加价模式代替传统的固定水价，在一定程度上有利于改善人们的思想意识，使得人们能够重视水资源的利用效率，进而在水资源使用过程中，合理的选择科学方式实施灌溉。不仅如此，对于工业发展来说，出台新型的水价改革机制也有利于提高工业型企业进行水源的回收再利用。以一个最简单的例子来看，农业经济发展过程中，人们过多重视农作物的收入，而传统水源成本较低，农户大多数对水资源的重视程度不高，农户大多数利用大水漫灌的方式进行田间灌溉，导致大量的水资源浪费。而随着水价改革机制的推出，超用加价机制使得农户在一定程度上重视水资源的作用，大大提高了农户思想意识，缓解了我国目前农业水资源消耗过多的现状。总之，通过水价改革的实行，农业相关人员在一定程度上逐渐重视起水源的利用效率。

出台合理有效的阶梯水价，往往会使农户在灌溉农田的过程中选择科学合适的灌溉方式，并且农户会对水资源的使用效率格外重视。因为随着阶梯式水价的出台，农户如

果不重视水资源的高效利用，那么农作物生产成本将会大幅度提升，不利于农户的利益。换句话说，阶梯式水价改革机制在一定程度上推动了水资源的高效利用。

1.1.3.2 我国农业水价改革取得成效

根据我国农业水价综合改革理论与实践研究，在普及科学的农业用水观念、完善农田基础水利设施、提高农业用水效率，推动改革发展等方面取得了显著成绩[20]。

（1）普及了农业用水有价观念。目前，农业用水有价的观念已经深入人心，改变了传统的农业用水免费的落后观念，农民节水意识显著提高。通过十余年的年农业水价改革宣传与实践，使得“农业用水是商品，也需要支付使用费用”的观念，得到普遍接受认可，为下一步改革奠定了基础。农业用水有价观念的广泛普及，是改革在社会效益上显著表现。

（2）完善了农业水利设施建设。多年来，我国各级政府均投入了大量资金，积极保障农业水价改革的试点的贯彻落实，这些资金在完善农田基础水利设施方面，发挥了巨大的作用。例如，2017年，中央财政安排357亿元用于大中型灌区续建配套节水改造、大型灌排泵站更新改造、新建大型灌区、新增千亿斤粮食田间工程、农村饮水安全巩固提升、坡耕地水土流失综合治理等工程建设。

（3）提高了农业用水效率。农业水价综合改革推动农田设施改造完善，保障了水利设施上的维护使用，提高了农业用水效率。2000年我国灌溉水有效利用系数仅为0.45，2000年就达到0.50，2019年我国的农田灌溉水有效利用系数已然提升至0.559。我国农业用水效率逐渐提高，实现在农业用水总量保持稳定的前提下，节水灌溉面积逐年增加，粮食产量连续稳定增长的世界奇迹，推动了我国农业由传统农业向现代高效农业的快速发展，这一点上农业水价综合改革功不可没。

（4）奠定了改革的坚实基础。在实践过程中，我国农业水价综合改革已经积累了丰富的经验，这些经验，为下一步改革继续推广实施奠定了良好的基础。我国国土面积广大，自然地域分异明显，不同地区的灌溉条件差异显著，地区对农业水价综合改革条件和要求也不尽相同，因此，对改革提出了更高的要求。农业水价综合改革试点过程中，根据不同地区特点，因地制宜，不断创新发展，推动了新型节水技术创新普及法律制度的丰富完善，为改革继续发展创造了良好条件。

1.2 国内外农业水价改革研究进展

1.2.1 农业用水水权分配

农业用水权是水权制度重要组成部分。近年来，国家对水权制度建设非常重视。2006年《国民经济和社会发展第十一个五年规划纲要》提出“建立国家初始水权分配制度和水权转让制度”，2011年中央一号文件提出“建立和完善国家水权制度，充分运用市场机制优化配置水资源”。2012年国务院三号文件提出“建立健全水权制度，积极培育水市场，鼓励开展水权交易，运用市场机制合理配置水资源”。《国家农业节水纲要（2012—2020年）》提出“有条件的地区要逐步建立节约水量交易机制，构建交易平台，

保障农民在水权转让中的合法权益。”十八届三中全会决定明确提出，“发展环保市场，推行节能量、碳排放权、排污权、水权交易制度，建立吸引社会资本投入生态环境保护的市场化机制”[21]。

农业初始水权是指在本灌区现有水资源及利用条件下，用水户维系日常生活和农作物丰产丰收需要所取得的基本用水权利。农业初始水权分配以总量控制、定额管理为原则，以水定地，计划供水，确保生活和基本生态用水优于其他用水，同时尊重历史、照顾现实、兼顾发展。农业初始水权分配的方式和步骤包括以下三个方面：

(1) 核定农户二轮土地承包面积。农户取得的二轮土地承包地面积以农业经济部门核发的二轮土地证登记实有面积为准，不得折算。

(2) 确定农业初始水权。由县水行政主管部门责成供水管理单位计算确定农户农业初始水权，并逐级建账到户、到组、到村。

(3) 逐级分配到户。农业初始水权确定后，由供水单位配合乡镇人民政府先行分配到村（或协会），村（或协会）在乡镇供水单位的指导下，通过村民大会（用水户大会）逐户核发由县人民政府制定的农业初始水权使用证书。农户在取得初始水权使用证书后依法享有公平用水的权利[22]。

1.2.2　农业水价制定方法

1.2.2.1　国外研究综述

科学合理的水价制度是水利经济良性运行的重要保证，也是合理调配水资源，有效缓解水资源供需矛盾、推广节水措施的重要手段。为了确保有效的农业利用，水资源价格应有所提高，在农用水的价格体系中，高价格能够刺激农民采用高效率的灌溉措施，但不能超过农民可支付能力的临界点。

(1) 国外水价制定的依据。一般商品的定价依据是成本和市场供需情况，但对于水资源商品，由于其市场的垄断性，水资源定价的依据是成本。成本是消费者应该支付其获得利益所导致的全部成本。基于成本的定价方法主要有平均成本定价和边际成本定价，二者的差异在于成本分摊方式和公平性不同。国外研究中一种观点认为水商品定价的最基本因素是确定水利工程的总成本，然后确定需要用户支付的总成本，即以平均成本定价，而非以边际成本定价。应用边际成本等于边际使用价值的方法并不适用于供水单位进行定价，公众供水单位的目的是提供可靠水量给用户，而不是达到利润的最大化。随着供水能力的扩大，平均成本不断下降，面对一个下降的平均成本曲线，用边际成本定价是不合适的。另一种观点认为，水商品定价的依据应该是水利工程的边际成本，边际成本定价相对来说具有较多的公平性和成本分摊的科学性，边际定价能同时获得社会和经济效益。

(2) 农业灌溉用水价格的确定方法。基于各国不同的社会经济发展水平、水资源赋存条件和对不同的农业保护程度，农业水价的核算方法也有区别，但总的看来，普遍用于农业灌溉用水价格核算的模式主要是以“用户承受能力”为核心、以工程运行费用为基础的核算模式。如美国采用“服务成本＋用户承受能力”模式，一般是按单个工程核

算水价，水价中包括排污费；加拿大实行政府补贴的政策性水价，价格很低，由政府核定工程的运行管理费后确定水价，水价中不考虑水资源价值和工程的投资及维护改造费；法国采用“全成本＋用户承受能力”模式，在定价时将环境外在性成本包含于水价中；澳大利亚、印度、菲律宾、泰国、印度尼西亚等国其水价通常采用考虑用户承受能力的核算方法来确定的模式。

综上所述，“用户承受能力”为核心的模式是国际上较为常用的农业用水价格核算方法，我国当前的水价改革完全可以借鉴，但由于我国农业经济发展水平相对落后，农民收入水平较低，因此研究借鉴时，对于农民水价承受能力的测算应考虑现实情况；同时我国农业用水主要依赖于国家投资建设的大中型水利工程，如何体现其公共物品的特性和对农业的保护程度，在水价核算时要重点考虑，不能完全照搬[23]。

1.2.2.2　国内农业水价的问题

农业水价改革虽然取得了一定的进展，但由于观念和体制上的一些障碍，仍存在以下问题。

（1）水价形成机制不合理。长期以来，水没有真正作为商品来看待。水利工程水价低于供水成本，供水管理单位长期亏损，水利工程老化失修。城市水价构成中，主要只考虑了净水成本补偿，对供排水管网和污水处理成本补偿不足。水价没有建立根据市场供求和成本变化及时调整的机制。两部制水价、超定额用水加价等促进节约的水价制度在水利工程、城市供水中未普遍推广使用[24]。

（2）供水管理体制不合理。农业灌溉斗渠（国有水利工程与农民集体产权分界点和计量点）以上供水由国有水管单位管理，价格由政府价格主管部门核定。斗渠以下供水由乡镇集体组织自行管理，水费由基层管水组织或乡村干部按亩计收，计量手段落后，收费不规范，缺乏有效监督。由于农渠多为土渠，自然损耗率高，加之管理不善，这部分成本均由农民分摊加价，加重了农民负担。城市供水大多企业政企不分，管理薄弱，导致城市供水企业粗放经营，成本偏高，服务质量欠佳，自我积累能力差。供排水设施建设和管理落后，供水管网年久失修，管网漏失率较高，污水处理能力不足，排水管网配套较差，严重制约城市的发展[24]。

（3）供水价格偏低。水利工程供水价格普遍偏低，亏损程度严重。据有关部门统计，目前在水、种、肥这农业生产投入三要素中，种子投入占27%，肥料占34%，而灌溉用水投入占7%～9%。由于水价太低，农民不爱惜水，灌溉管理单位收取水费入不敷出，不舍得在节水灌溉设备上投入，反而鼓励农民多用水，造成水资源的严重浪费。当前，灌区的农田灌溉水的水价仅为供水成本的1/3～1/2。据调查，2005年大中型灌区农业平均水价6.5分/m^3，实际供水成本水价17分/m^3，农业平均水价仅为成本水价的38%，平均水费实收率仅为57.3%，实收水费只占成本的22%。2007年全国百家水管单位农业水价6.16分/m^3，2008年全国平均农业水价7.33分/m^3。目前不少灌区已开始适度提高灌溉用水的水价，但达到成本水价还很困难[25]。

（4）终端水价秩序混乱。农业供水中，一方面国有水管单位收缴水费困难，实收率低；另一方面由于政府部门监督不力，乱加价、乱收费现象严重，基层各级政府和有关

环节多收少付。坐支挪用，层层加价，加重了农民负担。个别城镇的供水也不同程度地在搭车加价和收费现象[26]。

1.2.2.3 国内农业水价制定方法

针对目前国内外出现的水权转让定价方法进行归纳整理后得到，现阶段出现的水权转让定价方法主要有边际成本法、成本法、影子价格法、博弈定价法和实物期权法等。

1. 边际成本法

边际成本定价是指增加单位水量所引起的总供水成本的增加量。根据边际成本变化曲线，可以推求不同供水量下的成本，为水价制定提供成本依据。一般分为短期边际成本和长期边际成本。

短期边际成本假定现存资金成本的机会成本是零、供水工程存在额外容量，用户需求的增加不必去修建新的工程。额外生产每单位供水增加的边际成本是劳动力、能源的边际单位成本。水价格若等同于短期边际成本，将可以收回生产边际单位水量的成本。长期边际成本是指在长期（一般5～10年）由于现有供水能力不能满足用户用水量增加的需求而投资新建工程的成本。把折旧的增加成本总和除以增加的可供水量，就得到供给单位增加水量的平均增加成本，平均增加成本是长期边际成本的近似值。若水价等于平均增加成本，将可以回收扩容的全部成本。长期边际成本较为关注将来扩容增加的成本，相对于其他定价方法，提供了一个更为确切的未来资本需求的估计。若用平均增加成本制定水价，管理者可能获得足够的收入去扩容和促进可持续发展[23]。

2. 成本法

成本法是指以水权转让各个环节的成本为基础进行定价的方法。它是从回收成本的角度提出来的。《意见》指出，水权转让费的确定应考虑相关工程的建设、更新改造和运行维护，提高供水保障率的成本补偿、生态环境和第三方利益的补偿，转让年限，供水工程水价以及相关费用等多种因素，其最低限额不低于对占用的等量水源和相关工程设施进行等效替代的费用。可见该《意见》实际上是提倡成本法的。我国的水权转让案例大多运用成本法来确定转让总费用及转让价格，但该方法上未成熟，不同案例采用的、不同学者提到的成本法有所不同。

成本法的优点是源于水权转让的实际需要，与水权转让的各环节联系紧密，计算方法主要受工程经济学方法（譬如常规供水工程的成本分析和水价计算方法等）的启发，思路简单明了；具有易被实际采用，接受实践检验、改进和完善的机会较多的优势。主要不足是，从微观的角度所考虑的各环节多、因素多、计算项目、关系复杂，各个项目的费用效益计算的内容和计算方法可能都不相同，容易在某个环节产生遗漏或重复、计算方法不合理，进而影响定价的合理性；现有的成本法未考虑成本和效益随时间的变化、边际成本与边际效益规律；水权转让对第三方的影响还缺乏一套行之有效的分析计算方法。因此，目前特别需要一种条理性强的、能够系统地反映水权转让各个环节各个方面的成本定价方法[27]。

3. 完全成本法

完全成本法即由资源成本、工程成本和环境成本三部分组成的全部成本。水利工程

供水是商品，水商品的理想价格应反映全部社会成本，包括同水资源保护、开采、水污染防治和其他与水环境相关的成本。供水价格只有反映供水的生产与消费的“真实”的内外部成本，才能使供水价格机制成为节约用水和减少水污染的重要手段。工程成本主要是体现价格杠杆对供水工程承受能力的保护，和对供水工程可持续运行能力的保护。水价构成中包含资源成本，可以通过价格杠杆对水资源开发利用进行有效的保护。环境成本体现的是利用价格杠杆对人类开发利用水资源所造成生态环境功能降低情况进行的经济调节。在开发利用水资源的过程中，用水尤其是过度用水（如超采地下水）会对环境造成严重破坏，因为农业、工业、生活废水给经济、社会和环境带来损失时，利用价格杠杆，通过提高水价中的环境成本来提高水价，可以抑制用水，减缓经济发展给水环境带来的巨大压力，确保水资源承载能力和水环境承受能力不受破坏[23]。

4. 影子价格法

影子价格法是指以交易水量为变量分别估算转出方、转入方水资源的影子价格，并以两条影子价格曲线的交点确定水权转让的最佳转让水量和转让价格的方法。

运用影子价格法进行水权转让定价，道理清晰明白，方法简单易算。但是，基于宏观经济的投入产出表资料只有在较大的区域（譬如，省、市）才能得到，其水资源的影子价格只能反映该区域的平均情况，而水权转让涉及的水量可能是大区域中的特定小区域的水量，其影子价格可能与大区域的平均情况相差甚远。小区域的影子价格往往因缺乏资料无法计算。另外，水资源量并不都是可利用的，譬如，最基本的生态环境用水不能用社会经济和转让。该方法的最大缺陷就是忽略了实施水权转让所要付出的代价（比如各种工程的投资和运行费、交易成本、对第三方的影响等），因此在具体的水权转让实例中很少直接采用[27]。

5. 实物期权法

实物期权法是指运用实物期权理论进行水权转让定价的方法。“期权”是一种选择权合约，它是指持有者在未来一段时间内以一定的价格购买或出售某项金融资产（如股票、汇率、利率等）的权利，是一种在未来采取某项行动的权利而非义务。“实物期权”是由美国麻省理工学院的 Stewart Myers 首次提出的，与金融期权不同的是，它的标的资产是某个投资项目，不是金融资产[27]。

杨彩霞等基于实物期权理论对水权转让中的水资源价值进行定性分析[28]，得出了基于期权定价理论的水权水资源价值公式，即所投资的水资源的价值等于传统的现金流量贴现后的净现值加上与该水资源投资相联系的选择权价值。选择权可能出现在投资发生前、发生中和发生后的各个时间点，因此选择权价值可以是一系列选择权价值的叠加。它的价值取决于投资项目的种类和特征、投资过程复杂程度和运作方式，还与项目的设计思路有关。

张云辉等在实物期权理论的基础上构建了水权转让模式[29]。他们提出了基于实物期权的水权初始分配模式、水权转让模式以及水权交易市场管理模式。

郭洁在对成本法和实物期权法在同一个水权定价实例中的应用效果进行分析后比较后指出[30]，成本法主要是从回收成本的角度提出的，是以水资源开发的各项成本作为

水权转让的定价基础；而在运用实物期权法进行定价的过程中，综合考虑了水权购买者在具体实施水资源使用权中存在的不确定性（何时实施权利）和某些风险（如水量的变化等）。实物期权法是对成本法定价的补充和完善。

由此可见，实物期权法定价补充考虑了水权转让的不确定性，但它在我国仍是个比较新的概念。这一方法的广泛应用还需要市场的逐步认可和在市场竞争环境中的进一步完善。

1.2.3 水权交易研究进展

水资源是大自然赋予人类的宝贵资源，稀缺且不可替代，同时也是战略性的经济资源，是人类生存、文明进步以及可持续发展不可或缺的物质条件。随着人口、经济的快速增长，城市化及工业化的加快推进，人类需要大量的水资源供给，我国甚至全球都面临严峻的水资源短缺危机。为了合理高效地利用水资源，缓解水资源危机，必须对现有水资源进行经济合理的配置，制定长期、可持续的规划。因此水资源的初始分配和再分配制度的建立健全就显得尤为重要，水权交易市场也越来越多地被社会重视，我国相关部门推行一系列政策以促进水权交易的发展[31]。水权交易制度成为解决水资源短缺问题的一把活钥匙，对水资源的二次优化配置具有积极作用。

早期国外水权交易的相关研究主要集中在美国西部、智利、墨西哥、澳大利亚等国家和地区，并实现了水权交易的成功实施。20 世纪 90 年代水权领域的相关研究开始在我国兴起。随着我国《中华人民共和国水法》的确立和东阳—义乌水权交易的实施，水权及其交易问题引起了国内学者的广泛关注[32]。21 世纪伊始，水权这一主题已经引起学术界注意。经济学、法学、水利学、管理学等多个学科从不同角度对水权问题进行了研究，包括国外水权制度建设的经验介绍、中国水权制度建设的案例研究、水权制度的立法保障、初始水权分配和水权交易等制度设计等，取得了丰硕的研究成果。目前，尽管国内外对水权的概念没有清晰的定义，但是水权交易的实践早已出现，相关研究得到了国内外专家的关注。ROSEGRANT 等认为可交易水权的出现对发展中国家提高水资源的使用效率以及水资源的可持续利用起到了重要的作用，水权交易市场的建立应引起政府的关注。PIGRAM 等通过对澳大利亚水权交易实践的分析，认为水权交易是解决澳大利亚与日俱增的用水需求的有效方式，并预言未来几十年澳大利亚的工业用水的获得将主要依靠水权交易。田贵良等以最严格水资源管理需求为导向，构建了水权交易机制[33]。

我国水资源工作的重点正在从开发向管理转移，在用水总量红线控制指标作用下，减少水量损失和提高用水效率是满足用水需求的主要途径。现阶段水利部选择了 7 个省区分别在区域、行业和用户间开展水权交易试点，设计科学合理的水权交易试点实践框架是关键性工作，可以为探索水权交易实践提供规则和参考价值[34]。我国的水权交易制度正处于探索阶段，必须坚持试点先行、以点带面的原则，确保水权交易有序推进[35]。

1.2.3.1 国外水权及水权交易概况

随着人类活动的扩大，在世界的许多地区都出现了水资源短缺的现象，为了有效利用稀缺的水资源和解决水事纠纷，各国都结合本国的水权制度加强了对水权及水权转让

市场理论的研究，并根据各自的实际情况实行了水权转让活动[36]。

随着经济的发展变化，水资源的供需状况发生了改变，国外的水权理论大体上经历了滨岸权、优先占有权、公共水权到可转让水权理论（或称可交易水权理论）的演变过程。滨岸权最初源于英国的普通法和1804年的《拿破仑法典》，目前仍是英国、法国、加拿大以及美国东部等水资源丰富的国家和地区制定水法规和水管理政策的基础。根据滨岸权理论，拥有持续水流经过的土地并合理用水就可获得水权。优先占有权源于19世纪中期美国西部地区开发过程中的用水实践，它更适用于干旱少雨、水资源短缺的地区。优先占有权的理论核心是谁先使用谁就优先占有了水权（first in time is first in right）。美国西部存在的加利福尼亚模式和科罗拉多模式均是优先占有权理论应用的体现；公共水权理论源于苏联的水管理理论和实践。现在实行公共水权的国家还有：日本、法国、墨西哥、智利、朝鲜、以色列、菲律宾、越南以及中国等。公共水权理论包括三个基本原则：一是所有权与使用权分离，即水资源属国家所有，但个人和单位可以拥有水资源的使用权；二是水资源的开发和利用必须服从国家的经济计划和发展规划；三是水资源的配置和水量分配一般是通过行政手段进行的。公共水权把水资源的使用与计划、规划联系在了一起，但在利用效率方面存在不足[37]。

与滨岸权、优先占有权、公共水权不同，水权转让制度并不是一种独立的水权制度，而是随着社会经济的发展而产生的解决缺水问题的一种补充制度。它可存在于前面三种水权制度之中。水权转让制度最早出现在美国西部的部分地区，如加利福尼亚、新墨西哥等州。后来越来越多的国家已经开始或准备开始实行水权转让制度，如智利和墨西哥分别于1973年和1992年开始实行水权转让制度，中东的一些缺水国家也正在讨论和准备实行这种制度。21世纪以来我国也开始逐渐接纳水权转让的理念[38]。

从国外的水权转让实施经验可以看出，水权转让的运行主要取决于三个重要环节，即水权的明确、水权转让价格的确定和水权转让管理：①水权包括水资源的所有权和使用权。在实践中，水权的清晰界定是一个复杂或漫长的过程。以智利为例，水权转让制度实施之前实行的是公共水权制度，在向水权转让制度的过渡过程中，智利各级水行政主管部门做了大量工作，花费较长时间来确认传统水权，审批新增水权，解决水权纠纷。在水权界定的工作基本完成后，智利才开始逐步实行水权转让制度。欧美一些发达国家水权制度的形成和变迁也都经历了一个漫长的过程[37]。②水权转让价格确定的基本原则是转让价格不仅要反映水资源的开发利用成本，更重要的是反映水资源的稀缺程度。如美国加利福尼亚州采用了双轨制水价，即水权规定水量中的一部分按供水成本价收费，其余部分的水价则由市场决定；澳大利亚南部墨累河流域水权转让的水价则完全由市场供求决定[37]。③为了规范水资源市场的转让行为、降低水权转让的交易成本，还要加强水权转让管理。可以通过建立健全的水资源法律体系、制定水资源市场交易规则、建立有关管理机构等方式来实施管理。

1.2.3.2 国内在水权方面的探索及国际合作概况

1. 国内在水权方面的探索概况

在借鉴国外经验及国际合作交流的基础上，我国也对具有中国特色的水权制度及水

权转让进行了探讨。

在我国，关于水权的内涵主要有四种观点：①水权的“一权说”，仅指水资源使用权；②水权的“二权说”，指水资源的所有权和使用权；③水权的“三权说”，包括水资源的所有权、经营权和使用权；④水权的“四权说”，就是水资源的所有权、占有权、支配权和使用权等组成的权利束[39]。根据我国《水法》，水的所有权属于国家。因此，水权制度建设应侧重研究水的使用权和收益权问题。高而坤认为[40]，水权制度建设的本质特征是利益调整，因为它势必改变或预期规范了人们的获利空间和能力。我国水权制度的利益调整主要表现为三种形式：①对现有利益格局做出重大调整，以石羊河流域水量分配为代表；②对现有利益格局做出稍微调整，以 1987 年的黄河水量分配为代表；③对未来利益格局做出调整，以我国南方地区水量分配为代表。他还认为，在水权明晰的基础上进行水权转让的实现途径可归纳为“三个层次”和“三个机制”。三个层次是指流域、区域和行业公共水权之间的转让，个体取水权的交易，灌区农民用水的水权交易。其实这也是将我国的水权转让类型进行了简单初步的划分。三个机制是指交易安全机制、交易价格机制和纠纷处理机制。这与国外水权转让运行的三个重要环节相类似。

2005 年，《水利部关于水权转让的若干意见》（水政法〔2005〕11 号）（简称《水权意见》），对进一步推进水权制度建设、规范水权转让行为提出了指导性意见[41]。《水权意见》提出了水权转让应遵循的六项基本原则：①水资源可持续利用的原则；②政府调控和市场机制相结合的原则；③公平和效率相结合的原则；④产权明晰的原则；⑤公平、公正和公开的原则；⑥有偿转让和合理补偿的原则。《水权意见》还针对我国实际情况对水权转让行为作出了五点限制：①取用水量超过本流域或本行政区域水资源可利用量的，除国家有特殊规定的，不得向本流域或本行政区域以外的用水户转让；②在地下水限采区的地下水用水户不得将水权转让；③为生态环境分配的水权不得转让；④对公共利益、生态环境或第三者利益可能造成重大影响的不得转让；⑤不得向国家限制发展的产业用水户转让水权。

在实践方面，我国也在不断地积极探索利用水权转让来实现水资源的优化配置和科学管理、提高其利用效率、缓解供需矛盾。例如，甘肃省张掖市农民用水户之间转让水票；宁夏回族自治区与内蒙古自治区区内“投资节水，转让水权”的大规模、跨行业的水权转让；浙江省的东阳和义乌的水权转让，余姚与慈溪、绍兴与慈溪也进行了水权交易；在辽宁省，由省里统筹让一些新增用水量的大型工业企业出资，通过节水工程或新水源工程，将农业灌溉节省的农业用水量转让给这些工业企业等。这些水权转让案例为我国水权制度的发展创造了经验，水权制度仍需在法律上进一步探讨和完善，在实践上进一步规范。

2. 国内在水权方面的国际合作概况

近些年来，我国在水权制度建设方面的国际考察、交流与合作活动较频繁，促进了我国水权制度改革和完善的步伐。例如，2001 年 11 月陈美章等人赴南非进行了水价、水权与水市场管理及其相关政策的考察；2003 年至 2006 年开展了中日水权制度建设合作；中澳在水权制度建设方面建立了长期合作关系，并先后在澳大利亚墨尔本（2004

年）和中国北京（2006年）举行了国际研讨会，还成立了中澳水资源研究中心。南非的经验告诉我们，我国应采取依法治水的有效措施，加强水权管理，完善水价形成机制；日本从习惯水权时代到许可水权时代的发展情况、水权研究的现状和成果以及水权制度建设的经验给了我们一些关于水权制度改革的启示；在关于中国水权制度建设项目的研讨会上，澳大利亚，特别是其昆士兰州的水权及其交易的经验对我国的水权实践颇有启示作用。

1.2.4 农业灌溉效益评估

1.2.4.1 研究进展

农业节水灌溉效益价值评估作为指导节水灌溉发展方向的重要手段之一，一直是各国普遍重视的问题。随着节水灌溉在世界战略地位的日益突出，节水灌溉对区域可持续发展所产生的经济、社会、环境影响引起学者的关注和重视，不少学者对节水灌溉效益展开了大量的探讨和研究，取得了一些颇有建树的成果。如吴景社[42]在实地调研和参考专家意见的基础上，分析了节水灌溉效益的主要影响因素及表现形式，建立影响社会、经济和环境3大效益的25个主要因素组成的指标体系，提出将Delphi法、专家评价法、层次分析法和小波神经网络方法加以联合运用的综合评价方法，对全国各分区的节水灌溉综合效益进行初步评价。雷波[43]构建旱作节水农业的经济、社会、生态效益指标体系将层次分析法引入北方旱作节水农业综合效益评价，利用局部均衡理论分析资源约束性条件下旱作节水农业在特定区域的发展。肖新[44]以试验为基础，将化肥、水分投入及产量作为控制因素，建立节水稻作模式的综合效益评价模型，评价节水稻作模式的生态效益、经济效益、社会效益，以期为研究区域节水稻作模式选择与优化设计提供决策依据。Hussain Intizar[45]采用定性描述与定量评价相结合的方法，评估灌溉产生的直接间接效益以及潜在的不利影响。Beyaert R R[46]等对黄瓜进行灌溉和施肥管理试验；研究表明，喷灌、地下水与地表水滴灌技术与适宜的施肥技术相结合能显著增加黄瓜产量，提高经济效益与水分利用率。Wang W G[47]等对黄河流域磴口县进行野外试验，定量评价咸水灌溉对土壤含盐量，地下水水量与水质、作物生长与产量的影响。Klocke N L[48]等建立作物产量预测模型，对非充分灌溉制度下作物的产量与经济效益进行定量评估，评估结果能为农民专家农技推广人员提供决策依据。Hussain Khalid[49]等通过试验研究发现，虽然滴灌相对漫灌节约水资源，但由于前期投入及管理成本较高，两者产生的净效益没有显著区别。Yang K Y[50]等建立模糊层次综合评价模型对节水灌溉工程环境影响进行评价，以期为节水灌溉发展提供指导[51]。

1.2.4.2 存在的问题

在节水灌溉效益价值评估方面，目前主要涉及节水灌溉单项技术单项效益评价、节水灌溉多项节水技术比选、节水灌溉综合效益评价等方面。研究方法以定性探讨与定量评价为主，缺乏对节水灌溉综合效益价值的深入研究。虽然部分学者将其他学科领域的方法模型用于节水灌溉效益评价中，拓宽了节水灌溉综合效益定量评价研究思路，但均未把综合效益货币化，难以在统一量纲下实现节水灌溉经济、环境、社会效益综合评

价，难以进行费用效益分析，需要采用新方法加以突破。

1.2.4.3　农业灌溉效益评估主要指标与方法

农业灌溉措施实施后，如何对其影响效益进行评价，以及怎样开展评价，是农业节水灌溉研究的另一个重要方面。我国土地面积广阔，地域不同，各地区的水土资源、水文气象条件以及经济社会发展水平等均有所不同，相应地农业生产结构也不完全相同，实施农业节水举措对地区经济社会发展、生态环境保护和建设等影响的程度不同，因此进行农业灌溉的效益评价时，选取的评价指标并不完全相同。农业灌溉效益评价主要是对农业节水灌溉工程的经济效益、社会效益、生态环境效益三个方面进行综合评价[52]。

1. 经济效益

经济效益指在一定时间内单位面积上通过生产劳动获得的经济纯收益。农业灌溉的经济效益主要体现在节约用水、节省能源、节约土地、节省用工等方面。

(1) 节约用水效益。节约用水效益是指农业节水灌溉措施实施后，农业用水量在原有基础上有所减少，实现水量的节余，这是农业节水灌溉的主要目的之一。农业节水措施不同，能够节余的水资源量也不同，采用微灌的灌溉方式时节水效果最佳，之后依次是喷灌、管道输水灌溉。在同一灌区，还可以根据不同的情况结合使用几种节水灌溉方式，以求达到较好的节水效果，进而提高农业节水的经济效益。

(2) 节省能源效益。节能效益是指实施农业节水措施后可以节约的能源资源。这种节省能源的效益多发生在提水灌区、机井灌区等，一般情况下是指进行农田灌溉时对电力资源的消耗，实施农业节水，使农业用水量减少，这也意味着能源资源消耗量的减少，从而实现了能源的节约。自流的引水灌区是不需要消耗能源的，因此不存在此项节能效益。

(3) 节地增产效益。节地增产效益是指农业节水措施实施后可节约一部分耕地面积，并且使农作物的产量和产值有所增加。微灌、喷灌以及管道输水技术的实施可以减少对农渠、毛渠等的使用，甚至可以取消这些渠系，占用的耕地面积相应减少。采用渠道防渗措施后，通过相同流量时所需要的断面减少，也会使得占用耕地减少。实施农业节水措施不仅可以使耕地面积的占用量变少，还能够增加农产品产量，提高产品品质。农业节水举措的实施之所以能使农作物增产主要是由于以下几个方面的原因：①实施先进的农业节水措施，可以按照作物的需水量要求适时适量地供水，提高了农作物的灌水均匀度；②在农业用水总量和灌溉面积保持不变的前提下，实施农业节水，使得灌溉周期缩短；③控制面积大、水量少的灌区，实施农业节水，可以增加灌溉面积，提高灌溉保证率[53]。

(4) 节省用工效益。节省用工效益是指农业节水措施实施后，可以使灌溉所需要的农民数量减少，节省的人力资源效益[53]。现代化农业的建设需要发展节水型农业，先进的节水灌溉技术是发展现代农业的技术支撑，例如微灌、喷灌以及管道输水灌溉等节水灌溉技术对农业生产力的提高有促进作用，节水灌溉技术的应用及推广，降低了灌溉劳动的强度，减少了灌溉用工，节省了人力资源，这部分人力资源可以继续从事农业生产，促进了农村经济的发展。

(5) 转移替代效益。转移效益是指采取农业节水措施后，节约出来的水量转向工业生产、观光旅游业发展以及城市生活而产生的效益[53]。工业生产不断发展、城镇化速度加快，社会用水量大为增加，在总供水量无法满足需求的前提下，难免需要将灌溉用水向其他行业流动，这部分水产生的效益是转移效益。相应的农业用水的减少，使农业产业需要新增的供水量也会降低，用于新水源开发的投入减少，这部分减少的投入可以认为是农业节水的替代效应。由上可以看出，无论是转移效益还是替代效益均是农业节水经济效益中的一种间接效益。

2. 社会效益

社会效益是指构成社会的整体或者其中一部分人通过实践活动得到的利益。农业节水产生的社会效益对于调整产业结构、保持粮食增长、改善农产品品质以及农村经济的发展等均具有积极的促进作用，间接地提高了人们的生活水平，缓解了缺水引起的社会紧张。水资源总量保持稳定不变时，减少农业生产用水量，相应地增加工业用水量、生活用水量和生态用水量，这对于社会的进步、经济的发展是十分有利的。

(1) 调整产业结构，激励农业发展。我国发展高效农业、现代农业的主要方法之一是依据当地的水资源条件和自然气候条件，对农业产业结构进行调整。节水型农业的发展降低了地区的农业用水量，农业用水的减少为农业产业结构调整奠定了基础，与此同时，产业结构的调整有助于着力培育农村建设的产业支撑、夯实农村建设的经济基础，并对农业节水的相关技术提出了更高的要求，进一步促进了地区农业节水工作的开展，推动农业现代化进程的加快，可以实现粮食增产和农民增收，调动农民生产的积极性和主动性，提高他们在农业生产中节约用水的意识，激发其对于发展节水型农业的热情[54]。

(2) 增加水利设施建设，改善农业生产条件。我国的农业发展正在向着现代化迈进，现代农业的发展对农田水利设施的需要量增加。农田水利设施是农业、农村经济发展的基础性条件，是发展农业的工程性措施。建设包括灌溉、排涝、抗旱设施等在内的农田水利基础设施，不仅能够有效改善广大农村地区的农业生产条件，还能够保障农业和农村经济的持续稳定增长，同时在提高农民生活水平、生态环境保护与建设等方面也具有不可替代的重要地位和作用[55]。此外，增加水利设施建设还可以改变传统农业发展方式与经济发展不协调的状况，对于保障粮食生产的安全、解决我国人多地少的难题等也有着重要影响，与农业以及经济社会的可持续发展直接相关，因此我国应该重视并增加农田水利设施的建设。

(3) 保证生活用水，推进经济发展。国民经济和其他社会事业的快速发展，以及我国人口的剧增，导致社会各行各业以及生活用水的需求量急剧增长。实施农业节水，可以使农业用水节余的水资源量向社会其他迫切需要用水的行业转移，缓解社会用水紧张的局面，保障水资源的可持续发展；实施农业节水，可以使工业、农业以及居民生活用水之间的矛盾得到缓和，逐渐实现三者之间用水的平衡发展；实施农业节水，可以使水资源的分配趋于合理化，提高水资源利用效率；实施农业节水，不仅可以推动地区经济的发展，也可以进一步推动我国社会经济的发展，这是

社会效益中非常重要的一个方面。

3. 生态环境效益

以节水为中心的大中型灌区、井灌区续建配套与技术改造是农业节水的基本措施，可以达到有效控制地下水超采和生态建设的目标。一是在一定的水资源供给条件下，通过科学合理的农田灌溉，提高灌溉用水效率，使农田灌溉水量有效减少，其节水量可全部或部分退还生态用水，有效改善生态环境。二是灌溉用水效率的提高，结合农药和化肥的合理使用，可减少灌溉退水将农药、化肥带入河道或渗入地下含水层，从而有效地减轻面源污染和地下水污染。三是田间节水措施的实施有利于土壤改良，有利于土壤物理性质和微生物环境的改善。四是井灌区和井渠结合灌区灌溉用水量的减少，可减少地下水超采量，维持地下水合理水位，有利于涵养地下含水层，保持河道的最小生态流量。五是通过灌区节水改造中对沟渠的疏浚治理，可提高区域行洪、排涝和输沙能力，防止坍塌、崩岸，缓解水土流失压力。六是牧区发展建设节水灌溉饲草基地，可有效缓解因草地资源过度利用导致的沙化、退化现象，有利于草原生态的自然修复和良性循环[56]。另外，黄土高原和华北地区的雨水集蓄利用可以减轻降雨对地表的冲刷，保护水土资源。

但农业节水也可能给生态环境带来一些不利影响。渠道衬砌减少了沿途渗漏，使得沿渠的植物直接获取的水分减少，不利于植物自然生长；在西北地区，地表水灌区节水可能会造成地下水补给减少，对灌区生态林（草）自然生长有一定影响；田间灌溉水量的减少也可能会引起土壤的物理生化特性发生一定的改变[57]。总体而言，农业节水工程措施的正面影响远远大于不利影响。对不利影响，可通过人工补给生态用水方式，保持灌区或绿洲生态的稳定，并在施工中实施水土保持措施修复和恢复植被，防止水土流失。

1.2.5　高效节水灌溉实施状况

我国是一个水资源严重短缺的国家。农业灌溉是用水大户，用水效率总体不高。我国高效节水灌溉面积仅占灌溉面积的27.8%，同时，受水资源短缺、时空分布不均、农业用水方式粗放等因素制约，我国高效节水灌溉支撑现代农业发展的潜力还未得到充分发挥，还有较大发展空间。

水利部联合有关部委全面启动实施区域规模化高效节水灌溉建设，促进水资源节约集约高效利用。“十三五”期间，各地各有关部门实施了小型农田水利设施建设、东北四省区节水增粮行动、大型灌区续建配套节水改造、规模化节水灌溉增效示范、新增千亿斤粮食生产能力、高标准农田建设、中低产田改造、土地整理开发等项目，有力促进了高效节水灌溉的快速发展。截至2017年年底，全国高效节水灌溉面积达到3.08亿亩（表1.1），形成年节水能力约270亿m^3，全国灌溉水有效利用系数达到0.548，提高了农业用水效率和效益，有效缓解了经济社会发展用水矛盾，推进了农业规模化生产，促进了农业生产经营方式的转变。全国各区域高效节水灌溉发展结构图见图1.1。

表 1.1　　截至 2017 年底全国灌溉发展情况统计表　　单位：万亩

地区	耕地灌溉面积	节水灌溉面积	高效节水灌溉面积			
			小计	喷灌	微灌	管灌
全国总计	101723	51479	30831	6420	9424	14987
北京	173	301	282	48	30	204
天津	460	353	267	7	4	256
河北	6712	5124	4606	366	205	4035
山西	2267	1217	1070	116	80	874
内蒙古	4762	4201	3038	910	1257	871
辽宁	2416	1394	1142	237	538	368
吉林	2840	1138	1061	636	207	218
黑龙江	9046	3130	2477	2318	141	18
上海	286	219	120	5	2	113
江苏	6198	3956	374	87	71	217
浙江	2167	1649	290	99	75	117
安徽	6756	1464	325	186	28	111
福建	1597	987	406	181	80	146
江西	3059	817	167	41	63	63
山东	7787	4820	3702	217	167	3318
河南	7910	2840	2044	256	62	1726
湖北	4379	666	526	182	104	240
湖南	4719	593	78	17	7	53
广东	2662	489	90	28	12	50
广西	2505	1602	340	60	107	173
海南	434	134	79	13	26	40
重庆	1041	350	105	18	4	82
四川	4310	2554	264	62	39	163
贵州	1671	499	209	45	34	130
云南	2777	1302	481	57	175	249
西藏	460	45	29	2	0	26
陕西	6712	1397	654	52	88	515
甘肃	1997	1531	707	50	347	310
青海	310	173	76	3	15	58
宁夏	767	539	305	64	181	60
新疆	7428	5994	5516	57	5275	183

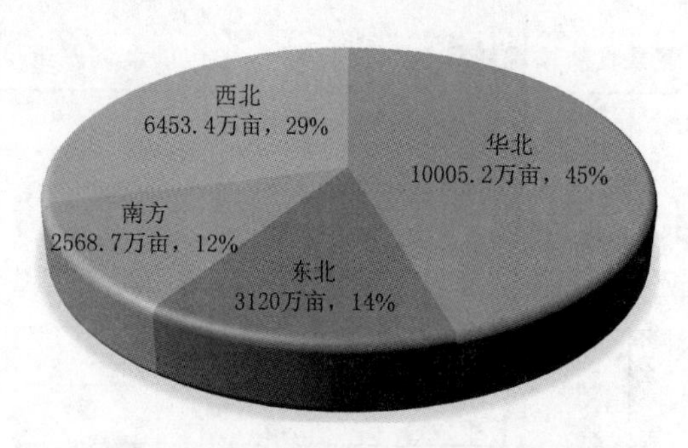

图1.1　全国各区域高效节水灌溉发展结构图

“十三五”期间，我国高效节水灌溉发展呈现出以下特点：

（1）发展社会化。全社会对发展高效节水灌溉的认识显著提高，中央和地方各级政府组织动员、投入支持力度进一步加大，受益主体广泛接受，社会资本参与工程建设和运营积极性日益高涨，科研院所和企业自主研发能力不断提高，一批新型实用的新技术新设备得到试验和应用，政府、受益主体、企业和科研单位等合力推动发展的形势逐步形成，大力发展高效节水灌溉的社会氛围日渐浓厚。

（2）技术集成化。在高效节水灌溉工程基础上，集成了农艺、农机、种子、化肥、信息技术等多项技术，高效节水灌溉从单一的灌溉技术模式转变为农业综合集成技术模式，功能从单向的灌溉供水转变为水、肥、药的综合供给平台。膜下滴灌技术在西北、东北得到广泛应用，实现了机械化覆膜、播种、铺管和水肥一体化，部分项目区实现了自动化控制。

（3）建设规模化。适应土地流转、农业生产经营方式转变等新形势，通过优先安排规模化经营地区发展高效节水灌溉，促进区域种植优势发挥和产出效益提高，高效节水灌溉工程建设呈现出规模化、区域化的特点。东北节水增粮行动成为迄今为止规模最大、一次性投资最多、建设时间最集中的高效节水灌溉项目，西北、华北、西南部分地区推进高效节水灌溉发展规模化程度越来越高。

（4）应用大田化。随着技术的成熟和成本的降低，过去主要用于高效经济作物发展的高效节水灌溉技术，开始广泛应用大田经济作物和粮食作物，全国大田作物高效节水灌溉面积约占80%。东北地区、新疆大部地区、河北、河南、山东等地区以及南方粮食主产区高效节水灌溉基本上在大田和粮食作物中推广。

（5）服务专业化。随着高效节水灌溉规模化发展，与之相适应的技术、管理等专业化服务水平也在不断提高。农民合作社、农民用水合作组织、专业化服务队伍开展节水灌溉专业化服务范围不断扩大。节水灌溉施工、设备生产企业和信息化公司等不断拓宽经营范围，部分参与节水灌溉工程的运行服务。在新疆、云南、广西等地区，积极探索采取专业服务组织、“合作社＋专管人员”“农民用水者协会＋专管人员”“村组＋专管人员”等形式，取得良好效果[58]。

党中央、国务院高度重视节水灌溉工作，提出把节水灌溉当作革命性措施和重大战略举措来抓。要坚持“节水优先、空间均衡、系统治理、两手发力”，把节水放在首要位置。《中华人民共和国国民经济和社会发展第十三个五年规划纲要》要求“十三五”期间“新增高效节水灌溉面积1亿亩”。为贯彻落实党中央、国务院的有关要求，推动各地高效节水灌溉建设工作，水利部牵头编制了《“十三五”新增1亿亩高效节水灌溉面积实施方案》。该方案明确了工作目标：“十三五”期间新增高效节水灌溉面积1亿

亩，到2020年，全国高效节水灌溉面积达到3.69亿亩左右，占灌溉面积的比例提高到32%以上，农田灌溉水有效利用系数达到0.55以上，新增粮食生产能力114亿kg，新增年节水能力85亿m^3，同步推进体制机制改革创新，充分发挥工程效益。主要工程建设任务是："十三五"期间新增高效节水灌溉面积1亿亩，包括管道输水灌溉面积4015万亩，喷灌面积2074万亩，微灌3911万亩；在耕地上发展8672万亩，其中大中型灌区新增高效节水灌溉面积3200万亩，小型灌区新增高效节水灌溉面积1868万亩，纯井灌区新增高效节水灌溉面积3604万亩；在非耕地上发展1328万亩，其中牧区600万亩。体制机制改革创新任务为：创新建设管理模式、建立健全运行管护机制、建立健全农业水价形成机制、建立精准补贴和节水奖励机制[59]。

1.2.6 农业用水监控实施进展

1.2.6.1 国外研究进展

国外灌溉监控系统的自动化程度较高，配套完善，系统可靠性较高。其中在农业机械化和自动化程度较高的美国、以色列、荷兰和澳大利亚等国家都已开发出成熟的系列化灌溉控制系统，使水肥利用效率和作物产量得到大幅度提高。

（1）美国亨特实业公司（Hunter Industries Inc.）最新研制出的ET系统，能根据现场的气候状况以及植物、土壤等条件，自动设置灌水程序，避免了人为控制的盲目性，真正实现了为植物适时适量提供水分，真正做到了精准灌溉，节水效果显著（平均约30%）[60]。

（2）美国万美（Weathermatic）公司研发的SmartLine系列智能灌溉控制器通过美国专利认证，被评为美国金牌灌溉产品。它可以根据一年不同季节园林植物的需求特性，以气象观测数据（如气温、降雨）为依据，每8秒钟就可以为植物或草坪计算出一套最优的灌水计划，自动调节灌水计划，使之与景观植物需水特性相吻合，改善了植物的生长状况，通过这种方式可以减少地表径流，节约用水量达20%～50%[61]。

（3）计算机控制灌溉起源于以色列，以色列是世界上微灌技术发展最具代表性的国家，该国最大的农业计算机控制系统生产厂家Eldar - Shany自控技术公司，近年来开发了一系列可编程控制器，如Elgal - 24、Elgal - 12、Elgal - 8，通过更换不同型号的PLC，可对不同规模的灌溉对象进行数据采集和控制输出，该公司开发的大型农田灌溉计算机控制系统（Elgal Agro）是目前农机控制领域最先进的控制系统，可通过不同的通信方式从任何距离自动、精确地实施灌溉、施肥以及过滤器反冲洗等工作，适用于较大面积的农田、农场、果园、草场、公园绿地等灌溉项目[62]。

（4）澳大利亚也成功地开发了一系列的自动化灌溉产品，如Hardie Irrigation公司的HR6100系列灌溉产品成本较低，是一种小型的自动灌溉控制器，主要面对家庭庭院和小面积的商业绿化场地的灌溉；并且Hardie Irrigation公司还针对大面积灌溉开发了Micro - Master系列灌溉控制器，操作简单，安装便利。这些产品采用分布式布置，可与上位机双向通信，用微机对其进行编程操作和对其子控制器进行控制，并能随时监控灌溉系统的工作状况[63]。

(5) 荷兰 Privà 有限公司研制 Priva NutriFlex 自动灌溉施肥系统，可以结合时间、光照强度和累计光照等环境参数，也可根据设定的运行时间来控制电磁阀的开关，自动进行灌溉施肥，它还能够精确跟踪并记录每个阀区所提供的水量和肥量，使每株作物获得严格定量的肥料，精确地为作物提供所需的水肥量，该灌溉施肥系统工作可靠灵活，适合于任何作物和任何类型、规模的温室。

(6) 芬兰瓦萨大学研究开发了基于无线传感器网络的温室监控系统，该系统分为测量、计算和调控三部分，系统首先对作物生长环境进行检测并通过无线传感器网络将采集到的数据发送到 PC 机上，然后由运行于 PC 机上的温室环境控制算法进行计算，最后通过 PC 机输出控制信号来控制水泵阀门等执行设备，从而保持温室内作物适宜的生长环境。

总之，目前国外灌溉控制系统已逐步趋于成熟、系列化，并朝着大型分布式控制系统和小面积单机控制两个方向发展，产品一般都能与微机进行通信，并由微机对其实行控制。

1.2.6.2 国内研究进展

我国自 20 世纪 70 年代引进微灌技术以来，通过多方努力和攻关，改进和研制出了一批新的微灌设备[64]；近年来，国内在智能化节水灌溉方面也进行了大量有价值的研究，已有研制成功的灌溉自动控制装置，并处于试用阶段。

(1) 安徽省水利科学研究院的王铭铭等人以物联网为基础，利用信息传感、实时监测和自动控制等科技手段，实现了土壤墒情及灌溉流量等信息的自动采集、数据的远程存储与分析以及灌溉的自动控制[65]。

(2) 中国水利水电科学研究院的史源等把无人机遥感技术数据采集灵活、成本低且可快速获取超高分辨率影像的特点运用到灌区信息化中，实现了灌区种植结构快速分类、遥感 ET 监测、输配水系统优化，大大提高灌区信息采集的准确性及传输的时效性，对灌区发展趋势做出准确及时的预测和预报，为灌区灌溉管理提供科学依据和决策支持[66]。

(3) 德州市李家岸灌区管理局的纪义胜、葛孚强在灌区信息化通信系统中采用了功能强大、性能稳定的 Router OS 技术，不仅解决了 ARP 病毒对网络的攻击，而且实现了在一个设备上不同网段的数据交换[67]。

(4) 南京水利水文自动化研究所研究开发了基于物联网的干旱区智能化微灌系统，并将其应用于新疆库尔勒棉花智能化膜下滴灌示范区中[68]。浙江大学陈娜娜[69]针对温室微灌的特点和成本要求设计了一个以 ZigBee 无线网络技术和 GPRS 技术为基础的低成本无线温室微灌监控系统，该系统已在丽水市蔬菜站的温室中进行了试运行。

(5) 江苏省农业科学院农业设施与装备研究所提出了基于无线传感网的温室作物根层水肥智能环境调控系统的设计方案[70]；西北农林科技大学的李伟[71]设计了一种基于 ARM 处理器的远程控制灌溉系统；吉林大学的李蕊等[72]研制了应用于教学的太阳能自动微灌演示实验系统；华中农业大学的段益星[73]针对国内灌溉施肥的实际需求，采用 PAC（可编程自动化控制器）技术构建一套智能灌溉施肥系统。这些控制系统存在一

些不足，如功能简单，系统不够稳定等。

总之，在我国，虽然有多种灌溉控制器，但多数规模较小，局限于试验和理论的探讨，而且开发出来的产品价格昂贵，农民尽管知道能节能、节水、增产，但由于一次性投资太高，多数农民承受不起，所以难以投入使用和推广。

通过以上分析，可以得出：目前世界发达国家的自动化灌溉技术已基本发展成熟，产品精度高、功能较全，监控比较便利，一般都能与微机通信，并由微机对其施行编程操作。在国内也有一些地区直接引进国外的产品，但大多只是在一些高校、研究所、示范基地作为研究之用，农民真正应用的很少，不能做到普及。一方面因为国外的系统购买成本高，修理维护麻烦；另一方面由于没有考虑到中国的具体应用环境，适用性较差。国内自主开发的温室灌溉微灌监控系统已有很多，但真正可推广使用的产品很少，在精准灌溉和灌溉系统的自动化控制上与国外相比还有一定的差距，普遍存在成本太高、功耗较大、系统操作过于复杂、可靠性差、维护不方便等问题，有待进一步完善[74]。

1.2.7 农业水价改革发展趋势

1.2.7.1 国内农业水价现状

据我国水资源公报，2013 年全国总用水量 6183.4 亿 m^3，农业用水量为 3920.27 亿 m^3，占总用水量的 63.4%，其中农田灌溉用水量占农业用水量的 90%以上，农田灌溉用水仍是我国第一用水大户。农业用水主要依靠水利工程的水源供给，自从我国实行水利工程供水水价改革以来，农业水价在制定原则、计算方法上都有较大变化，农业水费的征收管理也进一步得到规范，但依然存在一些问题：我国水利工程供水价格大都由政府制定，普遍偏低，导致工程严重亏本运行，水价低导致节水意识差，造成珍贵的水资源严重浪费，难以形成有效的节水管理机制，灌区难以维修更新改造；仍有许多地区的农民负担不起实际水费，农业用水户承受能力有限，农业水价改革面临困难。为避免因水价上提，引起农业生产成本上涨，应实行鼓励节约用水的科学水价制度。

目前，我国水利管理体制正处于转型关键时期，与之有关的价值取向、管理思想、管理方法等都在调整之中，对价格改革也提出了新的要求，水价改革的目标是建立充分体现我国水资源紧缺状况，以节水和合理配置水资源、提高用水效率、促进水资源可持续利用为核心的水价机制。做好农业用水水价的制定、水费的征收与管理使用是我国水价改革的重点，选择科学的水价类型、制定合理的农业水价制度和水价计算方法已成为我国水利行业面临的紧迫问题之一。

1.2.7.2 国外农业水价执行情况

人类社会进入 20 世纪以来，随着经济社会的发展，水资源问题在全世界范围内已引起了广泛重视，人类有责任不断去探求摆脱水资源困境的科学途径。各国的水价制度与本国的水资源禀赋状况、经济社会发展水平和水资源管理模式密切相关，其中的一些做法和经验值得我们学习和借鉴。以下分别介绍美国、加拿大、澳大利亚、法国、印度和菲律宾等国家农业水价的相关政策。

1. 美国的农业水价

美国水利工程投资来源主要有联邦政府的拨款或贷款、州政府的拨款或贷款，水价构成及核算因不同投资来源兴建的水利工程对各类用户而有显著不同。政府通过限制资本投资收益率来监管私营水务公司，使其获得合理的收益。水费必须收回成本，但又不能高于成本，并且规定水供应者是非营利企业。美国几乎所有的水管理局都依据平均成本确定水价，水价一般包括输水成本、供水设施的修建和维护成本等[75]。农业用水一般由灌溉管理局负责，这些灌溉管理局的日常工作主要是负责水库和输水渠道的维护和改造等。如联邦供水工程对灌溉农业用水的偿还条款是十分优惠的，灌溉用水水价一般包括运行维护费和在规定的偿还期限内偿还灌溉分摊的全部联邦投资（不包括利息）。

2. 加拿大的农业水价

加拿大现行水价只与提供供水服务的成本有关，无论哪种用水对象，其水价标准都远低于供水成本，更谈不上供水利润。加拿大灌溉用水一般是要交费的，但农业用水的收费形式不尽相同。目前主要是根据灌溉面积收费，而不是按实际用水量收费。不仅省与省之间的水价标准差别很大，省内不同地区也有所不同。以艾伯塔省圣玛丽灌区为例，水费一年收一次，用户在8月31日前交清的，可给予一定的折扣优惠，12月底未交清水费的处以罚款。另外，根据灌溉法规定，用水户连续2年不交水费的，灌区管理局有权没收其土地，再过1年不交纳水费的，管理局可卖掉其土地。强有力的水费征收措施，保证了灌区内几乎所有用水户按时交纳水费[76]。

3. 澳大利亚的农业水价

澳大利亚地表水和地下水的所有权属于州政府。州政府将水的配额权授予水管理局，农民取得许可证后才能取水。农民取水灌溉时都使用计量设施，在维多利亚州，计量设施由水管理局安装并进行维护，如果农民用水量超过了他们所允许的量，那么他们将被送上法庭。水管理局每年对用水户收费，收取费用用于供水的开支、安装计量设施的支出以及诸如消除盐渍化等环境问题的花费等。农民如果没有按时付费，将暂停取水、取消许可证，甚至拍卖财产方式进行处罚。澳大利亚农业灌溉供水一般实行两部制水价，即按取水许可权制度的固定水价和按取水量计算的计量水价[75]。

4. 法国的农业水价

法国的农业人口仅占总人口的4.9%，但法国农业用水水价的制定与流域或地区水资源开发规划密切结合，通过用水户与供水机构签订合同，来履行相关的权利与义务。法国农民缴纳的灌溉服务费一般包括水输送费、压力管道输送费、灌溉设备费和劳动力费用。值得一提的是，法国在水价中合理引入了水的成本费和税费的概念，水的成本费是农民根据合同支付给供水机构或者企业的费用，水的税费主要考虑的是一些调控合理用水的因素（如鼓励农民在水供给相对充足或过剩时用水），这种双费构成制度，是一种值得借鉴的成功经验[75]。

5. 印度的农业水价

作为一个农业大国，印度法律规定，农业水价的制定和计收统一由各邦负责，水费收入的估算和计收一般由各邦的灌溉或者税务局负责，灌溉水费与灌溉工程的运行和维

护费用之间没有直接的联系。其水费收取一般有如下原则：水费在任何情况下不得超过农民增收的净效益的50%，一般在20%～50%之间；在缺乏灌溉前和灌溉后单位土地面积作物产量资料的情况下，可以根据作物总收入制定水费标准，可控制在5%～12%之间，上限适用于经济作物。绝大多数情况下，印度农业水价按耕地面积计收水费，但有量水设施的灌溉系统则应以实际供水量为依据，还有一些灌区实行合同水费，每年或者几年订一次合同，不管用水与否，均按照合同缴纳水费。灌溉水费的计收一般都是由税务局负责，但也有些灌区农民用水户协会开始直接向农民计收水费[75]。

6. 菲律宾的农业水价

菲律宾是个以农业为主的国家，全国性的灌溉用水事务由国家灌溉管理局负责，国家灌溉管理局既是一个行政管理部门，又是一个经济实体，其主要任务是负责组织修建灌溉工程及灌溉工程的运行维护，并以固定水费逐级向灌溉用水户计收水费[76]。菲律宾还设有农民自己管理农田水利的组织——农民灌溉管理协会。菲律宾对灌溉工程的资金投入是多层次多渠道的，主要有国家投资、利用外资、地方集资和农民投入（劳动力和材料）。

以上各国供水价格的形成机制及管理经验对我国正在进行的农业水价制度改革有一定借鉴意义。各国的水价形成机制在以下5个方面值得我们借鉴：一是农业水费建立在成本基础上；二是农业供水组织是非营利组织；三是国家对农业供水给予政策倾斜；四是运用农业两部制水价计收方式；五是对超定额农业用水有一定的惩罚措施。

1.2.7.3 新形势下农业水价改革发展趋势

在我国，由于农业供水的准公益性、政府的价格管制和农民经济承受能力制约的原因，农业水价受到严重扭曲。尽管如此，通过农业供水价格机制产生的激励对农业用水的供给与需求，特别是对农业节水，可以产生重要的调节作用。因此，必须进一步推进农业水价改革措施，建立有效激励的水价制度，促进节约用水。

1. 实行终端水价制度成为农业水价改革的必然选择

农业终端水价改革是规范末级渠系水价、改革农业供水管理体制、保证工程良性运行、促进农业节水增效、保障国家粮食安全的必然选择。按照促进节约用水和降低农民水费支出相结合的原则，逐步实行国有水利工程水价加末级渠系水价的终端水价制度，加快灌区改造、完善计量设施，推进农业用水计量收费，实行以供定需、定额灌溉、节约转让、超用加价的经济激励机制，推进农业水价综合改革[77]。

（1）加快灌区改造工程建设。我国的气候条件与水资源状况，决定了农业发展在很大程度上依赖于灌溉的发展程度，也决定了灌区在我国农业生产中的重要地位。为推行终端水价制，应做到“配水到户、计量到户、计账到户、收费到户”，切实减轻农民负担。在加强灌区改造与更新的同时，在末级渠系安装计量设施是执行终端水价制的迫切需要，有利于促进节约用水和减轻农民负担。

（2）终端水价的核算方法。农业终端水价是指整个农业灌溉用水过程中，农民用水户在田间地头承担的经价格主管部门批准的最终用水价格，由国有水利工程水价和末级渠系水价两部分组成。在农业供水各个环节中，农业供水成本费用沿着干渠、支渠、斗

渠和农渠逐级累加，在农渠出口处达到最大、形成农业终端水价[9]。

2. 从供水源头到用水户建立农业水费补偿机制

水利为社会提供的是具有公共物品或准公共物品性质的产品或服务，在消费中具有非排他性和非竞争性，其服务对象不能像一般竞争性产品和服务那样能够加以自由选择或排斥（或排斥的成本过高），在现有条件下难以形成良性的投入产出关系[78]。虽然水利工程供水从收费中可以获得一定的经济补偿，但由于农业产业的弱质性，加上水利工程供水工程大多是由政府投资兴建的，水利工程供水不仅具有经济目标，同时具有政治目标，如实现社会安定和社会公平等，为了保证水管单位的正常运行，就必须建立合理的价格补偿机制。有许多灌区长期亏本运行，工程老化失修，职工收入低，严重影响到灌区的生存和发展。如宝鸡峡灌区单方水供水成本费用为49.3分/m^3，而2001年省政府批准的农业水价为17.5分/m^3（含电费、外购水源费），仅占成本的35.5%。

由于水利工程的准公益性，在水价不到位的情况下，其运行维护不仅政府要承担主要责任，受益者也要承担一部分责任。因此，设立水价补偿金，专门用于补偿水管单位农业水价不达成本部分，此外，由于干旱缺水水管单位无水可供、农田干旱歉收无法缴纳水费而造成的困难，亦应由财政补贴，以维持各级水管单位最低水平的维护运行[79]。农业水费要建立国家、地方、用水户多层次的合理补偿机制，并合理确定国家、地方、用水户的补偿比例。在政府补贴农业水费方面，河北省邯郸市已迈出了一步。近2年，岳城水库供邯郸市的农业供水水费（水价标准3分/m^3）已由邯郸市财政解决。

3. 推行农业补偿水价，体现以工补农政策

当前，对国家和农业用水户补偿后的农业水费仍达不到成本的供水单位，在水价测算中，通过测算方法适当调整供水成本在农业与非农业之间的分配。在有条件的地区，对用水量大、承受能力强的非农业用水户考虑实施了以工补农的水价制定措施[82]。水价制定体现了以工补农是公平可行的。农业补偿水费的使用要加强管理，以促进水利供水工程的可持续运行。

在实行农业补偿水价之后，对农业补偿水费的管理可设立水价补偿金科目，专门准备补偿供水单位农业水价达不到成本的部分。水管单位要健全水费使用管理制度，增加透明度，实行账务公开，接受群众监督。同时，要加强内部管理，杜绝不合理的成本开支，不断降低供水成本，完善水费使用管理办法。

4. 落实征收农业水资源费政策，促进节约用水，合理配置水资源

水资源费是调整水资源供求关系的重要杠杆，对水资源的优化配置起重要作用。各地要加强水资源的统一管理，制定水资源费标准要根据当地的水资源状况，按照“优先开发地表水，严格控制地下水”的原则，提高地下水的水资源费的标准，遏制地下水的超采。

征收农业用水水资源费主要原因：一是水资源费的性质决定了应征收农业用水水资源费。水资源费与农业税还是有区别的，它是国家资源所有人收益权的体现，在水资源严重短缺的地区，农业用水又是最主要的用水户，应该征收水资源费。二是目前我国农业灌溉用水占农业用水的90%，而灌溉用水普遍管理粗放，利用率低，征收农业用水

水资源费有利于筹集农业节水资金，促进农业合理利用水资源。三是考虑农民经济负担问题，设定了征收前提，只有当农业生产出现了超定额用水时才征收水资源费，其目的主要是制止用水浪费，促进农业节水。四是农业用水在许多地方，由地表水改为地下水灌溉，破坏水生态环境[82]。

农业用水水资源费缓征5年的政策早已到期，2006年开始实施《取水许可和水资源费征收管理条例》的有关规定，通过加强用水定额管理和健全计量设施等措施，开展农业用水水资源费征收工作，以制约过度开采地下水，并能考虑优先使用地表水。随着国家取消农业税及逐步取消了统筹、村提留等收费项目，农业水资源费问题成为当前农村的一个热点问题。在前些年有关省市制定实施的水资源费征收管理办法中，大多数对农业灌溉用水不收或暂不征收水资源费，也有部分省市征收农业水资源费，但其征收标准远低于工业和生活用水水资源费的征收标准。《取水许可和水资源费征收管理条例》对农业用水的水资源费分不缴、免缴和低标准缴纳3种情况进行了规范。

目前，全国有较少省市对农业用水征收水资源费。如，北京市水资源非常紧张，农业绝大多数使用井水灌溉，已实行对农业超定额用水部分征收农业用水水资源费的政策。

5. 改革计价方式，推行科学合理的水价制度

按供水经营者向用水户计收水费的不同方式分为单一制水价、两部制水价、超定额累进加价、阶梯水价、丰枯季节水价和季节浮动水价。这些计价形式，是基于我国水资源短缺、各地降水的时间分布不均和水利工程供用水特点考虑的。改革计价方式的目的是促进节约用水、维持供需水的相对平衡、均衡补偿供水生产成本费用[80]。

全国绝大多数农业灌区采用一部制水价，必须尽快改革水价的计价方式，推行科学合理的水价制度。可根据水资源条件和供水工程情况实行分区域或分灌区定价；在实行农业用水计量的条件下，可适当引入丰枯季节差价或浮动价格机制，加大水价的激励和约束作用，缓解水资源紧缺的矛盾；继续推广计量水价和容量水价相结合的两部制水价，以促进水资源合理分配和水利工程的稳定运行。要尽快制定科学的农业用水定额，为推行两部制水价、超定额累进加价、丰枯季节水价或者浮动水价等科学的计价方式打好基础。

1.3 主要研究内容

开展农业水价综合改革和末级渠系节水改造试点工作，主要有三项重点任务。

(1) 组织建设，即农民用水合作组织规范化建设。按照“政府引导、农民自愿、依法登记、规范运作”的原则，培育以农民用水户协会为主要形式的农民用水合作组织，承担末级渠系的维修、使用和管理职责。在深入开展农业用水管理组织现状调查的基础上，编制农民用水户协会规范化建设规划。明确农民用水合作组织建设布局、管理范围、管理内容、能力建设及运作管理机制等。引导农民用水户协会进行社团登记，建立健全供水管理、工程维护、水费收缴、财务管理等规章制度[16]。支持农民用水合作组

织建设，在农民用水户协会成立初期，政府及有关部门、灌区管理单位应加强对农民用水户协会工作的指导和扶持。

（2）工程建设，即大型灌区末级渠系节水改造。采取“以奖代补”“先建后补”“民办公助”等方式开展大型灌区末级渠系节水改造，通过改造，形成工程良好、计量设施配套完善的灌溉系统。在灌区灌溉工程设施现状调查的基础上，编制末级渠系节水改造规划。落实末级渠系改造投入来源渠道、方式、分摊比例、监督管理，农民投工投劳的组织方式，以及项目组织模式等。建立完善末级渠系工程的产权制度，将改造完成的末级渠系工程产权明确归农民用水合作组织所有，水行政主管部门代表政府对末级渠系工程进行产权登记，颁发产权证书，加强产权保护与监督管理[16]。

（3）机制建设，即农业终端水价制度和农业水权制度建设。积极推进以终端水价制度为核心的农业水价改革，形成农田水利良性运行机制。在对灌区国有水利工程供水价格和末级渠系水价进行调查的基础上，编制灌区末级渠系水价改革规划。测算农业用水定额、农业供水成本、农民水费承受能力，制定水价改革时间表，推行终端水价制度，实行国有水利工程水价加末级渠系水价的定价模式。由物价部门和水利部门进行供水成本监审与水价审批工作，规范末级渠系水价秩序。同时，逐步建立农业水权制度，实行以供定需，定额灌溉，超用加价，节约转让，逐步发挥市场机制促进农业节水的重要作用[16]。

这三项内容是有机统一的，缺一不可，必须综合考虑政策措施，解决好政策间的衔接问题，整体推进，发挥政策的组合效果。

主要建设任务有水权确权与分配，水价形成机制与测算，水权交易，节水奖励与精准补贴四个方面，涵括以下 6 个实施要点：

（1）评价项目区灌溉水源水资源数量，绘制灌区供水的拓扑关系图，准确核算灌区农户用水，夯实水权分配基础。

（2）核准实际灌溉面积，建立农户、灌溉地块台账，明确水权分配对象，提出系统完整的农业水权分配方法。

（3）建立灌溉水源-农户-地块的三级关联关系，完成灌溉初始水权分配，探索建立水权交易市场及可操作的水权交易办法以及机动水量调整机制。

（4）研究灌溉用水累计加价机制，建立成套的阶梯水价与节水奖励、节水补贴措施结合实施的一整套经济杠杆措施，全面促进水资源节约利用。

（5）建立实时用水监测、计量体系，建立年度农户用水统计和收支核算方法，研究落实具有实际可操作性的水票预售和实时监控收费办法。

（6）研究制定水利工程管护和收费办法，建立促进水权制度落实实施的组织架构。

第2章
研究区域基本情况

2.1 河套灌区概况

内蒙古河套灌区是我国西部的一颗璀璨明珠，草原化荒漠中的生命绿洲，她像一顶“皇冠”镶嵌在黄河流经纬度最高的地方，像一位慈祥的母亲哺育着内蒙古河套平原上的儿女，她素有“黄河百害，唯富一套”之美称。她的形成得益于其东缘过境黄河提供的丰富水源，更得益于多年前秦汉至今的一代一代水利人付出的艰辛劳动和伟大智慧。河套灌区从黄河自流引水灌溉，年均引黄水量约 $50\times10^9\mathrm{m}^3$，灌区东西长约 250km，南北宽约 50km，引黄控制面积 $116.2\times10^4\mathrm{ha}$，灌溉面积 $57.4\times10^4\mathrm{hm}^2$，耕地面积约占灌区总面积的 50%。河套灌区是我国三个特大型灌区之一（其他两个灌区是淠史杭灌区和都江堰灌区），也是亚洲最大的一首制灌区。灌区农业发达，物产丰富，主产小麦、玉米、葵花、河套蜜瓜等，是国家和内蒙古自治区重要的粮油生产基地。

河套灌区位于内蒙古自治区中西部的巴彦淖尔市，黄河流域的中上游，东至内蒙古自治区包头市，南临黄河，西接乌兰布和沙漠，北靠阴山山脉，黄河自西向东流过灌区。河套灌区是以河套平原中的后套平原为基础，经过长期的人工改造治理而成的。河套平原在地貌上可划分为四部分：乌兰布和沙漠、后套平原、明安川和三湖河平原，它涉及巴彦淖尔市的 7 个旗（县、区）[磴口县、杭锦后旗、临河区、五原县、乌拉特前旗、乌拉特中旗和乌拉特后旗，河套灌区主要是在前 5 个旗（县、区）]，如图 2.1 所示。按照地貌特征和历史习惯，灌区又可分为包尔套勒盖、后套和三河湖 3 个部分。

2.1.1 自然地理

2.1.1.1 地质环境

根据地槽-地台理论，河套灌区在地质构造上属于内蒙古地轴与鄂尔多斯台向斜之间的断陷盆地，按板块构造理论，则属于华北台块上环鄂尔多斯新生代地堑系中的河套地堑。河套灌区以湖相沉积为主，上面覆盖黄河冲洪积物，从而形成黄河冲积平原，海拔为 980～1050m，以灌区为中心，北部为阴山山脉的狼山、乌拉山山前广泛发育的洪积扇，南部为鄂尔多斯高原边缘的库布齐沙漠，西部为乌兰布和近代风积沙地，东部的三湖河地区。河套灌区地势呈南高北低（至阴山洪积扇前），西高东低，略有倾斜，但较为平坦的特点。由于历史上黄河在该地区多次泛滥改道，且平原上残留的湖泊不断缩减，因此，河套灌区还广泛分布着古河道、牛轭湖、洼地、沙堆、带状沙丘、湖泊等多

种微地貌。由于河套灌区的地下水埋深较浅，且该地区的蒸发强烈，因此，在灌区存在不同程度的土壤盐碱化现象。

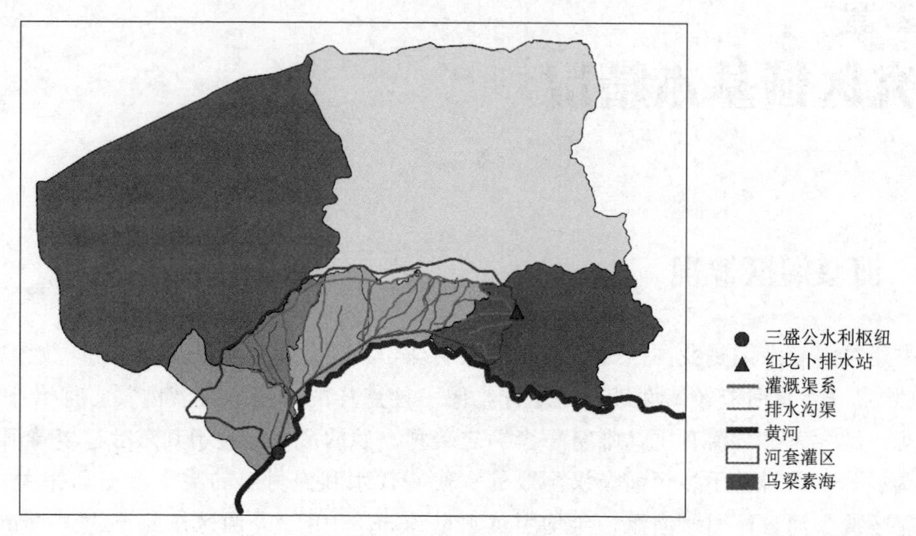

图 2.1　河套灌区区位图

2.1.1.2　气候环境

河套灌区地处中纬度地区，深居内陆，远离海洋，地势较高，气候类型为干旱-半干旱的中温带大陆性气候。由于其处于干旱-半干旱过渡区和季风边缘区，受高空西风环流和冬季风控制，盛行西风和西北风，形成了降水量少、蒸发量大、风大沙多、无霜期短、昼夜温差大、日照时间长、四季分明的气候特点。

河套灌区气象数据如图 2.2 所示。

河套灌区的降水较少，且分布不均，东部高于西部，年平均降水量为 140～230mm，降水时间主要集中在 6—9 月，该时期的降水量占全年总降水量的 60%～80%，降水多为雷阵雨，历时短，强度大。相较于较少的降水，该地区的蒸发强烈。一年之中，春季蒸发量最为旺盛，蒸发量是降水量的 30～80 倍，因而春旱相当严重，而夏季多雨，又是蒸发量最大的季节，其蒸发量占年度蒸发量的 40%～50%，秋季气温下降，降水量减少，蒸发量小于夏季，冬季蒸发量则降到最低，年均蒸发量为 1900～2300mm，是典型的没有灌溉就没有农业的地区。

河套灌区冬寒而长，夏热而短。12 月至翌年 1 月的气温最低，平均气温范围为 −14～−16℃；7、8 月份温度最高，平均气温为 21～25℃。灌区风沙较大，由于受高空西风环流和冬季风控制，且该地区地势较高，植被稀疏，因此风速较高，风期较长。其风速的特征是：春季风速最大，冬季次之，秋季居中，夏季最小，年平均风速 2.5～3.4 m/s，年最大风速 18～40 m/s，是我国风能资源丰富的地区。河套灌区的光热条件较好。由于灌区的海拔较高，雨量较少，因此太阳辐射较强，日照长，全年平均日照时数为 3100～3300h，无霜期短，一般为 150～180 天，封冻期一般从 11 月下旬到翌年 4 月，

土壤冻结厚度为1.1m左右。由于无霜期短，灌区种一茬则热能有余，种两茬则热能不足，因此灌区采用一年一熟的耕作制度，丰富的光热资源无法得到充分利用，如小麦的生育期是4月初到7月底，从小麦收获到9月底的70多天内，麦地都处空闲状态，无法再利用。

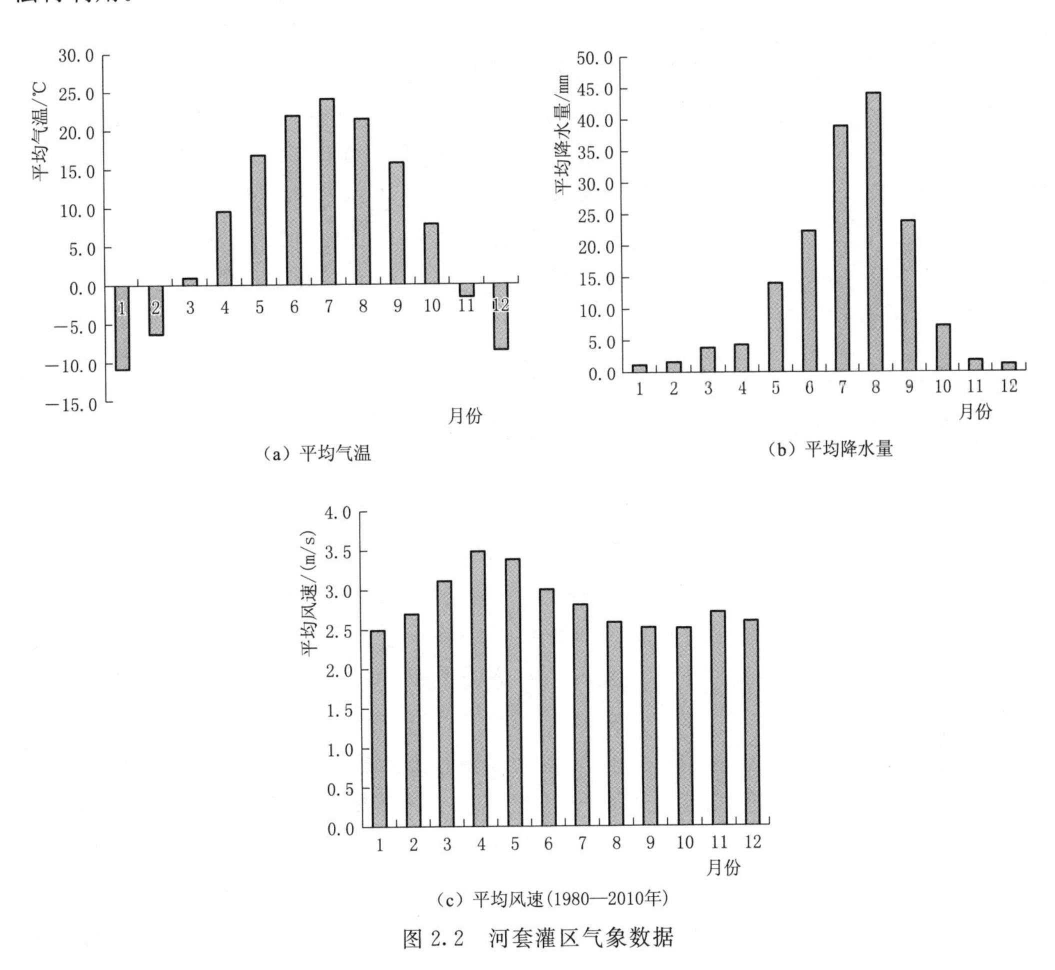

(a) 平均气温

(b) 平均降水量

(c) 平均风速(1980—2010年)

图2.2 河套灌区气象数据

2.1.1.3 土壤情况

河套平原的土壤类型较多。据1985年全国第二次土壤普查结果显示，河套平原有灌淤土、盐土、碱土、风沙土、潮土、新积土、沼泽土、灰土、栗钙土、棕钙土、灰漠土、灰棕漠土、石质土、粗骨土等14个土类，32个亚类，94个土属，348个土种。由于河套的地貌复杂，气候多变，土壤的成因也有多种，其主要成土母质有以下5种：

(1) 河流冲积物。黄河冲积物是河套平原主要的成土母质，黄河一路流过青海、甘肃、宁夏三省，途经黄土高原，河水中携带大量泥沙，进入河套后，流速渐缓，逐渐沉积下来。

(2) 灌溉淤积物。黄河水含有大量的泥沙，灌区灌溉时泥沙随水流入，淤积农田，

使土层加厚。

(3) 山洪冲积物。河套平原北部的阴山山脉山洪暴发时，砾石泥沙夹杂着枯枝落叶逐渐淤积，形成山洪冲积物。

(4) 风积土。由于风力作用形成的土壤，主要分布在乌兰布和地区。

(5) 残-坡积土。主要包括栗钙土、棕钙土、灰漠土、灰褐土、灰棕漠土等土类。其中，灌淤土是河套灌区主要的耕作土壤。灌区土壤养分的特点是氮缺、磷少、有机质含量低，土壤有机质含量不足1%，钾含量相对丰富。在河套灌区，由于农业开垦，原生植被保存较少，主要以禾本科、黎科、蓼科、菊科等占优势的草甸植被为主，另外低洼处有盐生植被，海子（湖泊）周围有水生湿生植物，沙丘或沙地有沙生植物，山麓干旱处有旱生的多刺灌木。现有乔木为人工栽植，主要有杨树、柳树、沙枣和榆树等。农田主要为草本植物，有春小麦、玉米等粮食作物以及葵花、甜菜、甜瓜等经济作物。

2.1.2 社会情况

河套灌区在行政区划上主要分属于巴彦淖尔市的5个旗（县、区）：临河区、磴口县、五原县、杭锦后旗、乌拉特前旗。据2016年巴彦淖尔市国民经济和社会发展统计公报显示，巴彦淖尔市常住人口为168.3万，其中乡村人口78.4万，占总人口的46.6%，全市人口主要分布在灌区范围内。国内生产总值为915.4亿元，三次产业的结构为17.3∶50.6∶32.1。巴彦淖尔市的农业生产主要集中在河套灌区范围内，灌区是内蒙古自治区和我国重要的农牧业生产基地之一，农牧业是巴彦淖尔市经济发展的重要支柱，而其中粮油产业、果蔬产业、乳品产业、肉类产业、羊绒产业、饲草产业为农牧业支柱产业。

河套灌区的农业生产主要包括粮食作物（小麦、玉米等），油料作物（向日葵等），果蔬作物（番茄、甜瓜和西瓜等）以及饲料用作物（草木樨、苜蓿等）。2016年农作物总播种面积72.3万hm^2，粮食播种面积32.3万hm^2，其中，小麦面积8.6万hm^2，玉米面积23.3万hm^2。经济作物播种面积38.7万hm^2，其中，花葵面积27.7万hm^2，油葵面积1.1万hm^2，番茄面积0.9万hm^2；粮食产量为31.2亿kg，其中，小麦产量4.5亿kg，玉米产量26.7亿kg；油料总产量8.1亿kg；番茄总产量7.8亿kg。得益于优越的自然条件，河套畜牧业生产规模较为庞大。2016年，猪牛羊存栏头数767.5万头（只），猪牛羊出栏头数1020.6万头（只），猪牛羊肉总产量21.5万t，牛奶产量62.7万t，山羊绒产量732.0t。

2.1.3 河套灌区水资源利用状况

河套灌区历史悠久，源远流长。早在秦代就已开发农业生产，而后在汉武帝时期开始大兴水利，开垦荒地；北魏和隋唐继续兴修水利，发展农业生产，宋、辽、金、夏、元、明时期，农人内迁，致使耕退牧还，水利开发衰退；清道光年间，河套水利开发再次复兴，从道光至光绪末年，众多地商竞相开渠，到光绪十七年（1891年）王同春开挖永和渠（沙河渠）为止，河套已形成八大干渠的框架；民国时期阎锡山、傅作义先后主政河套，继续兴修水利，再添两条干渠。新中国成立后，随着党和政府大力投入，灌区水利事业迎来发展新高峰。20世纪50—60年代，建成了黄河三盛公水利枢纽工程和黄河北岸的总干渠（当地又称二黄河），疏通了干渠、分干渠引水系统，形成了灌区渠系网的框架，结束了河套灌区在黄河上无坝多口引水、引水量不受控制的历史；60年代中期至70年代末，疏通了总排干沟，建成了红圪卜排水站及十余条排干沟，构成了完善的排水体系，解决了排水不畅的问题；80年代开始，由于黄河上游农业面积上升、用水量增加，上游来水减少，灌区可引水量减少，灌区因此开始从工程、技术、农艺和管理等方面着手发展节水灌溉农业。

目前，河套灌区具有完备的灌排工程体系。灌水系统有三盛公水利枢纽一座，总干渠一条，长180km；干渠12条，全长755 km；分干渠48条，全长1062km；支、斗、农、毛渠85861条，全长47324km。排水系统总排干沟一条，长227km；干沟12条，全长523km；分干沟59条，全长925km；支、斗、农、毛、沟17619条，全长12211km，主要排水站有红圪卜扬水站、八排站、九排站和十排站等。

2.1.3.1 河套灌区水资源状况

河套灌区的水资源主要有黄河过境水、地表水和地下水。巴彦淖尔市水资源状况见表2.1。黄河的过境径流，1990—2017年黄河河套段的过境流量平均约为224.8亿m^3，是该区域最主要的可利用水资源。受气候影响，河套灌区的降水量少，一般不产生径流。狼山、乌拉山向灌区一侧的年径流量约为1.3亿m^3，可利用的约为0.7亿m^3。灌区的地下水来源主要有降水入渗、灌溉入渗、狼山和乌拉山的降水侧渗以及黄河侧渗，多年平均（2001—2017年）地下水资源量约为23.6亿m^3，河套灌区浅层地下水矿化度小于3g/L的面积约占灌区的56%，地下水开发受水质的影响，多年平均开采量为6.6亿m^3。引黄水量占灌区总耗水量的86.6%，是灌区的最重要的水分来源。

在巴彦淖尔市，农业生产主要集中在河套灌区范围内。从表2.2可以看出，在2000—2017年间，农业生产用水是巴彦淖尔市的水资源的主要消耗项，年平均用水量为47.6亿m^3，占总用水量的96.8%。

表2.1　2001—2017年巴彦淖尔市水资源状况　单位：亿m^3

降水资源量	地表水资源量		地下水资源量	重复计算量	水资源总量	耗用水量			
	引黄水量	径流量				用黄水量	地表水	地下水	合计
103	46.6	1.3	23.6	15.9	55.8	42.8	0.3	6.6	49.4

表2.2　2001—2017年巴彦淖尔市用水情况　单位：亿m^3

用水情况	农业用水	工业用水	生活用水	总用水量
平均	47.6	0.8	0.7	49.1
比例/%	96.9	1.6	1.4	—

2.1.3.2　河套灌区年际引黄水量情况

由表 2.3 可知，从 20 世纪 60 年代到 2017 年，河套灌区的年均引黄水量为 48.6 亿 m^3，占黄河多年平均过境水量的 1/5。从总体看引水量的变化，河套灌区的引黄水量经历先增加后减小的过程。从 60 年代到 90 年代，灌区的引水总体呈上升趋势，90 年代比 60 年代平均多引水 10 亿 m^3，达到了 51.9 亿 m^3，而从 2000—2017 年，灌区的引水量逐渐减少，2010—2017 年灌区的引黄水量比 90 年代减少了 6 亿 m^3。灌区引黄水量变化可能是因为从 50 年代开始，国家投资治理灌区，完善灌区管理，使灌区的灌溉面积迅速扩大，从 60 年代的 36.7 万 hm^2 增加到 90 年代的 55.0 万 hm^2，从而导致灌区引黄水量的增加。2000 年以后，随着经济发展，沿黄省份对黄河水需求增加，而黄河水量偏枯，进而国家对黄河水量实施统一调度，致使 2000 年后引水量开始减少。从 2000 年开始，受益于灌区的灌溉用水管理水平提高，在灌溉面积大幅增加的情况下，引黄水量的增幅较小。2017 年的灌溉面积比 60 年代的增加了 54.2%，而引黄水量只增加了 16.3%。

表 2.3　1960—2017 年河套灌区各时段平均引黄水量和灌溉面积

时　间	年均引水量/亿 m^3	增长率/%	灌溉面积/万 hm^2	增长率/%
20 世纪 60 年代	41.8	—	36.7	—
20 世纪 70 年代	38.2	−8.6	43.4	18.3
20 世纪 80 年代	50.8	33.0	44.1	1.5
20 世纪 90 年代	51.9	2.2	55.0	24.8
2000—2009 年	48.0	−7.5	56.9	3.4
2010—2012 年	45.2	−5.8	56.6	−0.5
1960—2017 年	48.6	16.3	—	54.2

2.1.3.3　河套灌区年内引黄水量情况

河套灌区从位于黄河上的引水口三盛公水利枢纽引水灌溉。如图 2.3 所示为 1990—2017 年河套灌区引黄水量的各月引水量及引水口上下游水文站点的河流流量变化情况，其中石嘴山水文站位于灌区引水口上游，而巴彦高勒水文站则位于引水口下游 1km 处，图中是两个水文站测定的 1990—2017 年河道水量的月平均值。河套灌区的灌溉制度分为夏灌期（4—6 月）、秋灌期（7—9 月）和秋浇期（10—11 月）3 个阶段。图中可以看出，河套灌区在夏灌前的 1—3 月不引水，4 月夏灌开始后引水增加，5 月引水

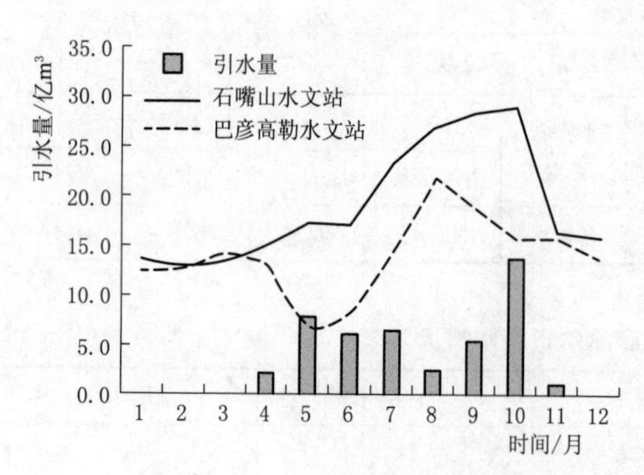

图 2.3　1990—2017 年河套灌区月均引黄水量及黄河石嘴山、巴彦高勒水文站的引水量

8 亿 m^3，占年总引水量的 17.5%，夏灌期占全年总引水量的 35.6%，秋灌期占全年总引水量的 31.6%，而秋浇期则占全年总引水量的 32.7%，其中 10 月引水量最大，占全年总引水量的 30.3%。在秋浇期，灌区的作物已经收获，该时期的灌溉主要有两方面用途：一是增加土壤水分，为来年种植作物添加底墒；二是淋溶冲洗土壤中的盐分，降低土壤含盐量，保障来年作物的健康生长。秋浇期结束后引水量迅速降低，12 月到次年 3 月不再引水，此时黄河也进入封冻期。另外从两个水文站的水量变化来看，灌区引水对河流的水量影响特别大，直接减少了河道下游区域的可用水量。

2.1.3.4 河套灌区年内排水情况

河套灌区由于地下水埋深较浅，地下水矿化度高，其中矿化度大于 3g/L 的土地面积占全灌区的 44%，且灌区受气候影响，降水少而蒸发极其强烈，灌区的土地盐渍化严重。因此，灌区每年的灌溉水量较大，从而达到土壤洗盐的目的，由于地下水埋深浅，多余的水分一般通过灌区完善的排水沟排出到乌梁素海，最终流入黄河。图 2.4 是河套灌区 2000—2017 年的月均排水量图。灌区年平均总排水约 5 亿 m^3，各月的排水量与灌溉量关系密切，灌溉量大的月份，排水量也较大，另外，排水的时间较灌溉时间稍微有点滞后。其中夏灌期的 5 月排水量占全年排水的 12.7%，而秋浇期的 10 月和11 月的排水量则分别占 17.4%和 20.4%。

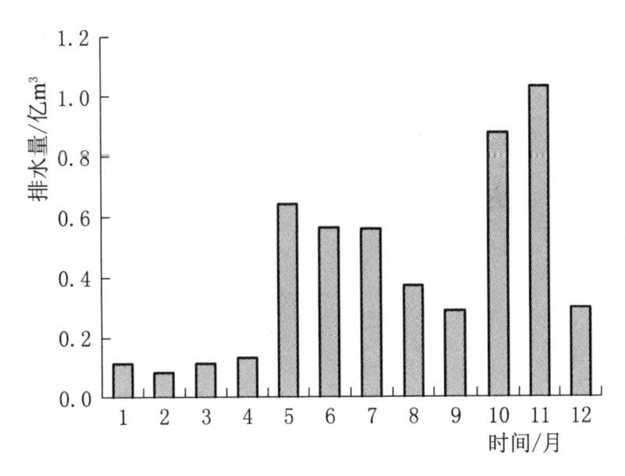

图 2.4 2000—2017 年河套灌区月均排水量

2.1.4 河套灌区用水效率及效益评价

根据内蒙古农业大学屈忠义教授等人对河套灌区的渠系水利用系数、田间水利用系数，以及灌溉水利用系数的测算分析结果，2014 年河套灌区平均渠系水利用系数为 0.47，田间水利用系数为 0.816，灌溉水利用系数为 0.384；而 2000 年河套灌区渠系水利用系数为 0.459，田间水利用系数为 0.75，灌溉水利用系数为 0.344，相比之下，分别提高了 2.4%、8.8%和 11.6%，引黄水量也从 51.78 亿 m^3 减少至 44.79 亿 m^3。因此，河套灌区灌溉水利用系数，还是具有较大的提升空间，农业灌溉用水还是具有较大的节水潜力。

据调查，河套灌区农业用水占巴彦淖尔市农业用水总量的 92%以上，虽然农业节水方面已经取得了一定的成效，但还是存在以下主要问题：

（1）渠道输水渗漏较为严重，渠系水利用系数仅为 0.47。

（2）田间灌水方法和技术有待进一步改进，田间水利用系数为 0.816。

（3）主要粮食作物的水分生产率不高，平均仅为 0.93kg/m^3。

（4）秋浇制度有待于进一步完善，在确定秋浇的田块及其灌水定额等方面还存在一定的盲目性。

（5）农民的自觉节水意识和愿望还不是很强烈，农业灌溉水价偏低，水交易市场还未建立，无法发挥水市场的调节作用。

（6）河套灌区井灌和井渠结合灌溉工程还有较大的拓展空间，地下水的开发利用还有较大的潜力。

2.1.5　河套灌区典型研究区域

内蒙古河套灌区包括磴口县、杭锦后旗、临河区、五原县和乌拉特前旗 5 个旗（县、区），行政区域总面积为 18242 km^2。2014 年统计，其耕地、园地、林地和牧草地面积分别占行政区域土地面积的 33.45%、0.24%、4.89%和 6.54%。乌拉特前旗、临河区和五原县耕地面积分别占河套灌区耕地面积的 26.69%、23.71%和 25.61%。杭锦后旗、临河区和乌拉特前旗园地面积分别占河套灌区园地面积的 62.44%、19.17%和 11.78。乌拉特前旗和杭锦后旗林地面积分别占河套灌区林地面积的 71.25%和 10.69%。磴口县和乌拉特前旗牧草地面积分别占河套灌区牧草地面积的 82.56%和 17.25%（图 2.5）。基于上述描述，选取磴口县很热临河区作为内蒙古河套灌区的代表研究区域。

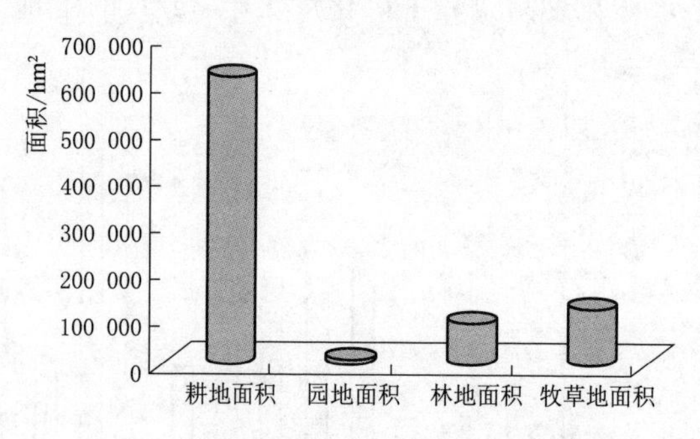

图 2.5　河套灌区主要农作物用地面积

2.2　磴口县灌区概况

2.2.1　地理位置

磴口县位于内蒙古西部河套平原源头，乌兰布和沙漠东部边缘。地处东经 106°9′～107°10′，北纬 40°9′～40°57′之间，东北与杭锦后旗接壤，西北同乌拉特后旗相连，西南与阿拉善盟毗邻，东南与鄂尔多斯市隔河相望。全县东西长约 92km，南北宽约 65km，总面积 4167km^2。

2.2.2　地貌情况

磴口县县境地形地貌复杂，大体可分为山地、沙漠、平原、河流四种类型：北部是高耸巍峨的狼山山脉，为土石山区，面积 145.3 万亩，蕴藏着丰富的矿产资源；西部是广袤的乌兰布和大沙漠，地表为沙丘和沙生植物覆盖，面积 426.9 万亩；东部为一望无垠的黄河冲积平原，平原区 45.6 万亩，这里地势平坦，土地肥沃，渠道纵横，灌溉便利；南面是奔腾咆哮的古老黄河，黄河水域 7.3 万亩，整个地形除山区外呈现东南高、

西北低，东南逐步向西北倾斜，从东南总干渠引水闸到西北乌兰布和沙区，坡降23m。境内海拔最高2046m，最低1030m。

2.2.3 气候环境

磴口县属温带大陆性季风气候，其特征是冬季寒冷漫长，春秋短暂，夏季炎热，降雨量少，日照充足，热量丰富，昼夜温差大，积温高，无霜期短。2013年日照时数3300小时以上，2013年无霜期为136～205d，年平均气温为7.6℃，植物生长期的5—9月光合有效辐射40.19kcal/cm^2，植物生长期的积温约为3100℃，生长期昼夜温差14.5℃。年平均降雨量144.5mm，年均蒸发量2397.6mm。

2.2.4 水资源概况

磴口县水资源丰富，黄河流经磴口县52km，年径流量310亿m^3，黄河年均流量为580～1600m/s，据有关资料统计，2006年磴口县水利资源总量达11.0598亿m^3，人均水资源量约为3270 m^3，其中地表水资源总量（即引黄水量）为6.0448亿m^3，地下水资源量为7.131亿m^3，其中重复计算量为2.116亿m^3。地下水可开采面积达3452.11km^2，地下水资源储量为5.258亿m^3，黄河水年侧渗量4.9亿m^3，可开采量为2.11亿m^3。大小湖泊有46处，共有水域面积3.61万亩。地下水资源分布状态较为稳定，埋深浅、极易开采。

磴口县地处河套黄溉上游，拦河闸控制着整个河套的灌溉。因此引黄灌溉较其他旗县条件优越。黄河自2012年闸上平均水位、灌溉行水期一般在1053.6m以上，最高水位1055m。磴口县绝大多数耕地可引黄灌溉。

黄河流经磴口县52km，河套灌区水利大动脉总干渠及乌审干渠横穿县境而过，黄河水侧渗丰富，同时由于古地理环境及黄河改道，使磴口县地下水资源十分丰富，地下水埋深2～9m，单井出水量80～120m/h。

2.2.5 经济社会情况

2017年，磴口县总人口11.44万人（户籍人口），比上年末减少1419人。总人口中：少数民族11163人（其中：蒙古族5102人，回族5347人）；非农业人口5.08万人，农业人口5.64万人，城乡人口比例为50.7∶49.3。

2017年，磴口县地区生产总值46.07亿元，比上年增长4.2%。其中：第一产业增加值9.66亿元，增长5.4%；第二产业增加值22.29亿元，下降0.9%；第三产业增加值14.12亿元，增长12.3%。一、二、三产结构由上年的17.1∶58.3∶24.6调整为21.0∶48.4∶30.6。人均生产总值39545元，按年平均汇率折算5857美元。

2.2.6 农业概况

1. 农业生产状况

2017年，磴口县农业总产值完成165053.34万元，同比增长17.6%，农、林、牧、

渔业及其服务业结构比例为47.36∶5.35∶41.7∶4.44∶1.15。

农作物总播面积118.85万亩，比上年增长2.9%。粮食作物面积54.04万亩，增长33.3%，其中：小麦面积3.57万亩，增长35.7%；玉米面积50.14万亩，增长32.6%。经济作物面积55.44万亩，下降2.1%。其中：油料面积39.23万亩，下降8.7%；番茄面积1.23万亩，增长7.0%。饲草作物面积9.37万亩，下降48.8%。粮经草比例由上年的47.1∶39.2∶13.7调整为45.5∶46.6∶7.9。主要大宗农作物良种率达到100%。设施农业成效显著，全县设施农业面积累计达到2.23万亩，其中：日光温室0.52万亩，塑料大棚1.71万亩，初步形成了反季节甜瓜、蔬菜生产及育苗的规模化种植。

2. 农业灌溉分布状况

2017年磴口县农业综合改革项目区位于一干渠上半段及建设一分干和建设二分干灌域，改革项目区控制灌溉面积27.15万亩，其中一干渠上段控制灌溉面积7.39万亩，建设一分干渠控制灌溉面积8.3万亩，建设二分干渠控制灌溉面积11.43万亩。其中改革核心区选在巴彦套海农场，改革核心区控制灌溉面积3.2万亩，包括黄灌区面积2.43万亩，井黄双灌区面积0.72万亩和纯井灌溉面积0.05万亩。

3. 农业灌溉水利工程基本状况

本次改革区属于一干渠、建设一分干渠和建设二分干渠控制灌溉区，水源主要为引黄灌溉，由于近几年水情紧张，改革区部分区域陆续配套机电井，在水情紧张时配合黄河水进行灌溉。

改革区境内现状斗以上渠道280条，总长度517.1km。其中干、分干渠3条，长度80.9km；支渠26条，总长度109.2km；干斗渠77条，总长度135.94km；斗渠174条，总长度191.1km。

核心改革区位于巴彦套海农场，经调查，核心改革区主要从建设二分干渠通过干斗渠进行灌溉引水。项目区现有斗农渠34条，其中干斗渠12条，农渠22条。干斗渠进行衬砌，90%农渠完成衬砌节水改造配套。目前，项目区部分干斗渠配有简易的测流设施。试点地区将在2020年底前率先基本实现改革目标，形成符合灌区实际可复制、可推广的经验和做法，修正改革路径，完善改革措施，为改革全面推开起到引领示范作用。磴口县农业水价改革涉及6014户、7个用水协会。

4. 农业灌区种植状况

根据对磴口县农作物种植结构及种植规模的调研可知，磴口县的夏季作物主要包含小麦、油料、瓜类、番茄、夏杂，其中小麦间套种的作物有玉米、葵花和甜菜；秋季作物主要包括玉米、甜菜、葵花、秋杂；除了夏季作物和秋季作物，还有林草地。统计2009年至2017年各用水单位农作物种植结构及种植面积，对这9年农作物种植结构及种植面积进行分析，结果如图2.6～图2.15所示。根据统计的数据，给出各用水单位各农作物种植规模变化范围，见表2.4。

从图2.6中可以看出，从总灌溉面积来看，巴彦高勒镇在2011年农作物的种植面积减少，2012年开始种植作物面积增加；从单一作物来看，农作物种植结构变化很大；

从趋势来看，夏季作物的主要以小麦，油料瓜类为主，番茄种植面积在减小，而秋季作物中以玉米和葵花为主，甜菜最近几年基本没有种植。

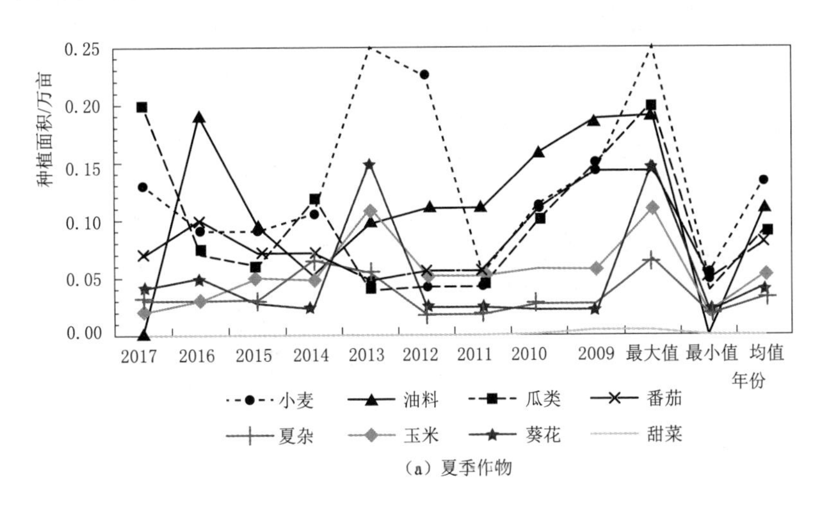

（a）夏季作物

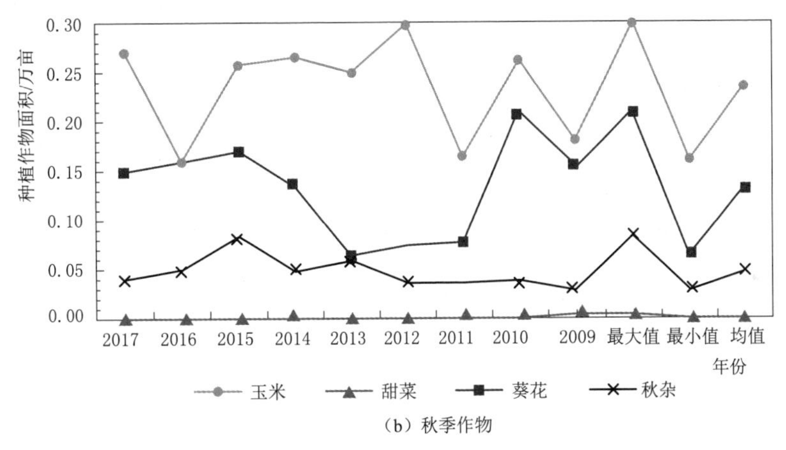

（b）秋季作物

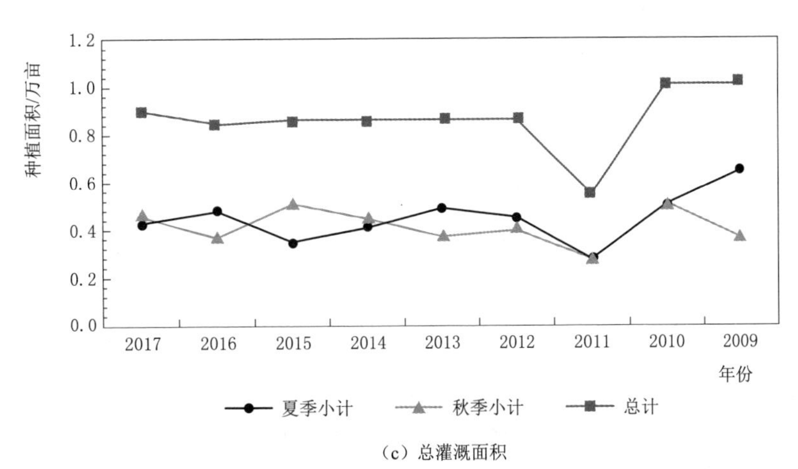

（c）总灌溉面积

图 2.6　巴彦高勒镇农作物种植结构及种植面积

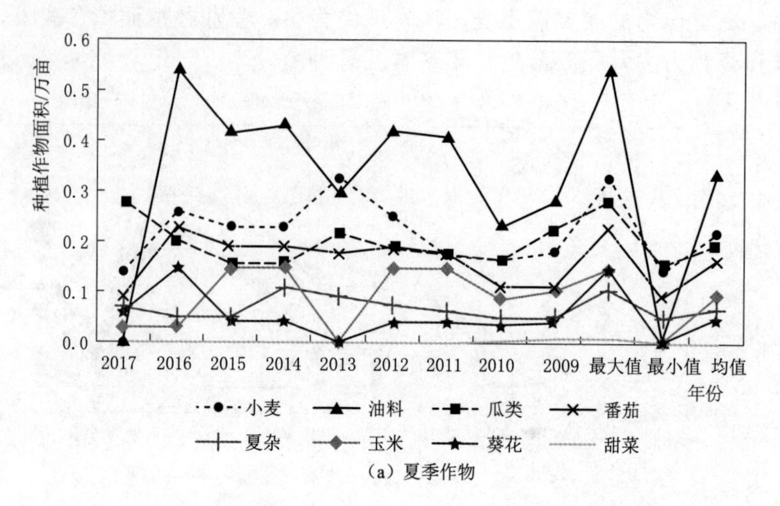

（a）夏季作物

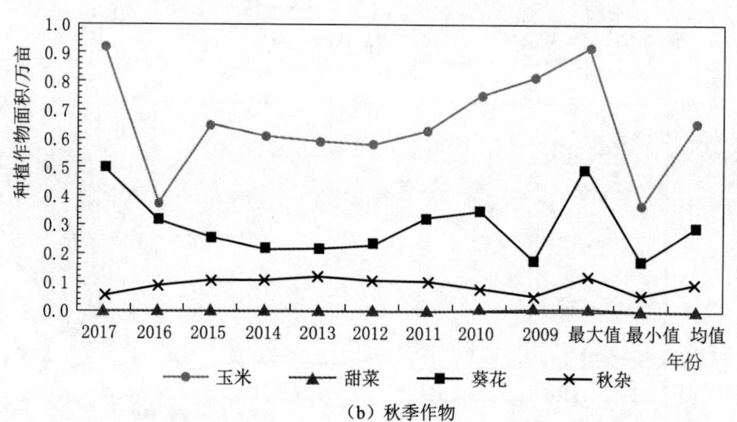

（b）秋季作物

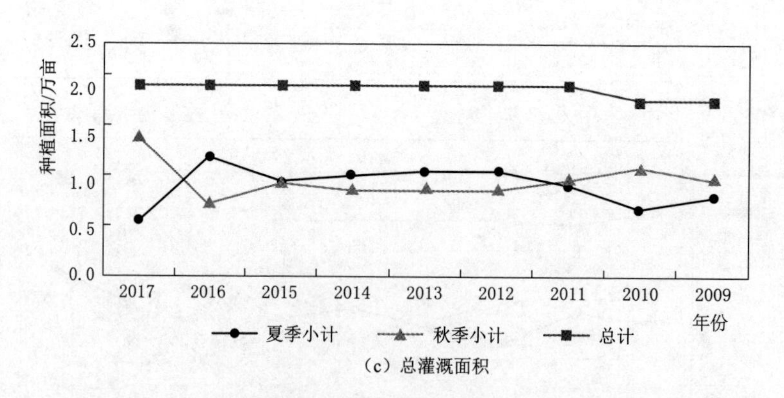

（c）总灌溉面积

图 2.7　实验局农作物种植结构及种植面积

从图 2.7 中可以看出，从总灌溉面积来看，实验局农作物种植结构近几年变化不大，只有在 2017 年时夏季作物和秋季作物总量发生变化，说明农民对种植作物做了调整；从作物种植面积来看，夏季作物的主要以小麦、油料、瓜类，还有番茄为主，

其中在2017年油料和番茄种植面积减少，甚至油料就没有种植。从作物趋势来看，实验局夏季农作物种植结构变化不大；而秋季作物中以玉米和葵花为主，甜菜最近几年基本没有种植。从作物趋势来看，玉米和葵花的种植面积有所变化，但整体来说变化不大。

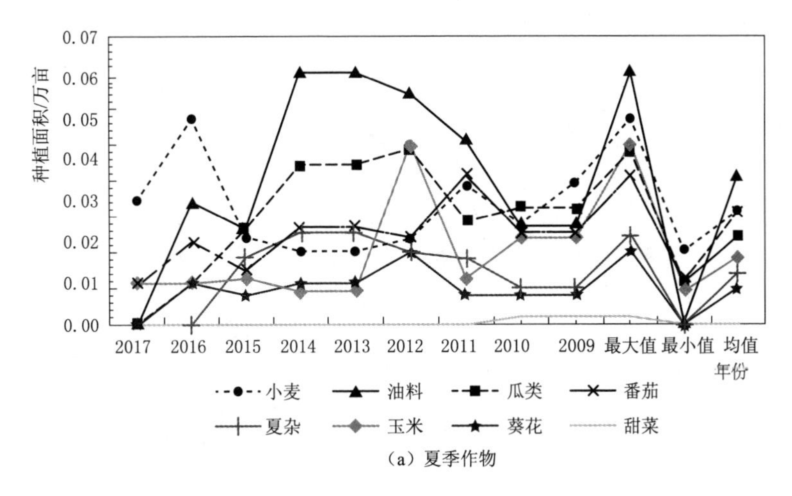

(a) 夏季作物

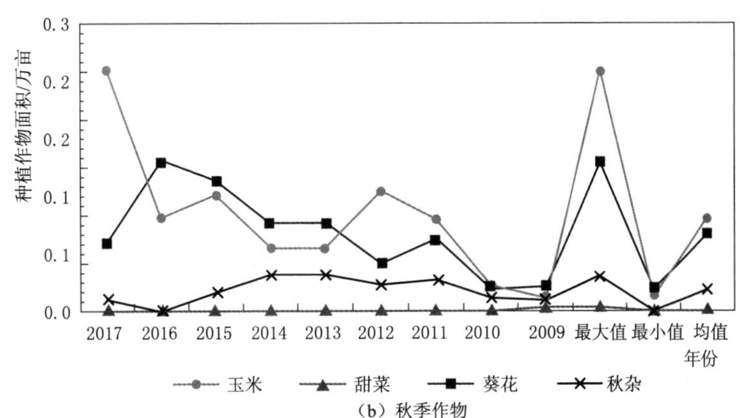

(b) 秋季作物

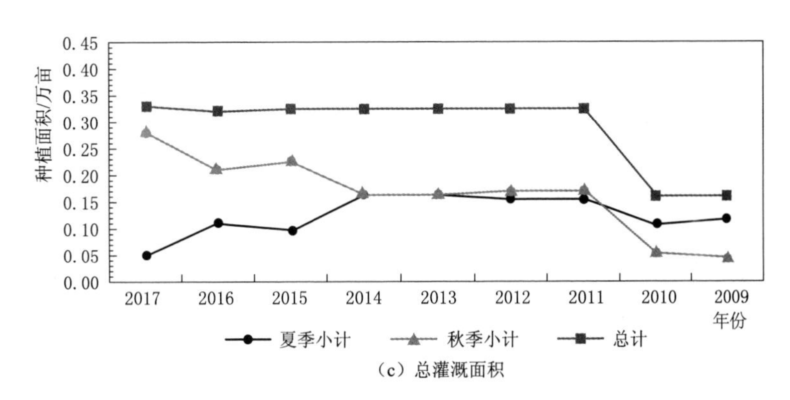

(c) 总灌溉面积

图2.8 巴市治沙局农作物种植结构及种植面积

从图 2.8 中可以看出，从总灌溉面积来看，巴市治沙局农作物种植结构近几年变化比较大，从 2014 年之后夏季作物和秋季作物总量发生变化，秋季作物种植面积在增长，而夏季作物种植面积在逐年减小；从作物种植面积来看，夏季作物的主要以小麦、油料、瓜类，还有番茄为主，其中油料作物从 2010 开始，其种植面积一直增加；而秋季作物中以玉米和葵花为主，甜菜最近几年基本没有种植。从作物趋势来看，玉米和葵花的种植面积逐年增加。

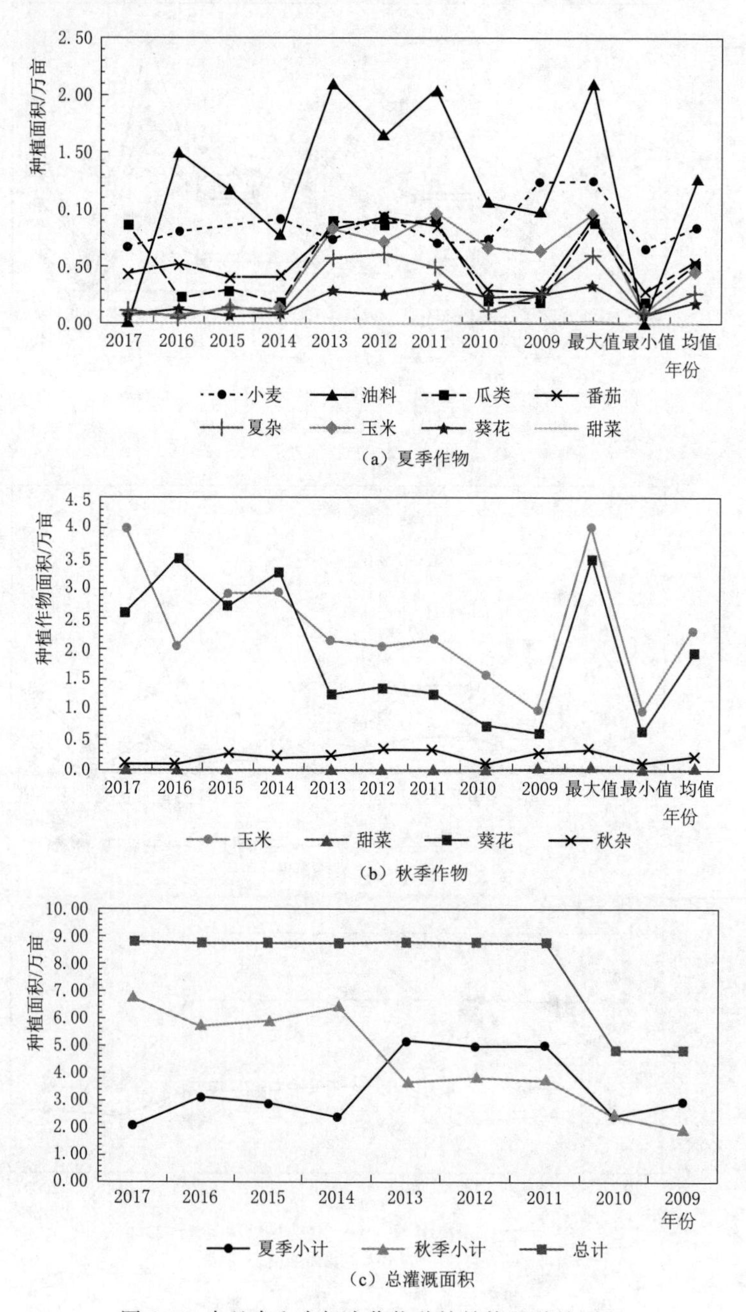

图 2.9　乌兰布和农场农作物种植结构及种植面积

从图 2.9 中可以看出，从总灌溉面积来看，2010 年乌兰布和农场农作物种植面积有明显增加，从 2013 年之后夏季作物和秋季作物总量发生变化，秋季作物种植面积在增长，而夏季作物种植面积逐年减小；从作物种植面积来看，夏季作物的主要以小麦，油料，瓜类还有番茄为主，其中油料作物种植面积这几年波动比较大；而秋季作物中以玉米和葵花为主，甜菜最近几年基本没有种植。从作物趋势来看，玉米和葵花的种植面积逐年增加。

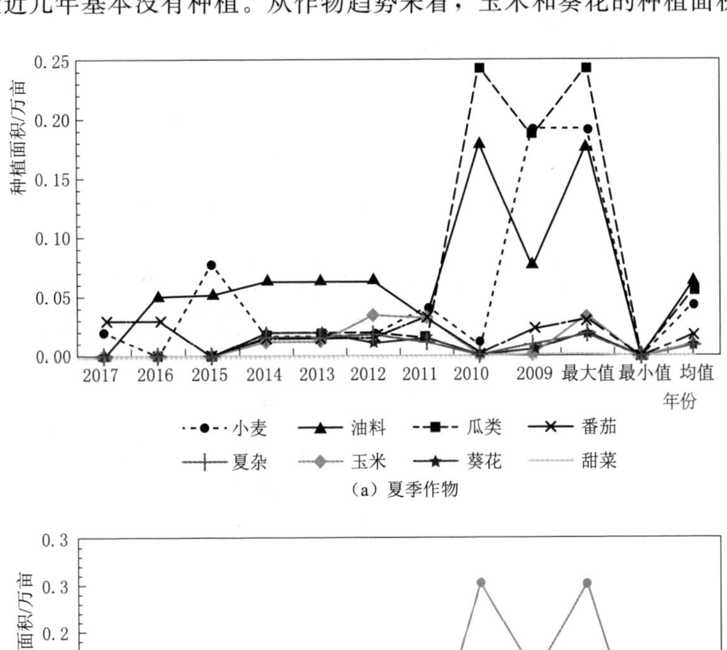

(a) 夏季作物

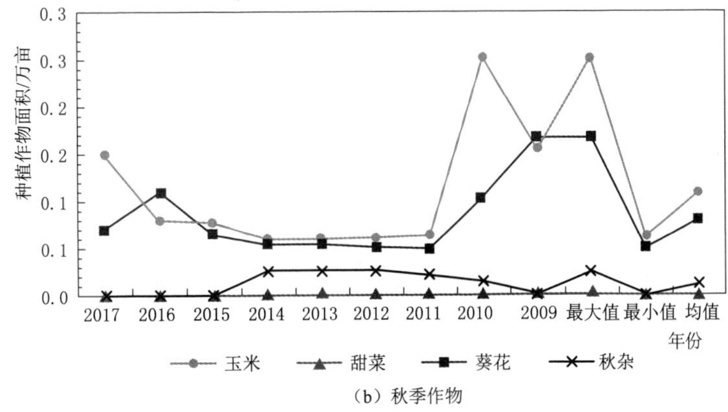

(b) 秋季作物

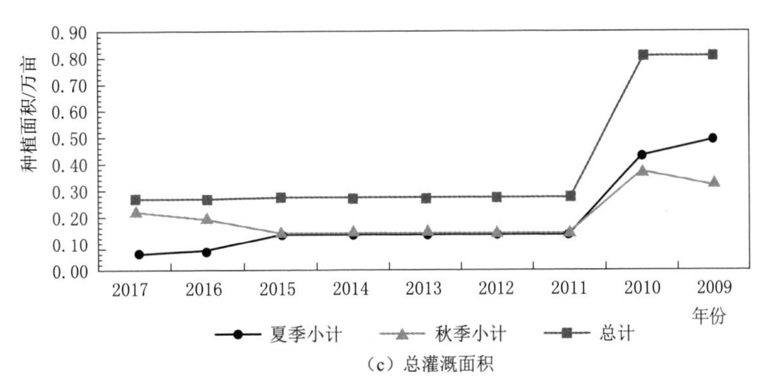

(c) 总灌溉面积

图 2.10 补隆淖镇农作物种植结构及种植面积

从图 2.10 中可以看出，从总灌溉面积来看，2011 年补隆淖镇农作物种植面积有明显减少，而从 2015 年之后夏季作物和秋季作物总量发生变化，秋季作物种植面积在增长，而夏季作物种植面积在逐年减小；从作物种植面积来看，夏季作物的主要以小麦、油料、瓜类还有番茄为主，其中小麦、油料和瓜类的种植面积明显减小，番茄的种植面积变化不大；而秋季作物中以玉米和葵花为主，甜菜最近几年基本没有种植。从作物趋势来看，玉米和葵花的种植面积逐渐减小。

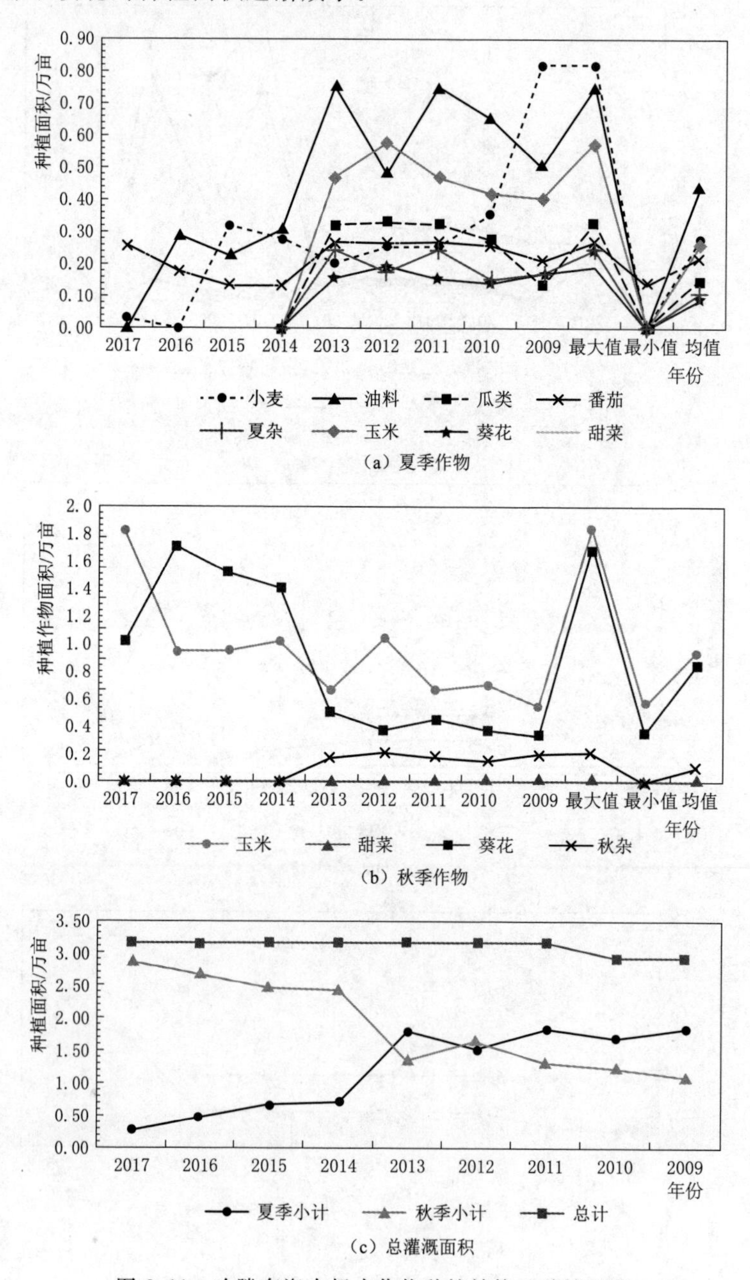

图 2.11　哈腾套海农场农作物种植结构及种植面积

从图 2.11 中可以看出，从总灌溉面积来看，近几年来哈腾套海农场农作物种植面积变化不大，但是从 2013 年之后夏季作物和秋季作物总量发生变化，秋季作物种植面积在增长，而夏季作物种植面积在逐年减小；从作物种植面积来看，夏季作物的主要以小麦、油料、瓜类还有番茄为主，其中小麦、油料和瓜类的种植面积明显减小，番茄的种植面积变化不大；而秋季作物中以玉米和葵花为主，甜菜最近几年基本没有种植。从作物趋势来看，玉米和葵花的种植面积逐年增加。

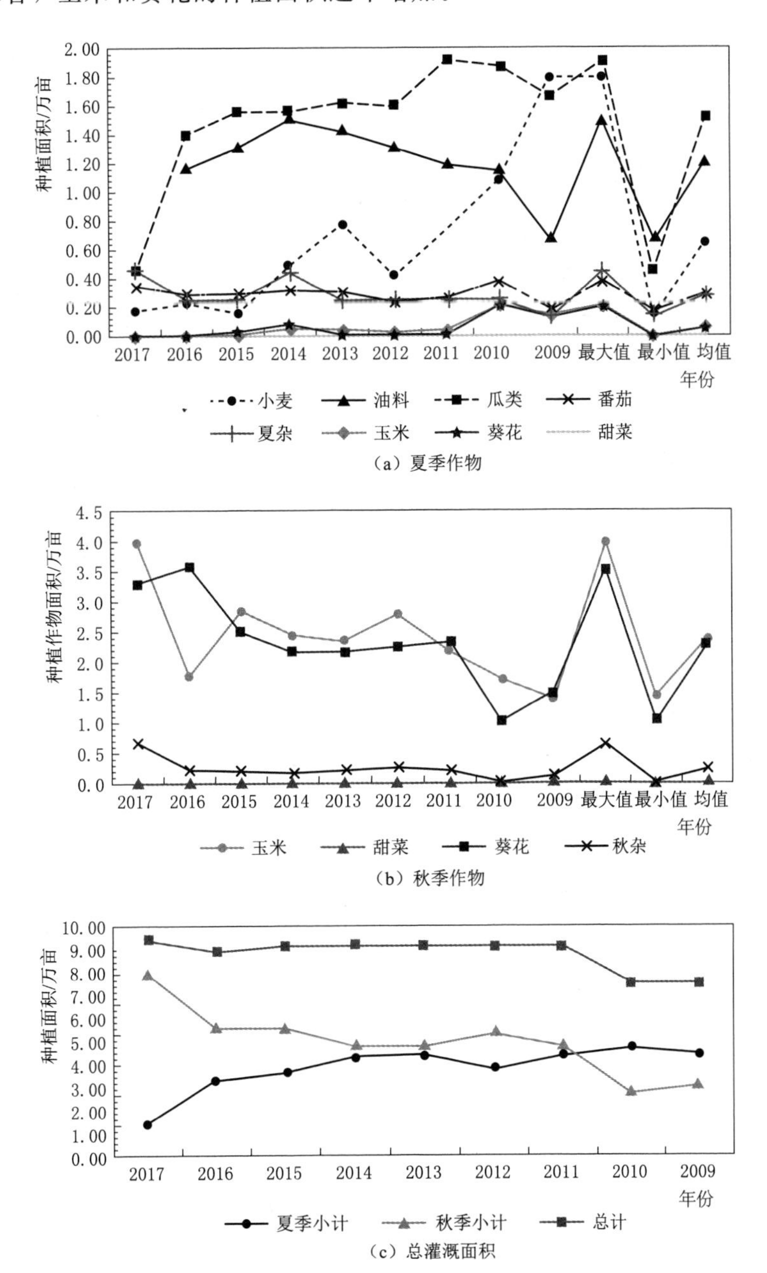

图 2.12　沙金苏木农作物种植结构及种植面积

从图 2.12 中可以看出，从总灌溉面积来看，近几年来沙金苏木农场农作物种植面积变化不大，但是从 2013 年之后夏季作物和秋季作物总量发生变化，秋季作物种植面积在增长，而夏季作物种植面积在逐年减小；从作物种植面积来看，夏季作物的主要以小麦、油料、瓜类还有番茄为主，其中小麦、油料和瓜类的种植面积明显减小，番茄的种植面积变化不大；而秋季作物中以玉米和葵花为主，甜菜最近几年基本没有种植。从作物趋势来看，玉米和葵花的种植面积逐年增加。

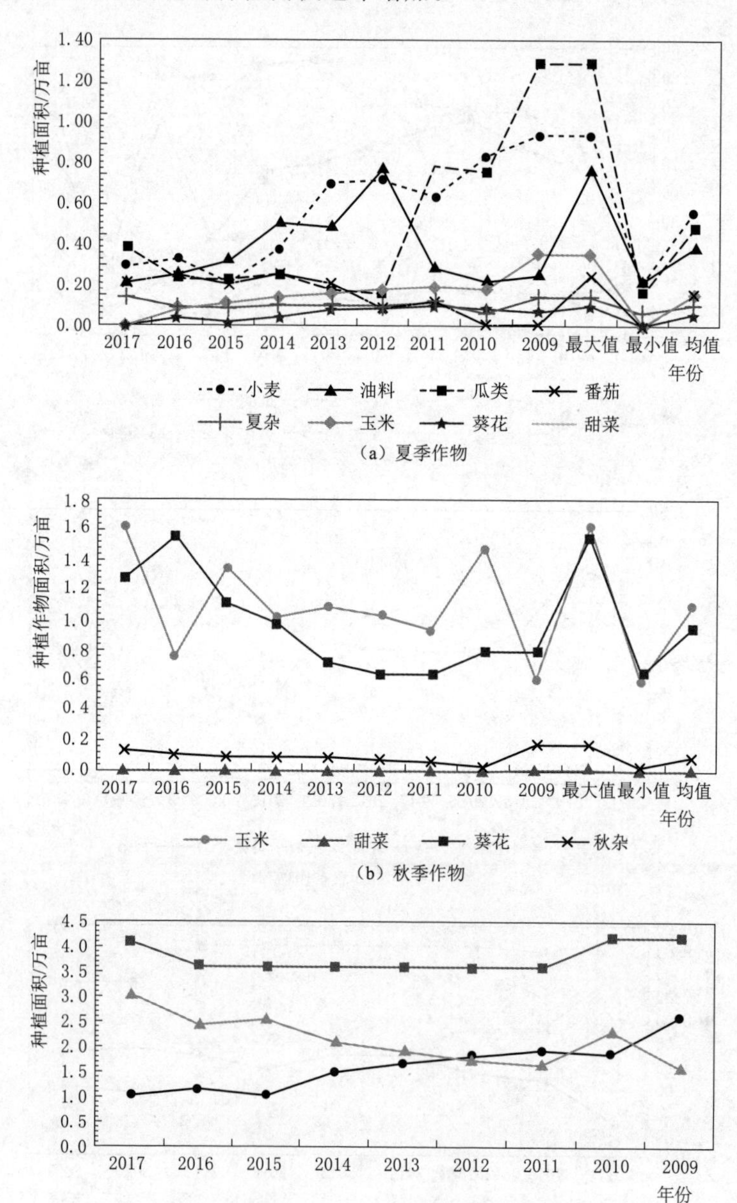

(a) 夏季作物

(b) 秋季作物

(c) 总灌溉面积

图 2.13　巴彦套海农场农作物种植结构及种植面积

从图 2.13 中可以看出，从总灌溉面积来看，巴彦套海农场农作物种植面积变化不大，但是从 2011 年之后夏季作物和秋季作物总量发生变化，秋季作物种植面积在增长，而夏季作物种植面积在逐年减小；从作物种植面积来看，夏季作物的主要以小麦，油料，瓜类还有番茄为主，其中小麦和瓜类的种植面积明显减小，油料的种植面积有所波动，番茄种植面积逐年增加；而秋季作物中以玉米和葵花为主，甜菜最近几年基本没有种植。从作物趋势来看，玉米和葵花的种植面积逐年增加。

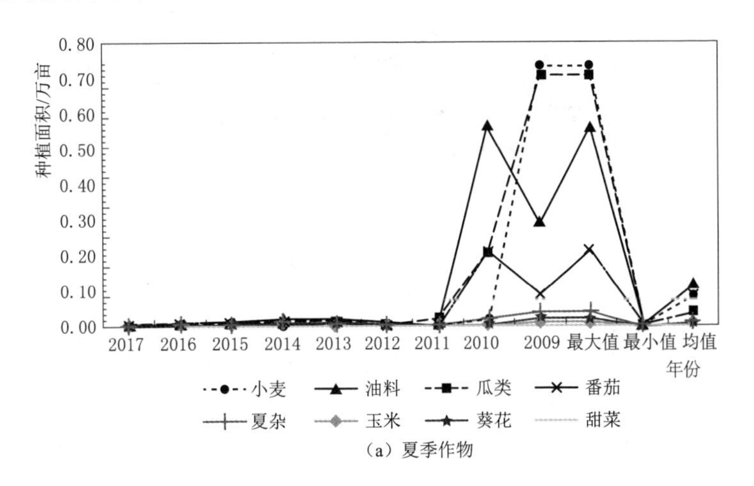

（a）夏季作物

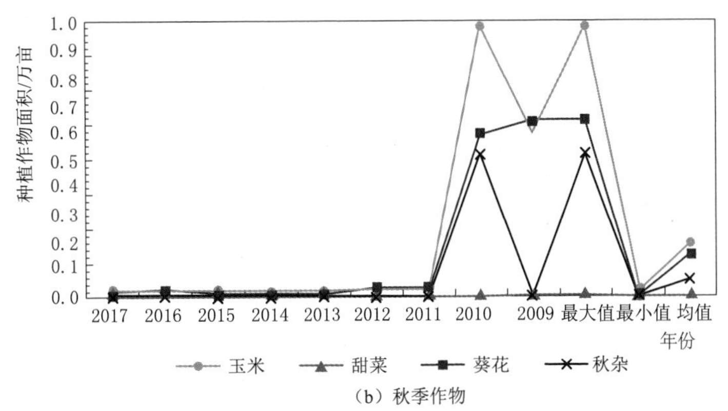

（b）秋季作物

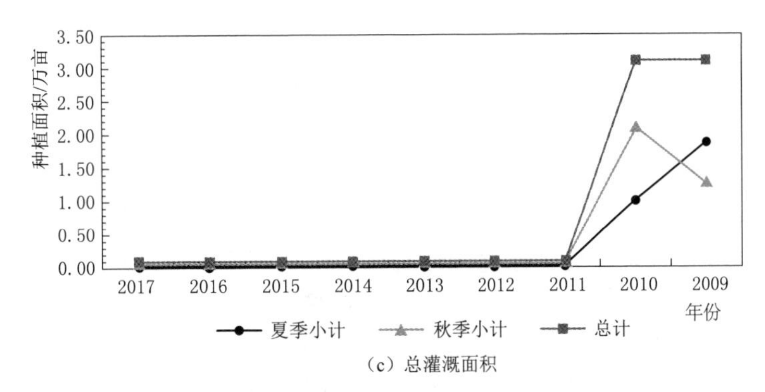

（c）总灌溉面积

图 2.14 隆盛合镇农作物种植结构及种植面积

从图 2.14 中可以看出，从总灌溉面积来看，近几年来隆盛合镇农作物种植面积变化很大，从 2011 年之后基本没有种植任何农作物。

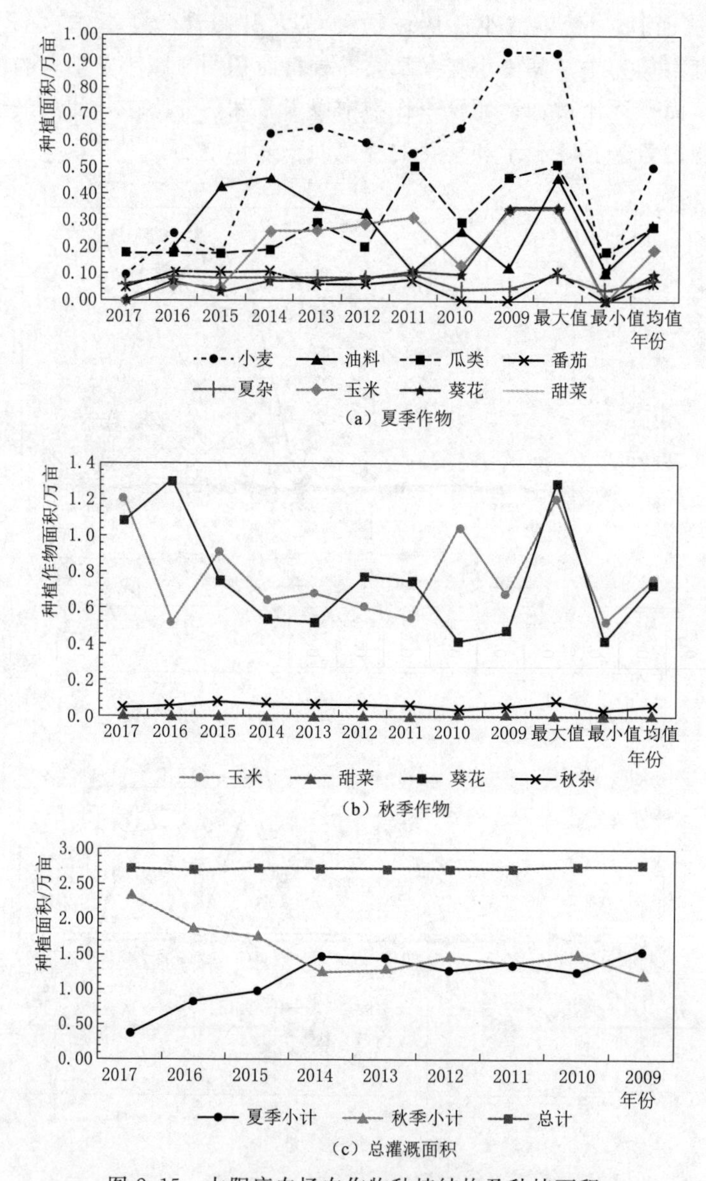

图 2.15 太阳庙农场农作物种植结构及种植面积

从图 2.15 中可以看出，从总灌溉面积来看，近几年来太阳庙农场农作物种植面积变化不大，但是从 2013 年之后夏季作物和秋季作物总量发生变化，秋季作物种植面积逐年增长，而夏季作物种植面积在逐年减小；从作物种植面积来看，夏季作物的主要以小麦，油料，瓜类还有番茄为主，其中小麦和瓜类的种植面积明显减小，油料的种植面积有所波动，但是变化不大，番茄种植面积逐年增加；而秋季作物中以玉米和葵花为主，甜菜最近几年基本没有种植。从作物趋势来看，玉米和葵花的种植面积逐年增加。

表 2.4 各单位农作物种植结构及种植面积变化范围

单位：万亩

单位	变化区间	夏季作物										秋季作物					耕地面积	林草地			灌溉面积	复种	计划干地	热水地
		小麦	油料	瓜类	番茄	夏杂	小计	其中小麦间套种				玉米	甜菜	葵花	秋杂	小计		林地	草地	小计				
								玉米	葵花	甜菜	小计													
巴彦高勒镇	max	0.25	0.19	0.20	0.14	0.07	0.65	0.11	0.15	0.00	0.26	0.30	0.00	0.21	0.08	0.51	1.02	0.06	0.18	0.24	1.13	0.09	0.00	0.15
	min	0.05	0.05	0.04	0.05	0.02	0.28	0.02	0.02	0.00	0.06	0.16	0.00	0.06	0.03	0.28	0.56	0.01	0.01	0.05	0.66	0.08	0.00	0.08
	均值	0.13	0.13	0.09	0.08	0.03	0.45	0.05	0.04	0.00	0.10	0.23	0.00	0.13	0.05	0.41	0.87	0.05	0.13	0.18	1.04	0.09	0.00	0.10
实验局	max	0.33	0.54	0.28	0.23	0.11	1.28	0.15	0.15	0.01	0.19	0.92	0.01	0.50	0.12	1.48	2.06	1.17	0.90	1.76	3.82	0.11	1.32	0.60
	min	0.14	0.23	0.15	0.09	0.05	0.58	0.00	0.00	0.00	0.00	0.37	0.00	0.18	0.05	0.78	1.90	0.82	0.59	1.72	3.62	0.06	0.00	0.27
	均值	0.22	0.38	0.20	0.16	0.07	0.98	0.09	0.05	0.00	0.15	0.66	0.00	0.29	0.09	1.04	2.02	1.09	0.66	1.75	3.77	0.10	0.56	0.39
巴市治沙局	max	0.05	0.06	0.04	0.04	0.02	0.16	0.04	0.02	0.00	0.06	0.21	0.00	0.13	0.03	0.28	0.33	0.25	0.00	0.25	0.48	0.00	0.00	0.03
	min	0.02	0.02	0.01	0.01	0.00	0.05	0.01	0.00	0.00	0.01	0.01	0.00	0.02	0.00	0.04	0.16	0.14	0.00	0.14	0.41	0.00	0.00	0.01
	均值	0.03	0.04	0.03	0.02	0.01	0.12	0.02	0.01	0.00	0.03	0.08	0.00	0.07	0.02	0.16	0.29	0.17	0.00	0.17	0.46	0.00	0.00	0.02
乌兰布和农场	max	1.25	2.11	0.90	0.93	0.61	5.14	0.96	0.34	0.02	1.30	4.00	0.01	3.52	0.35	6.73	8.81	1.79	1.27	3.06	9.85	0.09	0.92	3.19
	min	0.66	0.77	0.18	0.28	0.06	2.08	0.07	0.07	0.00	0.16	0.99	0.00	0.62	0.11	1.90	4.84	0.92	0.11	1.03	7.89	0.00	0.00	0.50
	均值	0.85	1.41	0.51	0.55	0.27	3.43	0.47	0.19	0.00	0.66	2.32	0.00	1.93	0.23	4.48	7.91	1.12	0.37	1.49	9.40	0.03	0.14	1.08
补隆淖镇	max	0.19	0.18	0.25	0.03	0.02	0.49	0.04	0.02	0.00	0.05	0.25	0.00	0.17	0.03	0.37	0.81	0.74	0.25	0.99	1.80	0.00	0.14	0.47
	min	0.00	0.03	0.00	0.00	0.00	0.05	0.00	0.00	0.00	0.00	0.06	0.00	0.05	0.00	0.14	0.27	0.01	0.00	0.01	0.28	0.00	0.00	0.00
	均值	0.04	0.07	0.06	0.02	0.01	0.19	0.01	0.01	0.00	0.02	0.11	0.00	0.08	0.01	0.20	0.39	0.17	0.06	0.23	0.62	0.00	0.02	0.11
哈腾套海农场	max	0.82	0.75	0.33	0.27	0.25	1.85	0.58	0.19	0.00	0.77	1.84	0.00	1.72	0.22	2.86	3.15	1.29	0.91	2.20	5.13	0.08	0.00	3.50
	min	0.00	0.23	0.00	0.13	0.00	0.29	0.00	0.00	0.00	0.00	0.56	0.00	0.34	0.00	1.10	2.93	0.28	0.00	0.28	3.43	0.00	0.00	0.00
	均值	0.28	0.50	0.15	0.22	0.11	1.20	0.26	0.09	0.00	0.35	0.93	0.00	0.86	0.10	1.90	3.10	0.51	0.20	0.71	3.81	0.04	0.00	1.14

续表

单位	变化区间	夏季作物										秋季作物					耕地面积	林草地			灌溉面积	复种	计划干地	热水地
		小麦	油料	瓜类	番茄	夏杂	小计	其中小麦间套种				玉米	甜菜	葵花	秋杂	小计		林地	草地	小计				
								玉米	葵花	甜菜	小计													
沙金苏木	max	1.81	1.50	1.92	0.39	0.46	4.75	0.22	0.21	0.00	0.42	3.98	0.00	3.56	0.67	7.94	9.37	5.22	2.63	7.85	17.22	0.04	1.08	6.13
	min	0.16	0.67	0.44	0.18	0.13	1.43	0.00	0.00	0.00	0.00	1.42	0.00	1.00	0.03	2.72	7.47	1.23	0.60	1.83	9.30	0.00	0.50	2.54
	均值	0.65	1.21	1.52	0.29	0.28	3.83	0.06	0.05	0.00	0.12	2.38	0.00	2.30	0.24	4.93	8.75	3.69	1.86	5.55	14.30	0.01	0.71	4.32
巴彦套海农场	max	0.93	0.77	1.29	0.25	0.14	2.61	0.36	0.10	0.00	0.42	1.63	0.00	1.56	0.18	3.05	4.19	0.82	1.09	1.90	5.96	0.00	0.00	0.53
	min	0.21	0.21	0.16	0.00	0.06	1.03	0.00	0.00	0.00	0.00	0.60	0.00	0.65	0.03	1.58	3.58	0.62	0.80	1.42	5.29	0.00	0.00	0.00
	均值	0.56	0.38	0.47	0.15	0.10	1.63	0.16	0.06	0.00	0.21	1.10	0.00	0.95	0.10	2.15	3.77	0.71	1.05	1.75	5.53	0.00	0.00	0.09
隆盛合镇	max	0.73	0.56	0.71	0.21	0.04	1.86	0.01	0.02	0.00	0.03	0.99	0.00	0.64	0.52	2.10	3.10	2.04	0.44	2.48	5.58	0.01	0.54	1.39
	min	0.00	0.00	0.01	0.00	0.00	0.02	0.00	0.00	0.00	0.00	0.02	0.00	0.01	0.00	0.03	0.09	0.00	0.00	0.00	0.09	0.00	0.00	0.00
	均值	0.09	0.12	0.11	0.04	0.01	0.35	0.00	0.00	0.00	0.00	0.20	0.00	0.16	0.06	0.41	0.76	0.45	0.10	0.55	1.31	0.00	0.07	0.19
太阳庙农场	max	0.93	0.46	0.51	0.11	0.10	1.56	0.35	0.35	0.00	0.70	1.21	0.00	1.30	0.08	2.34	2.76	0.37	1.16	1.52	4.28	0.01	0.00	0.65
	min	0.09	0.11	0.18	0.00	0.04	0.38	0.00	0.00	0.00	0.00	0.52	0.00	0.42	0.04	1.20	2.71	0.36	1.00	1.36	4.08	0.00	0.00	0.00
	均值	0.50	0.28	0.28	0.06	0.08	1.17	0.19	0.10	0.00	0.29	0.76	0.00	0.73	0.06	1.56	2.73	0.36	1.10	1.47	4.19	0.00	0.00	0.08

2.3　临河区灌区概况

2.3.1　自然地理

（1）地理位置。2017年临河区建设的规模为20.4212万亩，其中南边分干渠项目区南起双河镇境内的南一分干沟及沿黄公路，北至总干渠，东以双河镇南二分干沟为界，西至总干渠第二分水枢纽，控制灌溉面积12.0262万亩。核心项目区涉及2条直口渠（东支渠、西支渠）的末级渠系。右三支分干渠项目区南起白脑包镇胜利村境内的京新高速，北至镇政府北民富村境内，东以四排干沟及临乌线为界，西至白脑包镇的黄右分干沟，控制灌溉面积8.3950万亩。

（2）气象资料。临河区项目区地处温带大陆性干旱、半干旱气候带。临河区气候特点为：在春季时，比较干旱，多风沙天气；夏季时，温热而短促，光能资源丰富；秋季气候凉爽；冬季严寒而漫长且少雪。土壤封冻期长达180天，河套平原腹地一般11月下旬进入冰冻期，开始解冻的时间大约在次年3月下旬，完全解冻的时间大约为每年4月中旬，可以进行农种。区年降水量157.75mm，7—9月的降雨量占到总的七成左右，每年平均蒸发量2236.7mm。

（3）地形地貌。临河区境内地势平坦，地面高程相差不大，属于黄河冲积而形成的平原区域。根据土壤普查资料，阴山天山纬向构造为临河区地形地貌。同时，又有非常厚的湖相沉积和冲洪积沉积。大约在数万年前，黄河形成流经临河区，经过漫长的岁月，黄河泛滥冲积改道，形成以北河为主流，南河为支流的古河。同时也出现了众多的支叉。在古河道流经之地，由于质地松软，导致其极容易受到风蚀，从而堆积成为沙丘，在风蚀低洼处或者在原古河道形成了海子。由于黄河长期冲积淤澄形成了平原，即现在的壤质缓坡地；黄河变迁形成河鳗滩，经过风蚀作用形成了高圪梁，即现在的沙质岗地；古道河残疾和风蚀形成的洼地，即是现在的红泥洼地，构成了以上三大基本地貌景观。

（4）土壤植被。临河区，主要土壤类型为灌淤土，大多数为草甸灌淤土。其土壤特点为：质地干燥，砂粒间孔隙较大，水分易入渗，毛管孔隙少，保水困难，易排水，蒸发非常快，黏土矿床有机和无机胶粒较多。

灌区耕作层0～1.0m，基本上为砂壤土，1.0m以下有黏土夹层，土壤黏土层渗漏比较少，对耕作层起到了保水作用。

（5）河流水系。临河相关气候和地理原因，导致临河每年降雨量非常小，所以要引用水，黄河作为临河境内主要的河流，成了其灌溉水的主要来源。目前，临河主要有一个主要的干渠，另外，还有四个分干渠，形成网络，全面覆盖临河灌溉区域，形成临河的较完整合理的灌排系统。

2.3.2　社会情况

临河区位于河套的平原腹地，也是市政府的所在地，地理位置非常重要。

临河区面积相比巴市的其他区域，还是非常大的，达到了 0.2 万 km^2。据统计，2016 年，经常全市居住人口为 55.12 万人，其中城镇 37.2 万人，农村人口 17.92 万人。与全国其他城市相比，属下游水准，其中，城市人口占到了约八成，黄河流经临河境内约 50km，每年流经区内的流量大约为 367.2 亿 m^3，每年引水量 11.02 亿 m^3，总的灌溉面积 221 万亩，它是临河区乃至巴市的主要取水水源，和临河区的主要灌溉用水来源，为临河区的农牧业发展提供了保障。

临河获得国家级荣誉“全国粮食生产先进县”称号，是内蒙古河套灌区主要农业生产区之一。

2.4　水资源开发利用状况及潜力分析

2.4.1　水利工程供用水现状

磴口县 2017 年供水工程总供水量为 55845 万 m^3。其中引黄水量 47575 万 m^3，仅占总供水量的 85.2%；地下水源供水量 8040 万 m^3，占总供水量的 14.4%；其他水源供水量 230 万 m^3，占总供水量的 0.41%。

2.4.2　各行业用水现状

磴口县 2017 年总用水量 55845 万 m^3，其中，生活用水 346 万 m^3，全部为地下水，占用水总量的 0.62%；工业用水 656 万 m^3，占总用水量的 1.17%，其中地下水用量为 544 万 m^3；农业用水量为 54479 万 m^3，占总用水量的 97.55%；生态用水 314 万 m^3，占总用水量的 0.56%。全县用水量详见表 2.5。

表 2.5　　2017 年磴口县现状用水量表　　单位：万 m^3

行业	生活	工业	农业	生态环境	合计
用水量/万 m^3	346	656	54479	314	55845
百分比/%	0.62	1.17	97.55	0.56	100.0

2.4.3　水资源开发利用程度与潜力分析

分析 2017 年磴口县供水量，数据表明磴口县主要供水水源为引黄水，其次是地下水，当地地表水的利用量较少。2017 年引黄水量为 47805 万 m^3，其中农业用水位为 47575 万 m^3；地下水用水量为 804 万 m^3，可见磴口县地下水超采不严重，地下水具有一定的开发利用潜力。当地地表水资源利用量很少，可见磴口县当地地表水资源还有一定开发利用潜力。

第3章
农业水价改革的基础理论

3.1 概述

农业水价改革包括水权确权与分配，水价形成机制与测算，水权交易，节水奖励与精准补贴四个方面，涵括以下6个实施要点：

（1）评价研究区灌溉水源水资源数量，绘制灌区供水的拓扑关系图，准确核算灌区农户用水，夯实水权分配基础。

（2）核准实际灌溉面积，建立农户、灌溉地块台账，明确水权分配对象，提出系统完整的农业水权分配方法。

（3）建立灌溉水源-农户-地块的三级关联关系，完成灌溉初始水权分配，探索建立水权交易市场及可操作的水权交易办法，以及机动水量调整机制。

（4）研究灌溉用水累计加价机制，建立成套的阶梯水价与节水奖励、节水补贴措施，结合一整套经济杠杆措施，全面促进水资源节约利用。

（5）建立实时用水监测、计量体系，建立年度农户用水统计和收支核算方法，研究落实具有实际可操作性的水票预售和实时监控收费办法。

（6）研究制定水利工程管护和收费办法，建立促进水权制度落实实施的组织架构。

3.1.1 农业水权确权与分配

（1）评价项目区灌溉水源水资源数量，绘制灌区供水的拓扑关系图，准确核算灌区农户用水，夯实水权分配基础。

在项目区开展精细化水资源数量评价，地表水取水量核定到扬水点或斗渠口，地下水取水量核定到机井；开展项目详细水资源量评价，评价内容包括浅层地下水可开采量、当地地表水可利用量及域外可调入水量，到单一取水工程；针对水库在不同来水频率下的可利用水量进行分析，评价水库的年度最大可分配水量；研究提出农业可分配水量计算方法，优先保证生产、生活和生态用水；调研项目区水库和机井数量、规模等情况，摸清楚水库、渠系到田间地头供水现状，绘制灌区地表水供水的拓扑关系图，将地表与地下水源与灌区、农户一一对应起来；在拓扑图基础上，考虑渠系渗漏损失等，详细计算出灌区、农户实际能分配到的水量；统计分析亩均用水量，充分考虑种植结构对用水需求的影响，核定亩均用水定额，为农户用水计划核算提供技术支撑。

农业可分配水量为县、乡（镇）可分配水量扣除合理的生活、非农生产、生态环境

用水量和预留水量后的剩余水量；其中，生活用水量为城乡居民生活用水和城镇公共用水，可以通过人均用水量和用水人口进行核定。人均用水量拟以近3年平均值进行合理分析，且不高于《内蒙古自治区地方标准行业用水定额》（DB15/T 385—2009）。非农生产用水量，为工业、建筑业、采掘业等各用水企业合理用水量之和；各企业合理用水量按近3年实际平均用水量、水平衡测试等方式核定，且单位产品取水量不得高于《内蒙古自治区地方标准行业用水定额》。生态环境用水量，为城镇河湖生态、市政绿化、环境卫生等用水量之和，以近3年平均用水量等因素核定。预留水量，是为保证水权有效期内基本生活和生态环境需水的增长而预留的水量，通过水资源供需分析确定。

（2）核准实际灌溉面积，建立农户、灌溉地块台账，明确水权分配对象，提出系统完整的农业水权分配方法。

基于农户基本农田和土地流转等，核准实际灌溉面积和农户数量，明确水权分配对象；研究将水资源“三线红线”落实到灌溉区和农户的具体办法，确保灌区、项目区、乡镇可分配水量不高于“三条红线”用水总量控制指标；研究建立灌溉地块台账和农户用水台账制度，针对每口机井、每个分水口门建立台账，实现一井一门一台账，实现精细化用水配置，避免过渡取水造成的地下水超采或挤占地表河道内生态基流；研究制定水权初始分配以及重新调配方法，提出系统完整的农业水权初始分配与再调整方法。

农业用水户的水权额度按承包的耕地面积和亩均耕地可分配水量核定。亩均耕地可分配水量按县、乡（镇）域内农业可分配水量平均分配。明晰政府、协会、组织在农业水权分配方面的权、责、利，水权分配实施步骤，把农业用水初始水权配置到地块，明晰到农户，并颁发实名制水权证书。农业用水户水权确权应先公示后发证。水权证可由县政府登记发放，并应明确标明有效期截止日期。水权证有效期届满后，根据实际情况，对用水户的水权重新进行调整分配。

（3）建立灌溉水源-农户-地块的三级关联关系，完成灌溉初始水权分配，探索建立水权交易市场及可操作的水权交易办法，以及机动水量调整机制。

在自治区灌溉定额的指引下，充分考虑现有种植结构、灌溉方式、未来气候变化等因素影响，研究亩均耕地水量分配办法。基于灌溉用水制度和历史用水数据开展水源-农户-地块的配用水关联关系分析，明确丰水年、平水年和枯水年的水源配水，农户、地块用水的优先次序等；根据灌区种植结构，开展灌区的水权初始分配工作，确定地块、农户的基准水权；探索建立水权交易市场及可操作的水权交易办法，对农民没用完的用水指标，农户之间可以自由流转，也可跨年度结转使用。针对不同来水频率变化以及气象条件，建立可分配水量的动态平衡和动态调整机制，譬如，机动水量调整机制，地块年度可分配水量为基准水权和机动水量之和。

用水户依法取得的农业初始水权在采取节水措施后，其节约的水量可在其所属的用水者协会内自主交易；用水者协会节约的水量可在灌区范围内进行交易；灌区节约的水量由政府以不低于3倍的执行水价进行回购，通过调节功能向工业、城市用水转移。回购政策体现政府对享有初始水权农民利益的保护，让节水农户充分享受水利改革带来的红利，激发农民群众节水的积极性。

以种植面积大、灌溉用水量多的作物为重点，有针对性地制定亩均用水定额，亩均用水定额根据3～5年内灌区管理水平和灌溉技术水平制定。在亩均定额已经确定的基础上，农业用水户的水权额度按承包的耕地面积和亩均耕地可分配水量核定。

3.1.2 水价形成机制与测算

(1) 研究灌溉用水累计加价机制，建立成套的阶梯水价与节水奖励、节水补贴措施，结合一整套经济杠杆措施，全面促进水资源节约利用。

开展作物的成本、农户收入的入户调查，较为系统全面地测算项目区农民水费承受能力；在供水成本测算的基础上，按照“补偿成本、合理收益、公平负担、促进节水”的原则，研究建立合理的水价形成机制，包括制定灌溉基准水价和阶梯水价，形成灌溉用水累计加价制度；考虑灌区工程的维护成本、取水成本以及等相关要素，制定农业基准水价。根据农户承受能力、节水灌溉意识以及价格对农业灌溉经济效益的边际成本分析，确定阶梯水价；研究差别化水价的落实实施方法，针对粮食作物、大田经济作物(如林果、蔬菜)、设施农业执行不同水价。

成本核算是灌区水价的定价基础（图3.1）。水价形成需结合工程运营管护费用实际，并参考其他灌区的执行水价，商议确定。农业用水户在水权额度内用水按平价水收费，超用部分按高价水收费。征收的水费，主要用于支付水利工程维修养护、配水人员劳务费用和管理费用等合理性开支。农业用水户在水权额度内用节余水量进行有偿流转。

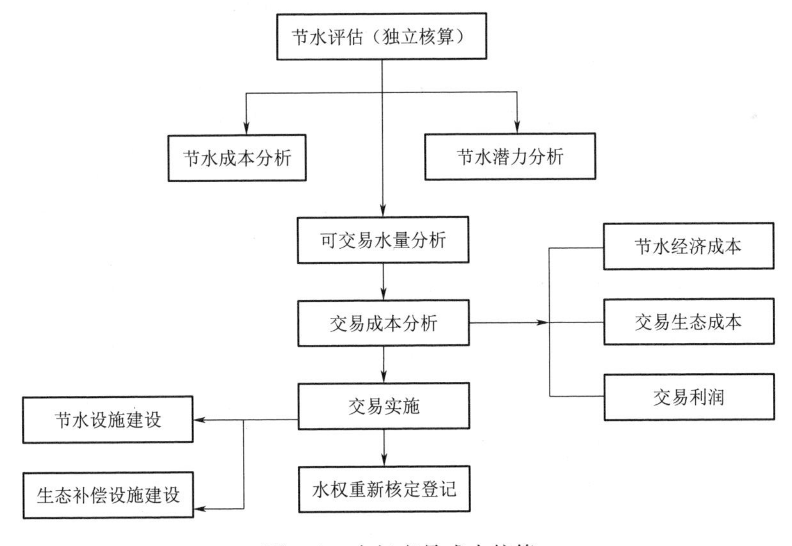

图3.1 水权交易成本核算

供水成本测算按照《水利工程供水价格管理办法》（国函〔2004〕1号)、《水利工程供水价格核算规范（试行)》（水财经〔2007〕470号）有关规定，结合项目区末级渠系改造和计量设施配套和灌区实际情况，测算骨干工程供水成本和末级渠系供水成本，骨干工程计量点为水源泵站，末级渠系计量点为斗口。成本测算分骨干工程全成本、运行成本和末级渠系成本三类：①骨干工程成本＝全年成本总额÷年总供水量；

②骨干工程运行成本=运行成本总额÷年总供水量（运行成本不含折旧费和大修费）；③末级渠系供水成本=末级渠系供水费用÷终端供水量。末级渠系供水费用由管理费、配水人员劳务费、维修养护费组成。

计算骨干工程和末级渠系供水成本时，均以斗口配水量为测算基数，则终端成本水价等于骨干工程供水成本与末级渠系供水成本之和。供水成本各项费用涵括固定资产折旧。固定资产包括泵站、渠道、渠系建筑物等；固定资产大修理费；日常维护费；职工工资；电费支出；管理费；工会经费、教育经费等。

（2）建立实时用水监测、计量体系，建立年度农户用水统计和收支核算方法，研究落实具有实际可操作性的水票预售和实时监控收费办法。

建立斗口以下到户的精准用水计量体系，提出水量到户的精确水量计算方法；提出灌溉缴费成本的核算方法，以地块为最小单位，统计农户所有地块的用水收支平衡和种植投入产生收支平衡，并综合考虑渠系、机电机井等折旧、运行管护费用支出情况，准确核算灌溉缴费成本；在此基础上，研究建立水票预售和实时监控收费办法；建立水量、水价、水费公示制度，在每一轮水浇完后，将本轮次农户用水量、水价、水费进行公示，接受农户监督。

图3.2展示的是监控收费与水权交易关系。在首批开展试点改革的乡（镇）灌区项目中，安装智能计量设施，实现农业用水准确计量，按用水户实际使用水量计收水费。试点乡（镇）其他地表水自流灌区实行“斗（农）口计量、计时到户、按时收费”，井灌区可按电量折算水量，实行计量收费农户向协会购买水量，协会向农户开具水费发票，实行预售水票，凭票供水；大泵灌区终端水费由管理单位向用水户统一收取，开具水费发票。之后将末级渠系水费返给农民用水者协会，用于管理维护和运行支出。

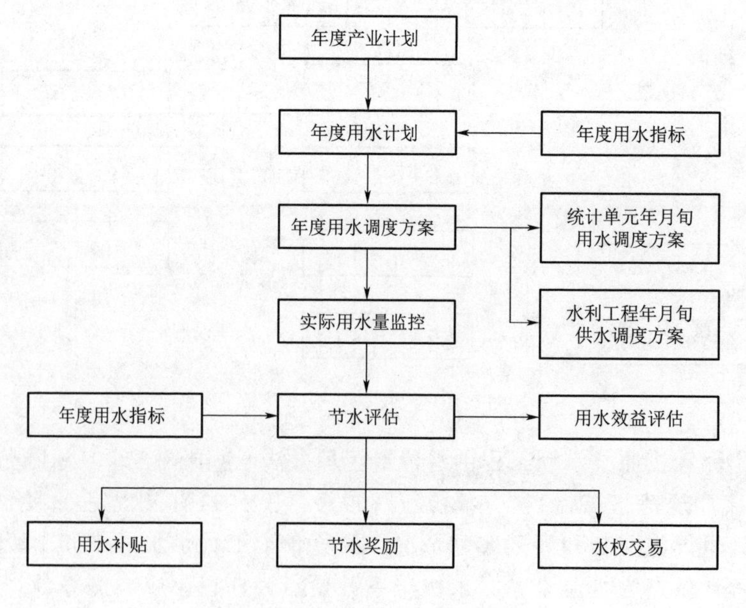

图3.2 用水监控与水费收取

3.1.3 水权交易

在自治区灌溉定额的指引下，充分考虑现有种植结构、灌溉方式、未来气候变化等因素影响，研究亩均耕地水量分配办法。基于灌溉用水制度和历史用水数据开展水源-农户-地块的配用水关联关系分析，明确丰水年、平水年和枯水年的水源配水，农户、地块用水的优先次序等；根据灌区种植结构，开展灌区的水权初始分配工作，确定地块、农户的基准水权；探索建立水权交易市场及可操作的水权交易办法，对农民没用完的用水指标，农户之间可以自由流转，也可跨年度结转使用。针对不同来水频率变化以及气象条件，建立可分配水量的动态平衡和动态调整机制，譬如，机动水量调整机制，地块年度可分配水量为基准水权和机动水量之和。

用水户依法取得的农业初始水权在采取节水措施后，其节约的水量可在其所属的用水者协会内自主交易；用水者协会节约的水量可在灌区范围内进行交易；灌区节约的水量由政府以不低于 3 倍的执行水价进行回购，通过调节功能向工业、城市用水转移。通过回购政策，体现政府对享有初始水权农民利益的保护，让节水农户充分享受水利改革带来的红利，激发农民群众节水的积极性。

以种植面积大、灌溉用水量多的作物为重点，有针对性地制定亩均用水定额，亩均用水定额根据 3～5 年内灌区管理水平和灌溉技术水平进行制定。在亩均定额已经确定的基础上，农业用水户的水权额度按承包的耕地面积和亩均耕地可分配水量核定。

3.1.4 用水合作组织建设

3.1.4.1 农民用水户协会性质、地位与作用

明确农民用水户协会的性质、地位与作用是进行规范化建设、实现农民用水自治的前提。

1. 农民用水户协会的性质

农民用水户协会是小型农村水利工程或大中型灌区国有水利工程以下某一灌溉范围内的受益农户，在自愿的原则下，通过民主方式组建，实行自我服务、民主管理的农村用水合作组织。它属于农村专业经济合作组织的一种，是具有法人资格，实行自主经营、独立核算、非营利性的群众性社团组织。通俗地讲，用水户协会就是农民自己的组织，由农民自己管理，为自己服务。

2. 农民用水户协会的职责与义务

按照国家法规和政策规定，农民用水户协会经过县级民政部门注册登记，取得合法地位，具有民事权利能力和民事行为能力，独立承担民事责任。接受政府和业务主管部门的指导和监督，不隶属于政府、灌区专管机构或其他组织。农民用水户协会按照国家法律、法规、政策、协会章程和内部管理制度运行，行使相应权利，承担相应义务：

（1）拥有协会范围内末级渠系灌溉工程的所有权。农民用水户协会经县级及以上政府水行政主管部门授权并颁发产权证，拥有协会范围内末级渠系灌溉工程的所有权、管理权和供、用水管理权。

（2）提供灌溉服务并收取水费。农民用水户协会向会员提供灌溉用水和灌排服务。

按照补偿供水费用的原则，根据规定的程序确定水价，向接受灌溉服务的会员收取水费。所收水费除支付供水单位供水费用以外，全部用于管辖范围内的工程设施维护与运行管理开支，不存在盈利分红。

（3）处理协会内部用水纠纷。农民用水户协会依照章程和内部管理规定，协调处理协会内部用水户之间的用水纠纷。在干旱和用水紧张季节，农户之间的用水矛盾有时会演变成村与村之间的纠纷，破坏正常用水秩序，危害农村社会稳定。协会充分发挥民间组织的优势，运用民主协商机制，把农户用水矛盾和村组用水纠纷化解在基层、民间。

（4）组织用水管理与末级渠系工程维护。农民用水户协会依据管辖范围内农业生产情况和灌区管理单位供水计划，编制用水计划，同供水单位签订供水合同、确定灌溉时间、确认灌溉用水量，按灌溉管理制度向管辖范围的用水户供水。

农民用水户协会依据协会章程做好各用水小组及用水户之间灌水过程中的组织协调工作。采取协会大多数会员认同的方式进行水量计量和分配。组织会员对灌排工程设施进行管理和维护。

（5）参与制定末级渠系水价。农民用水户协会依据《大中型灌区末级渠系水价测算导则》参与制定末级渠系水价。灌区末级渠系水价是终端水价制度的重要组成部分。农民用水户协会在客观分析协会运行维护成本和农民经济承受能力的基础上，协商提出管辖范围内的末级渠系水价，报有关部门审批或备案。各级政府应鼓励协会参与终端水价的测算与确定。

（6）组织会员投劳筹资。农民用水户协会根据国家减轻农民负担、加强农田水利建设的有关政策和协会章程，通过民主议事的方式，组织会员投工投劳，协商确定所管渠系的维修、养护等所需用工的分担方式和数额。保证管辖范围末级渠系工程设施良好状态。

3. 农民用水户协会在农业生产和灌溉管理中的作用

农民用水户协会是组织农民用水户进行灌溉管理，服务农业生产用水的专业合作组织。从 20 世纪 80 年代开始，我国许多灌区开始组建农民用水户协会，鼓励农民用水户参与灌溉管理，取得了很好的效果。主要如下：

（1）促进了灌区供水管理体制和运行机制的改革。改革开放以前，农业灌溉用水由乡镇或县（市、区）政府统一组织，实行统一供水。农村土地家庭承包经营后，每个农户成为相对独立的用水实体，农业灌溉由乡镇或村组根据灌区水管单位安排组织进行，水费收取随同农业税、特产税一起征收。这种用行政组织的形式来完成农业灌溉任务在实践中出现了许多问题。例如，灌区上下游之间、不同的行政区划之间用水矛盾多；各级政府和水行政主管部门协调供用水方面的工作任务繁重；灌溉用水效益低，水资源浪费严重；灌区水管单位水费收缴率低；搭车收费、挤占和挪用水费，加重了农民用水负担；大中型灌区末级渠系年久失修，积病成险，灌溉效益衰减。农业基础设施弱化，粮食生产受到严重威胁。

成立农民用水户协会，实行用水户参与灌溉管理，促进了灌区供水管理体制和运行机制的改革。有了用水户协会的供水管理体制，政府、灌区和用水农户的责权利十分明

确，贯彻落实分级办水利的原则。政府主要责任是落实国管骨干工程的建设投入和水资源管理，灌区的主体任务是加强内部运行管理和骨干工程建设管理，农民则负责末级渠系的整治维护和管理，在这种供水管理体制中，农民用水户协会可以积极有效地调节灌区和农民的利益关系，可以在供水单位与农民用水户之间建立有效的供求关系，从而调动多方面的治水和管水的积极性，农民在涉水事务中的身份更加明确。

农民用水户协会既是公民社会在灌区管理事务方面的集中体现，也是农村基层民主政治的重要组成部分。以水文边界为单元（支斗渠以下），将分散的农户组建成农民用水户协会，作为灌区末级渠系运行管理的责任主体，对其管理的渠系进行维修养护，与灌区水管单位签订供水合同并配水到户。每个农户在灌溉用水和渠系建设与管理中都可以通过用水户协会这一组织进行民主协商、集体决策，实现“自我管理、自我约束、自我服务、自我发展”。用水户协会内部有序用水，避免千家万户或单个村组同时要水导致的无序灌溉的情况。同时，协会之间加强沟通，协调供水，实现整个灌区用水的统一调度，提高用水效率和效益。“灌区水管单位＋协会＋农户”的供水管理体制推动了灌区的和谐发展。

（2）降低了灌溉成本，减少水事纠纷。协会成立前，由于没有有效的管水组织，放水秩序杂乱无章，村、组之间要水和用水各自为政，用水矛盾突出，水事纠纷较多，用水户需要投入大量劳力守水，不仅灌溉成本高，用水也得不到有效的保障，特别是下游的村、组，放一次水，需要户户有人守水，否则水根本到不了田间。对于输水距离较长的渠道，水很难按合理的方式输送到下游田间，造成严重的输水损失。协会成立后，在提高灌溉效率、改进服务水平方面得到明显加强。灌溉前协会执委主动上门服务，找各用水组代表协商用水计划，确定轮灌次序，灌水时由执委将水送到各用水组的斗、农渠进口，各渠道受益农民组成的用水小组则将水送到田间，从而大大节省了守水劳力，降低了用水成本。同时，有了用水户协会对内对外进行协调，村组之间、用水户之间直接发生水事纠纷的现象明显减少。

（3）减少了水费征收的中间环节。农民用水户协会成立以前，水费计收的环节为农户—组—村—乡（镇）—县—灌区水管单位，中间环节多，加之计量设施不到位，难以按方收费，极易出现层层加码、层层截留、挪用水费的现象，造成农民水费负担重、灌区水管单位水费收取率低的局面。农民用水户协会成立以后，协会与灌区水管单位直接签订供用水合同，减少了水费收取的中间环节，为实现“水量、水价、水费”三公开和“一票到户”创造了条件。

（4）促进了农民增产增收。运行良好的用水户协会既有利于争取政府支持，也容易通过民主协商机制和“一事一议”的途径解决农民的投工投劳，改善所管理的灌区末级渠系工程状况，提高农作物产量，增加农民收入。同时，随着协会服务水平的提高，农民可以节省大量时间，把原来用于灌水、看水、抢水的时间省下来，增加外出打工时间，从而间接提高农民的非农收入。

（5）为“一事一议”提供了载体，营造了和谐的氛围。农村税费改革以后，国家为减轻农民负担取消了“两工”，同时规定，农民对小型农田水利建设等农村基础设施建

设的投入要通过“一事一议”的民主协商机制来决定。几年的改革实践证明，由于没有共同的投入意向和适宜的议事平台，由居民小组和村委会来召集农民群众进行“一事一议”的成功率很低。而由民主选举产生的用水合作组织，可以充分发挥政府与农民群众、灌区与用水户之间的桥梁和纽带作用，可以有效地由协会组织农民群众维修改造小型农田水利灌溉设施，能较好体现建设水利、发展生产的共同意愿，容易形成投工投劳的共识。因此，农村税费改革取消“两工”以后，用水户协会作为公平民主的议事平台，通过“一事一议”的方式，较好地解决了小型农田水利设施建设农民投工投劳不足的问题，在农田水利建设中发挥了十分重要的作用。

3.1.4.2　农民用水户协会规范化建设的重要性和必要性

农民用水户协会规范化建设就是通过依法登记使农民用水户协会成为能够独立承担民事责任的民事主体，通过建立完善的规章制度来规范用水户的供用水行为，通过全面培训来提高协会骨干的综合管理能力和全体用水户的民主意识、守法意识、参与意识、节水意识，使农民用水户协会成为灌区末级渠系工程产权主体、投入主体和运行管理主体，最终实现农民用水自治。

1. 规范化建设是农民用水户协会成为独立民事主体的需要

按照农业水价综合改革和末级渠系节水改造的总体要求，农民用水户协会在建立农田水利良性运行机制的工作中涉及许多资金使用、工程建设、产权管理、供水服务等任务，这些工作都要求承担者必须是能够承担经济责任的民事主体。而一个农民用水户协会只有通过注册登记，获得民政部门审核批准，并取得民政部门核发的社团法人登记证书才能成为真正法律意义上的社团法人，才具备了行使法人权利和承担民事责任的资格。大量的调查研究和统计资料表明，目前已经成立并投入运行的农民用水户协会中，有相当一部分的协会虽然完成了协会组建的基本程序，但没有在当地民政部门正式注册登记，有的协会只是在民政部门备案。这样的协会其实还不具备社团法人资格，所以还无法正常行使其法人权利和承担民事责任，也不可能成为末级渠系真正意义上的产权主体、改造主体和管理主体，不利于长远发展。因此，必须对农民用水户协会进行规范化建设，使之成为能承担法律责任的民事主体。

2. 规范化建设是农民用水户协会成为灌区末级渠系工程产权主体、改造主体和运行管理主体的需要

国家开展农业水价综合改革试点，中央财政拨出专项资金，通过民办公助的方式，用于灌区末级渠系工程节水改造，推进管理体制机制改革，其目的是要建立农田水利良性运行机制。在整个改革过程中，农民用水户协会被赋予工程产权主体、改造主体和运行管理主体的职能。这就要求农民用水户协会本身必须具备行使产权主体、改造主体和运行管理主体职能的相应能力。从目前看，大多数农民用水户协会不具备这种能力。主要表现在两个方面：一方面，从协会运行的外部条件看，政策环境有待于进一步完善。比如，虽然《社会团体登记管理条例》赋予了用水户协会独立法人资格，但作为行业协会，很多权利需要通过法规和制度来保障，很多职责需要通过政策来落实。如灌区末级渠系工程设施的所有权和使用权、协会用水权（因为有条件的协会节水后可以将水权转

让附近的企业)、农户水量水权、纠纷处置权、水价制定参与权、水费收取权、集资筹劳权、工程占地、其他水事权利（如水环境保护、人畜饮水等），等等。另外，协会与村委、乡镇水利站、供水单位的权责关系等也应通过相应的制度加以明确。但目前各级政府并没有出台相应的政策措施，未能为用水户协会提供良好的外部环境。另一方面，从协会自身必须具备的管理能力看，无论是体制机制建设还是协会骨干人员的基本素质现状，与履行产权主体，改造主体和管理主体的职责的要求还存在很大差距。比如，农业水价综合改革试点内容之一是要对灌区末级渠系工程进行节水改造。作为改造主体，农民用水户协会必须要有懂得水利普通技术、懂得财务基本知识和懂得供水管理的人员，否则是无法履行相应的职责。但调查表明，现有协会中懂水利普通技术、懂得财务基本知识和懂得供水管理的人员寥寥无几。大部分用水户协会不能很好地履行改造主体的责任。又比如，要作为业主申报财政资金的基本条件是协会财务必须独立，但目前的协会有独立财务的不多。以今年综合改革试点为例，按照财政资金的使用要求，试点项目必须由用水户协会作为工程建设的主体申报项目，由用水户协会组织农民对管辖范围的末级渠系工程进行建设和改造，同时要求协会必须具有独立的银行账户，按照财务管理制度进行财务管理。由于边界与行政村重合，许多地方的用水户协会由村干部担任领导，导致协会法人与村委会法人的重合；有的协会没有建立独立的银行账户，使协会财务与村委会财务混在一起等。

因此，必须通过用水户协会的规范化建设，促进各级政府制定政策措施，支持农民用水户协会建设与发展，使之能够成为真正的管理主体，同时，加强对用水户协会骨干的培训，尽快提升技术水平、管理水平和工作能力，使之适应农田水利良性运行机制的要求。

3. 规范化建设是加强能力建设，实现农民用水自治的需要

推进农业水价综合改革，改造灌区末级渠系，建立农田水利良性运行机制的核心是实现农民用水自治。也就是涉及农民用水的事情全部由农民自己决定、自己管理。比如通过“一事一议”组织农民投工投劳建设、管理、维护农田水利工程；比如通过与水管单位和农民用水户签订供用水合同提供供水服务；比如科学安排灌溉秩序，提高水资源利用率；比如参与制定末级渠系水价；比如组织收取和规范使用水费；比如妥善处理水事纠纷等。由农民用水户协会自己处理这些涉水事务，实行用水自治，最基本的要求是协会主要负责人和骨干要具备一定的协调能力，全体协会成员具有较好的参与意识和民主管理的意识。但从目前情况看，大多数用水户协会的组建和运行还不够规范，协会自身经济能力较弱，末级渠系工程管护经费和协会的基本管理经费严重不足，很多协会连办公场所都是临时租用的。特别是协会执委领导协调能力亟待加强，农民用水户参与管理的民主意识有待进一步提高。这些情况都与农民用水户协会自治能力不高密切相关。

国家十分重视农民用水户协会能力建设，2005 年，水利部、国家发展和改革委员会、民政部根据《中共中央国务院关于进一步加强农村工作提高农业综合生产能力若干政策的意见》（中发〔2005〕1 号）中关于加快农村小型基础设施产权制度改革的精神，

以及《水利工程管理体制改革实施意见》(国办发〔2002〕45 号) 中"积极培育农民用水合作组织","探索建立以各种形式农村用水合作组织为主的管理体制"的要求,出台了《关于加强农民用水户协会建设的意见》(水农〔2005〕502 号),大力倡导农民用水自治,鼓励农民自愿成立用水户协会,以解决农村土地家庭承包经营后集体管水组织主体"缺位",大量小型农田水利工程和大中型灌区末级渠系工程有人用、没人管,老化破损严重等问题。中央的政策出台以后,各地在推动农民用水户协会建设上做了许多工作,但是应该看到,农民用水户协会能力建设刚刚起步,农民自治能力仍然不强。其主要原因是长期以来我国农村事务由政府主导,更没有长期工作方面的经验,致使农民缺乏自己当家作主和自我管理的能力与信心,产生了严重的依赖心理和听命于领导的心理。另外,对乡、村干部和农民群众的宣传培训力度不够,对用水户协会的重要作用认识不到位,协会能力建设不受重视。调查表明,即使在一些已成立用水户协会的地区,有些农民也不了解用水户协会的性质,对用水户协会的工作支持不够,有些乡村干部要么不支持协会的工作,要么干涉协会内部事务,从而影响协会工作的正常开展。同时,培训投入严重不足也是协会能力建设滞后,自治能力难以提高的重要制约因素。实践证明,凡是运行良好的协会,在组建与运行过程中,对乡村干部和广大农民群众进行的宣传和培训都是比较充分的。能力建设是用水户协会规范化建设的重要内容,是实行农民用水自治的重要基础。

因此,必须通过规范化建设来提高用水户协会负责人和骨干的协调能力,培养农民用水户参与管理的意识与技能,提高他们加入协会和参加协会活动的积极性,支持协会的工作,从而保证协会工作的顺利开展,实现农民用水自治。

3.1.4.3　农民用水户协会规范化建设的主要内容与程序

农民用水户协会规范化建设是农业水价综合改革的组织措施。应该突出主要工作内容,按照以下程序,对用水户协会进行规范化建设。

1. 组建用水户协会的基本要求

组建规范的用水户协会应遵循以下基本程序。

(1) 确定筹备小组负责机构。协会组建的初始阶段,灌区管理单位或地方水行政主管部门(县、市水利局)作为协会筹备小组组建负责机构。负责机构应全面负责筹备小组组建的工作计划制定、与协会组建相关部门与利益群体沟通并开始筹备工作。主要工作是:一是制定筹备组建小组工作计划,并组织召开灌区专管机构和乡(镇)、村干部座谈会,对筹备小组组建计划进行讨论,酝酿提出协会筹备组人员名单;二是召开农民代表座谈会,广泛听取不同区域、不同类型的农户对拟组建协会的范围和协会筹备组人员组成的意见;三是综合县、乡(镇)政府有关部门和农民代表的意见,确定协会的范围和筹备组人员。筹备小组成员中用水户代表人数应不低于一半。

(2) 成立协会筹备小组。在计划组建用水户协会的区域内,成立一个由地方政府、水行政主管部门、村民委员会、水管单位和农民代表组成的筹备小组。

(3) 宣传动员。任何一片灌溉区域要成立用水户协会必须征求农民用水户的意见,并且向农民进行宣传,让农民了解建立协会的必要性、可行性,以及协会的作用、会员

的权利义务等。需要特别注意的是，一定要让用水户明白，灌溉范围内的农民都有自愿选择是否加入协会的权利。为了保证拟建协会的区域内用水户了解和认识农民用水户协会相关知识，一定要将协会知识宣传给所有的用水户。通常的宣传内容应包括：农民用水户协会的概念、性质和宗旨；建立农民用水户协会的作用和意义；农民用水户协会的组织机构及其内部关系；农民用水户协会的职责、运行和管理机制；协会会员的权利责任和义务；农民参加协会的方式，协会成立的程序和办法；组建农民用水户协会的有利条件和可行性等。

宣传和发动的途径多种多样，通常的做法有召开座谈会、张贴宣传标语、绘制黑板报、广播、电视播出、印发宣传资料小册子、编制用水户协会明白卡等。

（4）确定协会的灌溉范围。协会筹备小组负责组织对拟成立协会的工程控制范围的渠系工程设施状况和灌溉管理状况等基本情况进行复核。如斗（支）农渠渠道条数、长度、防渗衬砌比例，各种建筑物类型、数量，渠道输水能力，坍塌淤积状况，建筑物配套完好情况，量水设施情况，建筑物老化破损状况等。最后，根据复核结果确定协会的灌溉边界。

拟建用水户协会及下属的用水小组的灌溉管理区域应按照灌溉渠系的水利边界并结合行政边界划分。当渠系控制的灌溉区域与行政区域不重合时，按灌溉区域组建用水户协会。如果以行政区域组建，虽有利于协会内部的组织管理，但不利于制定统一的水资源利用计划和实施分水配水。当渠系控制的灌溉区域与行政区域重合时则不存在这个问题。

（5）划分用水小组。筹备小组根据工程控制范围、灌溉管理要求和用水户分布情况提出用水小组划分草案，并通过说明会、座谈会和访谈等形式征询用水户的意见。在征得大部分用水户同意后确定用水小组划分方案，并将用水小组划分结果通知所有的用水户。

（6）农户基本情况登记。制定会员登记表和入会申请表。登记表的内容应包括户主姓名、家庭人口、农业劳动力、耕种面积、作物种植比例、灌溉面积、对灌溉供水和灌溉服务的意见和建议。然后动员用水户填写会员登记表和入会申请表。

（7）推选用水小组用水户代表候选人。由协会筹备组成员组织召开用水小组全体用水户会议，从本用水小组的用水户中推选用水户代表和小组长候选人，通常候选人比所需小组长和用水户代表多2～3人，目前常见的推选方式是参照村民组织法进行，一般是一户一票。

（8）推选协会执委候选人。在广泛听取用水户代表及广大用水户意见的基础上，由筹备小组提出农民用水户协会执委会成员候选人。作为一个独立的法人社团，其规范、高效的运行主要是通过协会执委组织实现的，因此，执委会候选人一般应符合下列条件：

候选人必须是拟定协会范围内已申请入会的用水户；在群众中有较高的威望；有一定的组织协调能力，良好的表达能力；遵纪守法、办事公道、热心为农民群众服务；初中以上文化程度并具有较强的协作能力；比较熟悉国家的有关方针政策；具有一定的灌溉管理和农业生产实践经验。

(9) 拟定协会章程及管理制度草案。由协会筹备小组负责拟定协会章程和相关的管理制度。通常可以参考其他农民用水户协会章程及相关管理制度并结合当地情况编制，协会章程及管理制度草案将在第一届用水户代表大会讨论使用。

(10) 落实协会办公场所。保证协会有适宜的办公场所是协会运行必不可少的条件，由于协会在组建初期没有购置办公场所的经济实力，筹备小组应积极与相关部门磋商，为协会落实协会场所，配置桌椅等必要的办公设施。

建议有工程建设或支持协会组建项目的地区，在不违反工程和项目要求的情况下为协会建造或划拨办公用房，并作为固定资产移交协会，也可给予协会一定的经济扶持，用于租用办公用房。

(11) 召开用水户代表大会。由协会筹备组组织召开第一届用水户代表大会。用水户代表大会的主要任务是：审议批准协会筹备组工作报告；审议通过协会章程和各项规章制度；确定协会内部组织结构；选举协会执委会成员，5000 亩以上的协会的执委会成员数量一般不少于 5 人，执委选举通常采用无记名投票、差额选举的办法进行；召开执委会成员第一次会议，讨论明确协会执委会成员分工；审议决定协会当年工作和活动计划。

(12) 培训执委会成员和用水户代表。结合会员代表大会的召开，以会代训，或会后专门用一段时间对协会执委会成员、用水户代表进行管理技能培训。培训内容主要包括协会规章制度修订、灌溉工程维护（建设）计划编制、灌溉用水计划编制与管理、用水计量、供水费用核算、水价制定及水费收支管理等工作的方式方法。

(13) 资产评估与移交。在当地政府和水利行政主管等有关部门的组织下，对农民用水户协会负责管理的工程设施等进行资产评估，办理资产管理、使用权或所有权交接手续。

(14) 用水户协会注册登记。完成上述协会的组建工作的协会，必须到当地民政部门登记注册，才能取得起其社团法人资格，成为具有完全民事行为能力的社团法人。注册登记的依据是民政部颁布的《关于加强农村专业经济协会培育发展和登记管理工作的指导意见》(民发〔2003〕148 号)。该文件简化了农村专业经济组织的登记注册程序，降低了对注册资金的要求。文件明确规定农村专业经济组织的登记范围包括水利领域的协会；县级区域内的农村专业经济协会注册资金应不低于 2000 元，并且对乡（镇）、村区域内的协会可免于公告。业务主管单位和登记管理机关：县（市、区）区域内农村专业经济协会的业务主管单位为相应的县级人民政府有关部门；乡（镇）、村区域内农村专业经济协会的业务主管单位为相应的县级人民政府有关部门或县级人民政府委托的乡（镇）人民政府。以上农村专业经济协会的登记管理机关均为县级民政部门。

水利部、国家发展改革委、民政部联合颁布的《关于加强农民用水户协会建设的意见》(水农〔2005〕502 号）规定“农民用水户协会的登记条件和程序按照民政部《关于加强农村专业经济协会培育发展和登记管理工作的指导意见》等文件中的有关规定执行”，明确了农民用水户协会作为农村专业经济组织的地位及其应享受的权利，为用水户协会的注册登记在政策上提供了保障。按照规定，用水户协会注册登记所需的资料

有：注册登记申请书；业务主管部门的批准文件；农民用水户协会章程；农民用水户协会执委会成员名单，协会主席履历表；社团法人登记表；社团法人注册表；协会资产证明文件；灌排工程使用维护权的证明文件等。经民政部门审核批准，核发社团法人登记证书正副本各一份，由协会保存。至此，用水户协会已完全具备了从事灌溉排水服务活动的独立社团法人资格。

（15）开设银行账户。财务独立是一个独立法人经济活动的基本条件，用水户协会作为独立法人，开设独立的银行账户是协会财务的独立与规范运行的基本保障。因此，协会注册登记后，应尽快持社团法人登记证书开设协会专用账户，办理独立法人经济活动所必备的其他手续。

农业水价综合改革试点是中央财政补助项目，属于政府资助性质，用水户协会作为建设主体是基本要求，在项目的实施过程中，协会将以实施主体的身份进行项目申请、招投标及建设管理。因此，规范化建设要求协会必须拥有自己的银行账户。

（16）协会资格公示。完成注册登记后，协会应及时告知协会全体会员，并将社团法人登记证书副本放置在协会办公场所的醒目位置。同时，协会还应及时通知协会筹备组成员单位。

2. 规范化建设的主要内容

根据“三位一体”农田水利良性运行长效机制的总体思路，农民用水户协会的规范化建设是重要的工作内容。目的是加强协会的自治能力，为试点项目的顺利实施和“三位一体”长效机制的建立提供保障。

（1）加强能力建设。对能力建设的总体要求是要明确培训对象，开展分级培训。针对与实施水价综合改革有关的地方各级政府（包括项目直接责任部门及基层政府组织）、水管单位和项目区农民用水户等，分三个层面进行培训。第一层面主要培训地方政府中的项目直接责任部门。如省水利厅及所属相关机构、灌区灌溉区域涉及的地方政府及相关部门。对于地方政府中的项目直接责任部门负责人和业务骨干，要采用水利部统一教材，通过培训贯彻中央的政策和思想，使各级政府部门统一思想，明确各自的职责，从政策上、投入上保证“三位一体”项目的顺利实施。第二层面主要培训地方各级政府中的基层政府及水管单位。基层政府是指试点灌区范围内的市、县、乡政府负责人、相关部门负责人及业务骨干。对于地方各级政府中的基层政府及水管单位行政和技术负责人，除水利部统一教材外，还将增加政策法规、工程技术、水管理技术、参与能力、协会相关知识的培训。虽然基层政府组织和水管单位在项目中的职责有一定的差别，培训内容和侧重点也有所不同，但可以作为同一培训群体。第三层面主要培训用水户协会骨干及普通农民。对于农民的培训，要着重介绍国家及有关部门的相关政策、用水户协会组建与运行知识、参与式方法、协会财务管理（针对协会会计）、工程维护、用水管理等。这是农民用水户规范化建设的关键，也是“三位一体”农田水利良性运行长效机制建设的核心，第三层面培训涉及的人员数量巨大，培训任务也最大。

农民用水户协会规范化建设能力建设，要特别重视对协会执委及农民代表的培训。对农民用水户的培训应采用灵活多样的适合农民的方法，将知识普及与意识宣传结合起

来，可以由能力强的协会主席培训其他协会，起示范作用。使农民具有末级渠系使用、维护和管理的能力，了解并运用相关政策法规的能力。

（2）健全管理机构。健全的管理机构是协会正常运行的组织保证。在农业水价综合改革的过程中，农民用水户协会承担着末级渠系工程建设、运行维护管理、农业灌溉服务等重要任务，这些任务涉及地方政府、水管单位、农民用水户等方方面面的经济利益，事关农村社会稳定的大局。

用水户代表大会是协会最高权力机构，用水户代表是由各用水小组选举产生的，一般2～3年进行换届选举。用水户代表大会的职权主要有：选举和罢免执委会成员，审议和修改协会章程，审查和通过协会各项制度和计划，审查协会财务预、决算。每年至少要召开两次代表大会，即年初讨论和通过灌溉用水计划、工程维护计划及财务预算计划等，年终进行总结和通过财务决算。平时还应就重大问题召开专题会议。

执委会是用水户代表大会的执行机构，负责协会日常工作的开展，如灌溉管理、工程维修、协调水事纠纷等。执委会由用水户代表大会选举产生，并对代表大会负责。执委会一般由正、副主席及若干名委员组成，并进行合理的分工。

监事会是用水户协会的监督机构，监督协会执行机构的工作，监事会一般由协会农民代表、水管单位、政府部门或村委会干部等组成，监事会为用水户提供了一个监督协会负责人的平台，使得用水户的监督能落到实处。

一般用水户协会包括若干个用水小组，用水小组召开全体会员大会，选举本小组的代表参加用水户协会代表大会，每个用水小组选举产生一名首席代表，负责与协会的协调工作和本小组的分水配水事务。

从目前用水户协会建设情况看，大多数协会都建立了用水户代表大会和执委会的机构，但是设立监事会并正常开展工作、履行职能的协会不多。因此，试点项目区的用水户协会要把建立健全协会管理机构作为规范化建设的重要任务。

（3）完善制度体系。用水户协会的内部管理制度建设是协会正常运行的制度基础。规范化建设必须把完善内部管理制度作为重要工作内容。要在符合国家有关法律法规的基础上，在协会内部以民主协商的方式制定与协会章程配套的规章制度。

这些制度包括：①《协会财务管理制度》，按照国家统一制定的社会团体法人单位财务管理有关规定制定协会的财务管理制度；②《用水户协会灌溉管理制度》，规定从制定灌溉计划到取水、配水的具体做法；③《用水户协会工程管理制度》，规定工程维修计划的制定、维修的组织和执行办法；④《协会水价制定、水费计收与使用管理办法》，根据国家有关规定，制定协会水价标准、水费收取方法，以及水费使用和管理办法；⑤《用水户协会奖惩制度》，在协会的职责范围内，规定对协会会员或用水小组的奖励和惩治措施；⑥《协会执委会主席、副主席、监事会主席职责》《用水户协会档案管理办法》《协会工程维修集资管理办法》《用水户协会民主议事制度》《用水户协会对弱势群体的扶持办法》等其他制度。

（4）实行民主管理。规范的民主管理是用水户协会运行的基本保障，在协会的日常运行管理中应充分体现协会所有会员共同受益的农民自治组织的特性，因此，在日常管理中，一定要遵循以下五条原则：

一是加入和退出协会自主选择的原则。农民正确认识到用水户协会的服务功能和意义后都会选择加入协会，否则他就得不到协会的供水服务，会给农田灌溉带来很大的不便，目前还没有关于协会范围内用水户不加入协会或退出协会的例子。

有些国家的法律规定，当一个流域内愿意加入灌溉协会的农户达到一定的比例后，流域内的其他农户也必须加入，这主要是为了保证这部分农户的用水权利。虽然还没有这方面的法律规定，但具体操作时可以参考这种做法。

二是实行自主管理的原则。用水户协会作为独立的社团法人，在法律和政策范围内享有自主管理的权利，任何组织和个人不能干涉协会内部事务，同时协会也接受政府、水管单位及会员等的监督。在自主管理方面，要特别处理好协会与村委会的关系，特别要明确协会与村委会不同的责、权、利。

三是议事民主公平原则。用水户协会负责人由全体会员或代表民主选举产生，目前还没有专门为协会制定的选举办法，很多协会的选举都是参照《村民委员会组织法》规定进行的。协会内部事宜由全体会员或会员代表共同参与决策，按照“一事一议”的方式进行，以体现最广大农民会员的意志。

四是平等参与的原则。用水户协会所有会员均享有平等参与协会事务的权利。由于协会内每个农户的灌溉面积相差不大，每个会员的权利义务都是均等的，而不像国外的一些用水户协会按照拥有的灌溉面积大小享受权利和承担义务。今后随着农村土地的流转承包，将会出现一些种植大户，权利和义务与灌溉面积相结合将会成为一个新的议题。随着大批青壮年男性劳动力向城市转移，妇女和老人在农业灌溉中承担的工作逐渐增多，在协会的事务管理中，应充分考虑妇女和老人的参与。

五是公开透明的原则。用水户协会的管理要公开透明，应定期向全体会员公布工作报告，张榜公布每户的灌溉面积、灌溉水量、应缴水费及协会的收支情况等，并接受会员的监督。

3.1.4.4 农民用水户协会在农业水价综合改革中的主要任务

农民用水户协会在农业水价综合改革中具有核心地位，承担着许多重要职能，要完成许多工作任务，主要有以下几项：

1. 作为实施主体组织完成灌区末级渠系工程改造

农民用水户协会作为灌区末级渠系改造的实施主体，承担着组织末级渠系改造项目的申报、建设管理任务。

(1) 作为末级渠系工程建设主体组织项目申报。财政部、水利部规定农业水价改革暨末级渠系改造试点项目的申报主体为用水户协会，但是灌区末级渠系的改造并不是一件孤立的事，末级渠系的改造方案必须符合灌区末级渠系改造的总体规划。因此，用水户协会在申报项目时必须与当地水利部门和灌区管理单位协商，使申报项目符合规划要求。

(2) 确定末级渠系工程改造方案。项目经有关部门批准后，用水户协会应该在当地水利部门和灌区管理单位的指导和帮助下确定工程改造方案，确定改造的区域范围、建

设内容、渠道及渠系建筑物形式、输水配水方式、量水方式、投资额度、筹资方式、投劳方案等。除了工程改造方案外，用水户协会还应制定工程建成后的运行管理和维护方案，核算末级渠系运行管理成本，制定末级渠系水价方案。末级渠系的改造方案必须符合整个灌区的末级渠系改造规划，用水户协会在制定改造方案时必须与灌区管理单位协商。工程改造的具体方案和设计可以委托灌区管理单位或有关技术单位。在目前还没有实施终端水价的地区，地方水利部门和物价部门应协助协会制定水价方案。

工程改造方案和水价改革方案制定后，要召开协会代表大会进行讨论，通过后应及时向农民公示，特别是建设范围、投资以及资金来源、农民投工投劳、水费测算等方案，对农民有异议的地方应该协商解决。

（3）组织农民投工投劳。组织农民投工投劳是用水户协会在末级渠系改造中一项重要的职责。用水户协会的广大农民不但是项目的直接受益者，同时也是投工投劳的参加者，既有受益的权利又有参加建设的责任。为使项目符合用水户协会的实际需要，符合广大农民的利益，用水户协会应该组织广大农民按照《国务院办公厅关于转发农业部村民一事一议筹资筹劳管理办法》（国办发〔2007〕4号），水利部《关于完善小型农田水利民主议事制度的意见》（水农〔2007〕406号）等文件的有关规定，采用“一事一议”的方式组织农民投工投劳。同时，用水户协会还应与当地政府减负办等部门及时沟通，处理好当地对投劳额度的规定与群众意愿的关系。

（4）进行末级渠系建设管理。农业水价综合改革暨末级渠系改造试点项目采取先建后补的建设方式。用水户协会作为试点项目的实施主体，拥有参与项目招投标的权利（当地政府规定集中采购的除外）。用水户协会可以代表农民与相关施工单位、材料供应商、灌区管理单位洽谈，签订施工、材料采购、代建合同。根据合同执行进度向财政部门申请付款。

对工程施工的监督有两种方式，对较大的工程聘用专业的监理人员进行监督，一般工程由用水户协会自己监督，或灌区管理单位协助监督。施工的监督应该是全过程的，对材料的数量、质量，工程的数量、质量、施工程序、进度等进行监督。

末级渠系工程完工后，由用水户协会组织自我验收，验收合格后，申请上级水利部门和财政部门验收，验收合格后向财政部门提出补助申请。

用水户协会应主动接受农民对项目资金使用的监督。建设资金的使用应严格遵守国家财经制度、项目资金使用管理办法，以及协会内部财务管理办法。

2. 接受政府授权建立灌区末级渠系工程产权制度

《小型农村水利工程管理体制改革实施意见》（水农〔2003〕603号）提出小型农村水利工程要以明晰工程所有权为核心，建立用水户协会等多种形式的农村用水合作组织，投资者自主管理与专业化服务组织并存的管理体制。用水户协会管理的灌溉设施，应首先将使用管理权移交用水户协会；随着条件的成熟，逐步将改造完好的灌溉设施所有权移交用水户协会。

农业水价综合改革试点项目要求通过试点项目建设的所有水利工程，都必须按照《小型农村水利工程管理体制改革实施意见》，将灌区末级渠系工程的产权移交给用水户协会。具体实施时，地方政府委托水行政主管部门［县水利（务）局］负责勘定国有水管工程与末级渠系工程，并向用水户协会颁发水利工程产权（或使用权）证书。

3. 提供灌溉服务、协调用水事务

为协会成员提供灌溉服务是协会的基本职能。农业水价综合改革对协会灌溉服务提出了新的更高的要求。

（1）编制需水计划，强化需求管理。每年年初农民用水户协会应根据各用水小组、用水户的用水需求，在灌区供水管理人员的技术指导下编制协会的年度需水计划。需水计划经协会执委会讨论并向会员公示后正式报送供水管理单位。供水单位根据整体供水计划，向协会下达供水计划。

（2）签订供用水合同，强化用水的经济管理。用水户协会和供水单位是水的买卖关系，所以用水户协会与供水单位应该签订供水合同，并依据测定的水量向供水单位缴纳水费。同时，负责农业供水管理的灌区管理单位，有义务向用水户协会提供必要的技术支持。

供用水双方签订供用水合同的目的，是以具有法律效力的合同形式确定双方的权利、责任和义务。合同内容包括供水量、供水时间、计量方法、供水价格、收费方法、交费时限、违约责任等，对于以排涝为主的协会，合同内容还应包括：排水泵站起排水位、排水费用的分摊等。合同应在供水开始日 30 天前签订。签订合同后，除了气象水文等不可抗力自然因素外，双方均应严格履行合同。供水单位应按作物生长和天气变化情况，尽量满足农民用水户协会合理的调整供水时间、数量要求。

农民用水户协会在合同签订后 7 天内召开用水户代表大会，或以广播、公告、黑板报等形式向用水户通报供用水合同内容，让大家了解供水数量、时间、计量方式、收费标准、收费方式。要求大家自觉执行合同，维护用水秩序。由于天气、作物生长等原因，必须修改调整供水计划时，协会应召开用水小组组长会议讨论通过，并由用水小组组长通知到每一用水户，任何个人不得随意修改。

（3）制订用水计划，强化供水管理。农民用水户协会与供水单位签订供用水合同后，协会执委会应会同用水小组组长，根据供水单位承诺的供水方案，同时考虑用水户用水申请，制订协会的年度用水计划。用水计划要细化到用水组、用水户，经用水户、用水小组长和协会三方签字后，即视同用（供）水合同。各用水组、用水户按照批准的计划用水，并实行用水计量，为预收水费和全年水费核算提供依据。各户的用水计划要由用水小组组长与他们分别讨论，如与用水户原需水申请相比，有较大调整，应说明原因，双方同意后签字。用水计划应在协会与供水单位供用水合同签订后 10 天内编制完成。

协会年度用水计划订立后，如有较大变动，应由协会召开用水小组组长会议讨论通过，并由用水小组组长通知到每一用水户。如果协会的用水权受到其他部门单位、个人影响，协会有责任维护用水户的合法用水权益，并及时向用水户通报。

（4）加强灌溉管理，促进农业节水。灌溉用水管理是协会的主要工作。在灌溉期间，协会人员应在现场做好灌溉服务，维护工程设施，确保正常运行，按用水计划通过用水组向用水户配水。良好的灌溉用水管理，可以维护良好的用水秩序，保持渠道及建

筑物完好状态，高效用水，以降低灌溉成本。

灌溉放水前应做好以下准备工作：按供水计划和天气、土壤、作物实际情况，通知各用水小组、用水户配水流量、水量和供水时间，做好接水灌溉准备，包括平整土地、修好田埂和灌水沟等。规模较大的协会和用水小组，应考虑以通知书的方式通知用水户。与此同时，渠道维护人员要对渠道、建筑物和量水设施进行检查，发现问题及时解决。

灌溉过程中，供水单位和协会人员在接水点共同监测实际供水流量、水量、放水时间，每完成一个供水单元的供水任务，双方人员在放水记录表上签字。双方人员以此作为水费计收的依据。用水小组和用水户灌水时，协会人员和用水小组组长要加强对渠道的巡查、做好测水量水工作，及时开启关闭闸门，避免渠堤决口、跑水、漏水现象发生。

一般情况下，用水计划尽量不要变更。当气候、水源和作物等条件发生变化，用水计划必须调整时，要从实际出发，按实际需要配水、分水、灌溉。计划调整后，要及时通知各用水小组长、各用水户。灌水工作中，对十分贫困或缺乏劳力的农户应给予照顾和帮助，让他们适时浇上水。

（5）加强测水量水管理，实现按方收费。灌溉季节，在农民用水户协会的接水点，每轮次灌溉，供水单位与协会工作人员都要共同监测计量实际放水用水情况，作为水费计算依据。协会向各用水小组配水时，有条件的配水点应设置量水设备，如三角堰、水表等。无特设量水设备的，利用现有建筑物（有控制设施的陡坡、节制闸、涵闸等）量水。

每轮次灌水结束后，协会要与各用水小组长及时核对已供水量并签字，作为计收水费的依据，防止用水原始记录资料丢失、篡改等，避免发生用水户水费负担不公平情况。同时，协会执委会应主动及时到供水单位结清水费。

4．参与制定末级渠系水价，加强水价管理

2002年8月颁布的新的《中华人民共和国水法》第五十五条规定："使用水工程供应的水，应当按照国家规定向供水单位缴纳水费。"这是我国最高权力机关对水利工程供应的水实行有偿使用的法律规定。《水利工程供水价格管理办法》（2003年7月3日国家发改委 水利部令第4号）规定："水利工程供水价格按照补偿成本、合理收益、优质优价、公平负担的原则制定，并根据供水成本、费用及市场供求的变化情况适时调整"。农业用水价格按补偿供水生产成本、费用的原则核定，不计利润和税金。水利工程供水应逐步推行基本水价和计量水价相结合的两部制水价。各类用水均应实行定额管理，超定额用水实行累进加价。

协会管理的水利工程主要是灌区末级渠系。按照《中华人民共和国水法》《水利工程供水价格管理办法》和《国家发展改革委、水利部关于加强农业末级渠系水价管理的通知》精神，水利部财务经济司组织专家学者制定了《大中型灌区末级渠系水价测算导则》，协会可根据《导则》结合当地实际制定末级渠系水价，并按规定当地物价部门和水行政主管部门审批或报备案。末级渠系水价一经确定严格执行。在水价综合改革试点

项目中，末级渠系水价改革的情况明确由协会所在县价格主管部门、水行政主管部门负责监督检查。

水费计收是农民用水户协会各项工作中十分重要的一个环节，关系到协会和供水单位能否正常运行。在水费收取时一定要做到三公开一到户，即“水量公开”“水价公开”“水费公开”和“开票到户”，作为用水户交纳水费的有效凭证，开具正式收据。水费必须公开透明，保证广大用水户在水费收取和使用管理上的知情权和监督权。

5. 加强协会财务管理，保证运行顺畅

用水户协会都应该制定《财务管理制度》，这是规范协会会计核算最重要的依据。《财务管理制度》应根据《中华人民共和国会计法》《民间非营利组织会计制度》（征求意见稿）、相关法律、法规、协会章程并考虑协会的实际情况制定。协会的财务管理必须完全按照协会财务管理制度执行。

用水户协会作为独立法人，其财务管理要合法、完备，同时它又不可能像一般意义上的企事业单位一样全面，要依据用水户协会的实际情况做到简化、方便。用水户协会的财务管理应该坚持专人负责、账目清楚、手续完善、内控健全这四个原则，一是要指定专人负责日常会计核算工作，会计与出纳管理要分开，出纳可由其他人员经培训后兼任；二是要保证相关凭证、账目及报表清楚、真实、准确；三是要制定相应规章制度，明确所有收支的审批流程和手续；四是要健全相应的内部控制和管理制度，协会执委会要能相互监督，同时所有的财务收支都应定期向协会所有会员公示，接受会员监督。

3.1.4.5 用水户协会能力建设

为保障本次安龙县水价综合改革示范项目的顺利实施，根据“三位一体”农田水利良性运行长效机制的总体思路，农民用水户协会的规范化建设是重要的工作内容。目的是加强协会的自治能力，为试点项目的顺利实施和“三位一体”长效机制的建立提供保障。

根据民政部门的相关要求，农民用水户协会的注册要求为固定资产不低于1000元。新成立的农民用水户协会硬件设施建设内容包括：改善办公场所120m^2，配置办公桌椅、电脑，印制宣传手册，设立布告栏以及其他日常工作设备等。

3.1.5 节水奖励与精准补贴

开展小型水利工程清产核资工作，评估水利工程资产，建立固定资产台账，明晰产权，为小型农田水利工程“两证一书”（所有权证、使用权证、管护责任书）制度的落实提供技术支撑；研究制定水利工程管护和收费办法，明确水费收取与缴纳、计量设施运行与维护管理费用核算主体，实现协会、乡（镇）两个层次的收支平衡；研究制定节水奖励、节水补贴的标准、额度，提出阶梯水价与节水奖励、节水补贴综合实施措施办法，全面促进用水节约。

农民用水合作组织是小型农田水利工程的产权主体、改造主体和管理运营主体，在初始水权配置、定额管理、水量分配、节水灌溉等方面充分发挥积极作用。针对灌区具体情况，研究制定农村灌溉用水协会组成、协会产生方式，明确协会的职责、义务和权

利等，发挥协会在促进落实水费收取与监督制度、以村为单位的水权分配和节水补贴、节水奖励和灌溉工程维护等各项制度的促进作用；拟定协会章程，界定政府、协会组织和农民之间的事权与财权，明确农村灌溉用水协会作为小型农田水利工程的产权主体、改造主体和管理运营的主体地位；明确水费补贴和农业节水奖励对象，研究利用推行差别水价、超额累进加价、农业用水水资源费和政府补贴等渠道筹集的资金，对农业节水采取精准补贴和奖励的办法，譬如成立节水奖励基金等。农民用水户协会的主体地位见图 3.3。

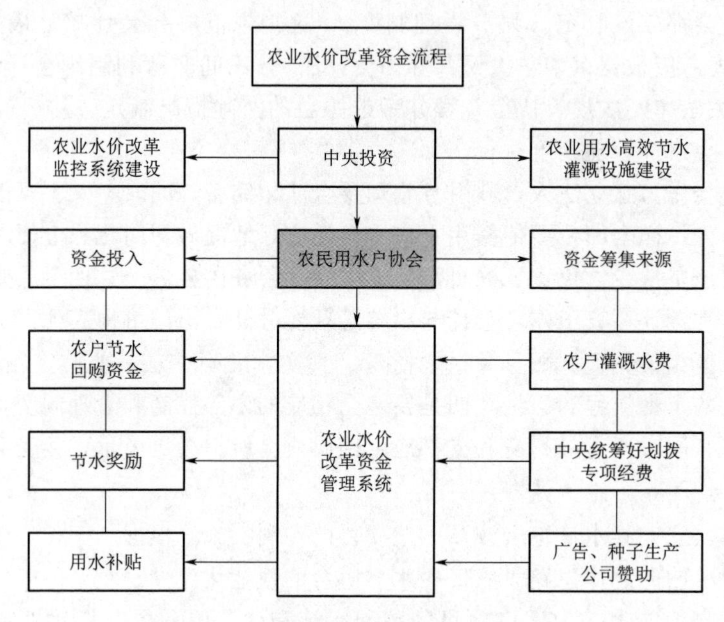

图 3.3　农民用水户协会的主体地位

根据试点项目区实际，在巩固和提高现有农民用水户协会管理水平的基础上，按照“政府引导，农民自愿，依法登记，规范运作”的原则，引导家庭农场、专业大户等新型农业经营主体加入或创办农村灌溉用水协会，承担末级渠系的维修、使用和管理职责，充分发挥其在运行维护、水费计收等方面的作用。

水费补贴的对象是灌区管理单位和农民用水户协会，农业节水奖励的对象是通过采取高效节水灌溉技术、垄膜沟播农艺节水技术等实现节水的农业用水户。水费补贴方式为：可按灌区水权额度将水费补贴发放至灌区管理单位和农民用水合作组织，灌区管理单位和农民用水合作组织在向农户收取水费时，执行水价在基准水价基础上减免一定费用，超定额部分用水量不在减免范围之内。

节水奖励资金的来源为节水基金。每年年末从节水基金中提取一定资金作为节水奖励资金，剩余的资金由用水者协会作为管护经费使用。用水者协会根据提取的奖励资金规模和管理范围内当年节水量，计算出奖励单价，再按照用水户水权额度和实际用水量的差值确定其节水量，由此得出用水户的节水奖励金额。节水奖励可以以现金方式直接发放，也可以作为下年度水费的预付款留存。

3.2 技术路线

3.2.1 农业水权确权与分配

农业水权，是指依附于特定土地且从事农业生产而形成的在一定时段内取用一定量水资源的用水权。要建立健全农业初始水权分配制度，根据最严格水资源管理制度要求，在区域用水总量控制指标基础上，结合各地农田灌溉现状，本着“公平、公正、公开、节约”的原则逐步推进。

3.2.1.1 农业用水总量控制

首先，以区县域为单元确定农业用水总量控制指标及其组成。区县域农业用水总量控制指标可采用估算法和扣除法从区域用水总量控制指标中分配，农业用水组成包括农田灌溉用水和林牧渔业用水两部分，其中农田灌溉用水又包括水田、水浇地、菜田用水；林牧渔业用水包括林果地灌溉、牲畜用水和鱼塘用水。然后，根据需要逐级分解农业用水总量指标。可采取自上而下、自下而上相结合的方法逐步分解到灌区、泵站、机井等工程单元，落实到乡（镇）、村集体、农村基层用水组织，具备条件的可分解到具体用水户。

3.2.1.2 农业初始水权确权

在用水总量控制和用水定额约束条件下，综合考虑历史和现状用水，进行农业水权分配。按照最严格水资源管理制度以及农业灌溉取水许可改革的要求，开展农业灌溉取水许可和初始水权划分工作。许可给小型农田水利工程、末级渠系、小水源工程等农业供水工程管理单位或终端用水户的农业用水量，即为该工程管理单位或用水户获得的初始水权。县级以上人民政府水行政主管部门向用水单位或个人颁发取水许可或水权证书，明确用水权利和义务。证书上应注明水源类型、水量、用途、期限、可转让水量、转让条件等，其中水权转让不得侵占粮食基本生产用水。取水许可或水权证书采取动态管理，定期核定，期间因许可水量发生变化、因土地流转或土地用途发生变化而导致农业水权转移变化的，需经发证部门批准并重新核发。

本项目区在确定项目区用水总量指标后，需要对用水指标进行进一步分解。项目区供水均采取“以供定需”的原则，将可供水量作为确定农业用水总量控制指标的依据。本工程初步拟按以下方式确定农业初始水权：

（1）核定项目区土地面积。土地面积以人民政府核发的土地经营权证为准。

（2）由水行政主管部门核准，确定农业初始水权。

（3）水权分配到用水户协会。农业初始水权确定后，由供水单位先行分配到农民用水户协会，再由农民用水户协会根据用水户灌溉面积、所需定额水量分配用户。

因此，依据各协会（农户）农业灌溉面积（现状数据不准，可后期进行测算）与项目区总面积的比例，将用水指标进一步分解到各个农民用水合作组织。初步建立总量控制、“以供定需”、定额管理的农业水权制度，推行终端水价以及水费收取。

量化到用水户协会并颁发初始水权证书。对二轮承包土地以外的耕地不予确定初始水权，供水单位可根据区域水资源“三条红线”控制指标，在满足二轮承包土地和二、三产业、城镇和生态用水的前提下按年度制定供配水计划，并应逐年核减计划外供水总量，实现区域采补平衡。

据现场调研了解，项目区主要种植作物以小麦、玉米、葵花、甜瓜、番茄等为主，一年一熟，一年灌溉两次。依据种植作物面积、种类，灌溉用水定额，灌溉水利用系数，分别把每个协会的春灌、夏灌、秋浇用水量统计出来，明确水权，实行总量控制。

3.2.1.3　水权公开公示

确定各协会（用水户）水权后，需要对水权进一步分解并进行公示，通过书面公告或媒体发布出去。

3.2.1.4　水权发证

用水户初始水权确认后，对用水户核发初始水权证书，水权证书内容包括协会名称、水权证书持有人姓名、身份证号、家庭住址、联系电话、土地承包面积、种植结构、种植面积、用水定额、年度水权分配等信息。水权证见图3.4。

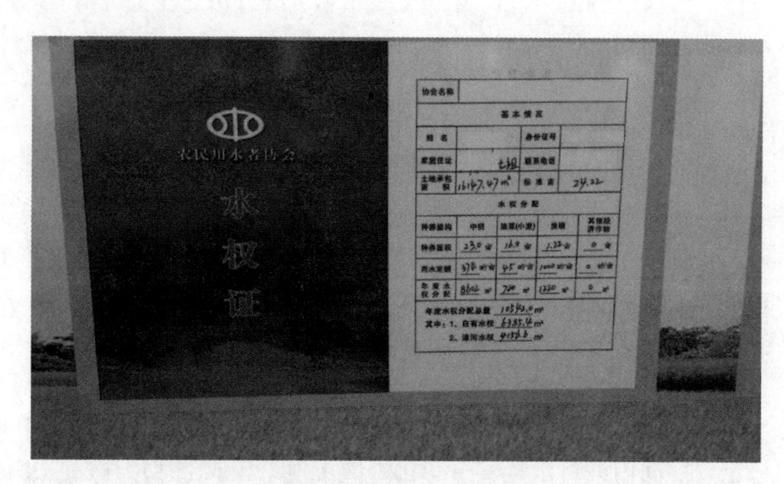

图3.4　水权证（例图）

3.2.2　水价形成机制与测算

3.2.2.1　农业终端水价核算

农业终端水价是指整个农业灌溉用水过程中，农民用水户在田间地头承担的经价格主管部门批准的最终用水价格。在农业供水整个环节中，农业供水成本费用沿着干渠、支渠、斗渠和农渠逐级累加，在农渠出口处达到最大，形成农业终端水价。

1. 农业终端水价的构成

农业终端水价由国有水利工程水价和末级渠系水价两部分构成。国有水利工程水价是指国有水管单位水利工程产权分界点以上所有骨干工程的成本、费用总和与产权分界点量测的农业供水量之比。末级渠系水价是指国有水管单位水利工程产权分界点以下末

级渠系供水费用与终端供水量之比。

（1）国有水利工程农业供水价格构成。国有水利工程农业供水价格由供水生产成本、费用构成。

供水生产成本是指正常供水生产过程中发生的职工薪酬、直接材料、其他直接支出、制造费用以及水资源费等。

供水生产费用是指供水经营者为组织和管理供水生产经营而发生的合理销售费用、管理费用和财务费用等期间费用。

国家规定农业水价不计利润和税金。

（2）末级渠系水价构成。末级渠系水价由管理费用、配水人员劳务费用和维修养护费用构成。

管理费用是指农民用水户协会为组织和管理末级渠系农田灌溉所发生的各项费用，包括办公费用、会议费、通信补助费、交通补助费及管理人员合理的误工补贴等。

配水人员劳务费用是指农民用水户协会在供水期内聘用配水人员所支付的劳务费。

维修养护费用是指农民用水户协会对灌区斗渠及以下供水渠道和设施每年必须的日常维修、养护费用。

2. 测算依据

（1）《水利工程供水价格管理办法》（图函〔2004〕4号）。

（2）《水利工程供水价格核算规范（试行）》（水财经〔2007〕470号）。

（3）《水利工程供水定价成本监审办法（试行）》（发改价格〔2006〕310号）。

（4）《关于颁发〈水利工程管理单位财务制度〉暂行和〈水利工程管理单位会计制度〉（暂行）的通知》（财政部〔1994〕财农字第397号）。

（5）《水利电力部、财政部关于颁发水利工程管理单位水利工程供水部分固定资产折旧率和大修理费率表的通知》（水电财字〔1985〕93号）。

3. 确定计量位置及计量方式

项目区骨干渠道取水口和斗口分别设置了量水设施，骨干渠道取水口处用测量水量 W_1 来计量国有水利工程供水量，斗口处用测量水量 W_2 来计量末级渠系工程供水量。

3.2.2.1.1 骨干渠系工程供水价格测算

根据《国家发展和改革委员会、财政部、水利部和农业部文件》（发改价格〔2014〕2271号），大中型灌区骨干工程农业供水价格至少达到补偿运行维护费用水平，本次骨干工程供水价格分别计算全成本水价和运行成本水价。

1. 职工薪酬

职工薪酬是指水利工程供水运行过程中职工获得的各种形式的报酬以及其他相关支出。包括职工工资（指工资、奖金、津贴、补贴等各种货币报酬）、工会经费、职工教育经费、住房公积金、医疗保险费、养老保险费、失业保险费、工伤保险费、生育保险费等社会基本保险费。

2. 直接材料费

直接材料费包括水利供水工程运行和生产经营过程中消耗的原材料、原水、辅助材

料、备品备件、燃料、动力以及其他直接材料等。

3. 其他直接支出

其他直接支出是指水利供水工程运行维护过程中发生的除职工薪酬、直接材料外的，与供水生产经营活动直接相关的支出。包括供水工程实际发生的工程观测费、临时设施费等。

4. 制造费用

制造费用包括供水经营者所属生产经营、服务部门的固定资产折旧费、租赁费（不包括融资租赁费）、修理费、机物料消耗、低值易耗品、运输费、设计制图费、监测费、保险费、办公费、差旅费、水电费、取暖费、劳动保护费、试验检验费、季节性修理期间停工损失以及其他制造费用。

根据财政部〔1994〕财农字第397号，项目区固定资产按照平均年限法计算。根据《水利电力部　财政部关于颁发水利工程管理单位水利工程供水部分固定资产折旧率和大修理费率表的通知》，折旧率按照3.33%计算。

5. 管理费用

管理费用是指供水经营者的管理部门为组织和管理供水生产经营所发生的各项费用。

管理费用按照前3年管理费用的平均值计算。

6. 财务费用

财务费用是指供水经营者为筹集资金而发生的费用，包括在生产经营期间发生的利息支出（减利息收入），汇兑净损失，金融机构手续费以及筹资发生的其他财务费用。

项目区建设属于国家和地方全额投资建设，无贷款，没有利息支出，水费征收一般发生于灌溉结束后，征收的水费要立即用于渠道维修，时间较短，费用可忽略不计，此项费用计为0。

3.2.2.1.2　末级渠系工程供水价格测算

根据国家发展和改革委员会、财政部、水利部和农业部四部委《关于印发深化农业水价综合改革试点方案的通知》（发改价格〔2014〕2271号），万亩以上灌区末级渠道和小型灌区末级渠道农业供水价格按照达到成本水平进行测算。末级渠系供水成本包括固定资产折旧费和末级渠系运行维护费。末级渠系运行维护费包括管理人员及配水人员务工补助、工程运行维护费和工程管理费。结合项目区实际情况，末级渠系按照全成本核算全成本和运行成本分别核算水价。末级渠系全成本水价和运行成本水价计算公式如下

$$\text{末级渠系全成本水价}=\frac{\text{固定资产折旧费}+\text{末级渠系运行维护费}}{\text{斗口（机井出口）灌溉用水量}}$$

$$\text{末级渠系运行成本水价}=\frac{\text{末级渠系运行维护费}}{\text{斗口（机井出口）灌溉用水量}}$$

根据《水利电力部　财政部关于颁发水利工程管理单位水利工程供水部分固定资产折旧率和大修理费率表的通知》（水电财字〔1985〕93号），衬砌渠道混凝土防渗渠道固定资产折旧费按照固定资产原值3.33%计。

《大中型灌区末级渠系水价测算导则（试行）》规定："农民用水户协会的日常管理人员原则上应控制在5人以下，灌溉面积在5000亩以下的，应控制在3人以下。"

3.2.2.1.3 终端水价的确定

项目区终端水价分别按照骨干工程全成本与末级渠系全成本之和计算全成本水价、骨干渠系运行成本与末级渠系运行成本之和计算运行成本水价。终端水价由国有工程供水水价和末级渠系工程供水水价两部分组成。公式如下：

$$P=\frac{P_1W_1+P_2W_2}{W_2}$$

式中：W_1 为国有水管单位计量点水量，m^3；W_2 为终端计量点水量，m^3；P 为终端水价，元/m^3；P_1 为国有水利水价，元/m^3；P_2 为末级渠系水价，元/m^3。

3.2.2.2 农民水费承受能力调查

评价农业水价制定是否合理，除要考虑到水利工程成本与末级渠系的管理、维护费用等因素外，农户对水价的承受力也是一个重要的因素。水价核定和水费计收必须考虑到用水户的经济承受能力。

1. 水费测算方法

以水费占亩均产值的比例或占亩均纯收益的比例为依据，测算农民水费承受能力。根据水费占亩均产值 V 的比例 R，以及水费占亩均纯收益 B 的比例 r 合理范围，分别确定水费承受能力，然后取两者计算出的最大值作为水费承受力。计算公式如下

$$C=\max(V\times R,\quad B\times r)$$

式中　C 为水费承受力；V 为亩均产值，元；R 为水费占亩均产值的比例；B 为亩均纯收益，元；r 为水费占亩均收益的比例。

2. R 和 r 的取值确定

国内研究表明农业灌溉水费占农户收入的比重的5%～8%较为合理，农业水费占亩纯收益比例以10%～13%为宜，农民易于承受。考虑本受水区的具体情况，本书中，农业灌溉水费占农户收入的比重 $R=6\%$，水费占亩均纯收益 B 的比例 $r=12\%$，以此测算农民的承受能力。

3. 基础数据收集

测算农民水费承受能力一般要收集当地灌溉定额、亩均农业产值、亩均农业纯收益等数据。灌溉定额应根据灌区种植的农作物种类、田间灌溉方式和复种指数综合确定。采用的灌溉定额应是经人民政府颁布的，没有颁布灌溉定额的，应参考同类地区确定。

4. 亩均产值和亩均纯收益

由于不同区域的终端水价和作物种植结构不同，因此需要分别计算不同农民用水合作组织范围内的产值及收益。根据亩均产量、种植面积、单价、种植补贴、亩均成本等对不同区域亩均产值和亩均纯收益进行了计算。

5. 农民水费承受力计算

通过水价改革，测算出各农民用水户合作组织不同作物亩均水价，将亩均测算全成本水价与亩均最大承受能力、亩均测算运行成本水价与亩均最大承受能力进行对比。

3.2.2.3　供水价格确定

通过以上分析，项目区不能执行全成本水价，为了确保水价改革切实可行，本次水价改革结合项目实际情况，确定国有水利工程水价和末级渠系水价。

3.2.2.4　农业水费计收

终端水价制定以后，农业水费计收就成为水管单位和农民用水户最容易产生不同意见的环节，也是最消耗精力的工作。农业水费计收如果出现问题，会直接影响农业水价综合改革的总体进展。

1. 用水计量

本次试点项目区的农业供水计量，在末级渠系工程改造完工后，在项目区取水口安装计量设施，在取水口以下的各支口安装计量设施。

2. 水量的确认

供、用水量的确认涉及水费计收的数额。不论是国有水管单位还是农民用水户协会，都应该按照事先约定的程序确认水量，以减少纠纷。

（1）国有水管单位与农民用水户协会水量确认。国有水管单位要与农民用水户协会签订供用水协议，明确供水计量方式。此环节供水管理、计量工作由水管单位承担。农民用水户协会可以派人监督或巡查，每轮水浇灌结束，水管单位应与农民用水户协会核对水账，核对无误后，双方签字认可。当供水量出现差错时，由双方共同查找原因并妥善解决。

（2）农民用水户协会与农户水量确认。农民用水户协会与农户也要签订用水协议，明确供水计量和结算方式。每轮次浇水时，协会配水员和用水农户现场共同计时，按照终端计量点的水位-流量关系曲线，确定农户当次灌水时段内平均实际引水流量，再用平均引水流量乘以用水时间，即可核定农户当次灌溉用水量。

（3）农户间的水量分配。农民用水户协会应在农渠进口设置终端量水设施，按终端计量点计量的水量乘以终端水价，向农户收取最终水费。但是，从农渠进口至田间通常还有一定距离，一般情况下农渠引水流量较小，一次只负责给一户供水，有时也会出现两户以上农户同时引水灌溉的情况，在这种情况下，可以由协会配水员将水体平均分配（水位相同），在农户自愿的情况下，也可采用按亩分摊的办法确定各自应承担的用水量，但分配办法必须经农民同意，并提前在协会内部予以公布。

3. 水费计收

为规范试点项目区水费计收行为，试点项目区实行灌区国有供水管理单位＋农民用水户协会的农业供水管理模式。因此特别要求本次试点项目区必须采用由农民用水户协会统一收取国有水利工程水费，然后交付给国有水管单位的计收方式。

水费计收要根据水管单位和农民用水户协会签订的供用水协议和实际供用水量计算。由协会向水管单位购买水量，并负责向水管单位交纳水费，水管单位向协会开具水费专用发票，可以实行预售水票、凭票供水的办法，也可以采取预交水费、超额限量供水等灵活的办法收取水费。

农民用水户协会负责农户的水量分配，并负责向农户收取终端水费，向农户开具专

用票据。在协会规范化发展阶段，可以实行由水管单位代为开具票据并分别标明国有水利工程水费和末级渠系水费金额的方式。

农民用水户协会要建立水量、水价、水费公示制度。在每一轮水浇完后5日内，农民用水户协会要将本轮次农户使用水量、水价、水费在公示栏公示，接受农户监督，水费在农户核对无误后收取。

规范水费计收行为，严格票据管理。水管单位、农民用水户协会、农户之间要签订供用水合同，明确供水服务内容，根据当地灌溉用水特点，规定水费计收程序和办法，不断提高水费计收的制度化、规范化水平。收取水费要开具由政府有关部门监制的水利工程供水专用票据，无专用票据或不出具票据向农民收取水费的一律为乱收费，农民有权拒交。

农民用水户协会在供水中要实行供水证、供水卡制度，供水证每户一本，由农户保存，供水卡由协会配水员保存（每户建一卡，与供水证对应），每浇完一轮水，供需双方要在供水证、供水卡上相互签字，相互认可。每个用水户小组要建立农户用水明细台账，协会建立各用水小组台账，水管单位建立各协会的水账，形成三账一卡一证，证卡、账账相对的连环体系。用水户小组定期公示农户用水资料，协会公示各用水户小组用水动态，建设公正、公平的用水环境。

推行终端水价后，严禁除农民用水户协会以外的任何机构或组织以水费的名义向农户收取费用，避免造成灌区收费混乱、截留挪用的局面。

4. 水费使用管理

（1）国有水利工程水费使用管理。建立健全水费使用管理制度。水管单位要严格执行水利工程管理单位财务制度，制定具体的水费使用管理办法，强化成本约束机制，加强水费支出管理，严格控制水费支出范围，确保水利工程水费全额用于水利工程运行、管理和维护，减少非生产性开支。水管单位要抓紧做好水管体制改革工作，对单位进行合理定性，科学测定岗位人员，推行管养分离，对冗员进行合理分流，争取理应由财政负担的两项公益性经费及早到位。

（2）末级渠系水费使用管理。农民用水户协会要制定具体的水费使用管理办法。末级渠系供水费用的使用，必须做到公开、透明，坚持“一事一议”制度，重大开支项目要由会员代表大会表决通过，并及时将支出情况向会员进行公示。各项收支必须做到手续完备，报销凭证要有经办人、会员代表签字，负责人审批。末级渠系水费要全额用于农民用水户协会和末级渠系工程的运行管理和维修养护，其中用于末级渠系维修养护的支出不少于60%，任何单位和个人不得截留挪用。

县级财政、水利部门要加强对农民用水户协会对末级渠系水费使用的监督管理，每年检查其使用管理情况，并可对部分用水量大、水费收入较多的用水户协会进行随机抽查。灌区管理单位要加强对用水户协会的技术指导，帮助用水户协会建立和规范完善的财务管理制度，并指导用水户协会做好末级渠系水费的管理工作。

3.2.2.5 农业终端水价管理

农业水价管理是政府的重要职责。农业水价管理的目的是保证农业水价秩序，保护

相关利益者的合法权益。农业终端水价管理指的是终端水价的形成与确定、水价改革的规划与进程、水费计收的全过程监督管理。

1. 终端水价的确定

终端水价由国有水利工程水价和末级渠系水价组成。国有水利工程水价实行政府定价，按照合理补偿供水成本、费用的原则核定；末级渠系水价实行政府指导价下的农民协商定价，或由农民用水户协会组织农民协商确定后，报有关部门备案。

2. 终端水价改革规划

在农民用水户协会规范化建设和末级渠系改造完成的基础上，考虑农民水费承受能力，地方政府要根据当地实际，制订终端水价改革计划，积极推进科学的终端水价制度。

目前灌区执行的水价远低于水利工程供水成本，因此在确定水价分步到位方案时要按照国务院《水利工程管理体制改革的实施意见》的要求，对应该由财政负担的两项公益性经费（即公益性人员基本支出和公益性维修养护费），从水管单位供水成本中剥离，计算出国有水利工程农业供水价格，加上末级渠系水价，确定终端水价，在此基础上确定水价分步到位方案。

测算的终端水价应由有审批权限的价格主管部门与水行政主管部门进行审核，试点项目所在地有审批水价权限的人民政府做出终端水价到位的承诺，并制定水价改革时间表。

3. 终端水价的监督管理

终端水价的确定与执行涉及政府价格主管部门和广大的农民用水户，因此，终端水价改革的监督管理主体也是政府价格主管部门和广大的农民用水户。对终端水价改革的监督管理必须从两个方面着手：一是加强政府监管。各级价格主管部门、水行政主管部门要加强对农业末级渠系水价、水量和水费计收情况的监督管理，价格主管部门要依法查处乱收费、搭车收费等价格违法行为。二是完善社会监督机制。农业末级渠系水价确定和水费计收实行公示制，水管单位和农民用水户协会应采取公示栏、公示牌等多种便利方式，及时向农民用水户公示水量、水价、水费收入和支出等有关信息，接受监督。价格主管部门和水行政主管部门可从农户中聘请水价义务监督员，及时反映农业水价和水费计收与使用中存在的问题。

3.2.2.6　超定额累进加价制度

本次水价改革试点区实行“计划用水、总量控制、定额管理”，定额内用水优惠，超定额累进加价政策。

(1) 定额内用水执行物价部门批准的水价；

(2) 超过定额 50%（含）以内的，超过部分按批准水价的 150%计收水费；

(3) 超过定额 50%以上的，超过部分按照批准水价的 300%计收水费。

3.2.3　水权交易

3.2.3.1　水权交易过程

市级水行政主管部门对各县农业取水许可管理工作予以指导监督，严格农业用水年

度计划管理。设区市、县（市、区）水行政主管部门是辖区内农业用水日常监督管理的责任主体，负责建立健全水权交易规则，鼓励用水户加强节水，节余水量可以转让交易。各地结合实际制定农业水权交易办法。

1. 具体建议流程

（1）各用水户必须交纳水费、水资源费和其他各项费用，方可进行交易。

（2）农业灌溉必须采取各种节水措施，提高用水效益，加大种植结构调整力度，推广高新节水技术，发展高效农业，通过以上措施节约的水量可以进行交易。

（3）灌区分配给用水户的水量，在满足灌溉需求的前提下，节余部分可以进行交易。

2. 区域间水的交易程序

（1）区域之间在满足灌区农业灌溉用水的前提下，通过节水措施节余的水量可以进行交易。

（2）村与村之间及村组以下交易用水时，需在灌区监管下进行。其中属同一渠系交易的，双方共同向所在渠系提出申请，所在渠系核准同意并报所在灌区备案后方可进行交易，同一灌区不同渠系之间交易，双方向各自所在渠系提出申请，经两渠系协商同意，报灌区核准后方可进行交易；农户之间交易在协会的监管下进行。

3. 区域水的交易价格限额

区域水的交易必须以特价部门核定的水价为基础，农业灌溉用水交易价不得超过水价标准的3倍。

区域性水的交易所得收入作为节水专项资金，专户储存，主要用于节水工程的建设。

4. 水的交易方式

水的交易主要通过水票的流转完成，交易方式有以下几种形式：

（1）招标；

（2）拍卖；

（3）双方协商；

（4）水管单位回购。

3.2.3.2 水权转让交易

对于开展节约用水后节约出来的水量，鼓励用水户对节约的水量进行转让，或者采取节水用水量回购。农业水权转让应遵循政府引导、双方自愿、信息公开、公平公正、规范有序的原则，不能损害第三方的合法权益。

（1）交易对象。包括拥有农业水权的农户、农民用水专业合作组织等农业经营主体。水权交易额度不能超过水权证（取水许可证）载明的有效期内尚未使用的水量。

（2）交易方式。水权交易采取用水户间自主交易、产权流转交易中心平台交易、委托用水合作组织交易和政府回购等形式。农业取用水户间自主交易自愿选择交易对象和交易方式，通过双方协商实行有偿转让或无偿转让；通过产权流转交易中心平台进行交易的由交易双方分别提出交易申请，在平台上发布交易水量、期限、价

格等信息，达成协议后签订书面交易合同；委托农民用水合作组织进行交易的由需求方向农民用水合作组织提出委托交易申请，载明交易水量、期限、价格等，由农民用水合作组织确定交易方式和交易对象；政府回购农业水权，经县级水行政主管部门核准后由当地政府或其授权的水行政主管部门、灌区管理单位予以回购，回购价格不低于当地市场均价。

（3）交易管理。水行政主管部门是水权交易管理的责任主体。交易双方及时将交易信息在有管辖权的农民用水合作组织备案，村、乡级农民用水合作组织将当年的交易情况分别汇总后逐级上报，由农民用水合作组织统一报送县级水行政主管部门。土地承包经营权流转时农业水权一并流转使用。灌溉耕地性质改变为建设用地的，由水权证发放单位无偿收回。水权交易收入扣除规定的交易费用后归出让人所有。

3.2.4　节水奖励与精准补贴

3.2.4.1　农业节水精准补贴机制

农业用水精准补贴机制是农业水价综合改革的重要内容，是建立科学合理的农业水价形成机制的关键支撑。建立农业节水精准补贴机制，主要是用经济手段促进农业节水，通过研究精准补贴办法，提高对农民用水合作组织、新型农民经营主体和用水户节水补贴的精准性和指向性，充分调动农民节约用水的主动性，保障农民种粮的积极性和节水收益，在此基础上构建农田水利工程运行长效机制，解决末级渠系老化失修、工程供水能力衰减、水资源浪费严重等问题，培养农民节水意识，减轻农民用水负担，以确保国家粮食安全。

1. 基本原则

（1）农业水价调整至全成本水平且灌溉用水量小于等于农业灌溉用水定额的农户，享有农业用水精准补贴政策。

（2）以水价调整为前提，对于农业综合水价改革后水价高于原水价的情况，应确保不增加农户定额内用水的水费支出。要保证农户经济负担不增加、用水减少但效益增加，调动农民参与和支持农业水价改革的积极性，推动农业节水事业发展。

（3）用水精准补贴到种粮的农民用水合作组织、新型农业经营主体和用水户，以提高补贴的精准性、指向性。

2. 补贴对象

对农业水价综合改革后灌溉用水量大于原灌溉用水量且高于农业灌溉用水定额的农户、农民合作组织，不予精准补贴；对农业水价综合改革后灌溉用水量小于原灌溉用水量并且低于农业灌溉用水定额的农户，给予精准补贴。农民合作组织须在民政或工商部门注册且管理制度健全，新型经营组织须依法设立。

3. 补贴标准

为提高农民节约用水的积极性和主动性，对实行农业水价改革的行政村农业用水户给予财政补贴。

4. 补贴方式

补贴方式拟采取明补的方式，即政府对农业用水以直接返还货币的方式进行补贴。每年灌溉周期结束后，由农民用水合作组织、新型农业经营组织提出申请，附具农业水价调整、作物种植面积、用水定额、用水量、水费缴纳等材料。经县农业水价综合改革试点工作领导小组办公室审核通过后，按年度发放补贴资金。

5. 资金来源

补贴经费主要来自财政安排的小型水利工程补助资金。本工程从农业水价改造费用中提取水价改革补贴经费，作为水价改革中对农业用水户的补贴费用。

3.2.4.2 农业节水精准奖励机制

在保障农田水利工程正常运行的基础上，多渠道筹集资金，建立节水奖励基金，对采取节水措施、调整生产方式促进农业节水的基层用水合作组织、新型农业经营主体等节水主体给予奖励。

1. 奖励对象

对农业水价综合改革后灌溉用水量小于原灌溉用水量并且低于农业灌溉用水定额的农户和农民用水合作组织，积极采用喷灌、滴灌、管灌等高效节水灌溉、水费、水药一体技术和设施进行节水、由高耗水粮食作物调整为耐旱高效粮食作物等的农民用水合作组织或用水户给予奖励。农民合作组织须在民政或工商部门注册且管理制度健全，新型经营组织须为依法设立。

2. 奖励标准

对实行农业水价改革的行政村农业用水户和农民用水合作组织给予相应的奖励，根据不同的节水程度进行不同档次的奖励。

3. 奖励方式

每年灌溉周期结束后，由用水户、农民用水合作组织提出申请，附具农业水价调整、作物种植面积、用水定额、用水量、水费缴纳等材料。经县农业水价综合改革试点工作领导小组办公室审核通过后，按年度发放节水奖励资金。

4. 资金来源

财政安排的小型水利工程维护资金、超定额累进加价收入等资金。本工程从农业水价改革补助资金费用中提取水价改革补贴经费，作为本项目水价改革及全县水价改革过程中对农业用水户的节水奖励费用。

3.2.4.3 节水补贴与奖励补贴程序与资金监管

1. 节水补贴与奖励程序

(1) 申请。每年12月初，由用水户、农民用水户协会、新型农业经营组织向县农业水价综合改革试点工作领导小组办公室提出申请，附具农业水价调整后水费缴纳单据、作物种植面积、用水定额、用水量、用水农户银行账号等材料。

(2) 审核。12月15日前，项目区农业水价综合改革试点工作领导小组办公室对所有申请农业精准补贴、奖励对象的相关材料进行认真审核。

(3) 批准。12月30日前，县农业水价综合改革试点工作领导小组办公室审核通过

后，按灌溉年度发放补贴、奖励资金。

(4) 兑付。水价调整后水费收取到位的，补贴、奖励资金直接发放至农民用水户协会、新型农业经营组织及用水农户银行账户。

2. 资金监管

(1) 申请人应对节水灌溉改造前后工程状况做好记录并拍照取证，由县农业水价综合改革试点工作领导小组办公室核实资料真实性。

(2) 县农业水价综合改革试点工作领导小组办公室应建立专项核查工作机制，全面加强补贴、奖励资金监管和绩效考核，加大违规惩处力度，确保农业用水精准补贴、奖励机制落到实处、见到实效。

(3) 实行专项资金管理责任追究机制，对存在违法违纪违规行为的，将依法追回财政专项资金，5年内禁止其申报补贴资金，并向社会公开不守信用信息。

(4) 县农业水价综合改革试点工作领导小组办公室按规定在网站公开实施办法、经办人员、查询投诉电话。

(5) 每年公开补贴、奖励对象、标准、规模等信息。通过执行信息公开制度保证农业用水精准补贴、奖励阳光运作，接受上级部门、全社会和新闻媒体的舆论监督和检查，确保其真实性、公平性和公开性，以保障节水农户、农民用水户协会、新型农业经营组织的合法权益。

3.3 农业水价改革的整体设计

水价改革整体包括“先制度”“一张图”“重规划”“严水控”“节水储”和“余水估”“效益评”“问题询”8个主要部分。具体如图3.5所示。

3.3.1 一套制度

农业水价综合改革项目需建立一系列的配套制度，实现顶层设计。涉及的主要制度包括水权分配办法、水权交易办法、农业水价制定办法、基层组织管理办法等。

3.3.2 一张图

充分利用全国水利普查、山洪灾害调查评价、土地确权和水资源评价相关数据成果，形成水价改革的“一图一库”。一图主要包括遥感、级行政区划（县、乡、村、组）、基本农田、农田取水以及基础地理等多源信息的集合，与用水计划、审批、消费等监管系统叠加，共同构建统一的综合监管平台，实现水资源合理利用的目标。一库主要即建立农业水价综合改革数据库及表结构标示符，统一制定河流、水系、行政区划、水资源、水文监控站点、水厂、灌区、机井、水源地等相关信息的数据库。

建立农业水价改革“一图一库”的基本框架，形成统一标准和汇交管理的数据机制，为整合和沉淀各类农业水价改革业务数据提供了基础平台，形成覆盖全面、内容丰富，反映资源状况的“电子沙盘”。

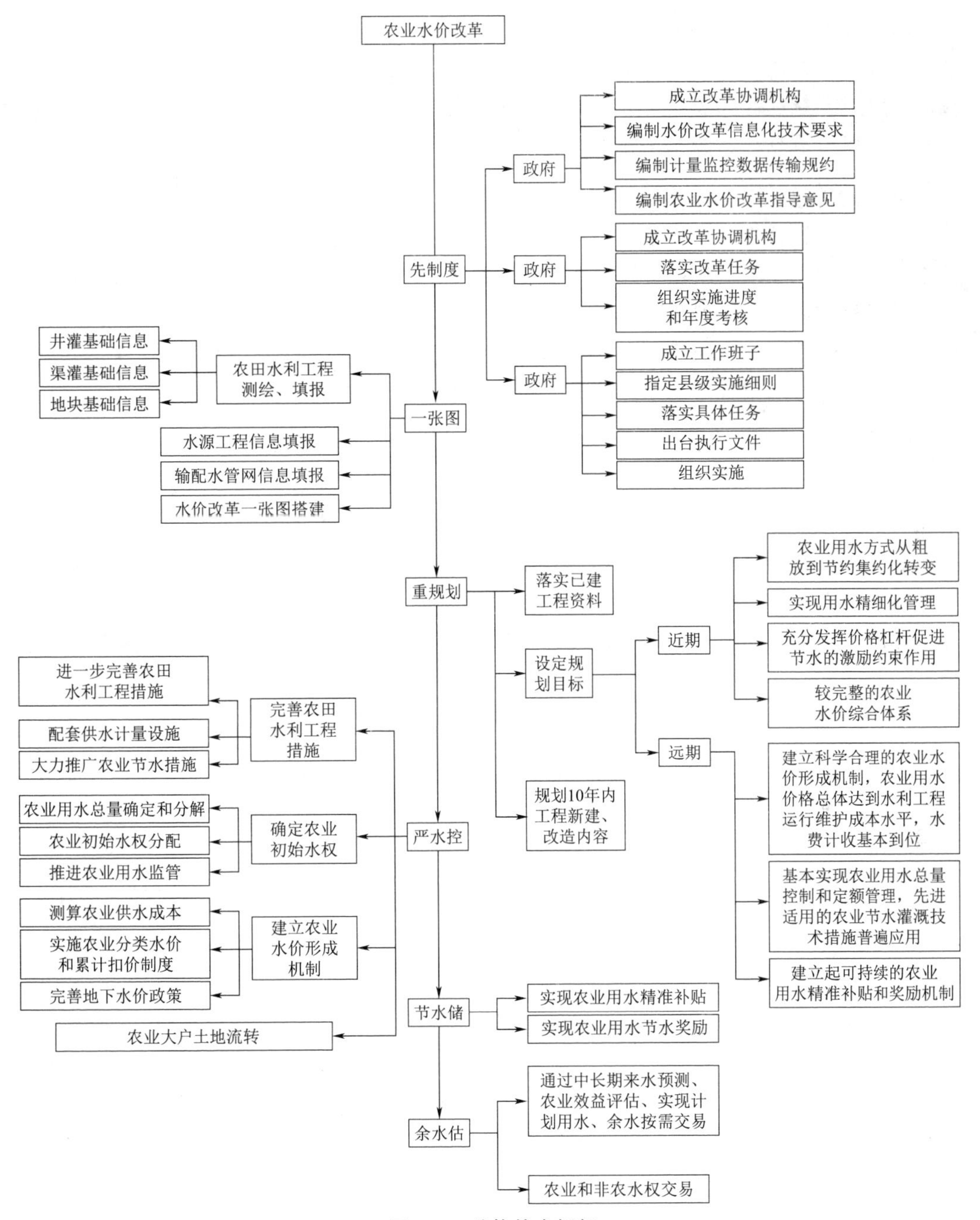

图 3.5 总体技术框架

以“一图一库”为基础，实时在线获取管理各个环节的信息，强化综合分析，实现农业用水资源全覆盖、全流程的动态监测与监管。

3.3.3 一本规划

依据农村土地确权，通过组织农田水利调查，充分用好水利普查数据，在一张图基

础上摸清家底，对规划相关的经济社会发展水平、水土资源供需平衡、农田经营管理现状、农业生产对灌溉排水发展需求等信息进行系统化管理，建立工程信息和项目申报数据库、开发工程动态信息管理系统。建立农业水价改革的规划目标，拟定 10 年内工程的新建、改造规划，实施农田水利工程动态监测和控制。

3.3.4　用水监控

通过监测计量设施，实现对渠灌用水监控、机井用水监控、用水户等全方位监控。其中针对渠灌用水的监控主要包括流量计量、水位监测、水质监测、流速监测、测控一体闸、远程控制等。针对机井用水的监控主要包括机井保护监测、传感器监测、控制器监控、远程模块、安全模块、备用电源等监控。用水户主要监控水电消费监控、消费记录、农户管理、水权分配、水权交易、节水奖励、节水补贴等。

3.3.5　节水奖补

以农业用水总量控制为基础，在水权分配的基础上鼓励节约用水。针对农户或用水组织，通过调整种植结构、提高灌溉效率等主观因素鼓励节约水量，开展节水奖励。

农业用水补贴根据用水总量实行阶梯补贴制度。在农业水权分配基础上，根据实际和可节水潜力分析，确定农业用水补贴的不同基准。对于基础农业灌溉用水，实现统一补贴标准，对于节约用水部分，提高补贴标准。以此形成的结果是：用水量越多，水价越高，补贴越少，反则用水越少，水价越低，补贴越高。

3.3.6　余水交易回收

在节约用水的基础上，实现节水量的动态存储。以此为基础，通过水利部门的统一组织，鼓励农业水权向非农水权交易。在交易过程中，有效核算交易价格，交易价格可覆盖采取节水措施的投入。

建立中长期来水预测和农业效益评估机制，并结合水权交易平台，实现灌区的需水量评估和余水交易。

3.3.7　效益评价

在年度农业水价改革的基础上进行效果评估和效益评价。从农户、协会、乡镇以及县级开展农业水价改革效益评价。根据农业水价改革的投入和产出，以县为单位，从粮食安全、经济效益、生态效益、精准扶贫、水资源保护等角度，评估农业水价改革的社会效益、经济效益和生态效益。

3.3.8　问题咨询

根据农业水价改革的现实性需求，开展农业水价改革研究进展及未来发展模式探索，进行全国主要典型地区农业水价改革模式和末级灌溉工程设施—监测设施维护制度及模式咨询，开展本区农业水价改革国民经济效益评估，编写农业水价改革培训手册。

第4章
磴口县农业灌溉初始水权分配

4.1 水权分配基本理论

4.1.1 初始水权分配基本原则

通过对相关文献的综合分析，可以发现国内外学者提出的初始水权分配原则是多种多样的，大致可以分为两类，第一类为宏观指导性原则，第二类为具体操作性原则。第一类原则主要包括：国家所有权原则、民主集中制原则、适时调整的原则、分级负责的原则、政治和公众接受原则、责权利一致的原则，以及公平、公正和透明的原则等；第二类原则主要包括：尊重用水历史和现状的原则、用水需求优先序的原则、地域优先的原则、公平性原则、效率优先原则、留有余量的原则、条件优先权原则等。

1. 宏观指导性原则

（1）国家所有权原则：我国《水法》已明确规定，水资源属于国家所有。因此，无论是上下游、左右岸，还是产流区、非产流区，水资源都是属于国家的，而不是属于某个地区、某个部门、某个人的。国务院及其授权部门代表国家行使水资源所有权，而初始水权分配正是国家行使水资源所有权的基本职能和重要体现，这是初始水权分配（简称水权分配）制度能够顺利制定和实施的思想基础。

（2）民主集中制原则：水权分配涉及面广，政策性强，必须以符合最大多数人民群众的根本利益为出发点和落脚点，通过自下而上和自上而下的协商—反馈—综合权衡—再协商—再反馈—再权衡等方式充分发扬民主，充分吸收各方面的建设性意见。在充分发扬民主的基础上进行正确的集中，全面协调局部利益与整体利益、局部单项目标与全流域可持续发展总目标之间的关系。初始水权分配方案经批准后各地区必须遵照执行，并建立地方行政长官贯彻落实责任制。

（3）适时调整原则：初始水权分配方案一般都是根据“公平”与“效率”“用水现状”和“中长期发展规划”等主要因素来制定的，而这些因素都是在动态变化之中的，因而水权分配方案也不可能是一劳永逸、固定不变的，必须随着人口数量和素质、生产力发展水平、产业政策和结构调整等因素进行定期审验和适时调整。尤其是在初始水权的分配中，“公平”和“用水现状”两个因素一般都占相当大的权重，而“公平”一般都是以牺牲“效率”为代价的，而牺牲“效率”对长远利益和整体利益是不利的。因此，要做到既重视“效率”，又能维持社会可以接受的“公平”程度，就必须在动态

中加以平衡。此外，当流域内行政区划发生变化、实施跨流域调水或其他特殊情况时，也需要及时对水权分配方案进行适时调整。

（4）分级负责原则：中央政府（水利部或流域机构）负责流域省区级行政区之间的初始水权分配与今后的审验和调整；省（自治区、直辖市）政府负责流域省（自治区、直辖市）境内的地市行政区之间的初始水权分配与今后的审验与调整；县（市、区）、乡（镇）级行政区内的初始水权分配按照流域管理与区域管理相结合和分级负责的原则，由市、县级政府组织实施。

（5）其他原则：其他一些原则包括政治和公众接受原则、责权利一致的原则，以及公平、公正和透明的原则等。

2. 具体操作性原则

（1）尊重用水历史和现状的原则：为了保持社会的稳定和用水的连续性，在初始水权分配时应首先尊重当地供用水历史和现状，包括供水规模、对象和用水规模、结构和效率、效益等。如某一地区已有引水工程从外流域或本流域其他地区取水，承认该地区对已有工程调节的水量拥有初始水权。该原则也是优先占用权的部分体现。

（2）用水需求优先序的原则：坚持以人为本，人类生存、生活的基本用水需求优先；遵循客观规律，最小生态环境需水优先；尊重客观现实，现状生产用水需求优先；尊重社会发展、资源形成规律，相同产业发展水资源生成地需求优先；尊重价值规律，在同行政区内先进生产力发展、高效益产业需水优先；维护粮食安全，农业基本灌溉需水优先。总之，用水需求优先序应随着经济社会发展与水情变化而有所变化，应从实际出发，处理好各种优先原则之间的关系。同时，根据不同地区的特殊需要，确定具体分配次序。

（3）地域优先的原则：一般情况下，与下游地区和其他地区相比，水源区和上游地区具有使用河流地表水优先权；距离河流比较近的地区比距离河流比较远的地区具有优先权；该流域范围的地区比流域外的地区具有用水优先权。也就是，水资源属地优先的原则，或者说是滨岸权的部分体现。

（4）公平性原则：初始水权分配，必须充分体现公平性的原则。只有这样，落后和欠发达地区才能在发展阶段通过转让水权获得发展资金，而发达地区可以通过在市场购买水权满足快速发展对水资源的需求。在满足公平性的前提下，应把水资源优先配置到经济效益好的地区。

（5）政府预留水量的原则：由于经济社会发展中不可预见因素和各种紧急情况，水资源的非常规需求是不可避免的，在流域初始水权分配时需要预留适当规模的政府预留水量。政府作为公众利益的代表，通过对政府预留水量的管理，在非常或不可预知条件下保障经济社会健康发展，有效保护生态环境，有效调节可能建立的水权交易市场，为国家调整产业发展的战略布局，重点支持关系国家安全的大型工业企业和国防建设等，为其用水安全提供水资源保障。

（6）其他原则：包括级别优先的原则（级别高的优先得到满足）、浅宽式破坏的原则和条件优先权原则等。

4.1.2 初始水权分配方法

本次研究主要提出两种分配方法，一种是基于分配原则的初始水权分配方法，另一种是基于水资源配置模型的初始水权分配方法。这两种分配方法的分配对象、表征指标均有较大的差异。

4.1.2.1 基于分配原则的初始水权分配方法

流域初始水权分配时，需要在尊重已有取水许可制度影响下形成的水资源分配格局的基础上，构建以法律和制度建设为中心的初始水权双向分配模式，即“自上而下”——基于水资源总量控制的初始水权类别与级别分配模式，以及“自下而上”——基于用水需求和设计保证率的初始水权地域与行业分配模式，简称初始水权分配的“双向分配模式”。

根据流域水资源量和不同行政区不同行业用水需求，利用所提出的初始水权双向分配模式，按照初始水权分配原则与设计保证率，就可以分析和确定不同水平年不同保证率不同类别不同级别的初始水权分配方案。

应该指出，基于分配原则的初始水权分配方法，其分配对象是水资源，表征指标为水资源量或可利用量、下泄流量或下泄量。

4.1.2.2 基于水资源配置模型的初始水权分配方法

利用所建立的水资源配置模型和开发的计算软件系统，对所拟定的各种可能配置方案进行长系列精细调节计算和对比评价，分析和确定流域水资源配置推荐方案，然后参照初始水权分配的基本原则，将水资源配置的入海水量依据“先河道内生态环境、后政府预留水量”的次序予以分配，最后给出不同水平年不同保证率不同类别不同级别的流域初始水权分配方案。

应该指出，基于水资源配置模型的初始水权分配方法，其分配对象是基于水资源配置工程体系及不同行业、不同区域和不同水质类别用水需求的可供水量，表征指标是取水量和耗水量、下泄流量或下泄量。

4.1.3 水权分配基本理论

水权制度的建立是加强水资源总量控制、提高用水管理效率的重要途径，尤其在水资源短缺地区。初始水权分配是制度建设的基础，是水权调度管理和水权交易的先决条件，近年来，学者对初始水权分配的问题进行了广泛而深入的研究，提出了水权分配的层级范围、分配原则、分配模型与求解方法。

1. 分配层级

水资源既是自然资源也是社会资源，因此水权分配过程通常需要在不同层级开展。吴凤平等[81]提出将初始水权的分配分为两个层次，包括流域初始水权在省、市、县等行政区域上分配的第一层次和行政区初始水权在不同行业或用水部门之间分配的第二层次；尹旭红[82]在上述层次的基础上，提出将水权分配扩展到乡镇、村委会和农户的五级分配。目前初始水权分配的研究和实践多针对第一层级，如张丽珩等[83]研究了格尔木河流域的初始水权分配的原则、程序，并制定了流域初始水权分配方案；朱晓春

等[84]基于交易成本最小化理论提出了卫河流域的初始水权分配方案与适宜管理模式。部分学者也开展了第二层级的水权分配，如葛敏等[85]采用目标规划模型研究了第二层次水权在农业、工业和环境部门之间的分配；尹旭红[82]研究了山西霍泉灌区农业、工业、生活和生态水权的多级分配。

2. 分配原则

流域或行政区层级的水权分配过程通常是多区域、部门以及多目标的决策问题，针对不同的分配对象需要遵循不同的分配原则，因此水权分配通常首先需要确定分配原则。

裴源生等[86]提出水权分配的原则应包括有效性、公平和可持续三项原则。郑航[87]在进行石羊河流域水权分配时，确定了基本用水保障、可持续发展、公平和效率的水权分配四项原则。李海红等[88]归纳了水资源初始使用权分配的原则，认为流域水权分配应遵循基本用水保障、生态用水保障、尊重历史与现状、公平和高效共五项原则。肖淳等[89-90]在进行湖北府环河流域初始水权分配时，确定了粮食安全保障、生态用水、尊重历史与现状、公平性、高效性以及环境保护共六项水权分配原则。

4.2　渠灌区农业初始水权分配

4.2.1　农业用水总量控制

农业水权，是指依附于特定土地且从事农业生产而形成的在一定时段内取用一定量水资源的用水权。要建立健全农业初始水权分配制度，根据最严格水资源管理制度要求，在区域用水总量控制指标基础上，结合各地农田灌溉现状，本着“公平、公正、公开、节约”的原则逐步推进。

首先，以区县域为单元确定农业用水总量控制指标及其组成。区县域农业用水总量控制指标可采用估算法和扣除法，从区域用水总量控制指标中分配，农业用水组成包括农田灌溉用水和林牧渔业用水两部分，其中农田灌溉用水又包括水田、水浇地、菜田用水；林牧渔业用水包括林果地灌溉、牲畜用水和鱼塘用水。然后，根据需要进一步将农业用水总量指标逐级分解，可采取自上而下、自下而上相结合的方法逐步分解到灌区、泵站、机井等工程单元，落实到乡（镇）、村集体、农村基层用水组织，具备条件的可分解到具体用水户。通过查阅巴彦淖尔市 2011—2017 年的《水资源公告》，确定磴口县亩均灌溉毛用水量（m^3/亩），如表 4.1 所示。从表中可以看出，每年的亩均灌溉毛用水量值不一样，可能是渠道衬砌和灌溉面积的变化引起的。为了尽可能保证数据的准确，采用这 7 年的亩均灌溉毛用水量的均值作为磴口县的亩均灌溉毛用水量控制指标，即磴口县亩均灌溉用水量为 616m^3/亩。统计可得，研究区域内包含 12 个用水单位，分别是巴彦高勒镇、补隆淖镇、磴口县林业局、巴市治沙局、沙金苏木、乌兰布和农场、巴彦套海农场、哈腾套海农场、实验局、太阳庙农场、隆盛合镇、新套川开发公司，根据每个用水单位的灌溉面积和磴口县亩均灌溉毛用水量，确定每个用水单位的灌溉用水总量控制指标，见表 4.2。

表 4.1　　2011—2017 年磴口县亩均灌溉毛用水量

磴　口　县	2011 年	2012 年	2013 年	2014 年	2015 年	2016 年	2017 年
亩均灌溉毛用水量/(m^3/亩)	658.3	596.84	607	630	648	507	664.77

表 4.2　　磴口县各用水单位用水总量控制指标

编号	用水单位	灌溉面积/亩		用水总量控制指标/万 m^3		所属管理所
1	巴彦高勒镇	8828		543.80		一干所
2	实验局	38200		2353.12		一干所
3	乌兰布和农场	61009.4	36498	3758.18	2248.27	一干所
			22935.4		1412.82	建设一分干
			1576		97.08	建设二分干
4	巴市治沙局	2030		125.05		一干所
5	林业局	900		55.44		建设一分干
6	补隆淖镇	798		49.16		建设一分干
7	哈腾套海农场	17659.56	16817.6	1087.83	1035.96	建设一分干
			841.96		51.86	建设二分干
8	沙金苏木	30679		1889.83		建设二分干
9	巴彦套海	66116		4072.75		建设二分干
10	新套川开发公司	9727		599.18		建设二分干
11	隆盛合镇	1487		91.6		建设二分干
12	太阳庙农场	40694		2506.75		建设二分干
总计		278127.96		17132.68		—

4.2.2 灌区取水口来水分析

2017 年磴口县农业综合改革项目区主要包括一干渠上半段、建设一分干和建设二分干灌域。根据乌兰布和灌域 2009 年至 2017 年直口渠水量决算表，可知 2009—2017 年的一干渠直口对应的灌溉面积和全年用水量，见表 4.3。而一干渠直口所对应的灌溉面积和用水总量包含一干渠上半段、建设一分干、建设二分干和建设三分干的灌溉面积和用水总量。磴口县农业综合改革项目区从 2009—2017 年的全年用水量情况如图 4.1 所示，由图可知，2011 年整个项目区的用水量达到高峰，约为 12126.36 万 m^3，之后全年用水量逐年降低。通过计算可得到，这 9 年的平均用水量为 10906.14 万 m^3。

表 4.3　　2009—2017 年磴口县用水量

年份	一干渠直口渠		农业综合改革项目区	
	灌溉面积/亩	全年用水量/万 m^3	灌溉面积/亩	全年用水量/万 m^3
2009	585920	25617.68	298410	11812.83
2010	585920	23844.16	298410	11307.1
2011	628555	23739.96	329687	12126.36
2012	630501	19881.12	331633	10844.65
2013	630561	21931.23	331633	11490.17
2014	630561	21028.13	331633	10920.67
2015	630741	18960.03	331813	10019.34
2016	650240	16717.49	351312	9623.988
2017	652592.2	18745.02	353428	10010.15
均值	625065.7	21162.76	328662.11	10906.14

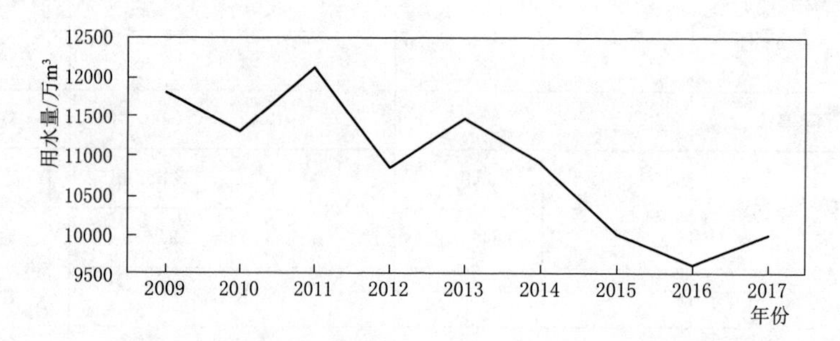

图 4.1　磴口县农业综合改革项目区多年用水量变化图

根据乌兰布和灌域 2009—2017 年直口渠水量决算表和 2017 年磴口县农业综合改革项目区的拓扑关系图，可以给出 2009—2017 年每个管理所中用水单位全年用水量，一干渠上半段 2009—2017 年全年用水量表、建设一分干 2009—2017 年全年用水量表、建设二分干 2009—2017 年全年用水量变化，如图 4.2～图 4.4 所示。

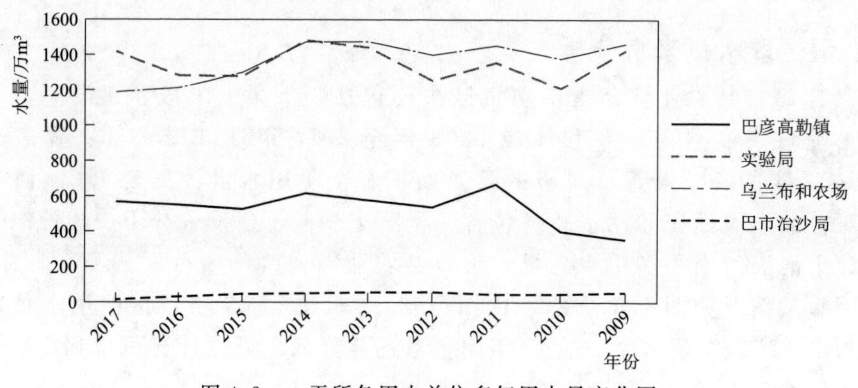

图 4.2　一干所各用水单位多年用水量变化图

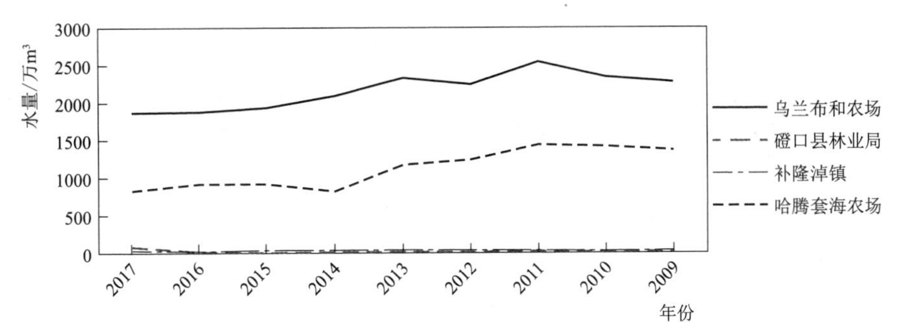

图 4.3 建设一分干各用水单位多年用水量变化图

图 4.4 建设二分干各用水单位多年用水量变化图

从图 4.2～图 4.4 中可以看出，磴口县项目区总用水量逐年降低，其中巴市治沙局、补隆淖镇、哈腾套海农场、太阳庙农场、隆盛合镇这五个用水单位用水量变化不大，而其他几个用水单位用水量呈降低的趋势。总的来说，项目区的节水灌溉、节水技术、节水意识都有待进一步提高。

4.2.3 计划种植结构及用水量预测

通过对磴口县各农户的种植结构灌溉面积及灌溉用水量的普查和统计，灌溉面积基本保持不变，种植结构基本不发生变化，农业用水量基本保持不变，农户年度计划灌溉面积、计划种植结构及上年度用水量普查与统计结果见表 4.4～表 4.6。

4.2.4 水量分配方案

灌域内地形、地貌复杂，西南部的乌兰布和沙漠内农田、海子、沙丘、林苇星罗棋布，形成自然条件、气候特征独特的乌兰布和灌域。灌域属典型温带大陆性季风气候，多年平均降雨量为 145mm，主要集中在 7 月、8 月、9 月三个月，年平均蒸发量为 2400mm，蒸发量是降雨量的 16.6 倍，为标准的干旱地区。灌区主要用水来源于黄河水，因此灌区可分配水量受黄河来水影响较大，根据引水量的多少，分为丰水年、平水年和枯水年 3 种情况，分别针对这 3 种情况评估项目研究区域内年度可分配水量情况。

表 4.4　各单位农作物种植结构及种植面积变化范围

单位：万亩

单位	变化区间	夏季作物										秋季作物					耕地面积	林草地			灌溉面积	复种	计划干地	热水地
		小麦	油料	瓜类	番茄	夏杂	小计	其中小麦间套种				玉米	甜菜	葵花	秋杂	小计		林地	草地	小计				
								玉米	葵花	甜菜	小计													
巴彦高勒镇	max	0.25	0.19	0.20	0.14	0.07	0.65	0.11	0.15	0.00	0.26	0.30	0.00	0.21	0.08	0.51	1.02	0.06	0.18	0.24	1.13	0.09	0.00	0.15
	min	0.05	0.05	0.04	0.05	0.02	0.28	0.02	0.02	0.00	0.06	0.16	0.00	0.06	0.03	0.28	0.56	0.01	0.01	0.05	0.66	0.08	0.00	0.08
	均值	0.13	0.13	0.09	0.08	0.03	0.45	0.05	0.04	0.00	0.10	0.23	0.00	0.13	0.05	0.41	0.87	0.05	0.13	0.18	1.04	0.09	0.00	0.10
实验局	max	0.33	0.54	0.28	0.23	0.11	1.28	0.15	0.15	0.01	0.19	0.92	0.01	0.50	0.12	1.48	2.06	1.17	0.90	1.76	3.82	0.11	1.32	0.60
	min	0.14	0.23	0.15	0.09	0.05	0.58	0.00	0.00	0.00	0.00	0.37	0.00	0.18	0.05	0.78	1.90	0.82	0.59	1.72	3.62	0.06	0.00	0.27
	均值	0.22	0.38	0.20	0.16	0.07	0.98	0.09	0.05	0.00	0.15	0.66	0.00	0.29	0.09	1.04	2.02	1.09	0.66	1.75	3.77	0.10	0.56	0.39
巴市治沙局	max	0.05	0.06	0.04	0.04	0.02	0.16	0.04	0.02	0.00	0.06	0.21	0.00	0.13	0.03	0.28	0.33	0.25	0.00	0.25	0.48	0.00	0.00	0.03
	min	0.02	0.02	0.01	0.01	0.00	0.05	0.01	0.00	0.00	0.01	0.01	0.00	0.02	0.00	0.04	0.16	0.14	0.00	0.14	0.41	0.00	0.00	0.01
	均值	0.03	0.04	0.03	0.02	0.01	0.12	0.02	0.01	0.00	0.03	0.08	0.00	0.07	0.02	0.16	0.29	0.17	0.00	0.17	0.46	0.00	0.00	0.02
乌兰布和农场	max	1.25	2.11	0.90	0.93	0.61	5.14	0.96	0.34	0.02	1.30	4.00	0.01	3.52	0.35	6.73	8.81	1.79	1.27	3.06	9.85	0.09	0.92	3.19
	min	0.66	0.77	0.18	0.28	0.06	2.08	0.07	0.07	0.00	0.16	0.99	0.00	0.62	0.11	1.90	4.84	0.92	0.11	1.03	7.89	0.00	0.00	0.50
	均值	0.85	1.41	0.51	0.55	0.27	3.43	0.47	0.19	0.00	0.66	2.32	0.00	1.93	0.23	4.48	7.91	1.12	0.37	1.49	9.40	0.03	0.14	1.08
补隆淖镇	max	0.19	0.18	0.25	0.03	0.02	0.49	0.04	0.02	0.00	0.05	0.25	0.00	0.17	0.03	0.37	0.81	0.74	0.25	0.99	1.80	0.00	0.14	0.47
	min	0.00	0.03	0.00	0.00	0.00	0.05	0.00	0.00	0.00	0.00	0.06	0.00	0.05	0.00	0.14	0.27	0.01	0.00	0.01	0.28	0.00	0.00	0.00
	均值	0.04	0.07	0.06	0.02	0.01	0.19	0.01	0.01	0.00	0.02	0.11	0.00	0.08	0.01	0.20	0.39	0.17	0.06	0.23	0.62	0.00	0.02	0.11
哈腾套海农场	max	0.82	0.75	0.33	0.27	0.25	1.85	0.58	0.19	0.00	0.77	1.84	0.00	1.72	0.22	2.86	3.15	1.29	0.91	2.20	5.13	0.08	0.00	3.50
	min	0.00	0.23	0.00	0.13	0.00	0.29	0.00	0.00	0.00	0.00	0.56	0.00	0.34	0.00	1.10	2.93	0.28	0.00	0.28	3.43	0.00	0.00	0.00
	均值	0.28	0.50	0.15	0.22	0.11	1.20	0.26	0.09	0.00	0.35	0.93	0.00	0.86	0.10	1.90	3.10	0.51	0.20	0.71	3.81	0.04	0.00	1.14

续表

单位	变化区间	夏季作物										秋季作物					耕地面积	林草地			灌溉面积	复种	计划干地	热水地
		小麦	油料	瓜类	番茄	夏杂	小计	其中小麦间套种				玉米	甜菜	葵花	秋杂	小计		林地	草地	小计				
								玉米	葵花	甜菜	小计													
沙金苏木	max	1.81	1.50	1.92	0.39	0.46	4.75	0.22	0.21	0.00	0.42	3.98	0.00	3.56	0.67	7.94	9.37	5.22	2.63	7.85	17.22	0.04	1.08	6.13
	min	0.16	0.67	0.44	0.18	0.13	1.43	0.00	0.00	0.00	0.00	1.42	0.00	1.00	0.03	2.72	7.47	1.23	0.60	1.83	9.30	0.00	0.50	2.54
	均值	0.65	1.21	1.52	0.29	0.28	3.83	0.06	0.05	0.00	0.12	2.38	0.00	2.30	0.24	4.93	8.75	3.69	1.86	5.55	14.30	0.01	0.71	4.32
巴彦套海农场	max	0.93	0.77	1.29	0.25	0.14	2.61	0.36	0.10	0.00	0.42	1.63	0.00	1.56	0.18	3.05	4.19	0.82	1.09	1.90	5.96	0.00	0.00	0.53
	min	0.21	0.21	0.16	0.00	0.06	1.03	0.00	0.00	0.00	0.00	0.60	0.00	0.65	0.03	1.58	3.58	0.62	0.80	1.42	5.29	0.00	0.00	0.00
	均值	0.56	0.38	0.47	0.15	0.10	1.63	0.16	0.06	0.00	0.21	1.10	0.00	0.95	0.10	2.15	3.77	0.71	1.05	1.75	5.53	0.00	0.00	0.09
隆盛合镇	max	0.73	0.56	0.71	0.21	0.04	1.86	0.01	0.02	0.00	0.03	0.99	0.00	0.64	0.52	2.10	3.10	2.04	0.44	2.48	5.58	0.01	0.54	1.39
	min	0.00	0.00	0.01	0.00	0.00	0.02	0.00	0.00	0.00	0.00	0.02	0.00	0.01	0.00	0.03	0.09	0.00	0.00	0.00	0.09	0.00	0.00	0.00
	均值	0.09	0.12	0.11	0.04	0.01	0.35	0.00	0.00	0.00	0.00	0.20	0.00	0.16	0.06	0.41	0.76	0.45	0.10	0.55	1.31	0.00	0.07	0.19
太阳庙农场	max	0.93	0.46	0.51	0.11	0.10	1.56	0.35	0.35	0.00	0.70	1.21	0.00	1.30	0.08	2.34	2.76	0.37	1.16	1.52	4.28	0.01	0.00	0.65
	min	0.09	0.11	0.18	0.00	0.04	0.38	0.00	0.00	0.00	0.00	0.52	0.00	0.42	0.04	1.20	2.71	0.36	1.00	1.36	4.08	0.00	0.00	0.00
	均值	0.50	0.28	0.28	0.06	0.08	1.17	0.19	0.10	0.00	0.29	0.76	0.00	0.73	0.06	1.56	2.73	0.36	1.10	1.47	4.19	0.00	0.00	0.08

表 4.5 农户年度计划灌溉面积、计划种植结构

单位：万亩

编号	用水单位	夏季作物										秋季作物					耕地面积	林草地			灌溉面积	复种	计划干地	热水地
		小麦	油料	瓜类	番茄	夏杂	小计	其中小麦间套种				玉米	甜菜	葵花	秋杂	小计		林地	草地	小计				
								玉米	葵花	甜菜	小计													
1	巴彦高勒镇	0.13	—	0.20	0.07	0.03	0.43	0.02	0.04	—	0.06	0.27	—	0.15	0.04	0.46	0.89	0.06	0.18	0.24	1.13	—	—	—
2	补隆淖镇	0.02	—	0.00	0.03	0.00	0.05	0.00	0.00	—	0.00	0.15	—	0.07	0.00	0.22	0.27	0.01	0.00	0.01	0.28	—	—	—
3	隆盛合镇	0.01	—	0.01	0.00	0.01	0.03	0.00	0.00	—	0.00	0.03	—	0.02	0.01	0.06	0.09	0.00	0.00	0.00	0.09	—	—	—
4	巴市治沙局	0.03	—	0.01	0.01	0.00	0.05	0.01	0.00	—	0.01	0.21	—	0.06	0.01	0.28	0.33	0.14	0.00	0.14	0.47	—	—	—
5	沙金苏木	0.18	—	0.44	0.35	0.46	1.43	0.00	0.00	—	0.00	3.98	—	3.29	0.67	7.94	9.37	5.22	2.63	7.85	17.22	—	—	—
6	乌兰布和农场	0.66	—	0.86	0.44	0.12	2.08	0.08	0.08	—	0.16	4.00	—	2.60	0.13	6.73	8.81	0.93	0.11	1.04	9.85	—	—	—
7	巴彦套海农场	0.29	—	0.39	0.21	0.14	1.03	0.00	0.00	—	0.00	1.63	—	1.28	0.14	3.05	4.08	0.62	0.80	1.42	5.50	—	—	—
8	哈腾套海农场	0.03	—	0.00	0.26	0.00	0.29	0.00	0.00	—	0.00	1.84	—	1.02	0.00	2.86	3.15	0.28	0.00	0.28	3.43	—	—	—
9	实验局	0.14	—	0.28	0.09	0.07	0.58	0.03	0.06	—	0.09	0.92	—	0.50	0.06	1.48	2.06	1.17	0.59	1.76	3.82	—	—	—
10	太阳庙农场	0.09	—	0.18	0.05	0.06	0.38	0.00	0.00	—	0.00	1.21	—	1.08	0.05	2.34	2.72	0.36	1.00	1.36	4.08	—	—	—

表 4.6 农户上年度用水量普查与统计结果

单位：万 m^3

用水单位	巴彦高勒镇	补隆淖镇	隆盛合镇	治沙局	沙金苏木	乌兰布和农场			巴彦套海农场	哈腾套海农场		实验局	太阳庙农场	磴口县林业局	新套川开发公司
						一干所	一分干	二分干		一分干	二分干				
用水总量	568.6	33.96	124.42	15.1	673.66	1187.21	1874.18	70.31	1568.22	826.99		1418.23	1574.64	82.6	5.29

4.2.4.1 丰水年项目研究区域内年度可分配水量评估

统计 2009—2017 年各用水单位的年度用水总量，取这 9 年中最大的用水总量作为丰水年项目研究区域内年度可分配水量，然后结合各用水单位的灌溉面积确定亩均用水量，结果见表 4.7。

表 4.7 丰水年项目研究区域内年度可分配水量表

管理所	用水单位	灌溉面积/亩	可用水量/万 m^3	亩均可用水量/(m^3/亩)
一干渠	巴彦高勒镇	8828	668.41	757.15
	实验局	38200	1483.25	388.29
	巴市治沙局	2030	57.72	284.33
	乌兰布和农场	36498	1475.82	404.36
建设一分干	乌兰布和农场	22935.4	2545.28	1109.76
	磴口县林业局	900	82.6	917.78
	补隆淖镇	798	42.08	527.32
	哈腾套海农场	16817.6	1435.63	853.65
建设二分干	乌兰布和农场	1576	70.31	446.13
	沙金苏木	30679	1247.34	406.58
	巴彦套海农场	66116	2107.423	318.75
	新套川开发公司	9727	30.87	31.74
	隆盛合镇	1487	133.84	900.07
	太阳庙农场	40694	1574.64	386.95
	哈腾套海农场	841.96	—	—

4.2.4.2 平水年项目研究区域内年度可分配水量评估

统计 2009—2017 年各用水单位的年度用水总量，取这 9 年用水总量的平均值作为平水年项目研究区域内年度可分配水量，然后结合各用水单位的灌溉面积确定亩均用水量，结果见表 4.8。

表 4.8 平水年项目研究区域内年度可分配水量表

管理所	用水单位	灌溉面积/亩	可用水量/万 m^3	亩均可用水量/(m^3/亩)
一干渠	巴彦高勒镇	8828	533.61	604.46
	实验局	38200	1350.34	353.49
	巴市治沙局	2030	44.84	220.90
	乌兰布和农场	36498	1371.65	375.81
建设一分干	乌兰布和农场	22935.4	2169.46	945.90
	磴口县林业局	900	21.84	242.63
	补隆淖镇	798	34.52	432.53
	哈腾套海农场	16817.6	1123.07	667.79

续表

管理所	用水单位	灌溉面积/亩	可用水量/万 m^3	亩均可用水量/(m^3/亩)
建设二分干	乌兰布和农场	1576	35.57	225.72
	沙金苏木	30679	972.06	316.85
	巴彦套海农场	66116	1627.30	246.13
	新套川开发公司	9727	14.45	14.86
	隆盛合镇	1487	122.44	823.37
	太阳庙农场	40694	1492.05	366.65
	哈腾套海农场	841.96	—	—

4.2.4.3　枯水年项目研究区域内年度可分配水量评估

统计 2009—2017 年各用水单位的年度用水总量，取这 9 年中最小的用水总量作为枯水年项目研究区域内年度可分配水量，然后结合各用水单位的灌溉面积确定亩均用水量，结果见表 4.9。

表 4.9　　枯水年项目研究区域内年度可分配水量表

管理所	用水单位	灌溉面积/亩	可用水量/万 m^3	亩均可用水量/(m^3/亩)
一干渠	巴彦高勒镇	8828	354.06	401.06
	实验局	38200	1209.8	316.70
	巴市治沙局	2030	15.1	74.38
	乌兰布和农场	36498	1187.21	325.28
建设一分干	乌兰布和农场	22935.4	1874.18	817.16
	磴口县林业局	900	5.7	63.33
	补隆淖镇	798	21.86	273.93
	哈腾套海农场	16817.6	820.54	487.91
建设二分干	乌兰布和农场	1576	15.73	99.81
	沙金苏木	30679	673.66	219.58
	巴彦套海农场	66116	1380.99	208.87
	新套川开发公司	9727	5.29	5.44
	隆盛合镇	1487	100.27	674.31
	太阳庙农场	40694	1390.11	341.60
	哈腾套海农场	841.96	—	—

4.2.4.4　农户水量分配方案

根据项目研究区年度可分配水量（丰水年、平水年和枯水年）、各农户的基准水权以及各农户的实际灌溉面积，确定不同年份下各农户可分水量。在进行水量分配时，首先要保证各农户的基准水量，然后剩余水量按照超基准水量的 20%、40%进行分配。

以一干所巴彦高勒镇南粮台村为例，对农户进行水量分配，结果见表 4.10～表 4.12。

表 4.10　一干所的巴彦高勒镇南粮台村各农户在丰水年可分水量表　单位：m^3

农户名	基准水量分配	可分水量 1≤基准水量的 20%	超基准水量 20%<可分水量 2<超基准水量 40%	可分水量 3≥超基准水量 40%	可分水量
张 * *	2682.11	536.42	324.51	0.00	3543.04
孟 * *	4954.59	990.92	599.46	0.00	6544.97
张 * *	2496.80	499.36	302.09	0.00	3298.25
孟 * *	4388.91	877.78	531.02	0.00	5797.71
李 * *	3832.98	766.60	463.76	0.00	5063.33
仲 * *	4701.01	940.20	568.78	0.00	6209.99
谢 * *	2925.94	585.19	354.01	0.00	3865.14
高 * *	4447.43	889.49	538.10	0.00	5875.01
任 * *	3316.06	663.21	401.21	0.00	4380.49
郝 * *	6827.19	1365.44	826.03	0.00	9018.65
韩 * *	2204.21	440.84	266.69	0.00	2911.74
张 * *	4291.38	858.28	519.22	0.00	5668.87
李 * *	3901.25	780.25	472.02	0.00	5153.52
柴 * *	2443.16	488.63	295.60	0.00	3227.39
张 * *	8285.28	1657.06	1002.44	0.00	10944.78
李 * *	3998.78	799.76	483.82	0.00	5282.35
刘 * *	4974.09	994.82	601.82	0.00	6570.73
韩 * *	5364.22	1072.84	649.02	0.00	7086.09
耿 * *	4145.08	829.02	501.52	0.00	5475.61
余 * *	5656.81	1131.36	684.42	0.00	7472.60
耿 * *	1560.50	312.10	188.81	0.00	2061.41
冷 * *	4954.59	990.92	599.46	0.00	6544.97
何 * *	4515.70	903.14	546.36	0.00	5965.20
王 * *	5364.22	1072.84	649.02	0.00	7086.09
刘 * *	5744.59	1148.92	695.04	0.00	7588.55
陈 * *	5364.22	1072.84	649.02	0.00	7086.09
李 * *	4876.56	975.31	590.02	0.00	6441.90
李 * *	2535.81	507.16	306.81	0.00	3349.79
刘 * *	1604.39	320.88	194.12	0.00	2119.38
王 * *	4535.20	907.04	548.72	0.00	5990.96

续表

农户名	基准水量分配	可分水量1≤基准水量的20%	超基准水量20%<可分水量2<超基准水量40%	可分水量3≥超基准水量40%	可分水量
联＊＊	2916.18	583.24	352.83	0.00	3852.25
丁＊＊	5339.84	1067.97	646.07	0.00	7053.88
胡＊＊	2243.22	448.64	271.41	0.00	2963.27
胡＊＊	3462.36	692.47	418.91	0.00	4573.75
胡＊＊	2340.75	468.15	283.21	0.00	3092.11
孟＊＊	2501.68	500.34	302.68	0.00	3304.69
任＊＊	2989.33	597.87	361.68	0.00	3948.88
孟＊＊	2467.54	493.51	298.55	0.00	3259.60
高＊＊	3013.72	602.74	364.63	0.00	3981.09
任＊＊	1926.24	385.25	233.06	0.00	2544.55
柴＊＊	3657.42	731.48	442.52	0.00	4831.42
李＊＊	2994.21	598.84	362.27	0.00	3955.32
刘＊＊	3413.59	682.72	413.01	0.00	4509.33
王＊＊	2243.22	448.64	271.41	0.00	2963.27
王＊＊	2340.75	468.15	283.21	0.00	3092.11
吕＊＊	5993.30	1198.66	725.13	0.00	7917.09
孟＊＊	1950.63	390.13	236.01	0.00	2576.76
张＊＊	5022.86	1004.57	607.72	0.00	6635.15
吕＊＊	4827.80	965.56	584.12	0.00	6377.48
丁＊＊	4876.56	975.31	590.02	0.00	6441.90
薛＊＊	1853.09	370.62	224.21	0.00	2447.92
何＊＊	3779.34	755.87	457.27	0.00	4992.47
贺＊＊	3657.42	731.48	442.52	0.00	4831.42
李＊＊	4213.35	842.67	509.78	0.00	5565.80
谢＊＊	4486.44	897.29	542.82	0.00	5926.54
高＊＊	2867.42	573.48	346.93	0.00	3787.83
李＊＊	3238.04	647.61	391.77	0.00	4277.42
李＊＊	1072.84	214.57	129.80	0.00	1417.22
王＊＊	2925.94	585.19	354.01	0.00	3865.14
谢＊＊	2048.16	409.63	247.81	0.00	2705.60
苗＊＊	2438.28	487.66	295.01	0.00	3220.95

续表

农户名	基准水量分配	可分水量1≤基准水量的20%	超基准水量20%<可分水量2<超基准水量40%	可分水量3≥超基准水量40%	可分水量
韩**	1365.44	273.09	165.21	0.00	1803.73
何**	28220.31	5644.06	11288.12	45111.82	90264.32
孟**	23051.24	4610.25	9220.50	36848.77	73730.76
崔**	15926.31	3185.26	6370.53	25459.15	50941.25
贾**	25565.93	5113.19	10226.37	40868.63	81774.11
郭**	29198.24	5839.65	11679.30	46675.11	93392.29
余**	45403.97	9080.79	18161.59	72580.91	145227.25
许**	17463.06	3492.61	6985.23	27915.73	55856.64
任**	4051.43	810.29	1620.57	6476.45	12958.74
刘**	25705.63	5141.13	10282.25	41091.96	82220.97
岳**	13970.45	2794.09	5588.18	22332.59	44685.31
贾**	8382.27	1676.45	3352.91	13399.55	26811.19
李**	11455.77	2291.15	4582.31	18312.72	36641.95
张**	26264.45	5252.89	10505.78	41985.26	84008.38
王**	18161.59	3632.32	7264.63	29032.36	58090.90
杨**	34786.42	6957.28	13914.57	55608.14	111266.42
杨**	18441.00	3688.20	7376.40	29479.01	58984.61
王**	32411.45	6482.29	12964.58	51811.60	103669.92
王**	36183.47	7236.69	14473.39	57841.40	115734.95
郭**	32411.45	6482.29	12964.58	51811.60	103669.92
任**	23470.36	4694.07	9388.14	37518.75	75071.32
任**	17183.66	3436.73	6873.46	27469.08	54962.93
郭**	18161.59	3632.32	7264.63	29032.36	58090.90
孙**	16764.54	3352.91	6705.82	26799.10	53622.37
刘**	7759.70	1551.94	2604.84	0.00	11916.48
胡**	4849.81	969.96	1628.02	0.00	7447.80
刘**	5092.30	1018.46	1709.42	0.00	7820.19
院**	3394.87	678.97	1139.62	0.00	5213.46
张**	2424.91	484.98	814.01	0.00	3723.90
郭**	6304.75	1260.95	2116.43	0.00	9682.14
划**	4364.83	872.97	1465.22	0.00	6703.02

续表

农户名	基准水量分配	可分水量 1≤基准水量的 20%	超基准水量 20%<可分水量 2<超基准水量 40%	可分水量 3≥超基准水量 40%	可分水量
常 * *	6304.75	1260.95	2116.43	0.00	9682.14
韩 * *	2909.89	581.98	976.81	0.00	4468.68
李 * *	2909.89	581.98	976.81	0.00	4468.68
王 * *	1939.92	387.98	651.21	0.00	2979.12
陈 * *	4849.81	969.96	1628.02	0.00	7447.80
王 * *	2424.91	484.98	814.01	0.00	3723.90
王 * *	1939.92	387.98	651.21	0.00	2979.12
常 * *	2909.89	581.98	976.81	0.00	4468.68
刘 * *	3394.87	678.97	1139.62	0.00	5213.46
韩 * *	6304.75	1260.95	2116.43	0.00	9682.14
常 * *	4364.83	872.97	1465.22	0.00	6703.02
苗 * *	1454.94	290.99	488.41	0.00	2234.34
畅 * *	2424.91	484.98	814.01	0.00	3723.90
宁 * *	5819.77	1163.95	1953.63	0.00	8937.36
常 * *	5819.77	1163.95	1953.63	0.00	8937.36

表 4.11　一千所的巴彦高勒镇南粮台各农户在平水年可分水量表　单位：m^3

农户名	基准水量分配	可分水量 1≤基准水量的 20%	超基准水量 20%<可分水量 2<超基准水量 40%	可分水量 3≥超基准水量 40%	可分水量
张 * *	2682.11	536.42	324.51	0.00	3543.04
孟 * *	4954.59	990.92	599.46	0.00	6544.97
张 * *	2496.80	499.36	302.09	0.00	3298.25
孟 * *	4388.91	877.78	531.02	0.00	5797.71
李 * *	3832.98	766.60	463.76	0.00	5063.33
仲 * *	4701.01	940.20	568.78	0.00	6209.99
谢 * *	2925.94	585.19	354.01	0.00	3865.14
高 * *	4447.43	889.49	538.10	0.00	5875.01
任 * *	3316.06	663.21	401.21	0.00	4380.49
郝 * *	6827.19	1365.44	826.03	0.00	9018.65
韩 * *	2204.21	440.84	266.69	0.00	2911.74
张 * *	4291.38	858.28	519.22	0.00	5668.87
李 * *	3901.25	780.25	472.02	0.00	5153.52

续表

农户名	基准水量分配	可分水量1≤基准水量的20%	超基准水量20%＜可分水量2＜超基准水量40%	可分水量3≥超基准水量40%	可分水量
柴**	2443.16	488.63	295.60	0.00	3227.39
张**	8285.28	1657.06	1002.44	0.00	10944.78
李**	3998.78	799.76	483.82	0.00	5282.35
刘**	4974.09	994.82	601.82	0.00	6570.73
韩**	5364.22	1072.84	649.02	0.00	7086.09
耿**	4145.08	829.02	501.52	0.00	5475.61
余**	5656.81	1131.36	684.42	0.00	7472.60
耿**	1560.50	312.10	188.81	0.00	2061.41
冷**	4954.59	990.92	599.46	0.00	6544.97
何**	4515.70	903.14	546.36	0.00	5965.20
王**	5364.22	1072.84	649.02	0.00	7086.09
刘**	5744.59	1148.92	695.04	0.00	7588.55
陈**	5364.22	1072.84	649.02	0.00	7086.09
李**	4876.56	975.31	590.02	0.00	6441.90
李**	2535.81	507.16	306.81	0.00	3349.79
刘**	1604.39	320.88	194.12	0.00	2119.38
王**	4535.20	907.04	548.72	0.00	5990.96
联**	2916.18	583.24	352.83	0.00	3852.25
丁**	5339.84	1067.97	646.07	0.00	7053.88
胡**	2243.22	448.64	271.41	0.00	2963.27
胡**	3462.36	692.47	418.91	0.00	4573.75
胡**	2340.75	468.15	283.21	0.00	3092.11
孟**	2501.68	500.34	302.68	0.00	3304.69
任**	2989.33	597.87	361.68	0.00	3948.88
孟**	2467.54	493.51	298.55	0.00	3259.60
高**	3013.72	602.74	364.63	0.00	3981.09
任**	1926.24	385.25	233.06	0.00	2544.55
柴**	3657.42	731.48	442.52	0.00	4831.42
李**	2994.21	598.84	362.27	0.00	3955.32
刘**	3413.59	682.72	413.01	0.00	4509.33
王**	2243.22	448.64	271.41	0.00	2963.27

续表

农户名	基准 水量分配	可分水量 1≤ 基准水量的 20%	超基准水量 20%< 可分水量 2<超基准水量 40%	可分水量 3≥ 超基准水量 40%	可分水量
王 * *	2340.75	468.15	283.21	0.00	3092.11
吕 * *	5993.30	1198.66	725.13	0.00	7917.09
孟 * *	1950.63	390.13	236.01	0.00	2576.76
张 * *	5022.86	1004.57	607.72	0.00	6635.15
吕 * *	4827.80	965.56	584.12	0.00	6377.48
丁 * *	4876.56	975.31	590.02	0.00	6441.90
薛 * *	1853.09	370.62	224.21	0.00	2447.92
何 * *	3779.34	755.87	457.27	0.00	4992.47
贺 * *	3657.42	731.48	442.52	0.00	4831.42
李 * *	4213.35	842.67	509.78	0.00	5565.80
谢 * *	4486.44	897.29	542.82	0.00	5926.54
高 * *	2867.42	573.48	346.93	0.00	3787.83
李 * *	3238.04	647.61	391.77	0.00	4277.42
李 * *	1072.84	214.57	129.80	0.00	1417.22
王 * *	2925.94	585.19	354.01	0.00	3865.14
谢 * *	2048.16	409.63	247.81	0.00	2705.60
苗 * *	2438.28	487.66	295.01	0.00	3220.95
韩 * *	1365.44	273.09	165.21	0.00	1803.73
何 * *	28220.31	5644.06	11288.12	2807.67	47960.17
孟 * *	23051.24	4610.25	9220.50	2293.39	39175.38
崔 * *	15926.31	3185.26	6370.53	1584.53	27066.63
贾 * *	25565.93	5113.19	10226.37	2543.58	43449.06
郭 * *	29198.24	5839.65	11679.30	2904.96	49622.15
余 * *	45403.97	9080.79	18161.59	4517.29	77163.63
许 * *	17463.06	3492.61	6985.23	1737.42	29678.32
任 * *	4051.43	810.29	1620.57	403.08	6885.37
刘 * *	25705.63	5141.13	10282.25	2557.48	43686.49
岳 * *	13970.45	2794.09	5588.18	1389.93	23742.66
贾 * *	8382.27	1676.45	3352.91	833.96	14245.59
李 * *	11455.77	2291.15	4582.31	1139.75	19468.98
张 * *	26264.45	5252.89	10505.78	2613.08	44636.19

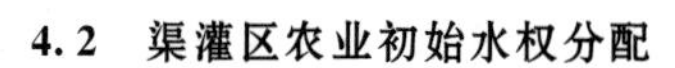

续表

农户名	基准 水量分配	可分水量1≤ 基准水量的20%	超基准水量20%< 可分水量2<超基准水量40%	可分水量3≥ 超基准水量40%	可分水量
王**	18161.59	3632.32	7264.63	1806.91	30865.45
杨**	34786.42	6957.28	13914.57	3460.94	59119.21
杨**	18441.00	3688.20	7376.40	1834.71	31340.31
王**	32411.45	6482.29	12964.58	3224.65	55082.96
王**	36183.47	7236.69	14473.39	3599.93	61493.48
郭**	32411.45	6482.29	12964.58	3224.65	55082.96
任**	23470.36	4694.07	9388.14	2335.09	39887.66
任**	17183.66	3436.73	6873.46	1709.62	29203.47
郭**	18161.59	3632.32	7264.63	1806.91	30865.45
孙**	16764.54	3352.91	6705.82	1667.92	28491.19
刘**	7759.70	1551.94	2604.84	0.00	11916.48
胡**	4849.81	969.96	1628.02	0.00	7447.80
刘**	5092.30	1018.46	1709.42	0.00	7820.19
院**	3394.87	678.97	1139.62	0.00	5213.46
张**	2424.91	484.98	814.01	0.00	3723.90
郭**	6304.75	1260.95	2116.43	0.00	9682.14
划**	4364.83	872.97	1465.22	0.00	6703.02
常**	6304.75	1260.95	2116.43	0.00	9682.14
韩**	2909.89	581.98	976.81	0.00	4468.68
李**	2909.89	581.98	976.81	0.00	4468.68
王**	1939.92	387.98	651.21	0.00	2979.12
陈**	4849.81	969.96	1628.02	0.00	7447.80
王**	2424.91	484.98	814.01	0.00	3723.90
王**	1939.92	387.98	651.21	0.00	2979.12
常**	2909.89	581.98	976.81	0.00	4468.68
刘**	3394.87	678.97	1139.62	0.00	5213.46
韩**	6304.75	1260.95	2116.43	0.00	9682.14
常**	4364.83	872.97	1465.22	0.00	6703.02
苗**	1454.94	290.99	488.41	0.00	2234.34
畅**	2424.91	484.98	814.01	0.00	3723.90
宁**	5819.77	1163.95	1953.63	0.00	8937.36
常**	5819.77	1163.95	1953.63	0.00	8937.36

表 4.12　　一干所的巴彦高勒镇南粮台村各农户在枯水年可分水量表　　单位：m³

农户名	基准水量分配	可分水量 1≤基准水量的 20%	超基准水量 20%<可分水量 2<超基准水量 40%	可分水量 3≥超基准水量 40%	可分水量
张 * *	2682.11	59.22	0.00	0.00	2741.33
孟 * *	4954.59	109.40	0.00	0.00	5063.99
张 * *	2496.80	55.13	0.00	0.00	2551.93
孟 * *	4388.91	96.91	0.00	0.00	4485.81
李 * *	3832.98	84.63	0.00	0.00	3917.61
仲 * *	4701.01	103.80	0.00	0.00	4804.81
谢 * *	2925.94	64.60	0.00	0.00	2990.54
高 * *	4447.43	98.20	0.00	0.00	4545.62
任 * *	3316.06	73.22	0.00	0.00	3389.28
郝 * *	6827.19	150.74	0.00	0.00	6977.93
韩 * *	2204.21	48.67	0.00	0.00	2252.88
张 * *	4291.38	94.75	0.00	0.00	4386.13
李 * *	3901.25	86.14	0.00	0.00	3987.39
柴 * *	2443.16	53.94	0.00	0.00	2497.10
张 * *	8285.28	182.94	0.00	0.00	8468.22
李 * *	3998.78	88.29	0.00	0.00	4087.07
刘 * *	4974.09	109.83	0.00	0.00	5083.92
韩 * *	5364.22	118.44	0.00	0.00	5482.66
耿 * *	4145.08	91.52	0.00	0.00	4236.60
余 * *	5656.81	124.90	0.00	0.00	5781.72
耿 * *	1560.50	34.46	0.00	0.00	1594.96
冷 * *	4954.59	109.40	0.00	0.00	5063.99
何 * *	4515.70	99.71	0.00	0.00	4615.40
王 * *	5364.22	118.44	0.00	0.00	5482.66
刘 * *	5744.59	126.84	0.00	0.00	5871.43
陈 * *	5364.22	118.44	0.00	0.00	5482.66
李 * *	4876.56	107.67	0.00	0.00	4984.24
李 * *	2535.81	55.99	0.00	0.00	2591.80
刘 * *	1604.39	35.42	0.00	0.00	1639.81
王 * *	4535.20	100.14	0.00	0.00	4635.34
联 * *	2916.18	64.39	0.00	0.00	2980.57

续表

农户名	基准 水量分配	可分水量 1≤ 基准水量的 20%	超基准水量 20%＜ 可分水量 2＜超基准水量 40%	可分水量 3≥ 超基准水量 40%	可分水量
丁 * *	5339.84	117.90	0.00	0.00	5457.74
胡 * *	2243.22	49.53	0.00	0.00	2292.75
胡 * *	3462.36	76.45	0.00	0.00	3538.81
胡 * *	2340.75	51.68	0.00	0.00	2392.43
孟 * *	2501.68	55.24	0.00	0.00	2556.91
任 * *	2989.33	66.00	0.00	0.00	3055.34
孟 * *	2467.54	54.48	0.00	0.00	2522.02
高 * *	3013.72	66.54	0.00	0.00	3080.26
任 * *	1926.24	42.53	0.00	0.00	1968.77
柴 * *	3657.42	80.76	0.00	0.00	3738.18
李 * *	2994.21	66.11	0.00	0.00	3060.32
刘 * *	3413.59	75.37	0.00	0.00	3488.97
王 * *	2243.22	49.53	0.00	0.00	2292.75
王 * *	2340.75	51.68	0.00	0.00	2392.43
吕 * *	5993.30	132.33	0.00	0.00	6125.63
孟 * *	1950.63	43.07	0.00	0.00	1993.70
张 * *	5022.86	110.90	0.00	0.00	5133.76
吕 * *	4827.80	106.60	0.00	0.00	4934.40
丁 * *	4876.56	107.67	0.00	0.00	4984.24
薛 * *	1853.09	40.92	0.00	0.00	1894.01
何 * *	3779.34	83.45	0.00	0.00	3862.78
贺 * *	3657.42	80.76	0.00	0.00	3738.18
李 * *	4213.35	93.03	0.00	0.00	4306.38
谢 * *	4486.44	99.06	0.00	0.00	4585.50
高 * *	2867.42	63.31	0.00	0.00	2930.73
李 * *	3238.04	71.50	0.00	0.00	3309.53
李 * *	1072.84	23.69	0.00	0.00	1096.53
王 * *	2925.94	64.60	0.00	0.00	2990.54
谢 * *	2048.16	45.22	0.00	0.00	2093.38
苗 * *	2438.28	53.84	0.00	0.00	2492.12
韩 * *	1365.44	30.15	0.00	0.00	1395.59

续表

农户名	基准水量分配	可分水量1≤基准水量的20%	超基准水量20%<可分水量2<超基准水量40%	可分水量3≥超基准水量40%	可分水量
何**	28220.31	623.10	0.00	0.00	28843.42
孟**	23051.24	508.97	0.00	0.00	23560.22
崔**	15926.31	351.65	0.00	0.00	16277.97
贾**	25565.93	564.50	0.00	0.00	26130.42
郭**	29198.24	644.70	0.00	0.00	29842.94
余**	45403.97	1002.52	0.00	0.00	46406.49
许**	17463.06	385.58	0.00	0.00	17848.65
任**	4051.43	89.46	0.00	0.00	4140.89
刘**	25705.63	567.58	0.00	0.00	26273.21
岳**	13970.45	308.47	0.00	0.00	14278.92
贾**	8382.27	185.08	0.00	0.00	8567.35
李**	11455.77	252.94	0.00	0.00	11708.71
张**	26264.45	579.92	0.00	0.00	26844.37
王**	18161.59	401.01	0.00	0.00	18562.59
杨**	34786.42	768.08	0.00	0.00	35554.51
杨**	18441.00	407.18	0.00	0.00	18848.17
王**	32411.45	715.64	0.00	0.00	33127.09
王**	36183.47	798.93	0.00	0.00	36982.40
郭**	32411.45	715.64	0.00	0.00	33127.09
任**	23470.36	518.23	0.00	0.00	23988.58
任**	17183.66	379.42	0.00	0.00	17563.07
郭**	18161.59	401.01	0.00	0.00	18562.59
孙**	16764.54	370.16	0.00	0.00	17134.70
刘**	7759.70	171.33	0.00	0.00	7931.03
胡**	4849.81	107.08	0.00	0.00	4956.90
刘**	5092.30	112.44	0.00	0.00	5204.74
院**	3394.87	74.96	0.00	0.00	3469.83
张**	2424.91	53.54	0.00	0.00	2478.45
郭**	6304.75	139.21	0.00	0.00	6443.96
划**	4364.83	96.38	0.00	0.00	4461.21
常**	6304.75	139.21	0.00	0.00	6443.96

续表

农户名	基准水量分配	可分水量 1≤基准水量的 20%	超基准水量 20%<可分水量 2<超基准水量 40%	可分水量 3≥超基准水量 40%	可分水量
韩**	2909.89	64.25	0.00	0.00	2974.14
李**	2909.89	64.25	0.00	0.00	2974.14
王**	1939.92	42.83	0.00	0.00	1982.76
陈**	4849.81	107.08	0.00	0.00	4956.90
王**	2424.91	53.54	0.00	0.00	2478.45
王**	1939.92	42.83	0.00	0.00	1982.76
常**	2909.89	64.25	0.00	0.00	2974.14
刘**	3394.87	74.96	0.00	0.00	3469.83
韩**	6304.75	139.21	0.00	0.00	6443.96
常**	4364.83	96.38	0.00	0.00	4461.21
苗**	1454.94	32.13	0.00	0.00	1487.07
畅**	2424.91	53.54	0.00	0.00	2478.45
宁**	5819.77	128.50	0.00	0.00	5948.27
常**	5819.77	128.50	0.00	0.00	5948.27

4.2.4.5 协会水量分配方案

根据每个协会包含的农户数量，分别列出在丰水年、平水年和枯水年时，各协会年度可分配水量，结果见表 4.13～表 4.15。

表 4.13 丰水年各协会年度可分配水量表

用水单位	所属	年度可分配水量/m^3	合计年度可分配水量/m^3
乌兰布和农场	一干所	109083.3	26108591.56
	一分干	25452800	
	二分干	546708.26	
哈腾套海农场	一分干	14356300	14356300
	二分干	—	
实验局	一干所	11619960	11619960
巴市治沙局	一干所	140823.82	140823.82
巴彦高勒镇	一干所	6684100	6684100
磴口县林业局	一分干	82600	82600
巴彦套海农场	二分干	18689244.5	18689244.5
补隆淖镇	一分干	420800	420800

续表

用水单位	所属	年度可分配水量/m³	合计年度可分配水量/m³
隆盛合镇	二分干	1239625.7	1239625.7
沙金苏木	二分干	6807086.405	6807086.405
太阳庙农场	二分干	15746400	15746400
新套川开发公司	二分干	27192.35	27192.35

表 4.14　　平水年各协会年度可分配水量表

用水单位	所属	年度可分配水量/m³	合计年度可分配水量/m³
乌兰布和农场	一干所	10908328.92	32958702.2
	一分干	21694640	
	二分干	355733.3	
哈腾套海农场	一分干	11230700	11230700
	二分干	—	
实验局	一干所	11619960.3	11619960.3
巴市治沙局	一干所	140823.9	140823.9
巴彦高勒镇	一干所	5336144	5336144
磴口县林业局	一分干	218367	218367
巴彦套海农场	二分干	16273010.1	16273010.1
补隆淖镇	一分干	419330.7	419330.7
隆盛合镇	二分干	1239625.7	1239625.7
沙金苏木	二分干	6807086.405	6807086.405
太阳庙农场	二分干	14920490	14920490
新套川开发公司	二分干	27192.35	27192.35

表 4.15　　枯水年各协会年度可分配水量表

用水单位	所属	年度可分配水量/m³	合计年度可分配水量/m³
乌兰布和农场	一干所	10908328.92	29807428.92
	一分干	18741800	
	二分干	157300	
哈腾套海农场	一分干	8205400	8205400
	二分干	—	
实验局	一干所	11619960	11619960
巴市治沙局	一干所	129088.565	129088.565
巴彦高勒镇	一干所	3540600	3540600

续表

用水单位	所属	年度可分配水量/m³	合计年度可分配水量/m³
磴口县林业局	一分干	57000	57000
巴彦套海农场	二分干	13780069.6	13780069.6
补隆淖镇	一分干	218600	218600
隆盛合镇	二分干	1239625.7	1239625.7
沙金苏木	二分干	6735311.922	6735311.922
太阳庙农场	二分干	13901100	13901100
新套川开发公司	二分干	27192.35	27192.35

4.2.5 农业基准水权确定

农业初始水权的分配势必要考虑多方因素，需用尽可能少的投入，取得尽可能多的作物产出，也即依据作物的需水规律、供水条件，有效利用水资源，采用适量和适时的灌溉方式，并采取多种节水措施，从而提高灌溉水利用率和水分生产率。

1. 灌区农业水权的分配主体

农业水价综合改革中的农业水权由地方政府确定，在县级行政区内统一分配。灌区管理机构作为准公益性的供水单位，并没有分配水权的权利。灌区的水权应由谁分配？一些灌区跨越多个行政区，如何协调灌区管理机构和各区域地方政府在水权分配中的关系？在进行灌区管理机构管理范围的农业水权分配时，如果不能同步分配行政区内其他灌溉工程控制的农业水权，将导致其他灌溉水源的滥用。例如井渠结合灌区如果只分配了渠水水权，将导致井水的滥用，因为灌区管理机构对地下水没有审批权，需要建立涉及灌区内多种水源的农业水权分配、调控和监管机制，以促进灌区内多种水源的联合调配和高效利用。

2. 水权确定

确定灌区农业水权水量的影响因素包括农户在不同水平年的实际用水量、农户的节水潜力、灌区不同保证率下的引水能力、灌区的非农业供水量、区域水资源总量控制要求等。根据灌区取水口来水分析以及农业用水总量控制指标，结合现有的农作物种植结构及面积，确定了各户的基准水权。采用定额法进行由农业到用水户的初始水权分配，计算配水定额及需水定额，按照“选低不选高”的原则选定水权定额，再根据灌溉面积，确定农业用水户水权。采用定额作为农业用水户初始水权分配标准。其具体方法如下：

$$Q_j = DS_j \tag{4.1}$$

式中：D 为水权分配定额；Q_j 为 j 用户获得的农业初始水权；S_j 为 j 用户拥有的土地灌溉面积。

其中确定水权分配定额时，需将农业配水定额与灌溉需水定额相结合。在确保农业灌溉基本用水的情况下，按照“选低不选高”的原则确定农业初始水权定额，对用水单

位进行农业初始水权配置。农业初始水权配置定额确定方法如图 4.5 所示。

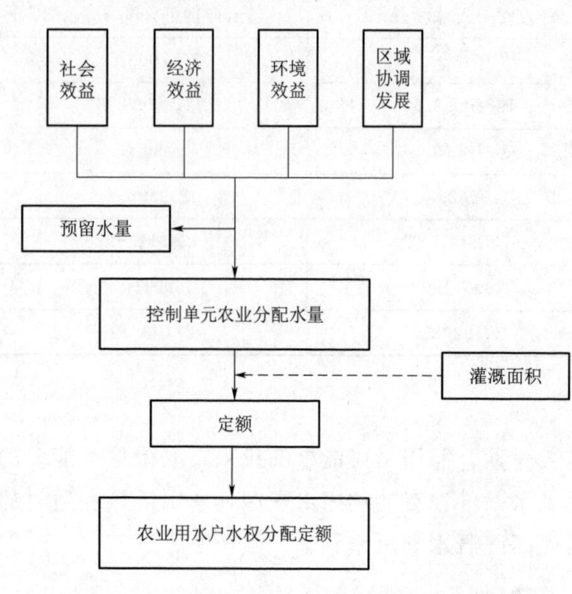

图 4.5　农业初始水权分配定额确定方法图

在各行政区农业用水初始水权配置的基础上，结合灌溉面积，计算得到用水户农业初始水权配置定额。另外，由于年际间水资源状况各不相同，农业初始水权的配置应考虑到各年来水情况和需水情况，用水单位实际获得的水权应根据不同年份的相应情况进行动态调整。应根据上年末供水状况、降水情况、作物种植计划等信息，预判未来一年可能的需水量和供水量，微调用水单位的农业初始水权。再调整用水单位农业水权时，应考虑到来水方面丰增枯减和农业需水方面枯增丰减的特征和关系，确保水权分配能保证农业生产，并对水资源管理起促进作用。

在用水总量控制和用水定额约束条件下，综合考虑历史和现状用水，进行农业水权分配。按照最严格水资源管理制度以及农业灌溉取水许可改革的要求，开展农业灌溉取水许可和初始水权划分工作。许可给小型农田水利工程、末级渠系、小水源工程等农业供水工程管理单位或终端用水户的农业用水量，即为该工程管理单位或用水户获得的初始水权。核定 2009—2017 年各农户每年用水量，每年的用水总量都超过控制标准，因此为了达到节水的效果，将农户年用水量的 70%作为农业基准水权，然后根据各农户的基准水权和各协会与农户之间的关系，统计出各协会的基准水权，见表 4.16。对表中的水量进行叠加，得到总的用水量为 8122.335 万 m^3，比总量控制指标小，因此，农业基准水权的设定比较合理。

表 4.16　　　　各协会基准水权核定表

用水单位	所属	基准水权（水量）/m^3	合计基准水权（水量）/m^3
乌兰布和农场	一干所	10633430	25815200
	一分干	14849270	
	二分干	332500	
哈腾套海农场	一分干	10307420	10634320
	二分干	326900	
实验局	一干所	7035360	7035360

续表

用水单位	所属	基准水权（水量）/m³	合计基准水权（水量）/m³
巴彦高勒镇	一干所	3764820	3764820
磴口县林业局	一分干	741120	741120
巴彦套海农场	二分干	12562600	12562600
补隆淖镇	一分干	797430	797430
隆盛合镇	二分干	966100	966100
沙金苏木	二分干	7117100	7117100
太阳庙农场	二分干	11515000	11515000
新套川开发公司	二分干	274300	274300

根据丰水年、平水年和枯水年农户可分水量，确定各个农户的实际预购水量，并根据实际水量制定每户的用水明细，见表4.17。

表4.17　　农户预购水量表　　单位：m³

协会名称	一干所	巴彦高勒镇	南粮台村
农户基本信息			
农户姓名	张文平	身份证号	
家庭住址	巴彦高勒镇南粮台村	联系电话	
预购水量信息			
基准水权	2682.11		
超水量≤基准水权20%	536.42		
基准水权20%<超水量≤基准水权40%	324.51		
超水量>基准水权40%	0		
年度预购总水量	3543.04		

第5章
农业水价制定理论和方法

5.1 农业水价制定基本理论

5.1.1 我国水价制度发展过程

我国水资源开发利用历史悠久，经历了从无偿供水到有偿供水的转变，供水收入也经历了从行政事业性收费到经营性收入管理的过程。早在公元前2世纪，都江堰灌区就实行了每亩水田缴5公斤稻谷的水费制度。在这以后漫长的封建王朝中，官府和豪绅通过附加税、现金、实物等多种形式向农民征收水费，有的还按亩征订以对水利工程进行维护。中华人民共和国成立后，在各级政府和有关部门的大力支持下，经过物价部门和水利部门的共同努力，我国水价格改革不断推进，先后经历了公益性无偿供水、政策性有偿供水、水价格改革起步和水价格改革发展四个阶段。

1. 公益性无偿供水阶段（1949—1979年）

这一阶段以公益性供水为主，基本不收取水费，无水价可言。1964年，原水利电力部提出了《水费征收和管理的试行办法》，开始改变无偿供水的状况。1965年10月13日，国务院以（65）国水电字350号文件批转了水利电力部制订的《水利工程水费征收使用和管理办法》。这是我国第一个有关水利工程供水收取费用的重要文件，它确立了按成本核定水费的基本模式。但因随后爆发了“文化大革命”，该政策基本没有得到执行。

2. 政策性有偿供水阶段（1980—1985年）

我国水价格制度建设重新起步的标志是1980年财政体制改革。国务院提出，所有水利工程管理单位，凡有条件的要逐步实行企业管理，按制度收取水费，做到独立核算，自负盈亏。各省、自治区、直辖市对水利工程管理单位开始实行“自收自支、自负盈亏”的管理模式，水价格改革开始起步。当年，国务院有关部委组织开展全国水利工程供水成本调查，在调查研究中首次提出了“水的商品属性”，为有偿供水奠定了基础。在这之后的几年里，全国有十几个省出台了供水收费的政策。1982年，中央一号文件指出，城乡工农业用水应重新核定水费。1985年，国务院颁布了《水利工程水费核订计收和管理办法》，规定“水费标准应在核算供水成本的基础上，根据国家经济政策和当地水资源状况，对各类用水价格分别核定。”《水利工程水费核订计收和管理办法》把供水作为一种有偿服务行为，提出以供水成本为基础核订水费的征收标准。

3. 水价格改革起步阶段（1986—1993年）

按照《水利工程水费核订计收和管理办法》的有关规定，从1986年起，全国部分省、自治区、直辖市人民政府先后制定了相应的实施办法和相关文件。1988年，《中华人民共和国水法》颁布，规定“使用供水工程供应的水，应当按照规定向供水单位缴纳水费”。这是我国最高立法机关第一次对水利工程有偿供水做出法律规定。1990年，国务院办公厅印发了《关于贯彻执行水利工程水费核订、计收和管理办法的通知》，推进了水价格改革工作。1991年，水利部制订了《乡镇供水水价核订原则》（试行），促进了水价格改革。1992年初，国家价格主管部门将水利工程供水列入商品目录。水利工程供水开始向商品转变。限于当时的历史条件，水利工程供水没有列入商品定价范畴。由于，各种行政性收费、事业性收费以及基金、集资等收费项目较多，政府为规范管理，将各种收费项目分为政府性基金和行政事业性收费两类进行管理。1992年底，国家物价局和财政部将水费列入行政事业性收费。

4. 水价格改革发展阶段（1994年至今）

1994年12月，财农字〔1994〕第397号文件颁发了《水利工程管理单位财务制度》，明确规定水管单位的生产经营收入包括供水、发电及综合经营生产所取得的收入。第一次将水利工程水费定义为生产经营收入，这是对水利工程供水以及水费收入性质认识上的突破，我国水价格制度改革开始了质的跨越。1997年，国务院发布了《水利产业政策》，规定：新建水利工程的供水价格，按照满足运行成本和费用，缴纳税金、归还贷款和获得合理利润的原则制定。原有工程的供水价格，要根据国家的水价政策和成本补偿、合理收益的原则，区别不同用途，在三年内逐步调整到位，以后再根据供水成本变化情况适时调整。根据工程管理的权限，由县级以上人民政府物价主管部门会同水行政主管部门制定和调整水价。

此后，我国的水价格改革步入了新的发展时期。2000年底，《中共中央关于制定国民经济和社会发展第十个五年计划的建议》提出，水资源可持续利用是我国国民经济和社会发展的战略问题，改革水管理体制，建立合理的水价格形成机制，调动全社会节水和防治水污染的积极性。随着我国市场经济体制的建立和完善，原有的水价格制度已经难以适应国民经济和社会发展的需要。必须制定新的适应社会主义市场经济体制的水价格制度，促进水资源可持续利用。2002年8月29日，第九届全国人民代表大会常务委员会第二十九次会议通过《中华人民共和国水法》（修正案）。规定供水价格应当按补偿成本、合理收益、优质优价、公平负担的原则确定，用水实行计量收费和超定额累进加价制度。这些法律条款为水价格改革提供了重要的法律依据。

2006年出台了《水利工程供水定价成本监审办法》（发改价格〔2006〕310号）、2007年修订完善了《水利工程供水价格核算规范》（水财经〔2007〕470号），配套的政策措施逐步出台。国有水利工程的供水价格管理走上了正轨（一般来说是指斗渠口的价格）。

直到此时，群管末级渠系水利工程水价还没有正式纳入政府价格管理范畴，还没有正式的成本核算规范和价格制定规范。直到2008年，水利部在农业水价综合改革推进的大背景下，出台了《末级渠系水价测算导则》，为末级渠系水价成本核算、制定价格

提供了规范和依据；为各地建立"国管水价+群管末级渠系水价"的农业用水终端水价奠定了基础。虽然水价的相关配套政策逐步出台，但是由于各地水价改革进展参差不齐、水价成本到位极其缓慢，成本倒挂普遍存在（2005 年全国的大中型灌区实际执行水价占成本水价 38%）；水费的实收率也普遍较低（57.37%），经加权平均计算得出，水管单位的实收水费占农业供水成本的约 22%，以至于根本难以从水费中拿出足够的钱来维护水利工程，更不用说更新改造（绝大部分水管单位空提折旧）。而另一方面，由于种种原因（摊费不公开、不公正、不公平、不透明、不民主；搭车收费、截留挪用、秩序混乱；计量设施不配套、价格设计不合理，价格杠杆起不到保障基本用水需求、调节节水、均衡用水的作用，造成浪费水严重、水费负担较高等），农民亩均水费负担居高不下，有的地方难以承受，直接影响了种植的积极性。

需要改革和规范水价构成，建立科学规范、合理透明、公平公正、合法有效的水价秩序，良性的水价形成机制、调价机制和价格有效调节用水的机制；在能够保证水利工程低本高效、良性可持续运行，促进农业节水、水资源的高效配置和利用的同时，让农民用明白水、交明白费，能够承受得起基本的农业用水水费支出。

河套灌区除水费实收率较高外，其他存在的问题与全国其他地方差不多。

农业水价在灌区运行管理和水管单位生存发展中具有举足轻重的作用。国家历来重视农业水价改革。经过多年改革的探索，在大中型灌区推行终端水价制度，成为农业水价改革的必然选择。在本次农业水价综合改革试点工作中，试点项目区必须按照建立"三位一体"农田水利良性运行机制的总要求，积极推行农业终端水价改革，建立科学的终端水价制度。

5.1.2　水价制定的理论基础

1. 水价制定目的

水价制定有经济、环境和社会目的，它的最基本目标就是促进水资源的有效分配。在帮助供水方法满足经济和环境可持续运行要求的方面，水价发挥着重要的作用。水价制定应达到以下目的：

（1）促使水利基础产业良性发展。供水水价太低，有时甚至是无偿供水、无偿服务，导致水利工程维修、保养、运行管理等的资金困难，更谈不上积累发展水利项目资金。如果能有合理的水价支撑，水商品生产过程中支付的社会必要劳动消耗就可以得到真实的反映，水利产业就可以维持和扩大自身的再生产。

（2）促进水利基础产业体制改革。合理的水价可以为水商品的市场交易创造条件，更有利于水市场的建立。市场机制的引入后，水利基础产业部门可灵活实施股份制、承包制等多种生产投资与经营体制，将有关的权益、债务售于投资者。

（3）促进国民经济产业结构与产品结构调整。水价必须使用水户思考获得的利益是否可以弥补水商品成本，迫使用水成本高的消费者重新考虑投资方向，考虑采取节水措施、进行技术改进或产品转向，甚至产业转移，达到保护、合理利用水资源，进而促进产业结构与产品结构调整的目的。

(4) 促进水资源可持续利用。资源价格的高低决定着资源利用的程度、分配及分配效益。合理的水价能对水资源的优化配置、保护与节约起重要的作用。在水资源丰富地区，也可利用水价杠杆，扭转浪费水源与不计水价的不良习惯。

2. 水价制定影响因素

影响水价制定的因素有：自然因素、政策因素和经济因素。

(1) 自然因素。自然因素是决定水价的重要因素之一，主要包括水资源的数量和质量、开发条件及时空分布等。自然因素从整体上影响了水资源的供给，在水资源丰富的地区，由于水资源的供需矛盾不太尖锐，水价不太高；相反，在水资源匮乏的地区，水价可能就比较高。

(2) 政策因素。水利工程的兴建、水资源管理等，都需要投入一定的人力、物力、财力，水资源凝结着人类的劳动，因而具有劳动价值。水资源价值的形成受政策影响的程度非常大，在某些公共产品领域，水资源具有社会属性，水资源表现的价值并不能完全反映其本身价值，政策性倾斜导致水资源价值降低。为了合理地运用经济杠杆调控水资源的需求和减少污水排放，可以制定适宜的水价政策，加以引导和规范。

(3) 经济因素。经济因素是水价制定过程中最重要的因素，水资源与经济的有效结合，是水价产生的源泉。水资源与经济发展的关系，主要表现在一方面经济的发展要消耗大量的水资源，另一方面由于对经济活动排放的大量污水缺乏有效的治理，导致了水资源功能的下降，又影响了经济发展。

成本和利润是两个主要的经济因素。成本是影响水价水平的最关键因素，因为成本是价格的基础。从自然条件考虑，成本反映了区域水资源的量和质；从开发考虑，成本反映了区域水资源开发的难易程度；从利用出发，成本反映了区域水资源利用条件的好坏和供水设施的水平。利润反映收益的一个指标，是价格制定要考虑的因素。对于水行业，由于其垄断性、公共性和不同用水之间的不同政策，致使不同地区、不同用途之间的利润率也不同，价格水平也各不相同[2]。

5.1.3 农业水价构成及类型

农业水价的构成包括资源水价、工程水价、环境水价及农业终端水价。

1. 资源水价

资源水价又称水资源费，是指由于取水行为的发生而征收的费用，是资源稀缺价值的表现。严格来说它不属于价格的范畴，而是国家所有权的本质体现。在我国，自然资源属于国家所有，用水户只有水资源的使用权而没有所有权。用水户缴纳的水费实际上是水资源使用权的“租金”即资源价格。水资源费就是国家转让天然水使用权的价格，分析资源水价主要就是通过分析资源的使用权来确定价格。影响水价的因素包括水资源总量以及供求关系两个因素。水资源作为稀缺产品，产品定价必须遵循价值规律，体现产品的稀缺特点。在此基础上明晰产权，对于水权的转让给予补偿。因此，资源水价包括水资源的租用费、管理成本、反映水资源稀缺程度的费用、反映用于不同行业所得收益的机会成本，以及获取水资源后造成的消极外部性的补偿。

2013 年，国家发展改革委、财政部、水利部联合印发《关于水资源费征收标准有关问题的通知》（发改价格〔2013〕29 号）中明确了水资源的征收标准。其中水资源费的最低征收标准根据各地的水资源特征、地区经济发展状况、现行的征收标准、南水北调受水区及社会承受能力等因素综合确定。

2. 工程水价

农业水利工程的修建需要固定资产投入以及人工费用支出，工程水价就是消费者对工程成本等费用支付的补偿。水利工程让水从自然水状态成为商品水状态，这个过程付出的代价都属于工程成本。工程水价是基于成本核算出来的水价格的核心内容。

工程水价是指将原水转化为可利用水的过程中，由于固定资产投入以及人工费用的支出而向消费者收取的合理补偿价格，其内容包括固定资产折旧费、供水工程大修费用和供水工程运行管理费用。工程成本就是通过具体或抽象的物化劳动把资源水变成产品水，使之进入市场成为商品水所花费的代价，体现了从水资源的取用开始到形成水利工程供水这一商品的全部劳动价值量。工程水价主要考虑的是投入成本补偿问题，工程水价是基于成本核算出来的，是水价格的核心内容。

3. 环境水价

环境水价是指用水者对一定区域内水环境损失的价格补偿。环境水价是对水资源环境污染的补偿，只要用水就一定会排水。工业污水会造成水体的富营养化，农业排水携带大量的化肥农药也会污染水体，根据谁污染谁治理的原则用水户必须支付环境成本，环境水价就是排污总量减去环境自净能力。环境成本也不能由用水户完全承担，政府也有治理环境的职能，因此要合理分担政府与用水户之间的责任。让使用者支付环境成本有利于提高使用者的节水意识与环保意识，体现水资源的特性有利于发挥价值规律的作用。

而目前没有明确的文件规定农业用水污水处理费用的制定及征收，多数农村地区还没有对水处理的费用进行收取。

4. 农业终端水价

农业终端水价指在整个农业灌溉用水过程中，农民用水户在田间地头承担的最终用水价格。目前城市水价结果较为完善，城市供水价格即用户终端水价。而农业终端水价构成及核算比较复杂，一般来说，在目前我国大部分地区尚未对农业用水开征水资源费和污水处理费的情况下，农业终端水价主要由国有水利工程水价和末级渠系水价两部分构成。

5.2　水价测算的原则和方法

5.2.1　水价基本概念

按照水价构成要素对水资源消费进行定价是水资源消费定价的最根本的方法。研究水资源的消费定价，必须要搞清楚水价的构成。目前，水利行业对水价的构成有几种不同的看法：一是由水利部汪恕诚部长提出的资源水价、工程水价和环境水价论；二是从管理角度对水价构成要素的认识，认为水价构成要素包括供水成本、固定资产折旧和修理费三部分；三是从微观经济上对构成水价的要素的分析，认为水价是由边际成本、供水保障率和盈利率三部分构成的。发达国家的先进经验证明，汪恕诚部长的水价构成理论还是比较合理的。

5.2.2 水价制定的原则

1. 公平性和平等性原则

水是人类生产和生活的必需要素之一，是人类生存和发展的基础，供水价格的制定必须是满足所有人的需要，无论是低收入者还是高收入者都应该有足够承担生活所必需的用水费用的能力除了保证所有人都能用水以外，公平性和平等性在不同用户之间也应有的所体现，不同富裕程度的用户在享受用水时所得到的价值也是不同的，因此，供水价格的公平性和平等性在不同的用户和区域之间需要通过价格差别加以确定。

2. 有效配置原则

水资源进入水市场才有可能达到优化配置，而市场配置是通过价格、利润和产权来实现的，其中价格是不可缺少的构成因素即只有当水价真正反映生产水的经济成本时水才能在不同用户之间有效分配。

3. 成本回收原则

成本回收原则是保证供水企业不仅具有清偿债务的能力，而且也有能力创造利润，以便以债务和股权投资的形式筹措扩大企业所需的资金。只有水价收益能保证水资源项目的投资回收，维持供水企业的正常运行，才能促进供水企业的投资积极性，同时也鼓励其他资金对水资源开发利用的投入，否则将无法保证水资源的可持续开发利用。但目前我国的水价制定中，这条原则往往不能满足。水价水平明显偏低，水生产企业不能回收成本，难以正常运行。按照成本回收原则，水资源商品的供给价格应等于水资源商品的成本。企业按会计学的成本核算体制，制定合理的价格。具体做法是通过会计报表尽可能地在消费者中“公平的”分摊这些成本。

4. 可持续发展原则

尽管水资源是可再生的，可以循环往，不断利用，但水资源所依存的环境和以水为基础的环境是不一定可再生的，必须加以保护。因此，水价中应包含水资源开发利用的外部成本，水价中应包含水资源开发利用的环境代价。由于水在维持生态系统中的重要作用和生态系统对水循环过程的调节作用，水资源持续利用必须保证水对生态系统的供给以维持生态系统的平衡，这也是可持续发展的必然要求。目前，在部分城市征收的水费中包含的排污费或污水处理费，就是其中的一个方面的体现。

5.2.3 水价制定的两个概念

1. 全成本水价

全成本水价是指能反应供水生产的全部成本和费用；对于自流灌溉来说，全成本水价要核算的成本主要包括固定资产折旧费、维修费用、工程管护费和水管人员劳务费等。全成本水价的计算公式如下：

全成本水价=(固定资产折旧费+维修费用+工程管护费+水管人员劳务费)/斗口灌溉用水量

2. 运行成本水价

运行成本水价是指非完全成本水价，主要是反映能保证工程正常运行的供水生产费用。运行成本水价要核算的成本主要是全成本中除固定资产折旧费的其他成本费用。运行成本水价的计算公式如下：

运行成本水价=(维修费用+工程管护费+水管人员劳务费)/斗口灌溉用水量

5.3　河套灌区水价改革

5.3.1　河套灌区水价改革历程

巴盟（现巴彦淖尔市）河套灌区水价的历史演变与全国水价的历史演变基本相同，也大致经历了从福利水价到商品定价的几个发展阶段。

新中国成立前，农民按地亩数交纳水费粮，但用水年年洗挖渠口，常常是水小引水难，水大水漫滩，用水根本无法保证。新中国成立后，在党和政府的重视和关怀下，灌区进行了大规模建设，三盛公枢纽建成后，灌区灌溉用水得以保证，灌溉面积也得到了迅猛发展，实现了灌溉面积与综合效益的同步增长。随着国家经济体制改革，水利产业政策的实施及灌区自身的发展，按照国家有关政策，灌区先后对水价进行多次调整，以适应不断发展的水利事业的要求，以保障灌区农牧业生产和灌区经济社会的健康发展。

新中国成立后到 1980 年以前，农村实行集体经营，水利工程项目实行国家投入、补贴，地方群众投劳的办法。期间，灌区人民投入了大量的人力物力兴修水利工程，改变灌区的灌溉、排水条件。国家对粮食实行统购统销，水费采取“实物计价、货币结算、按亩收费”的方式与农业税合并收缴。水量按需供给，这一时期基本属于公益性供水阶段。

在 20 世纪 90 年代以前，在计划经济体制下，水价带有浓厚的福利性色彩，基本上是无偿供水，水管单位的工程运行费用完全依赖与国家财政拨款来维持。党的十一届三中全会以后，以农村实行联产经营承包为标志，随着经济体制改革的不断深入，水利工程的投入方式、投入机制发生了变化。1980 年国务院提出“所有水利工程管理单位，要逐步实行企业化管理，按制度收取水费，做到独立核算，自负盈亏”，1985 年，国务院颁布了《水利工程水费核定、计收和管理办法》。根据有关政策，灌区从 1981 年开始实行以供水量计价收费和“有计划供水，分时段计价，超计划用水加价”的水费计收办法。1981—1987 年灌区实行以干渠口部引水量计价收费。1981 年干渠口部实行每立方米 1.14 厘（其中夏秋灌 1 厘，秋浇 1.5 厘，超计划用水加倍收费），1987 年调整至干渠口部每立方米 1.8 厘（其中夏秋灌 1.6 厘，秋浇 2.3 厘，超计划用水加倍收费）。1988 年为了达到计量相对准确，进一步细化了量水，由干渠口部计量收费改为以斗渠口为计量点计价收费，水价 1988 年斗口实行每立方米 6 厘（夏秋灌 4.6 厘，秋浇 9.2 厘），1989 年调整为斗口每立方米 9 厘（夏秋灌 8 厘，秋浇 12 厘）。

为了解决灌区长期存在的投资不足、水资源的利用率低下、水资源长期超指标运行、供需矛盾突出、工程老化破损严重等问题，按照国家有关产业政策，灌区本着“小步快走”的原则，逐步实现水费成本到位。1995年实行斗口每立方米17厘，1996年斗口每立方米20厘，1997年斗口每立方米23厘。同年对灌区农业供水成本水价进行了测算并由自治区物价局、水利厅进行了审批。在实际执行中，1998年斗口每立方米33厘，1999年斗口每立方米40厘，达到水费成本的75%。此后，水价一直维持在斗口每立方米40厘。

水价改革的稳步推进，为灌区正常运转、工程维护以及灌区进一步深化改革注入了新的活力，也为争取国家大规模投入创造了条件。2000年，国家财政部、农业部、国家计委联合下发的《关于取消农村税费改革试点地区有关涉及农民负担的收费项目的通知》（财规〔2000〕10号），以及2001年财政部国家计委下达的《关于将部分行政事业性收费转为经营性收费的通知》（财综〔2001〕94号）中，又进一步明确水费是生产经营性收入，列入商品物价序列管理。所以水费不同于税，更不是农民的一种额外负担，政策规定水费不能减免，它是水利工程管理单位维持简单再生产的基本费用，是用水户生产经营的成本之一。从此，灌区开始进入了“自收自支，自负盈亏”的经营管理阶段。

5.3.2 农业终端水价改革的必要性

农业终端水价改革是规范末级渠系水价，改革农业供水管理体制，保证工程良性运行，促进农业节水增效，保障国家粮食安全的必然选择。

（1）有利于理顺水价秩序，杜绝搭车收费。近年来，我国农业水价改革取得了积极进展，国务院办公厅发出《关于推进水价改革促进节约用水保护水资源的通知》（国办发〔2004〕36号），国家发展改革委、水利部出台了《水利工程供水价格管理办法》《关于加强农业末级渠系水价管理的通知》（发改价格〔2005〕2769号）。但由于农业供水管理体制改革滞后、供水工程缺乏必要的计量设施等原因，目前农业末级渠系水价管理薄弱，乱加价、乱收费和截留挪用水费的问题比较突出，既加重了农民负担，又助长了水资源的浪费，不利于农业节水和农民增收，同时也挤占了正常的水价调整空间。推行终端水价可以规范水价秩序，有效地解决村以下末级供水中的搭车收费问题。

（2）有利于促进节约用水，保障国家粮食安全。我国水资源短缺，作为第一用水大户的农业用水还比较粗放，村以下农业供水还存在按亩收费和用大锅水的问题，造成农户节水意识淡薄，出现大水漫灌和浪费水的现象还很普遍。终端水价制度推行后，实行从供水源头到地头的“一线通”终端供水价格后，计量供水，按方收费，农户用多少水交多少钱，明明白白用水，放放心心交钱，用多少水完全由农户自己说了算，极大地促进了农户自发节水的积极性，节约的水可以用于扩大农田灌溉面积，保障国家粮食安全。

（3）有利于水利工程可持续运行和提高灌溉服务质量。长期以来，灌区末级渠系供水收费混乱，搭车收费、截留挪用现象在很多地区时有发生，使得国有水管单位水费收

取率低，水利工程缺乏维修养护资金，导致许多灌区灌溉设施老化失修严重，灌溉面积衰减，水利工程不能持续运行，农民无法得到高质量的灌溉服务。通过推行农业供水终端水价，避免多头收费现象，使农民心中有数，放心用水，并可以起到遏制乱加价、随意搭车收费的作用，使水费收取工作形成一种良性机制，有利于水利工程可持续运行，提高灌溉服务质量。

（4）有利于促进灌区良性运行，实现农民用水自治。通过推行水价综合改革，申报争取水价综合改革配套工程项目，对灌区末级渠系工程实施节水配套工程改造，配套齐全量水设施，实现量水计量，有利于完善的灌区水利工程设施的建设，从而推进灌区良性运行与发展。

通过积极推进灌区水利工程产权及管理体制改革，进一步明晰水利工程产权归属，落实管护主体责任，有利于实现灌区农民用水自治。

（5）有利于推进灌区长效机制建设。通过实施用水总量控制，定额管理，推行终端水价制度，建立合理的农业水权分配制度等一系列举措，从而进一步推进农田水利良性运行的长效机制建设，提高水的利用效率，缓解河套灌区水资源供需矛盾，为区域经济的发展提供保障。

5.3.3　灌区农业水价制定的政策依据及原则

5.3.3.1　水价制定的依据

依据《中华人民共和国水法》《水利产业政策》《水利工程供水价格管理办法》等法律文件的相关规定，按照水利部水财〔1995〕226号文件及内蒙古自治区物价局、水利厅下达的《内蒙古自治区水利工程水价测算规程》测定水价。供排水成本构成为：直接工资、直接材料、其他直接费、制造费用。供排水费用为：销售费用、管理费用、财务费用。具体的水价成本费用测定审批程序是：由河套灌区管理总局负责测定，巴盟物价局复审后，两家联合上报自治区物价局、水利厅审批下达。由巴盟行政公署（现巴彦淖尔市）根据农民承受能力最终决定其执行价格。

5.3.3.2　灌区农业水价制定的原则

1. 按成本费用定价的原则

依据《水利工程供水价格管理办法》第十条规定："水利工程供水价格按供水对象分为农业供水价格和非农业供水价格。农业用水价格是指由水利工程直接供应的粮食作物、经济作物和水产养殖用水；农业用水价格按补偿供水生产成本、费用的原则核定，不计利润和税金。

2. 灌区统一定价的原则

依据《水利工程供水价格管理办法》第七条规定：同一供水区域内工程状况、地理环境和水源条件相近的水利工程，供水价格按区域统一核定。河套灌区各灌域由于地理环境、水源条件、工程状况相近，故采取全灌区统一定价，没有采取逐渠定价，或分灌域定价。

3. 采取"有计划用水、分时段计价、超计划用水加价"的原则

按照国家《水利产业政策实施细则》第二十四条规定：各类用水均应实行计划用

水、定额用水，超计划、超定额用水实行超额累进加价。供水水源受季节影响较大的，可实行季节定价或季节浮动价格，水资源短缺地区的供水价格，可适当从高核定。灌区实行分时段计价、超计划用水加价。河套灌区农业是用水大户，随着黄河水资源日趋紧缺，供需矛盾十分尖锐，节水已势在必行，为了控制秋浇非生育期用水，鼓励“早浇、保墒、节水”，我们对全年用水划分了两个时段，对9月底以前的夏秋灌溉用水采取价格下浮，对10月1日后的秋浇用水，为限制深浇漫灌采取价格上浮，此外，又对两个时段用水采取按计划分别包干，对超计划用水实行加价。

4. 供排水合并定价的原则

根据1988年《内蒙古自治区水利工程水费核定、计收、管理办法》第二章第六条：“有灌有排的灌区，其排水成本费用可纳入灌水的水费一并计收”的规定，灌区对农业排水骨干工程成本费用均纳入供水水费一并计收。

5. 按渠道级别分级定价的原则

灌区供水渠道分为7级，但上级批复水价只批复到斗口一级，为做到合理计价、准确计费，灌区采取以斗口水价为折算基数按不同级别供水直口渠的利用系数分别折价计费。这样级别高于斗渠的直口渠水价就低于斗口水价，级别低于斗渠的直口渠水价就高于斗口水价。河套灌区农业水价，1997年底测定为斗口每方成本费用55.16厘，内蒙古自治区物价局、水利厅于1998年以内价工发（1998）87号文批复为：1998年执行33厘，1999年执行45厘，2000年执行53厘，但原巴盟公署（现巴彦淖尔市）考虑到当地农民承受能力，实际执行水价为：1998年33厘，1999年40厘，2000—2005年未调整，仍维持40厘，和上级批复的53厘相差13厘。此外，灌区水价中，还包括排水水价，这在国内其他灌区还是不多见的。即便如此，与国内其他大型灌区相比，河套灌区水价仍是偏低的。

灌区2008年的统一群管水价就是由市水务局代为测算，市物价局监审，并与市水务局联合审批的。

5.4 临河区农业水价测算

5.4.1 测算依据

（1）《大中型灌区末级渠系水价测算导则（试行）》。

（2）《水利工程供水定价成本监审办法（试行）》。

（3）《水利工程管理单位定岗标准》。

（4）《水利建设项目经济评价规范案例汇编》。

（5）《小型农田水利工程维修养护定额》。

（6）《水利工程管理单位财务制度》。

（7）《水利建设项目经济评价规范》。

（8）《水利工程供水价格管理办法》。

（9）《水利工程供水价格核宣规范（试行）》。

(10)《农业水价综合改革试点末级渠系水价测算导则（试行）》。

(11)《国务院办公厅（关于推进农业水价综合改革的意见）》(国办发〔2016〕2 号)。

5.4.2　测算内容

经过我国多年农业水价改革的探索，推行终端农业水价制度，有利于规范末级渠系水价，改革农业供水管理体制，保证工程良性运行，促进农业节水增效，保障国家粮食安全，是农业水价改革的必然选择。

农业终端水价是农民用水户进行农业灌溉时需要承担的最终用水价格，是灌溉输水过程累计的供水成本费用，该水价需要经过财政价格主管部门制定、批准并最终执行。

在农业供水整个环节中，农业供水成本费从水源取水沿着干渠、支渠、斗渠和农渠逐级累加，在农渠出口处达到最大，形成农业终端水价。相关部门制定农业终端水价时主要考虑水利工程运行成本，即包括国有水利工程供水价格和末级渠系供水价格两部分。具体计算公式如下：

$$P=(P_1W_1+P_2W_2)/W_2 \tag{5.1}$$

式中：P 为农业终端水价，元/m^3；P_1 为国有水利工程供水价格，元/m^3；P_2 为末级渠系供水价格，元/m^3；W_1 为国有水管单位供水量，m^3；W_2 为终端供水量，m^3。

国有水利工程水价是指国有水管单位水利工程产权分界点以上所有骨干工程的成本、费用总和与产权分界点测量的农业供水量之比。末级渠系水价是指国有水管单位水利工程产权分界点以下末级渠系供水成本费与终端水量之比。灌区农业终端水价也是由国有水利工程供水价格和末级渠系供水价格两部分构成。其中国有水利工程水价主要考虑计量直口渠以上各级水利工程的成本费用，末级渠系水价主要是考虑从直口渠取水，通过各级渠道到田间的成本费用。

5.4.3　国有水利工程水价核算

国有水利工程水价核算包括以下内容。

(1) 固定资产折旧。固定资产折旧原则上按各类固定资产价值、折旧年限，分类核算，一般采用平均年限法（或工作量法）分类计提。

(2) 固定资产大修理费。固定资产大修理费原则上按照审核后固定资产价值的 1.4%核算，也可根据水利工程状况在审核后固定资产价值 1%～1.6%的范围内合理确定。

(3) 日常维护费用据实核算，计入当期供水生产成本、费用。

(4) 其他生产成本、费用。供水生产经营中发生的其他生产成本、费用，原则上按有关财务制度和政策规定的标准据实核算。

(5) 资产和费用分摊。具有多种功能的综合利用水利工程的共用资产和共同费用，应在各种不同功能之间进行分摊。分摊顺序是：首先在公益服务和生产经营之间进行分摊，再扣除其他生产经营应分摊的部分，得出农业供水应分摊的资产和生产成本、费用。

(6) 供水量的确定。农业用水年平均供水量一般按照最近 5 年平均实际供水量确

定。如果最近几年连续出现较严重干旱或洪涝灾害或者供水结构发生重大变化，年平均供水量的计算期可以适当延长。新建水利工程，采用供水计量点的年设计供水量并适当考虑 3～5 年内预计实际供水量计算。

(7) 水价的确定。当前，国有水利工程供水价格主要依据国家发展改革委、水利部联合印发的《水利工程供水价格管理办法》进行确定。按照 2013 年自治区发展改革委、水利厅根据《水利工程供水价格核算规范》(水财经〔2007〕470 号) 和《水利工程供水定价成本监审办法》(发改价格〔2006〕310 号) 测定、监审的河套灌区国有水利工程农业供水成本价格为 12.73 分/(m^3·斗口)，剥离分流到企业人员和应由财政负担的公益性支出后，经水价听证会最终确认，以内发改价格〔2014〕1113 号文件审批的农业供水成本价格为 10.3 分/(m^3·斗口)。

5.4.4 末级渠系水价的测算

末级渠系水价在明晰产权、清产核资、控制人员、约束成本以及清理、取消农业用水中不合理收费和搭车收费的基础上，按照补偿末级渠系运行管理和维护费用的原则核定。

通常情况下，末级渠系供水水价制定应按照达到末级渠系正常运行和维护管理水平的原则，由此，末级渠系供水价格主要由管理费、配水人员劳务费、工程维护费、提水费等构成。研究区内部末级渠系供水价格由管理费用、配水人员劳务费用、维修养护费用构成。计算如下：

$$P_2=(p_1+p_2+p_3)/Q \tag{5.2}$$

式中：P_2 为末级渠系供水价格，元/m^3；p_1 为管理费，元；p_2 为配水人员劳务费，元；p_3 为工程维护费，元；Q 为年灌溉水量，m^3/亩。

5.4.4.1 管理费用

根据《农业水价综合改革试点末级渠系水价测算导则 (试行)》，农民用水户协会的日常管理人员原则上应控制在 5 人以下。灌溉面积在 5000 亩以下的，应控制在 3 人以下供水期内聘用的配水人员劳务费用可按当地农村劳动力价格和配水员工作量合理确定。农业末级渠系供水配水人员原则上应按每万亩 3～5 人控制。

据此，整个河套灌区磴口县 2017 年度农业水价改革研究区控制灌溉面积为 20.4 万亩，项目区内有农民用水户协会 11 个，农民用水户协会的日常管理人员为 3 人，据查询可知，2018 年上半年临河区灌区年人均收入为 14193 元，管理费用为 14193×33=468369 元。

5.4.4.2 配水员劳务费用

根据《大中型灌区末级渠系水价测算导则 (试行)》相关要求，考虑到该灌区运行的具体现状，按每万亩 3 人计算配水员人数；灌区每年 4—10 月进行农业供水，灌溉期 7 个月。按照当地经济情况，每个配水员年灌溉期劳务费用确定为 3000～4000 元，其中，项目内共有 69 条直口渠，以每个配水员管理 3 条直口渠为标准，则配水员的费用需要 20.7 万～27.6 万元，取中间值约为 24.15 万元。

5.4.4.3　维修养护费用

维修养护费用主要是指项目区农田水利设施日常维修、养护费用，临河区农业水价改革项目区属于自流灌溉，根据中华人民共和国水利部发布的《小型农田水利工程维修养护定额》可知，自流灌区维修养护定额标准根据其控制灌溉面积来确定。自流灌区维修养护等级划分6级，具体划分及维修养护定额标准按照表5.1的规定执行。

表5.1　　自流灌区维修养护等级划分表

维修养护等级	一	二	三	四	五	六
灌溉面积 A/万亩	$A \geqslant 300$	$300 > A \geqslant 100$	$100 > A \geqslant 30$	$30 > A \geqslant 5$	$5 > A \geqslant 1$	$A < 1$
分级定额标准/[万元/(万亩·年)]	18.96	19.36	20.43	22.36	25.85	30.11

临河区农业水价改革研究区控制灌溉面积为20.4万亩，根据表5.1，该研究区农田水利工程维修养护等级为四级，维修养护定额为416.772万元/（万亩·年）。由于这个维修费用为引用水源地到农田进口的维养费用，而本次水价测算仅测算群管水费的成本核算，因此需要将国管渠道的维养费去除，考虑到国管群道维护相对较高，故权重系数为0.6，群管渠道权重系数为0.4。则群管渠道的统维养费用为184.63万元。

5.4.4.4　末级渠系供水费用

末级渠系供水费用＝管理费用＋配水人员劳务费用＋维修养护费用＝46.8369＋24.15＋184.63＝255.62（万元）。

5.4.4.5　终端供水量

根据河套灌区临河区永济灌域总量控制定额管理情况统计表可知，南边渠灌溉面积为12.0262万亩，2015—2017年平均引黄水量为5246万 m^3，扣除渠损0.87后的水量为4564万 m^3。根据面积分摊的原则，项目灌溉面积为20.4万亩，则多年平引黄水量为8724.3万 m^3，即为终端供水量。

5.4.4.6　末级渠系水价

末级渠系水价＝末级渠系供水费用÷终端供水量＝255.622÷8724.3＝0.0293（元/m^3）。

5.4.5　农业供水终端水价

农业供水终端水价(按斗口计价)＝国有水利工程水价＋末级渠系水价＝0.103＋0.0293＝0.1323(元/m^3)。

5.5　农民水费承受能力调查

用水农户作为农业水价的承受主体，其承受能力是水价改革与政策制定中必须考虑的重要因素。农民灌溉水费承受能力是核定灌溉水价及水费的关键因素之一，也是建立农业水费补贴机制的评判指标，目前，采用水费占亩均收益、亩均产值的比例估算农民农业灌溉水费承受能力。而水费占农业投入产出的比例一定程度上可以反映水费对农民的经济影响（是否有支付的能力），但是不能完全反映农民对水费的接受程度，即心理

承受能力，因此，需要将经济承受能力和心理承受能力结合在一起考虑。

5.5.1 经济因素

水与化肥、农药一样是生产资料，农民对水费的承受能力不仅受水费本身高低的影响，更受灌溉增产效果的影响。在常年灌溉地带，灌溉是农业发展的必要条件，水贵如油，灌溉增产效果十分明显，农民对灌溉水费的承受能力就高。而在补充灌溉地带，旱作物在湿润年份不需要灌溉，灌溉对作物增产的效果不明显，农民对灌溉水费的承受能力就低。灌溉亩均增幅与农民水费支付意愿之间呈正相关关系，增幅越高，农民水费支付意愿越高，反之，则支付意愿越低。

边际收益递减规律又称边际产量递减规律，是指在技术水平不变的条件下，当把一种可变的生产要素同其他一种或几种不变的生产要素投入到生产过程中，随着这种可变的生产要素投入量的增加，最初每增加一单位生产要素所带来的产量增加量是递增的，但当这种可变要素的投入量增加到一定程度之后，增加一单位生产要素所带来的产量增加量是递减的。在农业生产技术水平不变的条件下，当连续不断地增加灌溉用水时，最初灌溉的边际产量递增，当灌溉水量增加到一定限度后再增加灌溉水量，边际产量递减，如图 5.1 所示。

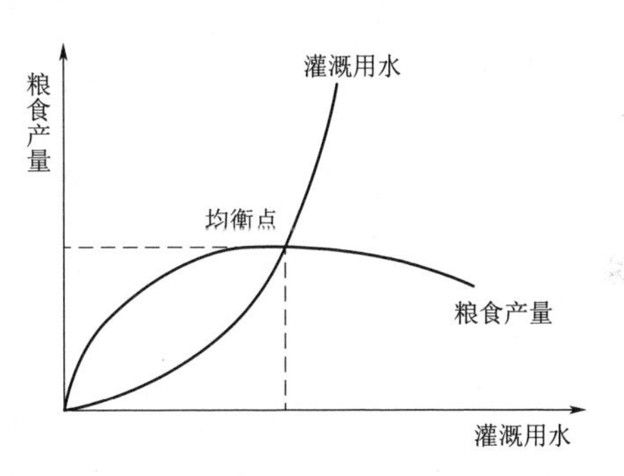

图 5.1 灌溉用水边际效益递减

5.5.2 心理因素

农户作为基本的农业生产单位，在面对不同的农业水价政策时，其决策行为基本上是“理性的”，保护自己利益的倾向比较明显。同时，农村税费政策、贴补政策、农业灌溉设施产权、水资源禀赋条件及供水条件等都对农民承受能力有一定的影响。一些农民在心理上觉得，皇粮国税都取消了，农业水费也应该取消。其他补贴也激发了农民希望水费减免的想法，目前直接针对农民的补贴较多，就连农药、化肥、种子、农机甚至母猪都有补贴，农民认为自己投工投劳修建的水利工程，水费更应该减免。此外，供水服务缺乏保障、用水计量缺乏手段、用水权利和缴费责任边界不清晰等也导致农民对交纳水费产生抵触心理。据统计，2000 年以后，随着农业税逐步取消，财政补贴支农逐步增加，不愿意缴纳水费的农民数量呈增加趋势。近年来，这种趋势更加明显。据农业水价综合改革试点地区反映，在试点灌区实收率有所提高，其他灌区征收水费难度加大。

5.5.3 构建农民灌溉水费承受能力测算模型

按照“内水计〔2008〕55 号”和水利部“办财经函〔2008〕197 号”规定：以水费占亩均产值 V 的一定比例 R（取 5%～8%）、占亩均纯收益 B 的一定比例 r（10%～13%）测算农民水费承受能力范围，单位为元/亩。计算公式如下：

$$C=\max(VR,Br) \tag{5.3}$$

也就是说，按此规定（或称之为研究成果，据调查普遍能接受）测算的农业水费支出占亩均产值的5%～8%、占亩均农业纯收益10%～13%，农民的水费支出是可以承受的；这之下，水费支出比例较低；这之上，就超过了农民的水费支出承受能力，应予以补贴或降价。这个公式测算出C值，就是最大承受极限值。

5.5.4 项目区农业投入产出现状调查

根据对项目区所开展的农业投入产出情况问卷调查，对收集的相关数据进行了统计分析，主要分析各项分析项目区农业生产的亩均投入、产值和纯收益等数据。农业水价改革项目区农业生产主要是小麦、瓜类、番茄、玉米、苹果梨和葵花，农业生产支出主要包括种子、化肥、机耕、机播、水电费等。各作物亩均产值见表5.2。

表5.2 磴口县每亩可产作物量及作物收入表

作物结构	小麦	瓜类	番茄	玉米	苹果梨	葵花
亩均产量/斤	812	4530	10675	1600	1400	500
亩均产值/元	930	4983	7840	766	1540	1650
亩均纯收益/元	−82	3983	2500	−299	840	950
生产成本/元	1012	1000	5340	1065	700	700

根据《内蒙古自治区行业用水定额标准》（DB15/T 385—2009）可得到，磴口县农业水价改革项目区各农作物在不同年份下灌溉定额见表5.3。

表5.3 磴口县各农作物在不同年份下灌溉定额表

作物结构		小麦	瓜类	番茄	玉米	葵花	苹果梨
灌溉定额/(m^3/亩)	50%	4400	3200	2800	3600	3100	3600
	75%	5300	3840	3360	4400	4030	4050
运行成本（末级渠系水费）水价下亩均水费/(元/亩)	50%	62.92	45.76	40.04	51.48	44.33	51.48
	75%	75.79	54.912	48.048	62.92	57.629	57.915

按照"内水计〔2008〕55号"和水利部"办财经函〔2008〕197号"规定：以水费占亩均产值V的一定比例R（取5%～8%）、占亩均纯收益B的一定比例r（10%～13%）测算农民水费承受能力范围。结合表5.2，统计出不同标准下亩均水费见表5.4。

表5.4 不同种植作物下农户可承受的亩均水费表

作物	亩均产值/元		亩均纯收入/元		运行成本（末级渠系水费）水价下亩均水费/(元/亩)	
	5%	8%	10%	13%	$P=50\%$	$P=75\%$
小麦	46.5	74.4	−8.2	−10.66	62.92	75.79
瓜类	249	398	398.3	517.79	45.76	54.912
番茄	392	627.2	250	325	40.04	48.048

续表

作物	亩均产值/元		亩均纯收入/元		运行成本（末级渠系水费）水价下亩均水费/(元/亩)	
	5%	8%	10%	13%	$P=50\%$	$P=75\%$
玉米	38.3	61.28	−29.9	−38.87	51.48	62.92
苹果梨	77	123.2	84	109.2	44.33	57.629
葵花	82.5	132	95	123.5	51.48	57.915

5.6 供水价格核定

5.6.1 执行水价建议方案

研究区的农业终端水价主要包括国有水利工程水价和末级渠系水价两部分。研究区的水利工程均为财政投资，由磴口县水务局负责，建成后产权移交给社区或用水管理组织，因此农业水价实行政府指导价。根据试点要求，粮食作物用水价格达到补偿运行维护费用水平。

（1）国有水利工程水价采用水利工程水费标准。按方收费为 0.103 元/m^3。

（2）末级渠系水价探索实行分类水价。参考国家、省和市关于推进农业水价综合改革实施意见的相关要求，要“统筹考虑用水量、生产效益、农业发展政策等因素，区别粮食作物、经济作物、养殖业等用水类型，在终端用水环节探索实行分类水价，合理确定各类用水价格，用水量大或附加值高的经济作物和养殖业用水价格可高于其他用水类型”。根据表 5.4 可知，农户种植玉米和小麦没有任何收入，而其他的农作物在运行成本水价下可到达农户的接受范围之内，然后结合磴口县的实际情况，建议实施以下分类农业水价：粮食作物的农业供水价格达到运行维护成本水平；经济作物养殖业的农业供水价格达到全成本水平。

据此，项目区的农业供水价格建议执行粮食作物类别的标准，即运行成本水价 0.0143 元/m^3。

（3）农业终端水价。各级项目区国有水利工程水价和末级渠系水价建议方案，项目区末级渠系平均水利用系数取 0.87，则农业终端水价为 0.1327 元/m^3。

5.6.2 逐步推行分档水价

参考《国务院办公厅（关于推进农业水价综合改革的意见)》(国办发〔2016〕2 号）和《内蒙古自治区政府办公厅（关于推进农业水价综合改革的实施意见)》(内政办发〔2016〕158 号）的相关要求：“积极推行农业用水定额管理，逐步实行超定额累进加价制度，合理确定阶梯和加价幅度，促进农业节水。有条件的地区可实行基本水价和计量水价相结合的两部制水价。”结合磴口县的实际情况，暂不推行基本水价和计量水价相结合的两部制水价，但考虑到农田水利设施建设情况、节水技术推广应用情况，对超定额用水探索实行累进加价。结合磴口县的实际，建议的制定办法如下。

（1）农业用水定额确定。根据不同作物、不同水平年的灌溉定额以及水利用系数进行确定。

（2）超定额累进加价办法。考虑农业用水的实际情况，建议的农业用水量超定额累进加价办法如下：超定额用水 5%以上不足 20%的用水量按照执行水价的 1 倍收取；超定额用水 20%以上不足 30%的用水量按照执行水价的 2 倍收取；超定额用水 30%以上的用水量按照执行水价的 3 倍收取。

5.7　农业终端水价管理

农业水价管理是政府的重要职责。农业水价管理的目的是保证农业水价秩序，保护相关利益者的合法权益。农业终端水价管理指的是终端水价的形成与确定、水价改革的规划与进程、水费计收的全过程监督管理。

5.7.1　终端水价的确定

终端水价是由国有水利工程水价和末级渠系水价组成。国有水利工程水价实行政府定价，按照合理补偿供水成本、费用的原则核定；末级渠系水价实行政府指导价下的农民协商定价，或由农民用水户协会组织农民协商确定后，报有关部门备案。

5.7.2　终端水价改革规划

在农民用水户协会规范化建设和末级渠系改造完成的基础上，考虑农民水费承受能力，地方政府要根据当地实际，制定终端水价改革计划，积极推进科学的终端水价制度。

目前由于灌区执行的水价远低于水利工程供水成本，因此在确定水价分步到位方案时要按照国务院《水利工程管理体制改革的实施意见》（国办发〔2002〕45 号）的要求，对应该由财政负担的公益性两项经费（即公益性人员基本支出和公益性维修养护费），从水管单位供水成本中剥离，计算出国有水利工程农业供水价格，加上末级渠系水价，确定终端水价，在此基础上确定水价分步到位方案。

测算的终端水价应经有审批权限的价格主管部门与水行政主管部门进行审核，由试点项目所在地有审批水价权限的人民政府进行终端水价到位的承诺，并制定水价改革时间表。

5.7.3　终端水价的监督管理

终端水价的确定与执行涉及政府价格主管部门和广大的农民用水户，因此，对终端水价改革的监督管理主体也是政府价格主管部门和广大的农民用水户。对终端水价改革的监督管理必须从两个方面着手：一是加强政府监管。各级价格主管部门、水行政主管部门要加强对农业末级渠系水价、水量和水费计收情况的监督管理，价格主管部门要依法查处乱收费、搭车收费等价格违法行为。二是完善社会监督机制。农业末级渠系水价确定和水费计收实行公示制，水管单位和农民用水户协会应采取公示栏、公示牌等多种便利方式，及时向农民用水户公示水量、水价、水费收入和支出等有关信息，接受监

督。价格主管部门和水行政主管部门可从农户中聘请水价义务监督员，及时反映农业水价和水费计收与使用中存在的问题。

5.8 农业水费计收

一般来讲，终端水价制定以后，农业水费计收就成为水管单位和农民用水户最容易产生不同意见的环节，也是最牵扯精力的工作。农业水费计收如果出现问题，会直接影响农业水价综合改革的总体进展。

5.8.1 用水计量

用水计量的关键是计量点的设置。随着渠系改造和计量设施配套完善，农业供水计量要逐步延伸到斗渠以下的农业末级渠系，有条件的地方要延伸到农户，全面推行计量收费，尽快改变按灌溉面积平摊水费的传统办法。本次试点项目区的农业供水计量，在末级渠系工程改造完工后，至少要延伸到农渠进口。

（1）国有水利工程管理单位供水计量点设置。国有水管单位工程产权分界点（如：斗渠进口）以上无论分几级管理，对农民用水户协会的供水计量点一律设置在工程产权分界点处下一级渠道之首（如：斗渠进口）。各级次国有水管单位分级管理的水量按各自分水点进行计量。

（2）农民用水户协会的供水计量点设置。农民用水户协会一般应在农渠进口或协会管理的渠道出口处设置量水设施，作为终端计量点。并以此计量点的水量作为向农户收取水费的依据。管理较为规范的协会，可以尝试在农渠出口采用便携式量水堰进行量水，逐步探索计量到户。

5.8.2 水量的确认

供、用水量的确认涉及水费计收的数额。不论是国有水管单位还是农民用水户协会，都应该按照事先约定的程序确认水量，以减少纠纷。

（1）国有水管单位与农民用水户协会水量确认。国有水管单位与农民用水户协会要签订供用水协议，明确供水计量方式。此环节供水管理、计量工作由水管单位承担。农民用水户协会可以派人监督或巡查，每轮水浇灌结束，水管单位应与农民用水户协会核对水账，核对无误后，双方签字认可。当供水量出现差错时，由双方共同查找原因并妥善解决。

（2）农民用水户协会与农户水量确认。农民用水户协会与农户也要签订用水协议，明确供水计量和结算方式。每轮次浇水时，协会配水员和用水农户现场共同计时，按照终端计量点的水位-流量关系曲线，确定农户当次灌水时段内平均实际引水流量，再用平均引水流量乘以用水时间即可核定农户当次灌溉用水量。

（3）农户间的水量分配。农民用水户协会应在农渠进口设置终端量水设施，按终端计量点计量的水量乘以终端水价向农户收取最终水费。但是，从农渠进口至田间通常还有一定距离，一般情况下农渠引水流量较小，一次只负责给一户供水，有时也会出现两

户以上农户同时引水灌溉的情况，在这种情况下，可以由协会配水员将水体平均分配（水位相同）或在农户自愿的情况下也可采用按亩分摊的办法确定各自应承担的用水量，但分配办法必须经农民同意，并提前在协会内部予以公布。

5.8.3　水费计收

如上面所讲，水费计收的方式是多种多样的。水费计收方式取决于农业供水管理体制。为规范试点项目区水费计收行为，根据试点项目区实行的是灌区国有供水管理单位＋农民用水户协会的农业供水管理模式。因此特别要求本次试点项目区必须采用由农民用水户协会统一收取，然后将国有水利工程水费交付国有水管单位的计收方式。

水费计收要根据水管单位和农民用水户协会签订的供用水协议和实际供用水量计算。由协会向水管单位购买水量，并负责向水管单位交纳水费，水管单位向协会开具水费专用发票，可以实行预售水票、凭票供水的办法，也可以采取预交水费、超额限量供水等灵活的办法收取水费。

农民用水户协会负责农户的水量分配，并负责向农户收取终端水费，向农户开具专用票据。在协会规范化发展阶段，可以实行由水管单位代为开具票据并分别标明国有水利工程水费和末级渠系水费金额的方式。

农民用水户协会要建立水量、水价、水费公示制度。在每一轮水浇完后 5 日内，农民用水户协会要将本轮次农户使用水量、水价、水费在公示栏进行公示，接受农户监督，水费在农户核对无误后收取。

规范水费计收行为，严格票据管理。水管单位、农民用水户协会、农户之间要签订供用水合同，明确供水服务内容，根据当地灌溉用水特点，规定水费计收程序和办法，不断提高水费计收的制度化、规范化水平。收取水费要开具由政府有关部门监制的水利工程供水专用票据，无专用票据或不出具票据向农民收取水费的一律为乱收费，农民有权拒交。

农民用水户协会在供水中要实行供水证、供水卡制度，供水证每户一本，由农户保存，供水卡由协会配水员保存（每户建一卡，与供水证对应），每浇完一轮水，供需双方要在供水证、供水卡上相互签字，相互认可。每个用水户小组要建立农户用水明细台账，协会建立各用水小组台账，水管单位建立各协会的水账，形成三账一卡一证，证卡、账账相对的连环体系。用水户小组定期公示农户用水资料，协会公示各用水户小组用水动态，建设公正、公平的用水环境。

推行终端水价后，严禁除农民用水户协会以外的任何机构或组织以水费的名义向农户收取费用，避免造成灌区收费混乱、截留挪用的局面。

5.8.4　水费使用管理

（1）国有水利工程水费使用管理。建立健全水费使用管理制度。水管单位要严格执行水利工程管理单位财务制度，制定具体的水费使用管理办法，强化成本约束机制，加强水费支出管理，严格控制水费支出范围，确保水利工程水费全额用于水利工程运行、管理和维护，减少非生产性开支。水管单位要抓紧做好水管体制改革工作，对单位进行合理定性，科学测定岗位人员，推行管养分离，对冗员进行合理分流，争取理应由财政负担的公益性两项经费及早到位。

（2）末级渠系水费使用管理。农民用水户协会要制定具体的水费使用管理办法。末级渠系供水费用的使用，必须做到公开、透明，坚持“一事一议”制度，重大开支项目要由会员代表大会表决通过，并及时将支出情况向会员进行公示。各项收支必须做到手续完备，报销凭证要有经办人、会员代表签字，负责人审批。末级渠系水费要全额用于农民用水户协会和末级渠系工程的运行管理和维修养护，其中用于末级渠系维修养护的支出不少于60%，任何单位和个人不得截留挪用。

县级财政、水利部门要加强对农民用水户协会对末级渠系水费使用的监督管理，每年对其使用管理情况进行检查，并可对部分用水量大、水费收入较多的用水户协会进行随机抽查。灌区管理单位要加强对用水户协会的技术指导，帮助用水户协会建立和规范完善的财务管理制度，并指导用水户协会做好末级渠系水费的管理工作。

第 6 章
水权交易制度建设

6.1 农业水权交易的可行性分析

6.1.1 成熟的水权交易制度理论为农业水权交易提供理论基础

6.1.1.1 水权交易制度的理论基础

首先是产权理论。产权理论的研究内容是经济现象运行背后的经济运行制度基础和产权结构。什么样的经济运行基础决定什么样的产权结构。产权理论主要解决四个方面的问题：一是产权制度的运行加强了社会主体的分工合作，使得社会的生产效率不断得到提高；二是明确产权，使资源和其他生产要素得到合理的配置；三是水权交易是水权权能的交易，而不是固定的商品，水资源如果不确定产权将无法进行交易，更无法确定其价格：四是政府作为公共服务机构来宏观调控水权交易市场是必要的，政府在水权交易当中应当扮演引导、监督和一定的管理作用，但是如果政府的权力过大，容易侵犯私有产权和导致权力寻租，从而使水权交易有违水权交易的初衷，得不偿失。

其次是市场经济理论。它对社会的资源的调配起着基础性的作用。经济社会高速发展、世界人口的急剧增长、工农业生产对水资源的巨大需求，水资源的短缺问题愈加严重。为了应对这一难题，水权交易随之出现。过去水资源完全由政府统一管理，而现在水权交易的进行要求水权交易中水权交易市场也要符合市场经济的特征，需要自由的交易市场。在自由的水权交易市场下水资源的供给、需求和价格均决定于自由市场，水资源的价格根据市场的供求关系来确定。水资源在水权交易市场自由流转的过程中得到了优化配置，水资源的价值也不断地被提高和发掘。所以水权交易市场的建立能够使人们在最大限度上的利用水资源，从而不断地创新水资源的利用方式。而水权交易市场建设中最基本的指导理论就是市场经济理论，可以说水权交易市场运行的前提是市场经济体制建立。

最后是新制度经济理论。制度经济学主要是研究制度对于经济行为和经济发展的影响，以及经济反过来对制度的影响的一门经济学。成本理论是新制度经济理论的首要理论，也即在水权交易市场，如果总成本太高，甚至高于水权交易所创造的经济效益，水权交易市场的作用也就无法显现，水权交易市场对水资源的优化配置作用就会降低，所以在水权交易过程中一定要综合考虑水权交易的成本。适时修正、重构、调整水权交易市场制度，降低交易总成本，提高效率以尽可能发挥水权交易市场的作用。故而在整个水权交易过程中同样离不开制度经济学对其的指导作用，因为它能够卓有成效地解决交

易市场本身所面临的诸多难题。

6.1.1.2 水权交易制度理论的成熟

水权交易制度的相关理论在我国基本已经达成一致意见。如水权的定义虽尚未统一，但多数已形成共识，赞同水权“复合说”的观点，这在我国法律体系中也有所体现。水权交易制度是在水资源所有权归属国家所有的基础上，将水资源使用权单独分离出来进行交易的制度。而健全的水权交易制度是有效提高水资源利用率、维持水资源生态平衡、促进可持续发展的必然要求。学界对这些基础理论的探讨，明确了水权交易理论具有的独特优势，促进了水权交易的理论发展和实践探索应用。

我国有关法律规范中对水权交易制度相关理论有明确的论述。虽然我国法律并未正式明确水权交易制度，但在相关法律规范中都有不同程度的体现，表明水权交易制度相关理论已经得到我国法律的认可。《中华人民共和国水法》（简称《水法》）第三条中规定：“水资源属于国家所有。”明确了水资源所有权和使用权的分离，从而为水权交易提供了法律依据，使得水权交易所依赖的水资源使用权的移转在法律上得以认可。《水法》第四十七条规定“用水总量控制和定额管理相结合制度”及第四十八条“取水许可制度和水资源有偿使用制度”是对水权交易制度中水权分配的采纳。以上足以说明水权交易制度理论已经在我国相关法律中得以确认。

6.1.2 相关政策法律为农业水权交易提供政策向导和法律保障

水权交易制度的法理基础是将水资源的使用权从所有权中分离出来。《水法》第三条明确规定水资源所有权归属国家；第四十八条规定了各地区的水资源使用者应当经过有关机关的批准并缴纳一定的费用，才能依法取得水资源的使用权。即在明确水资源所有权归属国家的基础上，允许水资源的使用权从水资源所有权中分离出来。2005 年水利部发布的《水利部关于水权转让的若干意见》（简称《意见》）中，更加明确提出：“健全水权转让的政策法规，促进水资源的高效利用和优化配置是落实科学发展观，实现水资源可持续利用的重要环节。”该《意见》明确了水权交易的相关内容，为实践提供理论指导，指出应该注重各方利益关系的协调，提高水资源的利用效率，促进水权交易制度有序的发展。同年发布的《水利部关于水权制度建设框架》中确定了水权流转制度的主要内容，包括：水权转让的程序和规则、水权转让的资格审查、监督管理等制度。2013 年 11 月中共十八届三中全会明确提出要推行建立水权交易制度，水权交易制度成为国家推进生态文明建设重要一步。2014 年水利部相继印发《关于深化水利改革的指导意见》《水利部关于开展水权试点工作的通知》，并起草了《取水权转让暂行办法（征求意见稿）》面向全社会征求意见。这些法律文件，明确了水权交易制度的主体、客体及内容，为磴口县农业水权交易制度的构建提供法律保障，在水资源所有权归属国家所有的基础上，水权交易的主体为依法取得水资源使用权的公民、法人及其他组织，客体是总量控制和定量管理下的水资源，内容是水资源的使用权。

6.1.3 各地水权交易实践为农业水权交易提供经验支持

2014 年 7 月水利部印发了《水利部关于开展水权试点工作的通知》（水资源

〔2014〕 222 号)，该通知规定了在国内 7 个地区开展水权交易试点工作，引导其他很多地区也相继展开了对水权交易的实践探索。由此开启了我国水权交易实践的大门。浙江省东阳—义乌两市为解决用水问题而作为我国首例水权交易实践，对水资源使用权流转进行的探索，对全国水权交易制度的建立提供了很多的实践经验。随后，全国各地陆续又出现了张掖市农民水票转让，漳河流域有偿调水解决用水矛盾，余姚、慈溪用水权转让等实例。这些地区和流域通过综合运用行政、经济等各种手段，实现地区和流域水资源的有效利用，确保经济价值，有效地解决了用水问题，从而化解各方用水主体之间的矛盾。全国各地开展的水权交易实践活动，为磴口县水权交易制度的构建提供了丰富的经验借鉴，为提高磴口县水资源的利用效率，推动社会对水资源环境的关注和保护，加强社会水环境保护意识，从而为实现水生态平衡和可持续利用打下坚实的基础。

除此之外，国外很多国家和地区的水权交易制度已经趋于成熟，也为磴口县水权交易制度的构建提供了理论和实践的参考。如澳大利亚通过现今高速的互联网及时公布水权交易的价格，而我国石羊河流域水权交易中心，也将水权交易的价格发布在网站上面，供公众参考；智利水法明确了水权交易制度，并成立系统的水权管理机构以及建立全面的水权交易登记制度等，都值得河套灌区各区县在建立农业水权交易制度过程中好好学习。

6.2　水权交易费用核算办法

水权交易的实施过程中，必须考虑供水成本、水资源费、水权转让价格。建立完整的水市场，除制定一套完整的水权交易价格制度外，还应当确立好水权的交易价格。目前，水市场还处于探索阶段，那么，社会主义市场经济下，应该由交易的双方在国家法规政策范围内，来磋商洽谈水权交易的价格。同时，水管部门和政府部门是非常有必要对交易的价格进行监察的，以免在水权交易时出现牟取暴利和垄断的现象存在。

水权交易到底以哪种形式来进行，是构建水权交易价格制度的重点。水权交易的形式可以是不同行业间用水权的交易形式，如农业用水与城市用水之间的交易；也可以是同一行业内不同用水户间交易的形式，如农业灌溉区内用水户的用水交易；还可以是流域内各城市间水权交易的形式。

水权合理的转让费是其水权交易价格机制构建的关键。因而要建立水权交易价格机制必须明确其水权转让费。在水市场中，交易的双方应当遵循水资源统一管理机构的指导，合理运用市场，最终平等地磋商水权转让费。

水权转让费包含的内容有两点：一是转让水权时水权的供水成本价格；二是补偿给相关利益方的有关费用。影响水权转让费的要素有很多个，如下所述：一是资源水价，是指用来补偿生态环境的水价；二是工程水价，是指对供水的成本价格进行补偿的水价，以及应当维护和更新改造水权交易时相关工程的建设的水价：三是环境水价，水权交易的受益方补偿给因保护环境而做出牺牲的一方的水价；四是水权转让的年限。

水权的转让费是由环境水价、工程水价和资源水价三部分来构成的。水权的转让费应该由水资源使用权的受益方来支付，同时，水权转让费至少要大于水资源的工程水价。

水权转让价格如果用字母 P 来代表，水权转让价格与其影响因素之间的函数关系如果用字母 f 来代表，那么，P 与其各影响因素之间的函数关系可以表示为：$P=f(I_{sd}, P_e, t, I_{sc}, I_e, I_u)$。函数指标体系如下。

（1）I_{sd}为水资源的供求指数。水资源的需求量用字母 d 表示，水资源的供给量用字母 S 表示，S 与 d 之间的比值，即 $I_{sd}=d/s$。需求量和供给量应以历年数据为参考，并考虑该流域水资源量、社会与经济的发展、水质等情况，综合加以确定。该指数对水权转让价格的影响是，该指数越大，水权转让价格越高，反之，则越低。

表 6.1　　评价标准

判断标准	$I_{sd}>1.5$	$1.35<I_{sd}\leqslant 1.5$	$1<I_{sd}\leqslant 1.35$	$0.8<I_{sd}\leqslant 1$	$I_{sd}\leqslant 0.8$
供求关系	供远远小于求	供小于求	供等于求	供大于求	供远远大于求

（2）P_e 为水权的预期价格。人们对水权的预期价格是根据历史数据，及水市场中水资源的丰缺程度，还有风险偏好等来判断的，预期价格对实际价格的影响是同方向变动的。一般来说，人们对水权的预期价格是越来越高的。

（3）t 为水权交易的期限。水权交易期限长短，决定水权受让方获得的可支配水量多少及水权产生的价值大小，以及水权卖方承担的风险大小，所以水权价格跟年限成正比。

（4）I_{sc}为社会综合指数。该指数可以进一步细分为：I_s（体制指数）、I_p（政策指数）、I_e（社会与经济的发展指数）和 I_m（市场指数）。

如果其中 I_s、I_p、I_e 和 I_m 的权重分别为 r_1、r_2、r_3、r_4，利用层次分析法，社会综合指数 I_{sc}可以表示为

$$I_{sc}=r_1 I_s+r_2 I_p+r_3 I_e+r_4 I_m$$

I_s 体现了水市场及水权的管理体制的完善程度对其水权转让成本的影响。

I_p 体现了政府的宏观调控，比如政府实施鼓励的水权措施，如利用优惠政策、补贴政策、管制政策（即利用财政或金融的一些措施）对其水权转让成本产生影响。

I_e 包括以下指标：人均国内生产总值、人均工业产值、非农业总产值占国民生产总值比重、工业资本金利税率、大气清洁指数、城市人口密度、噪声指数，这些指标分别用字母 AGDP、AIV、NAR、ICR、ACI、CPD、EI 表示。同时，指标权重分别设定为 a_1、a_2、a_3、a_4、a_5、a_6 和 a_7。

那么　$I_e=a_1 \mathrm{AGDP}+a_2 \mathrm{AIV}+a_3 \mathrm{NAR}+a_4 \mathrm{ICR}+a_5 \mathrm{ACI}+a_6 \mathrm{CPD}+a_7 \mathrm{EI}$

I_m 是指不同类型的市场，对水权交易价格影响不同。比如，完全竞争的水市场，市场均衡时，水权交易成本能达到最低，水权交易价格也就最低；相反，完全垄断的市场，市场均衡时，水权交易成本最高，水权交易价格也就最高。

（5）I_c 为工程指数。该指数又受取水工程的建设投资额、日常运行维护费、泵站流量和水泵工作扬程等因素影响，工程指数变化使得水权交易价格呈同方向变化。

（6）I_u 为不确定指数。此外，影响水权交易的因素还有很多，比如人口变化、时间变化等。

6.3　农业水权交易管理办法

农业水权管理具有广泛性和特殊性，广泛性体现在水权外延上，如管水权、用水权、享有权等；农业水权的特殊性表现为与生产和自然地理相联系，具有很强的季节性和地域差异。农业水权的广泛性要求带来了管理的复杂性，要求建立一套行之有效的管理制度，通过制度建设搞好水事协调、化解各种矛盾、促进和谐；农业水权的特殊性，决定了政府在水权管理中应当扮演关键角色，政府的重要职责就是要按照一定的法律程序和基本原则对初始水权进行公平合理的分配与管理，实现水资源的优化配置与合理利用。

借鉴国外水权管理体制改革经验，在农业水资源管理上提出三点要求：第一，要建立按水权管理水资源的管理制度体系，将水权制度作为水资源管理和水资源开发的基础；第二，要因地制宜，建立符合国家和地区实际的水权管理体系。在美国水资源比较丰富的东部地区，水权管理实行河岸权制度，规定所有滨岸土地都有取水用水权，并且滨岸土地的所有者拥有同等的水权，没有用水量和用水先后之分：第三，建立符合中国实际的农村水权法律制度，以一定的法律体系作保障进行水权管理。水权的核心是水资源的所有权和使用权，我国农村水权法律制度目前还存在着所有权主体虚化、使用权主体不明、水权交易缺失法律规范和依法用水意识不强等问题。从全国第一个节水试点城市张掖市的节水经验看，我国农村水权法律制度的改革只有明晰水权、规范交易，加强法制宣传和教育，才能使农村水资源的管理符合节水型社会建设的总体要求。

为有效进行农村水权管理，更好地通过水权制度建设为农业发展、农村社会进步和农民增收服务，特提出如下建议：第一，明晰所有权、规范使用权，通过立法实现水资源合理流转；第二，制定水权流转、交易、计量和监控等法律制度，支撑水权流转、规范水权交易；第三，建立完善的宏观管理与微观管理的协调机制，在坚持中央和流域机构对水资源进行宏观管理的前提下，适当扩大地方或经营者的权限。在制订有关水资源政策、开发利用规划、水资源评价和实施水权管理中，提高地方及经营者的参与程度，照顾不同层次、不同性质水权人的关切；第四，继续深化农村小型水利工程产权制度改革，积极引导民营水利健康发展，为农村水利发展和水权管理注入新活力，从国外经验及国内近 10 年的实践探索看，允许并鼓励民间资本投资水利产业，可以促进水资源的优化配置，实现水资源高效利用，并且对于减轻政府投资负担、加快政府职能转化具有积极意义；第五，及时总结各地在农村水权制度建设方面的成功经验，使其上升到理论及政策高度，促进农村水权制度建设不断完善。2007 年 4 月初，甘肃省武威市开始探索“明晰水权、总量控制、定额管理、水票运行”的水权改革，该市古浪县推行了“以人定地，以地配水，分时到人，计时到户”的农用水配置方式；民勤县建立了“水电共管”机制，采取“以水定电、以电控水，水票运转”的做法，这种做法使水权改革方案便于实际操作和落到实处，是干旱缺水地区创新农业水权管理制度的有益尝试。

6.4 农业水权交易制度建设

6.4.1 农业水权交易制度建设的含义

6.4.1.1 农业水权交易制度建设的内涵

农业水权制度是水权制度的重要组成部分，包括水权的取得与初始分配、水价与水权交易、水权监督与管理、水权保护等内容。从水权用途区分，农业水权应包括满足农村居民基本生存需要的生活用水权、满足作物生长需要的灌溉用水权和排水权、满足内陆地区农业水生种养需要的用水权。

在以家庭联产承包为特征的现行农村经营体制下，农业水权主体主要是广大农户。我国的需水农户具有数量多、田块分散、用水规模小的特点，要建立排他性很强的农业水权需要付出很高成本。一种可行的办法是采取共有产权形式的农业水权制度，将水权界定给共同体内的全体农户，这样可以首先在农业水权主体与其他水权主体之间建立起较好的排他性用水关系，以避免或减少农业水权被无偿挤占。至于共同体内部农户之间权利边界的明晰，则有赖于内部权利结构的建立和管理制度的选择，目前主要是通过农民用水户协会组织来进行内部管理。实际上，共有水权形式的灌溉水权制度和通过委托代理关系由用水协会具体行使灌溉水权，符合我国灌溉水的取用现状，是灌溉水管理制度改革的趋势。除了采取共有水权外，一些经营大面积土地的个体农户也可以独立作为农业水权主体，并依照相关法规和政策处分所拥有的水权。

6.4.1.2 农业水权交易制度建设的意义

由于我国总体上缺水，尤其是北方地区，因此，在农业水权中灌溉用水的水权问题最为突出，表现在三个方面：一是灌溉面积大、用水量多，水资源缺口大；二是用水季节性强、用水时间比较集中，且在水量分配及时序上有较高要求；三是水的损失大、用水效率低，存在严重的浪费现象。严峻的用水形势日益尖锐的用水矛盾，客观需要农业水权制度改革，迫切要求以制度创新推进节水农业建设。

全国农业水权制度改革试点从甘肃省张掖市拉开序幕，有关部门和研究人员就农业水权的理论与实践进行了十分有益的探索。张掖市的水权制度改革以总量控制、内部调剂为着力点，采用了两套指标体系。对农户来说，在人畜用水以及每亩地的用水定额确定后，便可根据每户人畜量和承包地面积分到水权。

建立农业水权制度具有重要的社会意义和经济意义：其社会意义表现在水权在人类社会系统中首先是一种政治权利，直接关系水资源在人类社会系统中的平等分配和使用、个人与社会团体在生存条件与发展机会方面的待遇，以及社会和个人能否获得优美适宜的水环境等方面的权利；水权制度的经济意义为通过划分和明确水资源权属为优化水资源配置、提高水资源的利用效率和经济效益，提供一种政府统一管理与市场调节相结合的机制。

水权改革的实施，从制度上保证了水资源在各领域的合理分配，互不挤占，同时使

每个农民都有一本水资源账，能够主动思考如何立足自身拥有的水资源量做好发展文章。这项制度还使农村用水开始公开透明，水务纠纷大大减少，搭车收费等现象也逐步消失。增强农民经营水资源的意识，通过结构调整节约水资源，又使水权交易成为现实。

6.4.2　农业水权制度建设的基本原则

我国水法对于水资源所有权做出了明确规定，为水资源的合理开发、可持续利用奠定了必要的基础。然而现代产权制度的发展导致法人产权主体的出现，所有者和经营者可以分离，资产的所有权、使用权、经营权都可以分离和转让，在我国，由于水资源的所有权与经营权不分，中央和地方之间，以及各种利益主体的经济关系缺乏明确的界定，导致了水资源的不合理配置和低效利用。因此，明晰水权，建立具有中国特色的水权制度，对水资源合理配置和有效管理至关重要。为了促进农业发展，支持社会主义新农村建设、推动节水型社会进程，创新农用水权制度十分必要。借鉴历史经验和当今国内外在水管理方面的成功实践，农业水权制度建设必须坚持以下原则。

（1）公众参与决策和公平享用原则。社会主义公有制决定了全体社会成员共有资源和公平享受资源的权利，公众参与水事决策是民主和文明的体现，公平享用原则是建立用水平等、促进社会和谐的客观需要。根据相关研究可知，历史时期这一原则曾在我国陕西关中的农田灌溉中起着非常重要的作用。

（2）适度优先原则。在农区多种经济活动并存的情况下，当水资源在某些时段或季节紧张时，优先保证农民生活用水和农田灌溉用水。不可否认市场配置水资源对于提高水资源利用效率和水经济的作用，在大部分可开发的水资源已被分配占用的情况下，人们关注通过销售和转让来重新配置那些已经被分配的资源，多数水权转让是从较低收益的经济活动向较高收益的经济活动转让，如从农业用水向城镇供水和工业用水转让。然而，作为一个发展中大国，任何时候保护粮食安全和社会稳定都是水资源配置中需要优先考虑的目标，不能只考虑经济效益，不考虑社会效益，应当在国家的主导下以不损害农民利益为原则进行水权的转让和交易，从而使农用水权得到应有的保证。

（3）时域优先和承认现状的原则，即在同为农业用水的目标下，以占有水资源使用权时间先后作为优先权的基础，水源地区和上游地区比下游地区和其他地区具有使用河流水资源的优先权，距离河流比较近的地区比距河流较远地区具有优先权，本流域范围的地区比外流域的地区具有用水的优先权：在一地区已有引水工程从外流域或本流域其他地区取水的条件下，承认该地区对已有工程调节的水量拥有水权。这一原则体现了对习惯用水权的尊重，又具有一定的兼容性，是农业社会内部处理水事纠纷、维持稳定与和谐应遵循的基本原则。

（4）合理利用与鼓励节约的原则。通过调查研究制定合理的农用水定额标准，明晰使用权，在实行总量控制的约束下对用水权进行逐级分解，将水权落实到各个用水户，最终用水户则根据自己所取得的水权进行用水，这样可避免水资源开发、管理以及水资源利用方面的冲突，有利于节约用水。可建立节水奖励基金，从正向推进农业节水，要

对完成节水指标的用户给予适当的奖励，使他们在政策的激励下自觉地实行节水。近年来在我国北方一些灌区出现的水票制、水银行等是实施水权管理、鼓励节约的一项用水制度创新。今后节水型社会建设不仅仅要求从水资源道德和环境伦理的角度出发要求全民节水，更要通过建设国家水权制度从明晰水资源的产权开始，明确水资源宏观分析指标和微观取水定额指标。需要指出的是，农业是一个弱质产业，在社会群体中农民属于低收入群体，期望农民拿出更多投资搞节水困难较大。因此，建立以政府投入为导向的多元投资体制是节水的物质保障，也是运用水权理论推进农业节水的物质基础。

（5）高效利用、讲究效益的原则。严峻的水资源形势和市场法则，要求提高用水效率，追求用水效益的最大化。为此，一方面要建立和完善农业水利设施、加快技术改造和信息化建设，为高效用水创造良好的运行环境，另一方面要在政府主导下积极引入市场机制，大力推进农村小型水利工程产权改革，促进水权在农业内部有序流转，鼓励农业水权人将节余的部分水权转向非农行业，以获取必要的收益。

6.4.3 农业水权的配置模式与选择

从水权初始分配、使用、到再调整这一过程政府的介入程度划分，流域内农业水权配置有三种基本模式：第一是行政管制分配模式，即由政府负责和管理水资源的开发建设，提供水利建设经费，统筹向用水户分配水权，并可收回水权再重新分配，同时禁止水权的移转与交易，以维护政府行政调控的延续性。第二是用水户参与分配的模式即由流域范围内具有共同利益的用水户自行组成并参与决策的组织，如水利灌溉组织、流域用水组织以及用水者协会组织等，通过内部民主协商的形式管理和分配水权。第三是市场交易分配模式，可分为两个层次，第一层次通过市场公开拍卖方式完成初始水权配置，第二层次是通过水权交易方式实现水权再分配和调整。

在具体进行农业水权配置时，可本着扬长避短、有效配置的原则，选择适当的水权分配模式。根据水资源的不同性质及其所有权的不同种类，可以运用不同的水权模式。可区分不同情况，按以下三种模式进行流域内农业水权配置：第一，采用政府管制模式优化配置产权不明晰的公共水资源；第二，运用市场机制优化配置产权明晰的私有水资源；第三，以俱乐部模式优化集体（经济组织）共管（或集体组织成员共同享有使用权）的水资源。在优化配置水资源方面，政府管制以国家法律及其政策为依据，强制性地配置水资源的公共产权；市场机制发挥作用以明晰产权为基础，以价格为手段来配置水资源的私有产权；俱乐部机制发挥作用的前提是以政府的法律法规约束为前提，以政策为导向，运用市场机制的一些手段，达到优化配置水资源的俱乐部产权。对缺水地区来说，在水资源国家所有的前提下，合理配置初始用水权，可将该地区可利用的水资源量作为水权，逐级分配到各县（区）、乡、用水户（村、企业）和国民经济各部门，并确定各级水权、实行总量控制。在逐级分配水权的过程中，初始水权分配原则主要包括：尊重历史，保障社会稳定和粮食安全，与流域近期治理规划投资规模、节水指标相结合，总量控制下的公平享用，节约用水，地表水、地下水统一配置。在初始水权分配原则指导下，逐级分配水权的方法是建立用水总量指标和用水定额两套指标，根据一定的优先配水

次序，将正常年份的用水总量指标配置到乡（镇）、村（协会）和用水户。根据每年河流来水量的变化，根据丰增枯减的原则，按比例增加或减少用水户拥有水权的用水量。

6.4.4　农业水权的转让及转移模式

通过水资源配置确定初始水权之后，在有效实施水权管理的基础上，要通过水市场实现水权所有者（国家或集体）与用户之间有关使用权的转让与交易。首先，制定用水指标、定额管理制度和水权交易市场规则是实施水权管理的重要步骤。要用一套较完整的规章制度来严格规范用水行为，超用、占用他人用水权就要付费，出让水权可从中受益。水权交易市场一旦建立起来，买卖双方就会考虑节水，逐渐提高其节水意识，水资源的使用就会自动流向高效率、高效益的地方。其次，制定水权交易的有关法规，特别是明确规定在水权交易中如何保护第三者的利益，防止对环境可能造成的负面影响，明确水事冲突及水危害事件的解决办法等，这有利于促进水权交易制度健康发展，使水市场在发展中不断得到完善，从而保障水权交易双方的利益，促进用水和谐。

近几年在水利部指导下，水权转让在宁夏回族自治区、内蒙古自治区、辽宁省等地进行了十分成功的实践和试点，推动了水资源使用权的合理流转，促进了水资源的优化配置、高效利用、节约和保护。

水权转让需要遵循的基本原则是：水资源可持续利用的原则，政府调控和市场机制相结合的原则，公平和效率相结合的原则，产权明晰的原则，公平、公正、公开的原则，有偿转让和合理补偿的原则。

水权转让年限由水行政主管部门或流域管理机构要根据水资源管理和配置的要求，综合考虑与水权转让相关的水工程使用年限和需水项目的使用年限，兼顾供求双方利益确定，并依据取水许可管理的有关规定，进行审查复核。水权转让的监督管理由水行政主管部门或流域管理机构负责实施，对转让双方达成的协议及时向社会公示；对涉及公共利益、生态环境或第三方利益的，水行政主管部门或流域管理机构应当向社会公告并举行听证；对有多个受让申请的转让，水行政主管部门或流域管理机构可组织招标、拍卖等形式；灌区的基层组织、农民用水户协会和农民用水户间的水交易，在征得上一级管理组织同意后可简化程序实施监督管理。

根据水权转让相关法律法规的规定，我国水资源所有权、生态与环境水权、可能对第三方产生较大影响的非消耗性用水水权等不能进行市场转让，分为 5 种情况：①取用水总量超过本流域或本行政区域水资源可利用量的，除国家有特殊规定的，不得向本流域或本行政区域以外的用水户转让；②在地下水限采区的地下水取水户不得将水权转让；③为生态环境分配的水权不得转让；④对公共利益、生态环境或第三者利益可能造成重大影响的不得转让；⑤不得向国家限制发展的产业用水户转让。

关于水权转让、转移的方式，不同国家以及不同性质的水资源不尽相同。在我国，就农业用水而言，水权转让分两种情况：一是农业水权向城市水权转让，二是农业灌溉水权的内部转让。

水权转移是指通过法定程序使水权拥有者（国家或其他占有者）的部分或全部水权

转让给水权需求者的水事行为，根据国内外已有研究成果和实践探索，实施水权转移的模式有以下 5 种：原始水权转移，股份制与合作制，BOT（Building - Operation - Transfer）方式，拍卖、承包、租赁，购买。

我国实行水资源国家所有，国家在尊重传统和习惯的基础上实施取水许可制制度，原始水权的转移（即水资源分配）由国家制定有关法规和政策，按一定程序进行。原始水权转移需要重点研究的问题有：水资源的分配原则、水资源费的计收、水价制定、水资源使用的补偿机制。

在水权转移机制中，股份制与合作制把水权作为一种特殊财产按股折价，这涉及水权的区域特征和水资源价值问题，需要国家制定相应法规及政策对此加以规范。

BOT 意指“建设-营运-移交”，是私营公司参与国家基础设施投资建设的一种具体形式，在发达国家和地区得到广泛采用。对于我国的供水 BOT 项目，涉及水资源、取水建筑物、引水管道（或渠道）及交叉水工建筑物、水处理设备、土地使用权等诸多资产，在 BOT 项目中也存在水权转移问题，这个问题在我国现行政策下是通过特许权获得解决的，按我国法律规定，项目法人通过特许协议对水资源所具有的权利仅限于对水体的提取、输送、处理和买卖，不拥有水资源的所有权。

拍卖、承包、租赁一般适合于中小型水利工程所引起的水权问题，由此可以形成多层次、多元化的水利投资格局。拍卖是产权的出售，显然涉及水权问题。承包、租赁方式虽不改变产权，但由于经营权改变使水权发生相应变化。

购买是产权转让最普遍的方式，但不宜把从商店或水产品公司购买的经过加工的水商品如矿泉水、纯净水等视为水权转让，因为水权转让指的应是未加工的水资源的使用权经过一定程序后由一方转给另一方，像浙江义乌市出巨资购买东阳市横锦水库部分用水权的行为就属于水权转让。

为了使水权能够有效地实施，必须对水资源进行统一管理，在此基础上，应根据水权总量、现状和未来水资源承载力，科学制定地区国民经济和社会发展规划，建立与水资源承载力相适应的经济结构，实行以水定产业、以水定结构、以水定规摸、以水定灌溉面积；依据水权总量核定单位工业产品、人口、灌溉面积的用水定额和基本水价，以定额核总量，总量不足调整结构，定额内用水执行基本水价，超定额用水加价收费。

6.5　磴口县农业水权交易实施方案

6.5.1　农户交易水量核定

考虑天气等不确定因素，对农户节约下来的水量的 90%进行交易，因此需要核算每户农户可交易的水量；而有些农户的水不够用，需要买水，因此也需要对这些需要购水的农户进行需购水量核算。对每户农户进行可交易水量核算，其中农户可交易水量表内容见表 6.2，表中交易水量一栏为正值，表示该农户有剩余水量可以进行交易，如交易水量一栏为负值，表示该农户需要购买的水量。

表 6.2 部分农户交易水量核算表

单位：m^3

村（分场）	农户名	交易水量	村（分场）	农户名	交易水量	村（分场）	农户名	交易水量	村（分场）	农户名	交易水量	村（分场）	农户名	交易水量
南粮台	张**	−1828.02	城关	李**	−304.48	北滩	胡**	−734.17	旧地	王**	−1080.48	北滩	刘**	−2876.54
南粮台	孟**	−3376.86	城关	崔**	−372.14	北滩	胡**	−244.72	旧地	杨**	3675.86	北滩	汪**	−2773.20
南粮台	张**	−1701.72	城关	张**	−811.95	北滩	刘**	−489.45	旧地	杨**	1225.29	北滩	邓**	−1687.12
南粮台	孟**	−2991.31	城关	徐**	−1353.25	北滩	张**	−489.45	旧地	顾**	−5138.39	北滩	王**	−2530.68
南粮台	李**	−2612.41	城关	郝**	−236.82	北滩	张**	−244.72	旧地	赵**	−2425.32	北滩	刘**	−1687.12
南粮台	仲**	−3204.03	城关	尚**	−845.78	北滩	张**	−489.45	旧地	袁**	−3761.30	北滩	刘**	−2425.23
南粮台	谢**	−1994.21	城关	裴**	−304.48	北滩	董**	−318.14	旧地	田**	−6638.80	北滩	白**	−1581.67
南粮台	高**	−3031.20	城关	李**	−676.63	北滩	董**	−367.09	旧地	贺**	−13215.90	北滩	乔**	−3194.98

6.5.2 协会可交易水量核定

按照用水单位对可交易的水量进行核定，结果见表 6.3。

表 6.3　各协会交易水量核算表

<table>
<tr><th>用水单位</th><th>所属</th><th colspan="2">交易水量/m^3</th><th colspan="2">需购买水量/m^3</th></tr>
<tr><td rowspan="3">乌兰布和农场</td><td>一干所</td><td>1121833.08</td><td rowspan="3">1436729.64</td><td>2621156.77</td><td rowspan="3">7875409.78</td></tr>
<tr><td>一分干</td><td>314896.56</td><td>4866100.38</td></tr>
<tr><td>二分干</td><td>0</td><td>388152.63</td></tr>
<tr><td rowspan="2">哈腾套海农场</td><td>一分干</td><td>2708746.2</td><td rowspan="2">2708746.2</td><td>384790</td><td rowspan="2">1664713</td></tr>
<tr><td>二分干</td><td>0</td><td>1279923</td></tr>
<tr><td>实验局</td><td>一干所</td><td colspan="2">0</td><td colspan="2">6305636</td></tr>
<tr><td>巴彦高勒镇</td><td>一干所</td><td colspan="2">8034.47</td><td colspan="2">2755161.7</td></tr>
<tr><td>巴市治沙局</td><td>一干所</td><td colspan="2">288590.5</td><td colspan="2">0</td></tr>
<tr><td>磴口县林业局</td><td>一分干</td><td colspan="2">0</td><td colspan="2">84882</td></tr>
<tr><td>巴彦套海农场</td><td>二分干</td><td colspan="2">1315371.1</td><td colspan="2">9520104.3</td></tr>
<tr><td>补隆淖镇</td><td>一分干</td><td colspan="2">0</td><td colspan="2">2047003</td></tr>
<tr><td>隆盛合镇</td><td>二分干</td><td colspan="2">0</td><td colspan="2">315338.7</td></tr>
<tr><td>沙金苏木</td><td>二分干</td><td colspan="2">24168715.03</td><td colspan="2">2884268.2</td></tr>
<tr><td>太阳庙农场</td><td>二分干</td><td colspan="2">21616215.16</td><td colspan="2">2793526.83</td></tr>
<tr><td>新套川开发公司</td><td>二分干</td><td colspan="2">6169506.38</td><td colspan="2">0</td></tr>
</table>

6.5.3 最终交易资金分配

6.5.3.1 水权交易价格改革的政策导向

围绕党的十九大报告，梳理《中华人民共和国价格法》《中共中央 国务院关于推进价格机制改革的若干意见》《水权交易管理暂行办法》以及《国家发展改革委关于全面深化价格机制改革的意见》等法律法规及政策文件精神，把握当前水权交易价格改革的主要政策导向如下。

(1) 发挥水权价格对绿色发展的杠杆调节作用。坚持绿色发展理念，形成绿色发展方式，就是要形成党的十九大报告提出的节约资源和保护环境的空间格局、产业结构和生产方式，资源价格是产业结构和生产方式调整的一种杠杆，在推进绿色发展中，应发挥水权价格等基础性自然资源价格的杠杆调节作用，建立反映水资源市场供求和水资源稀缺程度、体现水资源生态价值的水权交易价格制度。从而，依靠水权价格制度，调节水资源短缺和水环境脆弱地区的经济发展方式，实现经济发展与生态环境保护相统一，深入推进生态文明建设与绿色发展。

(2) 强调政府调控和市场竞争相统一。参与市场交易的水权是一种战略性经济资

源，需要发挥市场在水权交易价格形成中的决定性作用，依靠水权准市场中的供求关系、价格机制等促进水资源的高效流动。同时，水资源又是一种基础性公共资源和生态环境控制要素，需要发挥政府在水权交易审核、价格水平、市场失灵、第三方补偿等领域的监督、协调和组织等功能，以弥补水权交易市场的先天限制和运营中的失灵问题。

（3）强调公平与效率相一致。公平方面，水权交易价格制定应逐步反映交易发生的全成本，包括蓄水、输配水工程建设、运行维护与更新改造的成本，对上下游、生态环境和第三方的影响，以及税金、利润等方面。同时，在效率方面，应充分发挥价格机制对优化水资源配置效率的作用，一般而言，价格更高者通常代表水资源更高效益的用途，这就需要保持水权交易市场的充分竞争性，促使水资源由低效益用途转向高效益用途，并考虑水资源的级差收益，优质优价。

（4）坚持因地制宜、差别化定价。水权交易价格受多种因素的影响，水权交易难以形成标准化，每一单交易可能需要考虑不同的因素。水权交易的载体——水资源是一种特殊的自然资源和经济资源，从总体上来看，水权交易价格一方面受地区水资源禀赋条件的影响，另一方面受水资源的不同用途的影响。因此，交易价格的形成要视具体情况而定，允许水权交易价格在不同地区、不同交易类型上存在差异性，形成水权交易市场特色的、差异化的价格体系。

（5）遵循交易现状与适度超前。当前水权交易市场处于初步发展阶段，交易类型以大宗的区域水权交易和农业向工业的取水权交易为主，不同于土地、矿产等其他自然资源，水权交易的交易对象与交易主体相对固定。因此，价格形成以协商为主。但在条件允许的情况下，对于除生活、生态用水外的经济用水，应积极探索水权交易中的竞价机制，进一步增强水权配置中的市场化程度。一方面，水权交易的一级市场中，即区域政府（特别是严重缺水地区政府）向用水户配置初始水权时，探索水权竞争性获取替代无偿分配；另一方面，水权交易的二级市场中，随着水权交易平台的建设与发展，应充分发挥水权交易平台的信息发布功能，不断扩大各类水权交易的参与主体数量，当水权出让方或受让方数量多于两家时，可利用供需双方的竞争机制，分别在水权的转让端与受让端，采用公开竞价方式，通过水权意向出让方或受让方之间的竞争实现水权价值发现，促进水权市场发育。

6.5.3.2　多种水权交易模式的价格确定

（1）区域水权交易。内蒙古跨盟市水权交易以交易的基准费用为基础计算单位水量的交易基准单价，通过协商或者竞价确定成交单价。具体交易价格构成：实际供水水价（0.538 元/m^3）＝水资源费（0.02 元/m^3）＋工程水价（0.46 元/m^3）＋利息（0.058 元/m^3）。

（2）灌溉用水户水权交易。对于地表水和地下水按照不同的标准确定水价。地表水基础水费按每亩每年 2 元计收，按水量计算的水价为 0.103 元/m^3。

6.5.3.3　跨行业水权转让

水权交易定价受自然因素、社会经济因素和工程因素的影响。在实际水权交易过程中，由于不同地区之间水权交易有可能造成第三方和环境的负面影响，需要通过法律或

者经济手段对产生的负面效应进行补偿。因此，合理的水权交易价格应该包社会成本，即：不仅需要包含由某一投资或管理单位支出的工程投资、运营含水生产全部的成本，还需要包括由社会支出的水源涵养、污染防治等环境成本。从水权交易的全成本视阈考虑，根据资源水价、工程水价、环境水价和生态补偿水价的综合定价确定水权交易的全成本定价。通过设置级差地租调整系数、运营利润调整系数、环境防治调整系数以及生态补偿调整系数对各相应的成本水价进行修正，以准确计量水权交易的全部成本，从而获得基于完全成本法的水权交易定价。

1. 完全成本水权定价

我国同一地区内部的水权交易工程成本主要产生于节水工程，而且同一地区水权交易成本不包括经济补偿成本，因此，同一地区内部水权交易价格相对较低。在同一流域内的不同地区之间的水权交易成本主要产生于输水工程，由于两个地区距离较远，输水工程较长，产生的成本在所有工程成本中占的比重最高。所以，不同地区之间水权交易的工程成本主要考虑输水工程成本。不同地区之间水权交易给水权出让地区带来一定的损失，应对水权出让方进行经济补偿。因此，水权交易涉及的成本除了同一地区水权交易中涉及的工程成本、风险补偿成本和生态补偿成本外，还涉及经济补偿成本。

（1）工程成本。为使水权交易正常进行，有必要修建节水、输水、蓄水等工程。工程成本主要包括工程建设、运行维护以及工程更新改造成本。如果水权交易期限小于或等于工程的使用寿命，则在工程成本中不包括工程的更新改造成本。工程成本主要用于支付生产直接工资、直接材料费等直接费用。水权交易的工程费用主要包括：①节水工程建设费用 C_{EC}（Q）；②节水工程的运行维护费 C_{EM}（Q），即上述新增工程的维修及日常维护费用；③节水工程的更新改造费用 C_{EI}（Q）。

（2）风险补偿成本。根据调度丰增枯减的原则，遇枯水年灌区可用水量相应减少，但为履行水权交易合约，水权卖方要承担经水权分配获得的水权量少还要保障水权买方用水的风险。由此，水权买方支付给水权卖方的水权交易价格应包含风险补偿成本。

（3）生态补偿成本。生态补偿成本是指因水权交易对水权出让地环境等造成损失而应给予的补偿。水权交易对水权出让地的河流、含水层和生态环境都会产生影响。对于灌区的水权交易，出让水权的灌区引水量减少，将产生地下水位下降、植被减少、沙化等不利影响。因此，水权买方应对水权卖方进行补偿，水权交易价格应包含生态补偿成本。

（4）经济补偿成本。经济补偿成本是指异地进行水权交易时，对水权出让地区的经济造成损失而进行的补偿。

2. 水权定价模型

（1）完全成本水权定价模型。完全成本水权定价模型是通过计算水权交易的各种成本投入与各种补偿最终计算水权交易价格。水权交易价格还应体现水权交易政策体制因素，通过政策调整系数 α 反映水权交易政策体制对水权交易价格的影响。若当前的水权交易相关政策体制或具体水权交易规则有利于水权交易的达成，则水权交易成本降低，

水权交易价格应偏低，此时 α 取较小数值，否则 α 取大值。另外，为鼓励水权卖方节水积极性，应允许其合理收益，利益调整系数由 β 表示。采用完全成本法对水权定价，水权交易价格 $P_{成}(Q)$ 为

$$P_{成}(Q)=\frac{C(Q)T(1+\alpha)(1+\beta)}{Q} \tag{6.1}$$

式中：$C(Q)$ 为水权交易成本；T 为水权交易期限；Q 为水权交易量；α 为政策调整系数；β 为利益调整系数。

1）当水权交易期限 T 小于等于节（输）水工程的使用寿命 T_S 时，节（输）水工程成本包括节（输）水工程建设费用、节（输）水工程的运行维护费，以及节（输）水工程的更新改造费用。

因此，水权交易涉及的总成本为

$$C(Q)=C_{EC}(Q)+C_{EM}(Q)+C_{EI}(Q)+C_{EO}(Q)+C_R(Q)+C_B(Q)+iC_P(Q) \tag{6.2}$$

式中：$C_{EO}(Q)$ 为工程成本中节（输）水工程以外的其他工程成本，如蓄水、输（节）水工程等；$C_{EC}(Q)$ 为节（输）水工程建设成本；$C_{EM}(Q)$ 为节（输）水工程运行维护成本；$C_{EI}(Q)$ 为节（输）水工程的更新改造总成本现值；$C_P(Q)$ 为经济补偿成本；$C_R(Q)$为风险补偿成本；$C_B(Q)$ 为生态补偿成本；i 为系数，对于节水工程 $i=0$，对于输水工程 $i=1$。

节(输）水工程的更新改造费用是从水权交易成本中提取的，以在节(输）水工程寿命结束时对工程进行重新建设。节(输）水工程的更新改造费用与水权交易期限有关，假设在节(输）水工程寿命结束时工程的价值为 0，则

$$C_{EI}(Q)=C_{EC}(Q)\frac{T}{T_S} \tag{6.3}$$

所以，水权交易价格 $P(Q)$ 为

$$P(Q)=\frac{\left\{C_{EC}(Q)\times\frac{T}{T_S}+[C_{EM}(Q)+C_{EO}(Q)+C_R(Q)+C_B(Q)+iC_P(Q)]\times T\right\}\times(1+\alpha)\times(1+\beta)}{Q} \tag{6.4}$$

2）当水权交易期限 T 大于节(输）水工程的使用寿命 T_S 时，此时，节(输）水工程成本 $C_E(Q)=C_{EC}(Q)+C_{EM}(Q)+C_{EI}(Q)$，同时，水权交易期限大于节(输）水工程的使用寿命时，节(输）水工程建设费用 $C_{EC}(Q)$ 将成倍增加。此时，节(输）水工程将建设的次数为 T/T_S 的整数部分。另外，超出整数的交易期限部分随着交易期限的延长均匀增加。

$$C_{EI}(Q)=C_{EC}(Q)\left\{\left[\frac{T}{T_S}\right]+\frac{T-T_S\times\left[\frac{T}{T_S}\right]}{T_S}\right\} \tag{6.5}$$

式中：[　] 为取整数。

所以，水权交易价格 $P(Q)$ 为

$$P(Q)=\frac{C_{EC}(Q)\left\{\left[\frac{T}{T_S}\right]+\frac{T-T_S\left[\frac{T}{T_S}\right]}{T_S}\right\}(1+\alpha)(1+\beta)}{Q}+\frac{\left[C_{EM}(Q)+C_{EO}(Q)+C_R(Q)+C_B(Q)+iC_P(Q)\right]T(1+\alpha)(1+\beta)}{Q} \tag{6.6}$$

(2) 水权综合定价模型。水权交易价格不仅应体现水权交易中产生的成本，而且应体现水权需方的影响。因此，将考虑水权交易中产生的各种成本的完全成本法与考虑水权需方情况的影子价格法相结合，给出水权定价的综合模型。水权交易的影子价格除了包括水资源使用权的价格，即水权价格外，还包括水资源费，因此，利用该公式计算水权价格应减去水资源费，即水权的影子价格 $P_{影}=0.796+2.2114\ln(b+0.6024)-P_{水}$，其中，$P_{水}$表示水资源费。鉴于我国目前水权交易特点，水权定价应以成本为主，水权的供需因素作为水权价格的调整因子。在水权定价公式中应以成本价格为主，将影子价格降低一个数量级来综合考虑。

另外，为体现水权交易的公平原则，对水权需方的经济状况应予以考虑。采用经济系数 k 反映水权交易中的经济因素，$k=GDP_{买}/GDP_{卖}$，其中 $GDP_{买}$表示水权需方所在市（县、区）的人均国内生产总值，$GDP_{卖}$表示水权供方所在市（县、区）的人均国内生产总值。对于同一市（县、区）的水权交易经济发展水平相差不大，不体现经济因素，此时 $k=1$。

由于水权卖方所在地区的水资源稀缺程度有所差异，对于水资源丰富地区的水权卖方而言，水资源的边际效用较小，此时，水权交易价格可以适当降低；而对于水资源短缺地区的水权卖方而言，水资源的边际效用较高，只有水权买方出较高价格才能成交，此时，水权交易价格可以适当升高。根据水资源丰裕程度由高到低，我国各地可以分为5类地区：丰水地区、湿润地区、半湿润地区、半干旱地区、干旱地区。令 γ 为水权买方水资源稀缺程度调整系数，水权买方所在地区水资源越稀缺，则 γ 取值越小；否则，γ 取值越大。通过对有关专家进行咨询，并结合我国水资源分布现状，确定丰水地区、湿润地区、半湿润地区、半干旱地区、干旱地区的水资源稀缺程度调整系数分别为0.8、0.9、1.0、1.1、1.2。当水权买方所在地为半湿润地区时，该地水资源稀缺程度居中，此时 $\gamma=1.0$。

因此，水权定价采用完全成本法与影子价格法相结合的综合模型。假设 $P_{成}$为完全成本法确定的水权价格，$P_{影}$为影子价格法确定的水权价格，则水权交易价格 $P_{综}$的综合定型为：$P_{综}=P_{成}+k\gamma P_{影}/10$，由于水权交易定价系统较为复杂，除了直接和间接产生的成本外，与水权交易双方的谈判能力等都会对水权交易价格产生影响。因此，实际发生的水权交易价格难以给出一个准确的数值，只能给出一个范围。因此水权交易价格 P 满足：$P\in[P_{成}, P_{综}]$。

6.5.4 交易取水口核定

根据农户可交易水量，按照直口渠名称，所属管理所、乡镇及村，统计每个取水口的可取水量，见表6.4～表6.6。

表 6.4　　一干所下各直口渠可取水量核定表　　单位：m^3

直口渠道名称	渠道级别	乡镇（农场）	村（分场）	可取水量	可取水量
治沙站渠	农	巴市治沙局	治沙站	288590.48	288590.48
东圪堵渠	斗	巴彦高勒镇	北粮台	0	8034.46
马过继渠	毛	巴彦高勒镇	北粮台	0	
小牛犋渠	农	巴彦高勒镇	北粮台	3133.32	
北滩新渠	农	巴彦高勒镇	北滩	0	
康二金渠	毛	巴彦高勒镇	北滩	0	
邓玉林渠	毛	巴彦高勒镇	北滩	0	
红卫支渠	农	巴彦高勒镇	城关	0	
北滩旧渠	毛	巴彦高勒镇	城关	0	
城关渠	毛	巴彦高勒镇	城关村	0	
丁子渠	农	巴彦高勒镇	旧地	0	
杨勇渠	毛	巴彦高勒镇	旧地	4901.14	
立新五社渠	农	巴彦高勒镇	旧地	0	
李小计渠	农	巴彦高勒镇	南粮台	0	
红卫南支渠	斗	巴彦高勒镇	南粮台	0	
南五社渠	毛	巴彦高勒镇	南粮台	0	
牧业队（1-6）	农	巴彦高勒镇	沙拉毛道嘎查	0	
红房子渠	农	实验局	一场	0	0
六连渠	斗	实验局	一场	0	
南二支渠	支	实验局	二场	0	
八一支渠	斗	乌兰布和	二分场	508587.67	1121833.08
治沙站渠	斗	乌兰布和	二分场	202545	
五队直口渠	农	乌兰布和	三分场	0	
五队扬水渠	农	乌兰布和	三分场	0	
杨树文扬水 1、2	毛	乌兰布和	三分场	0	
杨三扬水	毛	乌兰布和	三分场	0	
一干直口（丁字渠）	毛	乌兰布和	三分场	0	
六队北扬水	农	乌兰布和	三分场	0	
六队南扬水	农	乌兰布和	三分场	0	
王学峰扬水	毛	乌兰布和	三分场	0	
闫瑞龙扬水	毛	乌兰布和	三分场	0	
孙根扬水	毛	乌兰布和	三分场	0	

续表

直口渠道名称	渠道级别	乡镇（农场）	村（分场）	可取水量	可取水量
杨树文扬水3	毛	乌兰布和	三分场	1877.55	1121833.08
南一支渠	毛	乌兰布和	四分场	0	
四队扬水渠	斗	乌兰布和	四分场	0	
二队扬水渠	斗	乌兰布和	四分场	125355.11	
四场一队渠	农	乌兰布和	四分场	0	
三队扬水	农	乌兰布和	四分场	0	
刘晓琳扬水	毛	乌兰布和	四分场	0	
北一支渠	斗	乌兰布和	七分场	0	
七八队渠	农	乌兰布和	七分场	0	
二千亩渠	斗	乌兰布和	七分场	0	
十二连毛（1-4）	毛	乌兰布和	八分场	99141.01	
任建忠渠	毛	乌兰布和	八分场	0	
十二连斗渠	农	乌兰布和	八分场	0	
十二连毛（5-7）	毛	乌兰布和	八分场	184326.74	
李生金渠	毛	乌兰布和	八分场	0	
三海子扬水	农	乌兰布和	八分场	0	

表6.5　　建设一分干下各直口渠可取水量核定表　　单位：m^3

直口渠道名称	渠道级别	乡镇（农场）	村（分场）	可取水量	可取水量
东乌素	斗	补隆淖镇	友谊村	0	0
闸上直口	毛	补隆淖镇	河壕村	0	
林站渠	斗	磴口县林业局	林业局	0	0
三团七连渠	支	哈腾套海农场	七分场	823977	2708746.2
四斗	农	哈腾套海农场	九分场	0	
五斗	斗	哈腾套海农场	九分场	67572	
分干正稍	斗	哈腾套海农场	九分场	1817197.2	
左二斗	斗	乌兰布和农场	一分场	0	314896.56
左三斗	斗	乌兰布和农场	一分场	0	
南二斗	斗	乌兰布和农场	一分场	0	
南三斗	斗	乌兰布和农场	一分场	21578.4	
西大滩渠	农	乌兰布和农场	一分场	292721.93	
右二斗	斗	乌兰布和农场	二分场	0	

续表

直口渠道名称	渠道级别	乡镇（农场）	村（分场）	可取水量	可取水量
干西直口	毛	乌兰布和农场	二分场	0	314896.56
五公里直口	毛	乌兰布和农场	二分场	0	
林云直口	毛	乌兰布和农场	二分场	596.23	
治沙渠	农	乌兰布和农场	二分场	0	
杜文强直口	农	乌兰布和农场	二分场	0	
北一斗	斗	乌兰布和农场	五分场	0	
北二斗	斗	乌兰布和农场	五分场	0	
北三斗	斗	乌兰布和农场	五分场	0	
七队东渠	毛	乌兰布和农场	六分场	0	
七队西渠	农	乌兰布和农场	六分场	0	
东乌素	斗	乌兰布和农场	六分场	0	
果园东渠	农	乌兰布和农场	六分场	0	
半斗渠	斗	乌兰布和农场	六分场	0	
三团二连渠	斗	乌兰布和农场	六分场	0	
王三渠	农	乌兰布和农场	六分场	0	

表6.6　建设二分干下各直口渠可取水量核定表　单位：m^3

直口渠道名称	渠道级别	乡镇（农场）	村（分场）	可取水量	可取水量
新三斗	毛	巴彦套海农场	一分场	288590.48	288590.48
东四斗	斗	巴彦套海农场	一分场	0	1233955.62
冯平毛口	毛	巴彦套海农场	五分场	5298.09	
张全弘毛口	毛	巴彦套海农场	五分场	0	
赵乐明	毛	巴彦套海农场	五分场	0	
东五斗	毛	巴彦套海农场	五分场	166607.71	
西五斗	斗	巴彦套海农场	五分场	0	
西四斗	斗	巴彦套海农场	四分场	0	
刘建新	毛	巴彦套海农场	四分场	0	
杨林渠	斗	巴彦套海农场	三分场三利农场	878657.4	
西一斗	农	巴彦套海农场	三分场	0	
西二斗	斗	巴彦套海农场	三分场	0	
西六斗	斗	巴彦套海农场	七分场	0	
西三斗	斗	巴彦套海农场	六分场	0	
宏泰公司1渠	斗	巴彦套海农场	宏泰公司	0	
开发渠		巴彦套海农场	高管局	0	
东一斗	斗	巴彦套海农场	二分场	0	
东二斗	斗	巴彦套海农场	二分场	183392.42	
废三斗	毛	巴彦套海农场	二分场	0	
西三斗	斗	巴彦套海农场	八分场	0	

续表

直口渠道名称	渠道级别	乡镇（农场）	村（分场）	可取水量	可取水量
魏玉珍渠三团	农	哈腾套海农场	六分场	0	0
杨三毛口	毛	隆盛合镇	公地村	0	0
公地林场	斗	隆盛合镇	公地村	0	
赵义复毛口	毛	隆盛合镇	隆盛合镇	0	
付胜年扬水	毛	沙金苏木	巴音温都尔嘎查	0	24162736.87
付胜年毛口	毛	沙金苏木	巴音温都尔嘎查	2867.34	
左分支	斗	沙金苏木	巴音温都尔嘎查	1080828.64	
杜大明扬水	毛	沙金苏木	巴音温都尔嘎查	0	
林业局扬水	毛	沙金苏木	巴音温都尔嘎查	0	
王生和12号扬水		沙金苏木	巴音温都尔嘎查	23501.45	
王伟扬水	毛	沙金苏木	巴音温都尔嘎查	297101.26	
王树和扬水		沙金苏木	巴音温都尔嘎查	615748.08	
王生和小扬水	毛	沙金苏木	巴音温都尔嘎查	18265.39	
范怀西扬水	毛	沙金苏木	巴音温都尔嘎查	0	
袁有13号扬水	毛	沙金苏木	巴音温都尔嘎查	0	
韩大军扬水	毛	沙金苏木	巴音温都尔嘎查	0	
耿大扬水	毛	沙金苏木	巴音温都尔嘎查	0	
韩大军毛口	毛	沙金苏木	巴音温都尔嘎查	0	
张征毛口	毛	沙金苏木	巴音温都尔嘎查	0	
叶三渠	毛	沙金苏木	巴音温都尔嘎查	0	
高台地		沙金苏木	包勒浩特嘎查	7247.58	
张强渠	毛	沙金苏木	包勒浩特嘎查	0	
汪家渠1	毛	沙金苏木	包勒浩特嘎查	0	
马二渠	毛	沙金苏木	包勒浩特嘎查	81920.65	
南滩渠林地渠		沙金苏木	包勒浩特嘎查	0	
刘尚伟毛口	农	沙金苏木	包勒浩特嘎查	0	
刘小平毛口	毛	沙金苏木	包勒浩特嘎查	5273.7	
杨四口	毛	沙金苏木	包勒浩特嘎查	63216.35	
张金元毛口	毛	沙金苏木	包勒浩特嘎查	0	
苏三渠2	毛	沙金苏木	包勒浩特嘎查	18701.98	
庞蒙克口	毛	沙金苏木	包勒浩特嘎查	0	
苏三渠1	农	沙金苏木	包勒浩特嘎查	66080.95	

续表

直口渠道名称	渠道级别	乡镇（农场）	村（分场）	可取水量	可取水量
十八公里西渠沙金	毛	沙金苏木	包勒浩特嘎查	41361.13	24162736.87
沙金新点渠	斗	沙金苏木	包勒浩特嘎查	235258.57	
二社渠	农	沙金苏木	包勒浩特嘎查	481157.94	
魏均渠	斗	沙金苏木	包勒浩特嘎查	126771.95	
治沙渠	斗	沙金苏木	包勒浩特嘎查	796165.75	
魏玉珍渠	农	沙金苏木	六分场	0	
新兴渠	农	沙金苏木	温都尔毛道嘎查	0	
气象渠	毛	沙金苏木	温都尔毛道嘎查	1034834.34	
高福元渠	毛	沙金苏木	温都尔毛道嘎查	0	
东六斗	农	沙金苏木	温都尔毛道嘎查	1600461.3	
海子岗渠	农	沙金苏木	温都尔毛道嘎查	17488256	
王尚国渠	毛	沙金苏木	温都尔毛道嘎查	0	
赵三渠	毛	沙金苏木	温都尔毛道嘎查	77716.11	
八连渠	斗	太阳庙农场	四团八分场	0	21615328
九连渠	支	太阳庙农场	四团九连	0	
毛口 1	毛	太阳庙农场	四团七连	71.53	
李大毛口 1	毛	太阳庙农场	四团七连	2033.38	
李大毛口 2	毛	太阳庙农场	四团七连	2802.40	
李三毛口 1	毛	太阳庙农场	四团七连	9061.98	
酒花地渠	毛	太阳庙农场	四团七连	5846469.85	
四团东一斗	毛	太阳庙农场	四团七连	15138514.3	
四团西一斗	毛	太阳庙农场	四团七连	22858.76	
李三毛口 2		太阳庙农场	四团七连	0	
四团东二斗	农	太阳庙农场	四团七连	288582.52	
四团西二斗	农	太阳庙农场	四团七连	0	
方玉田毛口	毛	太阳庙农场	四团七连	3797.72	
土城子毛口	毛	太阳庙农场	四团七连	0	
徐开龙毛口	毛	太阳庙农场	四团七连	0	
毛口 3	毛	太阳庙农场	四团七连	0	
毛口 4	毛	太阳庙农场	四团七连	0	
毛口 5	毛	太阳庙农场	四团七连	8362.04	
毛口 6	毛	太阳庙农场	四团七连	3290.5	

续表

直口渠道名称	渠道级别	乡镇（农场）	村（分场）	可取水量	可取水量
毛口 7	毛	太阳庙农场	四团七连	244.9	
樊东口	毛	太阳庙农场	四团七连	78450.17	
黄五四毛口	毛	太阳庙农场	四团七连	1416.55	
园子口	毛	太阳庙农场	四团七连	5895.36	
卢红旗毛口	毛	太阳庙农场	四团七连	6576.75	
海瑞毛口	毛	太阳庙农场	四团七连	11917.78	21615328
卢建平毛口	毛	太阳庙农场	四团七连	0	
毛口 8	毛	太阳庙农场	四团七连	0	
李建华口沙金	毛	太阳庙农场	四团七连	49438.65	
小海子口沙金	农	太阳庙农场	四团七连	135543.46	
李建功渠	毛	太阳庙农场	四团七连	0	
一团八连扬水	毛	乌兰布和农场	三分场六队	0	0
卜建国渠		新套川开发公司	新套川开发公司	0	0
兴套川 1 渠	斗	新套川开发公司	新套川开发公司	0	

6.5.5 水市场监管

水权交易监管法律制度是现代水管理的基本制度，它涉及对水资源管理和开发利用的各个方面，内容较为广泛。在我国现有的法律法规中，已有一部分涉及水权制度，但更多的内容仍需要在新的历史条件下作出明确规定。为厘清水权交易监管法律制度的基本内容，并提高对其的进一步认识。磴口县推进水权水市场制度建设的主要做法包括以下几个方面。

（1）严控总量红线，清晰界定水权，初步建立了初始水权分配与确认制度。

我们知道，任何市场交易在本质上都是产权的交易。进一步说，经济学的问题，实质上就是产权如何界定与交换以及应采取怎样的形式的问题。对于水市场来说，它的形成与有序运行也需要以产权清晰为基础。特别是在天然水资源为国家所有或公共所有的情况下，要想建立水市场或水权交易市场，首要的任务就是通过公平有效的水资源界定机制来确立排他性产权，以科学合理的水权确权登记制度和水资源用途管制制度来规范和确定各层次用水户所享有的水权量及其具体权利内容。磴口县在水权水市场建设试点工作中，把初始水权的分配与确认工作放在了首要位置。按照《关于实行最严格水资源管理制度实施意见》要求，磴口县在坚持最严格水资源管理制度的同时，把总量控制与定额管理相结合，确立了四种类型的初始水权：区域水权、行业水权、用水户水权和工程供水水权。初步形成了磴口县的水权体系和初始水权赋权机制。磴口县试点工作中，县水务局根据磴口县的种植结构、农作物种类等因素首先核定该镇的年用水总量指标，作为总量控制红线，并向磴口县用水户协会颁发取水许可证，下达年度用水计划；然后

再在多次实际测量和反复调研的基础上，测算该县灌溉用水定额，并结合土地确权登记工作，精确测量出每户土地面积，依据土地面积和用水定额核定每户的初始水权，以村为单位进行确权登记，为每户颁发初始水权证。水权证载明用户姓名、土地面积、水权数量等信息，同时规定水权数量为用水户一年内的取用水量。今后如果农民土地发生流转，水权与地权同时流转，以杜绝出现地少水多的不平衡现象。形成了“以地定水、水随地走”水权分配与确认机制。

（2）制定水权交易程序与规则，建立水权交易平台，初步建立了水权交易制度。

众所周知，市场经济就是法治经济。市场交易的程序、规则与机制是降低市场交易成本，确保市场有序运行的制度保障。而在现实世界中，水市场之所以不如一般商品市场那样较为普遍而发达，就是因为水市场的形成与发展往往会受到来自各种制度与技术因素的制约，其交易成本和运行成本都是很高的，因此，要想建立完善而有效运行的水市场，就有必要在明晰水权的前提下，制定出有利于降低交易成本的水权交易规则与交易机制；建立起有助于降低市场运行成本的公共服务平台。磴口县在水权水市场试点建设过程中，十分重视水权交易制度及其交易平台建设，为水权交易信息发布，市场运行和有效监管奠定了基础。

（3）搭建管理体系，确立监督机制，初步形成了水权管理与水市场运行的监管制度体系。

现代市场经济理论和我国其他行业的市场化改革实践都表明，现代市场经济是政府与市场有机结合的经济。政府的有效监管是市场有序运行的重要保障。特别是在水资源领域，水资源本身所具有的流动性、循环性及其开发利用过程中的外部性，决定了水市场机制的有效性必然对市场交易规则及其监管制度有着很高的依赖性。

水资源领域的市场化改革不仅仅是简单地将市场机制引入到水资源配置中而已，更为重要的是要建立起相应的市场监管制度与监管体系。正因如此，磴口县在水权水市场试点建设过程中，十分重视水权管理组织及水市场监管制度建设，为水权和水市场的监督管理提供了组织与制度保障。严格执行《内蒙古自治区水权交易管理办法》（内政办发〔2017〕16号）中提到的水权交易管理条例。具体条例如下。

1）旗县级以上地方人民政府水行政主管部门应当按照管理权限加强对水权交易实施情况跟踪管理，加强对相关区域的农业灌溉用水、地下水、水生态环境等变化情况的监测，并适时组织开展水权交易的后评估工作。有关部门对水权交易行为进行监督管理。

2）交易完成后，转让方和受让方应当按照取水许可管理的相关规定申请办理取水许可变更等手续。

3）属于下列情形之一的，不得开展水权交易：①城乡居民生活用水。②生态用水转变为工业用水。③水资源用途变更可能对第三方或者社会公共利益产生重大损害的。④地下水超采区范围内的取用水指标。⑤法律、法规规定的其他情形。

4）水权交易各方在水权交易中弄虚作假、恶意串通、扰乱交易活动，或者未按本办法规定进行水权交易的，水行政主管部门有权暂停水权交易活动；造成损害的，应当

依法承担相应责任。

5）水权交易平台收储水权并交易的，水权交易的损益归水权交易平台所有。

6）旗县级以上地方人民政府水行政主管部门应当逐步建立和完善水权交易管理制度和风险防控机制。

7）水权交易过程中发生纠纷的，由有关各方协商解决；协商不成的，可以申请共同的上一级人民政府水行政主管部门调解，也可以依法申请仲裁或者向人民法院起诉。

8）水权交易各方拒不执行本办法相关规定或弄虚作假的，按照《内蒙古自治区人民政府办公厅关于印发〈内蒙古自治区社会法人失信惩戒办法〉（试行）的通知》（内政办发〔2014〕42号）予以惩戒。

9）相关主管部门的工作人员玩忽职守、滥用职权、徇私舞弊的，由其所在单位或者上级主管部门给予行政处分；构成犯罪的，由司法机关依法追究刑事责任。

10）水权交易平台应当依照有关法律法规完善交易规则，加强内部管理。水权交易平台违法违规运营的，依据有关法律法规和交易场所管理办法处罚。

第7章
节水灌溉奖励与补贴

7.1 节水潜力分析

节水潜力是以各部门和各行业（或作物）通过综合节水措施所达到的节水指标为参照标准，分析现状用水水平与节水指标的差值，并根据现状发展的实物量指标计算可能最大的节水数量。国务院批复的《全国水资源综合规划》(2009年) 中，预计2030年比2008年，综合节水潜力为795亿m^3，其中农业节水潜力为460亿m^3，工业节水潜力为295亿m^3，城镇生活节水潜力为40亿m^3。节水潜力一般前期提升比较快速，后期随着用水水平的提升而逐渐减缓，比如《节水型社会建设“十二五”规划》中，到2015年年底，5年时间通过各类节水工程设施建设，全国年节水量362亿m^3，其中农业节水工程节水量200亿m^3，工业节水工程节水量138亿m^3，城镇生活节水工程节水量24亿m^3。由于经济水平的快速持续发展和“十二五”后期最严格水资源管理制度的实施，通过加快调整产业结构和转变用水方式，今后几年的节水能力将保持较高水平，很有可能提前完成《全国水资源综合规划》中2030年的节水目标。水利部陈雷部长在《〈中共中央关于制定国民经济和社会发展第十三个五年规划的建议〉辅导读本》的《实行最严格的水资源管理制度》文章中指出，172项节水供水重大水利工程全部完成后预计新增农业节水能力260亿m^3。

本书以2014年数据作为基准年数据，以《全国水资源综合规划技术细则》和《节水型社会建设规划编制导则》中的相关方法进行参考，对2020年主要行业节水潜力进行初步分析。

1. 农业节水潜力分析

农业用水包括耕地灌溉和林、果、草地灌溉，鱼塘补水及牲畜用水，其中耕地灌溉用水占农业用水的近90%，代表了农业用水情况，本报告也是以研究耕地灌溉节水潜力代替农业节水潜力。按照《实行最严格水资源管理制度的意见》(国发〔2012〕3号) 的要求，到2020年，全国灌溉水有效利用系数提高到0.55以上。按照目前全国灌溉水有效利用系数趋势分析，到2020年预计达到0.566，超过0.55的预期指标。另根据国家统计局网站年度数据查询，2014年全国有效灌溉面积数据为65723千hm^2，换算为9.86亿亩。按照灌溉定额分析的思路，农业节水潜力计算方法为

$$W_{农业节水}=A_{现,灌溉面积}(Q_{现,精定额}/\mu_{现,灌溉水有效利用系数}-Q_{规,精定额}/\mu_{规,灌溉水有效利用系数})$$

式中：$W_{农业节水}$为农业节水潜力，亿m^3；$A_{现,灌溉面积}$为现状年的有效灌溉面积，亿亩；

$Q_{现,精定额}$为灌溉水有效利用系数$Q_{现,精定额}=Q_{现,毛定额}\times\mu_{现}$；$Q_{现,毛定额}$为现状年毛灌溉定额，$m^3$/亩；$\mu_{现,灌溉水有效利用系数}$为现状年灌溉水有效利用系数；$Q_{规,毛定额}$为规划年毛灌溉定额，$m^3$/亩，$Q_{规,精定额}=Q_{规,毛定额}\times\mu_{现,灌溉水有效利用系数}$；$\mu_{规,灌溉水有效利用系数}$为规划年灌溉水有效利用系数。

根据计算公式，2020 年农业节水潜力＝9.86×[3385.5/9.86－(3385.5/9.86)×(0.53/0.566)]＝215（亿 m^3）。2020 年农业节水潜力与陈雷部长《实行最严格的水资源管理制度》文章中列出的新增农业节水能力 260 亿 m^3 基本符合，比较接近相关情况。

2. 工业节水潜力分析

按照《全国水资源综合规划》要求，全国工业用水重复利用率由 2008 年的 62%提高到 2030 年的 86%左右，达到同类地区国际先进水平。通过规划目标内插趋势分析，2014 年的全国工业用水重复利用率约为 68.5%，而到 2020 年约为 75.1%。根据《中国水资源公报》数据，2014 年全国工业用水量为 1356 亿 m^3。按照工业用水重复利用率分析的思路，工业节水潜力计算方法为

$$W_{工业节水}=W_{现,工业取水}-W_{现,工业取水}\times(1-\mu_{规,工业用水重复利用率})/(1-\mu_{现,工业用水重复利用率})$$

式中：$W_{工业节水}$为工业节水潜力，亿 m^3；$W_{现,工业取水}$为现状年工业取用水量，亿 m^3；$\mu_{现,工业用水重复利用率}$为现状年工业用水重复利用率；$\mu_{规,工业用水重复利用率}$为规划年工业用水重复利用率。

根据计算公式，2020 年工业节水潜力＝1356－1356×(1－0.751)/(1－0.685)＝284（亿 m^3）。根据国家统计局网站和《中国水资源公报》历年数据，按照工业增加值价格指数换算成 2000 年不变价，2013 年的工业用水量和万元工业增加值分别为 1410 亿 m^3 和 17.37 万亿元，2014 年的工业用水量和万元工业增加值分别为 1356 亿 m^3 和 18.64 万亿元，2013 年和 2014 年的万元工业增加值用水量分别为 81.2m^3/万元和 72.8m^3/万元，而根据要求 2020 年的比 2013 年下降 30%的要求，2020 年万元工业增加值用水量应该低于 56.8m^3/万元。根据《节水型社会建设规划编制导则》计算方法，2020 年节水潜力＝18.64 万亿元×(72.8m^3/万元－56.8m^3/万元）＝298 亿 m^3。

通过工业用水重复利用率可以比较清晰反映工业节水潜力，而通过万元工业增加值用水量变化来分析工业节水潜力，则进一步考虑了工业供水管网漏损等综合因素。由于后面的城镇生活节水潜力分析中包含了部分工业供水管网漏损的数据计算，有部分数据重复。本书工业节水潜力主要参考工业用水重复利用率数据结果，工业节水潜力约为 284 亿 m^3。

3. 城镇生活节水潜力分析

城镇生活节水潜力主要考虑两方面的因素，公共供水管网漏损率降低的节水潜力和节水器具普及率提高的节水潜力。

根据《2013 年中国城乡建设统计年鉴》的数据分析，当年供水量为 779 亿 m^3，用水人口为 7.30 亿人，其中城市供水量为 537.3 亿 m^3，用水人口 4.23 亿人；县城供水量为 103.9 亿 m^3，用水人口 1.35 亿人；建制镇和乡供水量为 137.7 亿 m^3，用水人口 1.72 亿人。住建部发布的《2014 年城乡建设统计公报》中，当年城市年供水总量 546.7 亿 m^3，

用水人口 4.35 亿人；县城供水量为 106.3 亿 m^3，用水人口 1.39 亿人。2014 年供水和人口情况与 2013 年变化不大，可以参考 2013 年统计年鉴具体数据进行分析计算。

（1）公共供水管网节水潜力。根据前面相关分析，2013 年市县的公共供水量为 543.1 亿 m^3，公共供水管网漏损率为 15.2%。按照《水污染防治行动计划》要求，到 2020 年公共供水管网漏损率控制在 10%以内，通过内插趋势分析得出 2014 年的公共供水管网漏损率约为 14.6%。根据城乡建设统计数据分析，2014 年比 2013 年市县供水量增加了 11.8 亿 m^3，按照供水量中公共供水和自建供水的供水比例计算，公共供水大约增加了 10 亿 m^3，2014 年市县的公共供水量约为 553 亿 m^3。公共供水管网节水潜力计算方法为

$$W_{供水管网}=W_{现,供水量}-W_{现,供水量}\times(1-\eta_{现,漏损率})/(1-\eta_{规,漏损率})$$

式中：$W_{供水管网}$为供水管网节水潜力，亿 m^3；$W_{现,供水量}$为现状年公共供水量，亿 m^3；$\eta_{现,漏损率}$为现状年供水管网漏损率；$\eta_{规,漏损率}$为规划年供水管网漏损率。

根据公式计算，2020 年公共供水管网节水潜力$=553-553\times(1-0.146)/(1-0.10)=28.3$（亿 m^3）。

（2）节水器具节水潜力。根据国家统计局网站数据，2014 年全国城镇人口为 7.49 亿人；另根据《2014 年城乡建设统计公报》和《2013 年中国城乡建设统计年鉴》数据分析，2014 年城市和县城人口比 2013 年多 0.16 亿人，加上镇乡人口估算，基本可以按照 7.49 亿人进行分析考虑。根据部分地区的《"十二五"节水型社会建设规划》相关分析，近一个时期内考虑每年节水器具普及率提升 2%左右，则 2020 年比 2014 年节水器具普及率提高为 12%左右。节水器具节水潜力采用下式计算：

$$W_{器具}=R\times J\times 365/1000\times(\eta_{规,器具}-\eta_{现,器具})$$

式中：$W_{器具}$为采用节水器具的节水潜力，亿 m^3；R 为城镇人口，亿人；J 为节水器具平均日可节水量，取 28L/d；$\eta_{规,器具}$为规划年的节水器具普及率；$\eta_{现,器具}$为现状年的节水器具普及率。

根据公式计算，2020 年节水器具节水潜力$=7.49$ 亿$\times$28L/d$\times$365d/1000L$\times0.12=$ 9.18 亿 m^3。

根据《2014 年城乡建设统计公报》数据分析，当年城市和县城公共服务用水为 85.2 亿 m^3。按照《关于开展公共机构节水型单位建设工作的通知》（水资源〔2013〕389 号）工作目标，到 2020 年全部省级机关建成节水型单位，50%以上的省级事业单位建成节水型单位，各地区有条件地组织有条件的市县级公共机构创建节水型单位。按照公共机构节水型单位建设的要求，综合考虑 2020 年公共机构节水潜力（主要包含节水器具等因素）为公共服务用水的 10%左右，约为 8.5 亿 m^3，与按照节水器具节水潜力计算结果基本一致。由于公共机构节水型单位建设节水潜力只是大概匡算和参考，具体数据难以统计，本报告按照 9.18 亿 m^3 作为节水器具节水潜力结果。根据农业、工业和城镇生活节水潜力分析数据结果，2020 年相比 2014 年节水潜力约为 536.5 亿 m^3。按照《水污染防治行动计划》要求，到 2020 年缺水城市再生水利用率达到 20%以上，《2014 年水资源管理年报》数据显示 2014 年全国再生水利用量为 57.3 亿 m^3，预计

2020年再生水利用量将进一步增加。结合再生水利用潜力，预计2020年综合节水潜力约为600亿m^3。

7.1.1 农业灌溉主要节水措施及节水效果分析

中国是农业大国，灌溉对于保障我国粮食安全具有重要的地位和作用，在农业增产的诸多影响因素中，农业灌溉是最主要因素之一。但随着我国国民经济持续快速的发展，受水资源总量限制和农业灌溉比较效益低的影响，农业灌溉用水不断被其他行业挤占，灌溉用水面临严重危机。而我国灌溉水利用效率低下，农业灌溉用水浪费严重，进一步加剧了农业灌溉用水短缺的问题。但同时，低效率农业灌溉现状也说明农业灌溉领域具有很多的节水潜力。大力发展节水灌溉成为克服灌溉水资源短缺的必然选择。因此，正确估算农业灌溉的节水潜力对于发展节水灌溉，解决水资源短缺问题具有重要的意义和作用[91]。

农业灌溉节水潜力是在一定的发展阶段，通过一定的节水成本投入，落实某种农业节水措施，以提高农业灌溉用水标准，从而可能减少的耗水量和用水量。节水潜力的大小不仅与用水现状有关，更重要的是体现投资力度、节水模式、用水结构等相关因素的综合作用，是一种可能的"最大"或"潜在"的节水量。

节水灌溉措施是根据作物需水规律和当地供水条件，为充分有效地利用自然降水和灌溉水，获取农业的最佳经济效益、社会效益、生态环境效益而采取的多种措施的总称。其根本目的是通过采用水利、农艺、管理等措施，最大限度地减少在取水、输水、配水、灌水直至作物耗水过程中的无效损失水量，提高水的利用率和利用效率。农业灌溉节水措施主要包括工程措施和非工程措施两大类。工程措施主要包括渠道防渗措施，管道输水措施、喷灌措施和微灌措施。工程措施的主要目的是提高灌溉水的利用效率，部分工程措施（如滴灌）还可以降低无效耗水。非工程措施主要包括作物灌溉制度的改进（节水丰产型灌溉制度，非充分灌溉和调亏灌溉制度）、农艺节水措施（秸秆覆盖保水技术、抗旱节水作物品种选育等），以及管理节水措施（水源调配，完善量水，调整水价，按灌溉水量收费等）。非工程技术措施的主要作用是降低田间无效蒸发。工程措施和非工程措施的主要内容和节水效果见表7.1。

表7.1　工程措施和非工程措施的主要内容和节水效果

节水技术		节　水　效　果
工程措施	渠道防渗	减少输水过程中渗漏损失和蒸发消耗，提高渠系水有效利用系数
	管道输水	减少田间输水过程中的渗漏损失和蒸发消耗，提高输配水效率
	改进地面灌	提高田间灌溉水有效利用系数，缩短灌水时间，提高灌水均匀度
	喷灌	提高田间灌溉水有效利用系数，改善农田小气候
	滴管	提高田间灌溉水有效利用系数，降低土面无效蒸发
非工程措施	改进灌溉制度	降低无效蒸发和奢侈蒸发
	秸秆覆盖	降低土面无效蒸发
	抗旱节水作物品种选择	减少作物耗水量
	加强用水管理	减少无效损失，提高灌溉水有效利用系数

7.1.2　灌区农业灌溉资源型节水潜力分析与估算

7.1.2.1　农业灌溉资源型节水潜力内涵

目前为止，国内外学者对节水潜力的内涵尚未有一个公认的定义，相应地，对于节水潜力的计算也没有形成统一的方法。大多数学者对于节水潜力的估算，都是从单项措施的节水灌溉技术出发，计算某一单项节水技术使灌溉水利用率的提高幅度，从而得到灌溉水的减少量。

本书所提出的农业灌溉资源型节水潜力是指在可预知的技术水平条件下，综合考虑河套灌区五个灌域水平方向分布的差异性（包括各灌域气候条件、作物种植布局等不同），通过采取一系列的工程和非工程节水技术措施，采用宏观尺度（灌域尺度），构建基于水平衡原理的数学模型，通过横向累加，得到同等灌溉规模下灌区预期需要的灌溉用水量与现状年相比节约的水量，即农业灌溉资源型节水潜力。

7.1.2.2　农业灌溉资源型节水潜力计算方法

本书估算农业灌溉资源型节水潜力，是以现状年为基准，在充分考虑节水的前提下，分析各规划水平年的引黄灌溉需水量。该方法首先以作物需水量为基础，在满足农作物需水量的条件下，通过灌区渠系防渗衬砌、田间基础建设工程和高效节水灌溉技术等措施，提高灌溉水利用系数，优化作物种植结构以减少灌溉用水量，进而估算河套灌区相对于现状年灌溉引黄水量的减少量。

1. 主要作物需水量 ET

作物需水量作为农业灌溉与节水的重要指标，决定了在一定的水文、气候、土壤等条件下作物生长所需的水量，虽然对于农作物需水量，国内外还没有给出一个比较权威的定义，但对作物需水量的估算与测定，目前广泛采用世界粮农组织（FAO）的推荐的 Penman Monteith 公式先得到参照作物需水量，与作物系数相乘，即可得到作物需水量：

$$ET=k_c ET_0 \tag{7.1}$$

式中：ET 为作物需水量，mm；k_c 为作物系数；ET_0 为参考作物腾发量，mm。

2. 净灌溉需水量 I_n

净灌溉需水量是指需要用灌溉的方式来满足农作物正常生长的那部分水量。本书假定净灌溉需水量为作物整个生育期起止阶段，土壤水分条件不发生变化或只发生微量变化的条件下，作物需水量除去有效降水量及作物直接耗用的地下水量。即

$$I_n=ET-\alpha P-G \tag{7.2}$$

式中：I_n 为净灌溉需水量，mm；α 为降水有效利用系数；P 为作物生育期内实际降水量，mm；G 为作物直接耗用地下水量，mm。

自然降水中实际被根层土壤储存的水分才能算作是有效降水，通常取降水有效利用系数与实际降水量的乘积所得，河套灌区降水稀少，已有研究结果表明，当取 $\alpha=1$ 时，所得结果与实际误差较小，故假定河套灌区所有自然降水均转为有效降水。河套灌区浅层地下水的补给主要依赖于灌溉水的入渗，减少引黄灌溉水，会导致入渗补给地下水量

减少，从而影响灌区地下水埋深的时空分布，反过来又需要增加灌溉水量，正因为河套灌区地下水与灌溉水关系的复杂性，本书暂假定直接耗用的地下水量为0。

3. 毛灌溉需水量 I_g

灌溉水从水源地经过输送到被作物吸收利用的过程，依靠的是一系列工程技术和管理措施来实现，存在着蒸发、渗漏等不可避免的损失，因此，农业灌溉实际所需要的水量肯定要多于净灌溉需水量。毛灌溉需水量即为净灌溉需水量与输水过程中的损失量之和，在数量上，可由净灌溉需水量除以灌溉水利用系数 $\eta_水$ 求得，即

$$I_g = I_n / \eta_水 \tag{7.3}$$

式中：$\eta_水$ 为灌溉水利用系数，一般在数值上等于渠系水利用系数乘以田间水利用系数。

4. 灌溉需水量 W

灌区的灌溉需水量等于各种作物毛灌溉需水量与该种作物灌溉面积乘积之和，即

$$W = \sum_{i=1}^{n} A_i \frac{k_{ci}ET_0 - \alpha P - G}{\eta_水} \ (i=1,2,\cdots,n) \tag{7.4}$$

式中：W 为农业灌溉需水量；A_i 为第 i 种作物种植面积；k_{ci}为第 i 种作物的作物系数。

5. 农业灌溉资源型节水潜力 ΔW

农业灌溉资源型节水潜力是现状农业灌溉灌水量减去规划年农业灌溉需水量，其计算公式为

$$\Delta W = W_0 - W_j \ (j=1,2,\cdots) \tag{7.5}$$

式中：W_0 为现状年灌溉需水量；W_j 为规划年灌溉需水量。

7.2 节水奖励

建立节水奖励机制。逐步建立易于操作、用户普遍接受的农业用水节水奖励机制。根据节水量对采取节水措施、调整种植结构节水的规模经营主体、农民用水合作组织和农户给予奖励，提高用户主动节水的意识和积极性。

建立易于操作、用户普遍接受的奖励机制，对积极推广应用工程节水、农艺节水、调整种植结构，取得明显节水成效的农业用水主体给予奖励。节水奖励对象为积极推广应用工程节水、农艺节水、调整优化种植结构等实现农业节水的用水主体，重点奖励农村基层用水组织、新型农业经营主体、种粮大户等。奖励标准主要考虑节水水量、示范作用、影响效应等因素。具体奖励对象、标准、程序、方式以及资金使用管理等，由各县（市、区）自行确定。农业用水节水奖励流程见图7.1。

建立用水节水奖励机制即是对积极推广应用农业节水技术或者通过调整种植结构取得显著节水效果的用水主体给予一定奖励，并结合实际，建立易于操作、用户普遍接受的奖励办法，促进农民节约用水。同样，节水奖励机制重点要明确奖励对象、奖励标准、奖励方式、奖励考评、奖励资金来源、奖励资金使用管理等6个方面重要内容。

（1）奖励对象。农业水价改革财政补贴资金主要用于农民用水户合作组织建设和用

水户节水奖励资金发放。凡是通过该工程、农艺、种植结构调整等实现节水的用水主体均可以作为节水奖励对象，通常为推进规模化节水，重点对农村基层用水组织、新型农业经营主体和种粮大户等给予奖励。

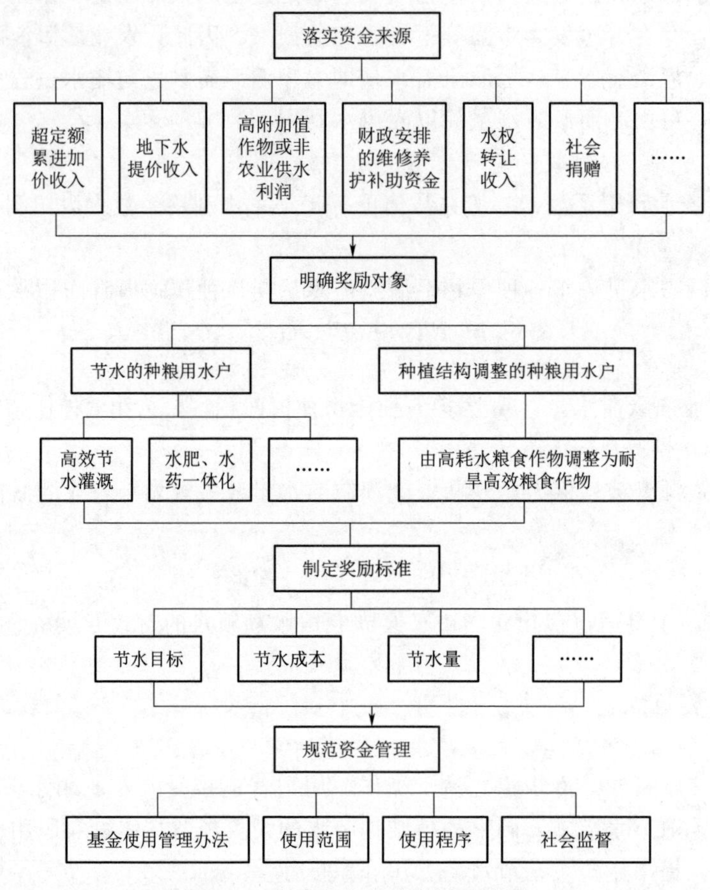

图 7.1　农业用水节水奖励流程图

（2）奖励标准。根据当地财力状况、节水目标、节水成本、节水量等合理确定奖励标准，可以单方水或单位面积等来衡量。对于实际未发生灌溉、因种植面积缩减或者转产等非节水因素引起的用水量下降，不予奖补。根据奖励对象的不同，建议将奖励标准分为两种：①对于节水农户。农业节水奖励标准是根据灌溉定额，按节水量实行累进加补的奖励方式，即按照节约水量占灌溉定额的比例，以各类作物执行水价的倍数进行奖励，即节水量在基本用水量的 5%以内，按照执行水价标准的一半乘以节水量进行奖补；节水量在基本用水量 5%以上不足 10%的，按照执行水价标准乘以节水量进行奖补；节水量在基本用水量 10%以上不足 20%的，按照执行水价标准的 2 倍乘以节水量进行奖补；节水量在基本用水量 20%以上的，按照执行水价标准的 3 倍乘以节水量进行奖补；具体奖励标准见表 7.2。②对于节水基层组织。可以通过政府财政拨付节水资金的形式对节水组织进行奖励，具体标准要根据当地的财政情况、节水成本等确定，也可以根据奖励基金账户的结余情况，为节水组织安装节水设备作为奖励，具体奖励标准可由项目区水价改革领导小组商议确定。

表 7.2 累进奖励计算表

定额内节水比例	节水奖励标准	定额内节水比例	节水奖励标准
低于 5%	按执行水价 0.5 倍	10%～20%	按执行水价 2 倍
5%～10%	按执行水价 1 倍	高于 20%	按执行水价 3 倍

（3）奖励方式。依据奖励对象和资金来源不同，合理确定奖励方式。概括起来，主要有以下几种：①可通过财政（或水权出售收入）节水资金补助的形式进行奖励；②可以通过节水设备购置补贴的形式进行奖励；③可以通过节水政府回购的方式进行奖励，回购资金即为节水奖励。节水奖励可以依托已有途径直接发放到节水用户，如随着粮食补贴一起发放，也可奖励到农村基层用水组织再由其分配到户。

（4）奖励考评。由农民用水户协会、新型农业经营主体等回报在农业节水方面所采取的措施和方法，区水务局会同财政局对农业用水计量设施运行情况和实测水量进行检查审核，然后确定农业节水奖励资金。

（5）奖励资金来源。水价改革奖励资金包括各级财政安排的农业水价综合改革奖补资金、加价征收的水费、政策规定的其他可以用于节水奖励的财政资金和社会捐赠等。根据农业水价综合改革要求，测算精准补贴与节水奖励需求，通过不同途径、不同方式落实资金来源，主要通过优化省、市、县涉农田水利项目的财政专项资金，调整有关资金支出结构，对农业用水精准补贴与节水奖励予以倾斜，结合市场运行管理，将超定额累进加价水费收入分成、超采区地下水提价收入分成、高附加值经济作物水费分成等也纳入补贴。此外，积极开展非农业供水利润分成、跨区域或行业水权转让收入分成以及社会捐赠等多种渠道筹措，确保满足农业水价调整后精准奖补落实到位。

（6）奖补资金使用管理。为保障农业用水奖励资金使用监管到位，从以下几个方面建立健全相关机制：①结合地方实际，县级人民政府应因地制宜地制定农业用水精准补贴与节水奖励资金使用管理办法，其中重点明确资金来源、使用范围、奖补对象、奖补标准和程序等相关事项，并公开、公平、公正操作，接受用水组织和社会有关人士全面监督；②农业水价改革领导小组应建立资金使用核查机制，对资金使用台账和落实情况进行严查，并将核查工作纳入政府绩效考核中；③可委托第三方中介机构进行专项财务审计，对于违法违纪违规行为的予以严惩，并将纳入信用管理体系，取消后续奖补专项资金申报资格。

7.3 用水补贴

农业生产极易受到天气等自然因素的影响，农田的投资回报率相对于第二、第三产业来说也是较低的，所以农业一直都是国家重点扶持的弱势产业，尤其是在农业用水的问题上，虽然许多地区一直提倡通过提升水价来约束浪费性灌水行为，但是为防止水价

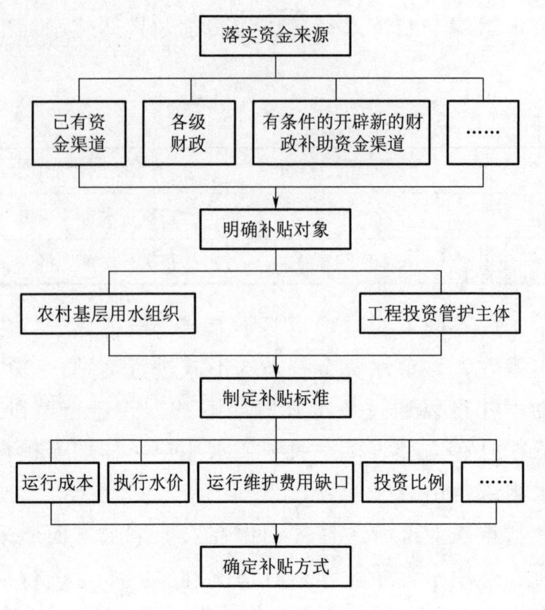

图 7.2　农业用水精准补贴流程图

超过农户承载能力时农业用水户少灌水或者放弃灌溉的情况，政府常采用价格补偿的方式，由管理单位以“暗补”的形式来间接减少农户的生产成本，导致农户误以为水价原本就是很低的，从而不愿意改变灌溉方式，所以农业节水现状与预期效果相差甚远，通过对众多学者的研究成果进行分析总结，发现我国需要一种既能发挥水价杠杆调节作用来促进节水，又能保证农户在定额内用水但不加重水费负担的农业用水精准补贴机制，该机制会对一些农业生产领域进行补贴，但是补贴对象是特定的，而且补贴也是有条件有标准的，如此，才能降低社会和政治风险，同时解决农业节水和农民减负这一难题。

在完善农业水价形成机制的基础上，建立与节水成效、调价幅度、财力状况相匹配的农业用水精准补贴机制。精准补贴对象主要为在定额内用水的种植粮食作物的用水主体，包括不同规模的农民用水户、正式登记注册的农民用水合作组织、依法设立的新型农业经营组织，以及小型灌排设施和配套计量设施管护主体。可以直接对工程运行维护费给予一定比例的补贴，也可按照运行维护成本与水价改革前终端水价的差价给予一定比例的补贴。具体补贴对象、标准、程序、方式以及资金使用管理等，由各县（市、区）自行确定。农业用水精准补贴流程见图 7.2。

7.3.1　补贴基本原则

（1）节约用水原则。要构建有利于节水的补偿机制，不能对研究区内所有的农户都进行补贴，要体现出差异化，只有在灌溉定额以内的实际灌水量才能享受补贴政策，超定额用水没有补贴，这样才能激起农户采取行动，积极争取享受补贴的机会。

（2）农民减负原则。建立补贴机制的目的是在定额内农民灌溉水费不增加的前提下节约用水，补贴政策的制定要在调整水价的前提下，与农民的经济和心理承受能力挂钩，保证不加重农民的经济负担的同时增加用水效益，促进农业生产的可持续发展。

（3）有章可循原则。精准补贴机制的顺利推行，要有相关的规章条例进行指导，要明确补贴目标、补贴标准，将补贴程序规范化、法制化。

（4）补贴到户原则。要将补贴发放到节水农户、用水合作组织和采用节水设备灌溉的农业经营者的手中，突出补贴的精准性和指向性。

（5）信息公开原则。管理机构要建立信息公开制度，定期公开享受补贴的对象，补

贴标准、补贴规模等信息，接受上级和群众的监督，建立政府部门、管理机构和节水农户和衷共济的良好关系。

7.3.2 用水补贴机制

在完善农业水价形成机制的基础上，适当提高农业用水价格，通过制定农业用水精准补贴办法等，统筹考虑节水成效、调价幅度、财力状况等要素建立农业用水精准补贴机制，充分调动地方各级政府和农民用水方式转变的积极性。

1. 补贴对象

落实精准补贴措施的关键环节是界定好精准补贴对象，补贴机制的本质目的是在提高农业水价节约灌溉用水的同时使农户可以用得起水，不影响到农户的种粮积极性。故建议将可以享受精准补贴政策的对象主要分为三种：一是使用地表水进行灌溉，种植小麦、玉米等粮食作物或是采取节水措施，调整种植结构的节水农户，包括家庭农场、种粮大户、农业产业化龙头企业等规模化农业经营主体，其中种粮户是重点补贴对象；二是对除政府以外的为小型农田水利设施进行投入建设的出资主体；三是通过加强灌区管理使灌区总灌溉水量明显减少的农民用水户协会等组织，如果仅对用水农户进行补贴，鼓励节约水量，会直接减少供水组织的收入，所以要对牺牲直接利益的农民用水合作组织进行财政补贴，一来帮助其正常运行，二来可以鼓励农民用水户协会积极参与到节水灌溉的管理工作当中。此外，只有在民政或工商部门注册的管理制度健全的用水协会才具有享受补贴的资格。

2. 补贴条件

补贴条件一般根据补贴对象分为两种：对于种植农户，首先要采用地表水进行灌溉，使用地下水灌溉的不予补贴，其次可享受补贴地表灌溉水量是在灌溉定额范围内的，超出定额的部分不对用水户进行补贴，拖欠水费的农户不予补贴，在田间安装节水灌溉设备的农户优先补贴；对于非政府出资主体以及农民、用水协会，其负责建设或管理的末级渠系工程，要有配套的渠道防渗、管道灌溉等高效节水的灌溉设施，渠系水利用系数达 0.87 以上，并且确实实现了节约用水；末级渠系水利工程的管护满足考评要求；量水设施完善，数据记录可靠。

3. 补贴程序

农业用水精准补贴一般由项目区水价改革领导小组确定，按照申请、审核、批准、兑付的程序实施，并逐步规范执行程序，主要环节如下。

(1) 申请。在每年灌溉周期结束后（一般在 11 月下旬或 12 月上旬），由用水合作组织或新型农业经营组织根据本年度的灌溉用水情况向所在村镇水管单位提交补贴申请材料，申请材料主要包括农业用水水费缴纳单据、作物种植种类和面积、对应作物的用水定额、实际的灌溉水量以及农田水利工程维护管理的考核情况等材料。

(2) 审核。每年 12 月中旬，由村镇水管单位审核无误后上报磴口县研究区农业水价综合改革试点工作组，由试点工作组对所有申请农业精准补贴对象提交的相关材料进行调查审核。

(3) 批准。每年12月下旬，磴口县研究区农业水价综合改革试点工作组提请磴口县研究区农业水价综合改革试点工作领导小组审核通过后，由财务部门按灌溉年度向村镇水管单位发放补贴资金。

(4) 兑付。水价调整后水费收取到位的，由村镇水管单位开具农业水费计收和精准补贴凭证，农业用水合作组织集中领取补贴凭证并按时发放到受补农户手中，农户可凭借补贴凭证到村镇指定部门领取补贴款。

4. 补贴基本思路

统筹考虑用水成本、农业水价调整及农户承受能力，制定农业用水补贴标准。具体可参考：①可按照定额内用水成本与运行维护成本差额的一定比例给予补贴；②可按农田水利工程运行管理成本的一定比例给予补贴；③可按照农田水利运行维护成本与改革前终端水价价差的一定比例给予补贴；④可按照社会投资主体工程建设费用的一定比例给予补贴。但需要明确的是，对于实际未发生灌溉、农业用水超出定额、农业水价调整不到位或未超出农户承受能力的情况不予补贴。在双水源灌区，重点对使用地表水灌溉的予以补贴。

(1) 基本思路。先根据计量点的供水量实行“按方计价、按亩分摊”核算应交的水费，然后按现状收费标准测算水费基准值，直接把应交的水费与水费基准值之间的差额作为精准补贴，最后返还补贴金额。因此推荐采用“一交一补一凭证”模式，即一交——“按方计价，按亩分摊先交水费”；一补——“以现状收费标准测算全额精准补贴”；一凭证——发放“用水量、水价标准、应交水费、精准补贴金额”明细凭证记录，并执行精准补贴。

该模式的优点：按面积平摊计价的范围得到缩小（等同于缩小至农渠首，所控制的灌溉面积并不大）；实现水费的一收一补（交归交，补归补），水费的测算、计收相对便捷；促进了农民对水量、计量收费、补贴、节水等意识的提高；考虑了水价改革试点运行初期的实际情况，与现状水价标准平顺衔接，保证试点先行区农户的利益及公平性；体现了精准补贴的政策；为后期深入改革奠定了基础等。不足之处在于：农民实际交的水费不能体现“节水奖、超用罚”机制；采用的是相对较低的运行成本水价，工程建设和维修管理经费缺口需要按照现行财政政策补贴等。

(2) 具体实施过程。

1) 一交——按方计价，按亩分摊先交水费。首先确定试点项目区的终端农业供水执行水价 p_i（$p_i=0.1395$ 元/m^3）。考虑到试点区计量设施布局的实际情况，主要在直口渠上安装了计量设施，农田进水口末端计量，也就是斗（农）渠首实现计量，到农户田块的用水量则按照农渠所控制的有效灌溉面积进行分摊，则水费采用直口计量按方计价、农田按亩分摊的方式核算应交的水费（可以先交后补，也可以最后与补贴统一核算）。

根据项目区的终端水价和终端用水量便可以计算得到某农户应上交的终端水费 $F_{终端}$：

$$Q_{终端}=(Q_{斗(农)渠首}\eta_{末渠}/A_{总})A_{农户} \tag{7.6}$$

$$F_{终端}=p_i Q_{终端} \tag{7.7}$$

式中：$Q_{斗(农)渠首}$为直口渠计量水量；$A_{总}$为直口渠控制的灌溉面积；$A_{农户}$为该农户田块灌溉面积；$\eta_{末渠}$为末级渠系水利用系数；$Q_{终端}$为终端水价计量用水量。

2）一补——以现状收费标准测算全额精准补贴。以试点项目区现状收费标准来测算按原计费标准下的水费额度，作为补贴返回的基准值，即$F_{基准}=P$（改革前的水费）$\times A_{农户}$（不同农作物基准缴费见表7.3）；因此，精准补贴额为“一交”（按方计价，按亩分摊）：先交的水费与按现状收费标准测算的水费基准值之间的差额，即$F_{终端}-F_{基准}$。

表7.3　磴口县农业水价改革前各农作物在不同年份下基准缴费表

作物结构		小麦	瓜类	番茄	玉米	苹果梨	葵花
灌溉定额/(m^3/亩)	$P=50\%$	4400	3200	2800	3600	3600	3100
	$P=75\%$	5300	3840	3360	4400	4050	4030
改革前的水费/(元/亩)	$P=50\%$	495.88	360.64	315.56	405.72	405.72	349.37
	$P=75\%$	597.31	432.768	378.672	495.88	456.435	454.181
改革后的水费/(元/亩)	$P=50\%$	583.88	424.64	371.56	477.72	477.72	411.37
	$P=75\%$	703.31	509.568	445.872	583.88	537.435	534.781
亩均补贴/(元/亩)	$P=50\%$	88	64	56	72	72	62
	$P=75\%$	106	76.8	67.2	88	81	80.6

3）一凭证——用水量、水价标准、应交水费、精准补贴金额。统一制作农业水费计收和精准补贴凭证，明确年度、姓名、所属用水协会和所在管理所、计量点、灌溉面积、年用水量、水价标准、应交水费、精准补贴、用水协会组织法人、用水协会组长、日期等信息，运作阳光透明，也让农户清楚知道水费的计收方法、农田用水量、应缴的水费和享受的精准补贴，并按照凭证执行精准补贴（图7.3）。

2019年度农业水费计收和精准补贴凭证

姓名：________；

所属用水协会：________；所在管理所：________；

计量点：________；灌溉面积：________；

年用水量：________；水价标准：________；

应交水费：________；精准补贴：________；

用水协会组织法人:________；用水协会组长：________；

确认日期：　　　年　　月　　日

图7.3　农业水费计收和精准补贴凭证

7.4　实例分析

本节以试点项目区内20户农户的作物种植情况及灌溉用水情况（表7.4）为代表，首先按照第4章确定的超定额累进加价制度，以建议执行水价计算农户应缴水费，其中

小麦、玉米和其他主要作物的执行水价为 0.0255 元/m³、0.144 元/m³ 和 0.175 元/m³，每户农户灌溉水费的收取明细记录在统计表中（表 7.5）。然后根据内蒙古地区的灌溉定额，按照“定额内用水补贴，超定额用水不补贴”的精准补贴原则，对比项目区改革前的基准水价 0.103 元/m³，核算每户农户应享受的补贴金额，由于小麦的执行水价低于基准水价，故不对小麦的灌溉用水进行补贴（表 7.6）。最后，根据“累进奖励”的模式，对定额内用水的农户分档次核算节水奖励（表 7.7）。

表 7.4　　农户种植情况及灌溉用水统计表

乡镇（农场）	村（分场）	农户名	作物	种植面积/亩	作物用水量/m³	农户灌溉面积/亩	灌溉用水量/m³
巴彦套海农场	八分场	乔＊＊	小麦	13.5	7830	40.5	17459.2
			玉米	15	4050		
			苹果梨	12	5579.2		
巴彦套海农场	八分场	温＊＊	小麦	33	19008	233	100438.2
			番茄	80	50400		
			葵花	50	8800		
			瓜类	70	22232		
巴彦套海农场	八分场	樊＊＊	小麦	50.8	30632.4	160.8	69329.0
			玉米	45	12015		
			瓜类	30	10500		
			苹果梨	35	16181.6		
巴彦套海农场	八分场	祁＊＊	玉米	25	6875	90.0	38791.2
			葵花	15	2730		
			瓜类	27	11340		
			番茄	28	17845.2		
巴彦套海农场	八分场	杜＊＊	小麦	25.5	15606	77.9	33585.2
			玉米	25.4	6807.2		
			瓜类	27	11172		
巴彦套海农场	八分场	樊＊＊	玉米	15.1	4167.6	55.1	23744.5
			苹果梨	21	10080		
			番茄	19	9496.9		

续表

乡镇（农场）	村（分场）	农户名	作物	种植面积/亩	作物用水量/m³	农户灌溉面积/亩	灌溉用水量/m³
巴彦套海农场	八分场	马 * *	番茄	35.8	22201.1	78.8	33966.1
			玉米	28	8960		
			葵花	15	2805		
巴彦套海农场	八分场	陈 * *	玉米	29.5	8260	79.5	34283.6
			苹果梨	27	13149		
			瓜类	23	12874.6		
巴彦套海农场	八分场	陈 * *	小麦	25.8	15461.7	89.8	38727.7
			玉米	35	11900		
			葵花	13	2470		
			番茄	16	8896		
巴彦套海农场	八分场	孔 * *	玉米	30.5	8082.5	99.5	42918.0
			苹果梨	20	9800		
			瓜类	30	15840		
			番茄	19	9195.5		
巴彦套海农场	八分场	赵 * *	玉米	20.4	5712	88.4	38092.9
			葵花	10	1850		
			瓜类	30	15900		
			苹果梨	28	14630.9		
巴彦套海农场	八分场	怀 * *	葵花	22	4092	78.3	33775.7
			番茄	26	13780		
			瓜类	30.3	15903.7		
巴彦套海农场	八分场	武 * *	玉米	14.2	3876.6	29.2	12570.6
			瓜类	15	8694		
巴彦套海农场	八分场	樊 * *	小麦	28.1	17281.5	88.1	37965.9
			玉米	22	6072		
			葵花	18	3960		
			苹果梨	20	10652.4		
巴彦套海农场	八分场	杨 * *	玉米	35	9765	153.4	66154.6
			葵花	25	4450		
			苹果梨	47	25380		
			瓜类	46.4	26559.5		

续表

乡镇（农场）	村（分场）	农户名	作物	种植面积/亩	作物用水量/m³	农户灌溉面积/亩	灌溉用水量/m³
巴彦套海农场	八分场	徐 * *	玉米	32	8608	82	35362.9
			苹果梨	26	13728		
			番茄	24	13026.9		
巴彦套海农场	八分场	朱 * *	玉米	23.8	7378	103.8	44759.1
			葵花	20	3800		
			苹果梨	38	20748		
			瓜类	22	12833.1		
巴彦套海农场	八分场	樊 * *	小麦	27.7	16173.2	89.7	38664.2
			玉米	22	6248		
			苹果梨	23	13064		
			葵花	17	3179		
巴彦套海农场	八分场	叶 * *	玉米	17.1	4856.4	37.1	15999.0
			苹果梨	12	6468		
			瓜类	8	4674.6		
巴彦套海农场	八分场	杭 * *	葵花	15.1	2567	47.1	20316.2
			苹果梨	14	7532		
			瓜类	18	10217.2		

通过分析 20 户农户的作物种植情况和灌溉用水情况，核算出每户农户应缴的灌溉水费、应得的精准补贴和节水奖励金额，在农户提交补贴和节水奖励的申请材料审核批准后，可由主管部门向农户开具精准补贴和节水奖励凭证，现以乔 * * 一户为代表为其开具奖补凭证，该户的种植作物分为小麦、玉米和苹果梨；对应种植面积为 13.5 亩、15 亩、12 亩；实际用水量为 7830m³、4050m³、5579.2m³；执行水价分别为 0.0255 元/m³、0.144 元/m³ 和 0.175 元/m³，其中小麦作物不在补贴范围内，玉米补贴标准为 0.041 元/m³，苹果梨补贴标准为 0.072 元/m³；玉米的灌溉水量在定额之内，可享受节水奖励，苹果梨灌溉水量超出定额标准部分，不能享受补贴，具体补贴和奖励金额见凭证图 7.4。

表 7.5　农户灌溉水费收取明细表

农户名	作物	种植面积/亩	实际用水量/m³	亩均水量/m³	灌溉定额/(m³/亩)	执行水价/(元/m³)	定额（实际）水费/(元/亩)	超定额用水						亩均水费/元	水费/元	灌溉水费/元
								10%以下		10%～30%		30%以上				
								水量	水费	水量	水费	水量	水费			
乔＊＊	小麦	13.5	7830	580	353.3	0.0255	9.01	35.33	0.90	70.66	2.70	120.71	6.16	18.77	253.34	2108.84
	玉米	15	4050	270	293.3	0.144	38.88	—	—	—	—	—	—	38.88	583.20	
	苹果梨	12	5579.2	464.9	270	0.175	47.25	27	4.73	54	14.18	113.9	39.87	106.03	1272.30	
温＊＊	小麦	33	19008	576	353.3	0.0255	9.01	35.33	0.90	70.66	18.55	116.71	5.95	34.41	1135.60	21827.12
	番茄	80	50400	630	186.7	0.175	32.67	18.67	3.30	37.34	9.80	387.29	135.55	181.32	14505.72	
	葵花	50	8800	176	206.7	0.175	30.80	—	—	—	—	—	—	30.80	1540.00	
	瓜类	70	22232	317.6	213.3	0.175	37.33	21.33	3.73	42.66	11.20	40.31	14.11	66.37	4645.80	
樊＊＊	小麦	50.8	30632.4	603	353.3	0.0255	9.01	35.33	0.90	70.66	2.70	143.71	7.33	19.94	1012.91	8753.45
	玉米	45	12015	267	293.3	0.144	38.45	—	—	—	—	—	—	38.45	1730.25	
	瓜类	30	10500	350	213.3	0.175	37.33	21.33	3.73	42.66	11.20	72.71	25.45	77.71	2331.26	
	苹果梨	35	16181.6	462.3	270	0.175	47.25	27	4.73	54	14.18	111.3	38.96	105.12	3679.03	
祁＊＊	玉米	25	6875	275	293.3	0.144	39.60	—	—	—	—	—	—	39.60	990.00	9376.90
	葵花	15	2730	182	206.7	0.175	31.85	—	—	—	—	—	—	31.85	477.75	
	瓜类	27	11340	420	213.3	0.175	37.33	21.33	3.73	42.66	11.20	142.71	49.95	102.21	2759.63	
	番茄	28	17845.2	637.4	186.7	0.175	32.67	18.67	3.30	37.34	9.80	394.69	138.14	183.91	5149.52	
杜＊＊	小麦	25.5	15606	612	353.3	0.0255	9.01	35.33	0.90	70.66	2.70	152.71	7.79	20.40	520.15	4193.87
	玉米	25.4	6807.2	268	293.3	0.144	38.59	—	—	—	—	—	—	38.59	980.24	
	瓜类	27	11172	413	213.3	0.175	37.33	21.33	3.73	42.66	11.20	135.71	47.50	99.76	2693.48	

续表

农户名	作物	种植面积/亩	实际用水量/m³	亩均水量/m³	灌溉定额/(m³/亩)	执行水价/(元/m³)	定额（实际）水费/(元/亩)	超定额用水 10%以下 水量	超定额用水 10%以下 水费	超定额用水 10%～30% 水量	超定额用水 10%～30% 水费	超定额用水 30%以上 水量	超定额用水 30%以上 水费	亩均水费/元	水费/元	灌溉水费/元
樊**	玉米	15.1	4167.6	276	293.3	0.144	39.74	—	—	—	—	—	—	39.74	600.07	5516.86
	苹果梨	21	10080	480	270	0.175	47.25	27	4.73	54	14.18	129	45.15	111.31	2337.51	
	番茄	19	9496.9	499.8	186.7	0.175	32.67	18.67	3.30	37.34	9.80	257.09	89.98	135.75	2579.28	
马**	番茄	35.8	22201.1	620.1	186.7	0.175	32.67	18.67	3.30	37.34	9.80	377.39	132.09	177.86	6367.26	8148.24
	玉米	28	8960	320	293.3	0.144	42.24	26.7	3.84	—	—	—	—	46.08	1290.11	
	葵花	15	2805	187	206.7	0.175	32.73	—	—	—	—	—	—	32.73	490.88	
陈**	玉米	29.5	8260	280	293.3	0.144	40.32	—	—	—	—	—	—	40.32	1189.44	7737.15
	苹果梨	27	13149	487	270	0.175	47.25	27	4.73	54	14.18	136	47.60	113.76	3071.52	
	瓜类	23	12874.6	559.8	213.3	0.175	37.33	21.33	3.73	42.66	11.20	282.51	98.88	151.14	3476.19	
陈**	小麦	25.8	15461.7	599.3	353.3	0.0255	9.01	35.33	0.90	70.66	2.70	140.01	7.14	19.75	509.56	4956.25
	玉米	35	11900	340	293.3	0.144	42.24	29.33	0.75	17.37	0.67	—	—	43.65	1527.69	
	葵花	13	2470	190	206.7	0.175	33.25	—	—	—	—	—	—	33.25	432.25	
	番茄	16	8896	556	186.7	0.175	32.67	18.67	3.30	37.34	9.80	313.29	109.65	155.42	2486.74	
孔**	玉米	30.5	8082.5	265	293.3	0.144	38.16	—	—	—	—	—	—	38.16	1163.88	10127.89
	苹果梨	20	9800	490	270	0.175	47.25	27	4.73	54	14.18	139	48.65	114.81	2296.20	
	瓜类	30	15840	528	213.3	0.175	37.33	21.33	3.73	42.66	11.20	250.71	87.75	140.01	4200.26	
	番茄	19	9195.5	483	186.7	0.175	32.67	18.67	3.30	37.34	9.80	240.29	84.10	129.87	2467.56	

续表

农户名	作物	种植面积/亩	实际用水量/m³	亩均水量/m³	灌溉定额/(m³/亩)	执行水价/(元/m³)	定额（实际）水费/(元/亩)	超定额用水						亩均水费/元	水费/元	灌溉水费/元
								10%以下		10%～30%		30%以上				
								水量	水费	水量	水费	水量	水费			
赵＊＊	玉米	20.4	5712	280	293.3	0.144	40.32	—	—	—	—	—	—	40.32	822.53	8900.76
	葵花	10	1850	185	206.7	0.175	32.38	—	—	—	—	—	—	32.38	323.80	
	瓜类	30	15900	530	213.3	0.175	37.33	21.33	3.73	42.66	11.20	252.71	88.45	140.71	4221.26	
	苹果梨	28	14630.9	522.5	270	0.175	47.25	27	4.73	54	14.18	171.5	60.03	126.19	3533.18	
怀＊＊	葵花	22	4092	186	206.7	0.175	32.55	—	—	—	—	—	—	32.55	716.10	8729.84
	番茄	26	13780	530	186.7	0.175	32.67	18.67	3.30	37.34	9.80	287.29	100.55	146.32	3804.36	
	瓜类	30.3	15903.7	524.9	213.3	0.175	37.33	21.33	3.73	42.66	11.20	247.61	86.66	138.92	4209.38	
武＊＊	玉米	14.2	3876.6	273	293.3	0.144	39.31	—	—	—	—	—	—	39.31	558.23	2929.26
	瓜类	15	8694	579.6	213.3	0.175	37.33	21.33	3.73	42.66	11.20	302.31	105.81	158.07	2371.03	
樊＊＊	小麦	28.1	17281.5	615	353.3	0.0255	9.01	35.33	0.90	70.66	2.70	155.71	7.94	20.55	577.49	4739.26
	玉米	22	6072	276	293.3	0.144	39.74	—	—	—	—	—	—	39.74	874.37	
	葵花	18	3960	220	206.7	0.175	36.17	13.3	2.33	—	—	—	—	38.50	693.00	
	苹果梨	20	10652.4	532.6	270	0.175	47.25	27	4.73	54	14.18	181.6	63.56	129.72	2594.40	
杨＊＊	玉米	35	9765	279	293.3	0.144	40.18	—	—	—	—	—	—	40.18	1406.16	15620.93
	葵花	25	4450	178	206.7	0.175	31.15	—	—	—	—	—	—	31.15	778.75	
	苹果梨	47	25380	540	270	0.175	47.25	27	4.73	54	14.18	189	66.15	132.31	6218.57	
	瓜类	46.4	26559.5	572.4	213.3	0.175	37.33	21.33	3.73	42.66	11.20	295.11	103.29	155.55	7217.45	

续表

农户名	作物	种植面积/亩	实际用水量/m^3	亩均水量/m^3	灌溉定额/(m^3/亩)	执行水价/(元/m^3)	定额（实际）水费/(元/亩)	超定额用水						亩均水费/元	水费/元	灌溉水费/元
								10%以下		10%～30%		30%以上				
								水量	水费	水量	水费	水量	水费			
	玉米	32	8608	269	293.3	0.144	38.74	—	—	—	—	—	—	38.74	1239.55	
	苹果梨	26	13728	528	270	0.175	47.25	27	4.73	54	14.18	177	61.95	128.11	3330.86	
	番茄	24	13026.9	542.8	186.7	0.175	32.67	18.67	3.30	37.34	9.80	300.09	105.03	150.80	3619.24	
	玉米	23.8	7378	310	293.3	0.144	42.24	16.7	2.40	—	—	—	—	44.64	1062.32	
	葵花	20	3800	190	206.7	0.175	33.25	—	—	—	—	—	—	33.25	665.00	
	苹果梨	38	20748	546	270	0.175	47.25	27	4.73	54	14.18	195	68.25	134.41	5107.58	
	瓜类	22	12833.1	583.3	213.3	0.175	37.33	21.33	3.73	42.66	11.20	306.01	107.10	159.36	3506.00	
	小麦	27.7	16173.2	583.9	353.3	0.0255	9.01	35.33	0.90	70.66	2.70	124.61	6.36	18.97	525.33	
徐＊＊	玉米	22	6248	284	293.3	0.144	40.90	—	—	—	—	—	—	40.90	899.71	8189.65
	苹果梨	23	13064	568	270	0.175	47.25	27	4.73	54	14.18	217	75.95	142.11	3268.53	
	葵花	17	3179	187	206.7	0.175	32.73	—	—	—	—	—	—	32.73	556.33	
	玉米	17.1	4856.4	284	293.3	0.144	40.90	—	—	—	—	—	—	40.90	699.32	
	苹果梨	12	6468	539	270	0.175	47.25	27	4.73	54	14.18	188	65.80	131.96	1583.52	
	瓜类	8	4674.6	584.3	213.3	0.175	37.33	21.33	3.73	42.66	11.20	307.01	107.45	159.71	1277.71	
	葵花	15.1	2567	170	206.7	0.175	36.17	—	—	—	—	—	—	36.17	546.20	
	苹果梨	14	7532	538	270	0.175	47.25	27	4.73	54	14.18	187	65.45	131.61	1842.54	
	瓜类	18	10217.2	567.6	213.3	0.175	37.33	21.33	3.73	42.66	11.20	290.31	101.61	153.87	2769.63	

表 7.6　各户精准补贴核算表

农户名	作物	种植面积/亩	亩均水量/m^3	灌溉定额/(m^3/亩)	执行水价/(元/m^3)	精准补贴/元				
						基准水价	补贴标准	亩均补贴	补贴总额	总计
乔＊＊	小麦	13.5	580	353.3	0.0255	0.103	—	—	—	399.33
	玉米	15	270	293.3	0.144	0.103	0.041	11.07	166.05	
	苹果梨	12	464.9	270	0.175	0.103	0.072	19.44	233.28	
温＊＊	小麦	33	576	353.3	0.0255	0.103	—	—	—	2784.02
	番茄	80	630	186.7	0.175	0.103	0.072	13.44	1075.39	
	葵花	50	176	206.7	0.175	0.103	0.072	12.67	633.60	
	瓜类	70	317.6	213.3	0.175	0.103	0.072	15.36	1075.03	
樊＊＊	小麦	50.8	603	353.3	0.0255	0.103	—	—	—	1633.88
	玉米	45	267	293.3	0.144	0.103	0.041	10.95	492.75	
	瓜类	30	350	213.3	0.175	0.103	0.072	15.36	460.73	
	苹果梨	35	462.3	270	0.175	0.103	0.072	19.44	680.40	
祁＊＊	玉米	25	275	293.3	0.144	0.103	0.041	11.28	281.88	1269.48
	葵花	15	182	206.7	0.175	0.103	0.072	13.10	196.56	
	瓜类	27	420	213.3	0.175	0.103	0.072	15.36	414.66	
	番茄	28	637.4	186.7	0.175	0.103	0.072	13.44	376.39	
杜＊＊	小麦	25.5	612	353.3	0.0255	0.103	—	—	—	693.75
	玉米	25.4	268	293.3	0.144	0.103	0.041	10.99	279.10	
	瓜类	27	413	213.3	0.175	0.103	0.072	15.36	414.66	

续表

农户名	作物	种植面积/亩	亩均水量/m^3	灌溉定额/(m^3/亩)	执行水价/(元/m^3)	精准补贴/元				
						基准水价	补贴标准	亩均补贴	补贴总额	总计
樊**	玉米	15.1	276	293.3	0.144	0.103	0.041	11.32	170.87	834.52
	苹果梨	21	480	270	0.175	0.103	0.072	19.44	408.24	
	番茄	19	499.8	186.7	0.175	0.103	0.072	13.44	255.41	
马**	番茄	35.8	620.1	186.7	0.175	0.103	0.072	13.44	481.24	1041.18
	玉米	28	320	293.3	0.144	0.103	0.041	12.03	336.71	
	葵花	15	187	206.7	0.175	0.103	0.072	14.88	223.24	
陈**	玉米	29.5	280	293.3	0.144	0.103	0.041	11.48	338.66	1216.76
	苹果梨	27	487	270	0.175	0.103	0.072	19.44	524.88	
	瓜类	23	559.8	213.3	0.175	0.103	0.072	15.36	353.22	
陈**	小麦	25.8	599.3	353.3	0.0255	0.103	—	—	—	813.80
	玉米	35	340	293.3	0.144	0.103	0.041	12.03	420.89	
	葵花	13	190	206.7	0.175	0.103	0.072	13.68	177.84	
	番茄	16	556	186.7	0.175	0.103	0.072	13.44	215.08	
孔**	玉米	30.5	265	293.3	0.144	0.103	0.041	10.87	331.38	1436.32
	苹果梨	20	490	270	0.175	0.103	0.072	19.44	388.80	
	瓜类	30	528	213.3	0.175	0.103	0.072	15.36	460.73	
	番茄	19	483	186.7	0.175	0.103	0.072	13.44	255.41	

续表

农户名	作物	种植面积/亩	亩均水量/m^3	灌溉定额/(m^3/亩)	执行水价/(元/m^3)	精准补贴/元				
						基准水价	补贴标准	亩均补贴	补贴总额	总计
赵**	玉米	20.4	280	293.3	0.144	0.103	0.041	11.48	234.19	1372.44
	葵花	10	185	206.7	0.175	0.103	0.072	13.32	133.20	
	瓜类	30	530	213.3	0.175	0.103	0.072	15.36	460.73	
	苹果梨	28	522.5	270	0.175	0.103	0.072	19.44	544.32	
怀**	葵花	22	186	206.7	0.175	0.103	0.072	13.39	294.62	1109.46
	番茄	26	530	186.7	0.175	0.103	0.072	13.44	349.50	
	瓜类	30.3	524.9	213.3	0.175	0.103	0.072	15.36	465.34	
武**	玉米	14.2	273	293.3	0.144	0.103	0.041	11.19	158.94	389.30
	瓜类	15	579.6	213.3	0.175	0.103	0.072	15.36	230.36	
樊**	小麦	28.1	615	353.3	0.0255	0.103	—	—	—	905.64
	玉米	22	276	293.3	0.144	0.103	0.041	11.32	248.95	
	葵花	18	220	206.7	0.175	0.103	0.072	14.88	267.88	
	苹果梨	20	532.6	270	0.175	0.103	0.072	19.44	388.80	
杨**	玉米	35	279	293.3	0.144	0.103	0.041	11.44	400.37	2347.04
	葵花	25	178	206.7	0.175	0.103	0.072	12.82	320.40	
	苹果梨	47	540	270	0.175	0.103	0.072	19.44	913.68	
	瓜类	46.4	572.4	213.3	0.175	0.103	0.072	15.36	712.59	

续表

农户名	作物	种植面积/亩	亩均水量/m^3	灌溉定额/(m^3/亩)	执行水价/(元/m^3)	精准补贴/元				
						基准水价	补贴标准	亩均补贴	补贴总额	总计
徐＊＊	玉米	32	269	293.3	0.144	0.103	0.041	11.03	352.93	1180.99
	苹果梨	26	528	270	0.175	0.103	0.072	19.44	505.44	
	番茄	24	542.8	186.7	0.175	0.103	0.072	13.44	322.62	
朱＊＊	玉米	23.8	310	293.3	0.144	0.103	0.041	12.03	286.20	1636.39
	葵花	20	190	206.7	0.175	0.103	0.072	13.68	273.60	
	苹果梨	38	546	270	0.175	0.103	0.072	19.44	738.72	
	瓜类	22	583.3	213.3	0.175	0.103	0.072	15.36	337.87	
樊＊＊	小麦	27.7	583.9	353.3	0.0255	0.103	—	—	—	932.18
	玉米	22	284	293.3	0.144	0.103	0.041	11.64	256.17	
	苹果梨	23	568	270	0.175	0.103	0.072	19.44	447.12	
	葵花	17	187	206.7	0.175	0.103	0.072	13.46	228.89	
叶＊＊	玉米	17.1	284	293.3	0.144	0.103	0.041	11.64	199.11	555.25
	苹果梨	12	539	270	0.175	0.103	0.072	19.44	233.28	
	瓜类	8	584.3	213.3	0.175	0.103	0.072	15.36	122.86	
杭＊＊	葵花	15.1	170	206.7	0.175	0.103	0.072	12.24	184.82	733.42
	苹果梨	14	538	270	0.175	0.103	0.072	19.44	272.16	
	瓜类	18	567.6	213.3	0.175	0.103	0.072	15.36	276.44	

表 7.7　　节水奖励明细表

农户名	作物	种植面积/亩	亩均节水量/m^3	定额/(m^3/亩)	执行水价/(元/m^3)	累进奖励						亩均奖金/元	作物奖金/元	总奖金/元
						低于5%		5%～10%		10%～30%				
						水量	奖金	水量	奖金	水量	奖金			
乔＊＊	玉米	15	23.3	293.3	0.144	14.7	1.06	8.6	1.24	—	—	2.30	34.45	34.45
温＊＊	葵花	50	30.7	206.7	0.175	10.34	0.90	20.36	3.56	—	—	4.47	223.39	223.39
樊＊＊	玉米	45	26.3	293.3	0.144	14.7	1.06	11.6	1.67	—	—	2.73	122.80	122.8
祁＊＊	玉米	25	18.3	293.3	0.144	14.7	1.06	3.6	0.52	—	—	1.58	39.42	90.69
	葵花	15	24.7	206.7	0.175	10.34	0.90	14.36	2.51	—	—	3.42	51.27	
杜＊＊	玉米	25.4	25.3	293.3	0.144	14.7	1.06	10.6	1.53	—	—	2.58	65.65	65.65
樊＊＊	玉米	15.1	17.3	293.3	0.144	14.7	1.06	2.6	0.37	—	—	1.43	21.64	21.64
马＊＊	葵花	15	19.7	206.7	0.175	10.34	0.90	9.36	1.64	—	—	2.54	38.14	38.14
陈＊＊	玉米	29.5	13.3	293.3	0.144	13.3	0.96	—	—	—	—	0.96	28.25	28.25
陈＊＊	葵花	13	16.7	206.7	0.175	10.34	0.90	6.36	1.11	—	—	2.02	26.23	26.23
孔＊＊	玉米	30.5	28.3	293.3	0.144	14.7	1.06	13.6	1.96	—	—	3.02	92.01	92.01
赵＊＊	玉米	20.4	13.3	293.3	0.144	13.3	0.96	—	—	—	—	0.96	19.54	48.47
	葵花	10	21.7	206.7	0.175	10.34	0.90	11.36	1.99	—	—	2.89	28.93	
怀＊＊	葵花	22	20.7	206.7	0.175	10.34	0.90	10.36	1.81	—	—	2.72	59.79	59.79
武＊＊	玉米	14.2	20.3	293.3	0.144	14.7	1.06	5.6	0.81	—	—	1.86	26.48	26.48
樊＊＊	玉米	22	17.3	293.3	0.144	14.7	1.06	2.6	0.37	—	—	1.43	31.52	31.52
杨＊＊	玉米	35	14.3	293.3	0.144	14.3	1.03	—	—	—	—	1.03	36.04	138.98
	葵花	25	28.7	206.7	0.175	10.34	0.90	18.36	3.21	—	—	4.12	102.94	
徐＊＊	玉米	32	24.3	293.3	0.144	14.7	1.06	9.6	1.38	—	—	2.44	78.11	78.11
朱＊＊	葵花	20	16.7	206.7	0.175	10.34	0.90	6.36	1.11	—	—	2.02	40.36	40.36
樊＊＊	玉米	22	9.3	293.3	0.144	9.3	0.67	—	—	—	—	0.67	14.73	57.96
	葵花	17	19.7	206.7	0.175	10.34	0.90	9.36	1.64	—	—	2.54	43.23	
叶＊＊	玉米	17.1	9.3	293.3	0.144	9.3	0.67	—	—	—	—	0.67	11.45	11.45
杭＊＊	葵花	15.1	36.7	206.7	0.175	10.34	0.90	20.67	3.62	5.69	1.49	6.02	90.84	90.84

2019年度农业用水精准补贴和节水奖励凭证

用水户姓名：乔**　　联系方式：***

隶属用水合作组织：巴彦套海农场　　所在村镇：八分场

计量点：乔**1；2；3　　种植作物：小麦；玉米；苹果梨　　灌溉定额：353.3；293.3；270m³/亩

灌溉面积：13.5；15；12亩　　灌溉水量：7830；4050；5579.2m³　　亩均灌溉水量：580；270；464.9m³

执行水价：0.0255；0.144；0.175起元/m³　　亩均水费：18.7；38.88；47.25元

已缴水费总额：2108.84元　　补贴作物：玉米；苹果梨　　补贴标准：0.041；0.072元/m³

精准补贴总额：399.33元　　奖励作物：玉米　　奖励标准：0.072起元/m³

亩均节水量：23.3m³　　节水奖励总额：34.45元/m³　　用水合作组织法人：______

确认日期：2019年12月25日

图 7.4　乔＊＊2019 年度农业用水精准补贴和节水奖励凭证

第 8 章 农业水价改革基层能力建设

为加强基层水利公共服务和管理，根据自治区水利厅、编委办、财政厅印发《内蒙古自治区关于加强基层水利服务体系建设的指导意见》（内水农〔2013〕131 号）和《巴彦淖尔市关于加强基层水利服务体系建设的实施方案》（巴政办发〔2013〕98 号）精神，按照临河区的文件进一步健全完善基层水利服务站要求，积极推进基层水利服务站和农民用水户协会规范化建设，按照“政府引导、农民自愿、依法登记、规范运作”的原则，以规范和提高协会的管理运行能力为目标培育农民用水户协会，使协会在建设社会主义新农村过程中真正成为“民建、民有、民管、民受益”的自治组织。

8.1 农业水价改革基层能力建设顶层设计

8.1.1 指导思想

深入贯彻党的十八大和十八届三中全会精神，全面落实中央关于水利改革发展的决策部署，以明确工程产权为核心，以保障农民群众的合法权益为根本，落实管护主体和责任，放开建设权，转换经营权，积极探索社会化和专业化的多种工程管理模式，充分调动广大农民群众和社会各界参与小型水利工程建设和管理的积极性和创造性，发挥好小型水利工程效益，提高农业综合生产能力，促进全区农村经济的持续、快速、健康发展。

8.1.2 目标任务

在政府引导，群众推选的基础上成立农民用水户协会。协会具体管理目标有：在全面调查核实全区现有小型水利工程的基础上，通过用水合作组织管理、委托管理、承包、租赁、股份合作、拍卖等多种管理方式，建立起产权明晰化、投入多元化、服务社会化、适应社会主义市场经济体制和农村经济发展要求的工程管理体制和良性运行机制。使小型水利工程产权得到明晰、经营方式得到搞活、管理责任得到落实、安全运行得到保障、管理水平得到提升，做到建、管、用相一致，责、权、利相统一。

8.1.3 基本原则

（1）坚持责权一致，有机统一的原则。实行“谁投资、谁所有，谁受益、谁负担”，处理好责、权、利的关系。

（2）坚持因地制宜，分类指导的原则。一切从实际出发，不搞“一刀切”，宜包则

包，宜卖则卖，宜租则租，宜股则股，处理好改革、发展和稳定的关系。

(3) 坚持尊重民意，维护权益的原则。广泛征询农民意见，实行民主决策，使改革真正做到公开、公平、公正，处理好、维护好农民根本利益和经营者积极性的关系。

(4) 坚持政府扶持，民办公助的原则。充分发挥好村级公益事业建设“一事一议财政奖补”政策的引导作用，处理好政府投入和受益农民投资投劳参与工程建设、管理及改革的关系。

(5) 坚持统筹发展，持续利用的原则。统筹规划和协调城乡水利发展和改革，加强水资源的统一管理，确保防洪、供水和生态环境安全，处理好水资源开发利用和节约保护的关系。

(6) 坚持尊重历史，照顾现实的原则。对在本区范围内跨乡镇、农场村组的人饮工程、农田灌排工程，在改革过程中保持原现状不变。

8.1.4　农民用水者协会顶层设计

我国的行政层级：由中央、省、市、县（区市）、乡（镇）五级组成。其中乡和镇是最末一级的基层行政建制组织。乡镇下面的村组行政管理多为群众推选的、松散管理单元。水利工作的根基在基层，服务对象在基层，政策落实更要靠基层。基层水利是水利事业的基础力量和重要组成部分。基层水利是现代农业建设不可或缺的基础条件，是农村社会经济发展不可替代的基础支撑，是农村水生态环境改善不可分割的保障系统。基层水利工作事关农业农村发展、新农村建设和现代农业建设，事关防洪安全、供水安全、国家粮食安全，影响经济社会发展全局。

农民用水者协会成立之前，农村的水利工程通常为由农村集体组织管理。1986 年劳动人事部、水利电力部颁发了《基层水利、水土保持管理服务机构人员编制标准（试行）》，对乡镇水利站的建立方式、健全农村水利服务体制以及乡镇水利站的权属、职责和编制等进行了规定。

从此，乡镇水利站在我国广大农村以正式机构的形式逐步设立，大部分乡镇都组建了以水利站为主要形式的基层水利服务体系，有力地推进了农村水利的开展，扭转了农村水利工程管理失控的局面。

随着工业化、城镇化深入发展以及气候变化影响，我国水利面临的形势更趋严峻，迫切要求增强城乡防洪保安、防灾减灾能力，强化水资源管理、节约、保护及优化配置工作，加强水环境治理和农田水利基本建设等，加快扭转农业主要“靠天吃饭”的局面，做好为“三农”服务工作。加快水利建设刻不容缓。

在此背景下，全国逐步推行了农民用水者协会来进行农村的水利工程管理、灌溉农业用水的收缴，配合水管单位完成全年的供水管理。2008 年河灌总局关于加强河套灌区农民用水者协会能力建设的实施意见的通知，要求全面加强群管组织能力建设，切实提高协会的综合服务能力，逐步建立符合灌区农业经济发展要求的供水管理体制和水费计收机制，规范农村末级渠系用水管理，提高供水效率，减少农民用水支出，促进节水增效。

根据农民用水者协会的职能，梳理出协会的主要工作内容。

(1) 建立主要技术装备操作规程及其检查维修保养管护的设备管理制度、固定资产登记制度。设置专用设备保存室，明确管理人员，做好日常管护、使用记录，确保正常使用。

(2) 建立档案管理制度。设立专用档案室或专用档案柜，明确档案管理人，做好档案收集、分类，排列和整理工作，定期整理、汇编。档案主要包括：水利管理规章制度，辖区内工程设施资料，农田水利工程建设、管理、维修养护资料，水利项目申报、设计、实施、验收等文件材料，技术设备采购、使用养护记录等，固定资产资料，合同协议，人事管理资料，其他有利用和保存价值的文献资料等。

(3) 建立财务管理制度。对于财务独立的机构，应配置财会人员，并按财务管理要求设置财务室。

(4) 编制办事指南，公布服务内容、服务电话。

(5) 编制图文并茂知识单/册，开展农业用水的宣传活动，扩大影响，营造全社会重视支持的良好氛围，积极主动配合县级水行政主管部门、乡镇政府做好基层水利工作，发挥自身应有作用。

8.2 临河区农民用水者协会管理概述

临河区辖9个乡镇，2个农场，151个行政村，在民政部门登记注册的农民用水者协会有68个。全区总灌溉面积221.4万亩。由农场、行政村社直管的灌溉面积约占70.4万亩，占总灌溉面积的32%。在协会框架下管理的灌溉面积约占151万亩，占总灌溉面积的68%。(其中，以渠域为边界的标准化协会管理的灌溉面积约占80万亩，在协会框架下实际由村级管理的灌溉面积约占40万亩，在协会框架下实际由个人承包管理的灌溉面积约占10万亩，在协会框架下斗渠长负责制管理的灌溉面积约占21万亩)。通过农民用水者协会的管理，基层水利建设取得了显著的效果。

(1) 理顺了管理体制，规范了用水管理，提高了灌溉效率。农民用水者协会的组建，基本实现了支斗渠由农民自己使用、自己管理，乡村监督协调，水管单位延伸服务的目标。例如临河区新华镇正稍灌域旧东渠农民用水者协会，成立于2003年，辖灌溉面积6.5万亩，涉及5个行政村，29个村民小组，53条直口渠，多年来一直存在灌水困难、灌溉秩序混乱、水费收缴难的问题。2005年，在新华镇政府和正稍管理所的统一协调下，由水管单位工作人员出任会长，各行政村管水负责人参与管理，53条直口渠实行轮灌，每条渠都有专人负责，农民按计划、按时间淌水，节省了大量的守水时间，农户灌完后，管理人员及时关口，杜绝了水量浪费现象，用水周期比以前缩短3天。

(2) 统一了水费标准，规范了收缴行为，有效杜绝了搭车收费和乱收费现象。“两费合一，一票到户”水价政策实施，形成了一个统一按方收费的供水价格标准，改变了过去水费收缴环节多、用水交费不透明的状况，杜绝了搭车收费和乱收费的漏洞，群众交费积极性明显提高。

（3）按实灌面积收费，促进了水费公平负担，增强了群众节水意识。过去灌区大部分支斗渠实行的是按农业计税面积确定水费基数的收费办法，农民交费多少与实际面积不挂钩。农民用水者协会成立后，逐步实施按实灌面积负担水费，体现多用水多交费、少用水少交费的公平原则。如临河区双河镇永丰支渠农民用水者协会，过去申报的配水面积是 6746 亩，组建协会后，在双河镇政府大力支持下，开展了灌溉面积核实工作，经农民申报、张榜公布、实地复核、登记造册、用印签字等程序，反复多次“挤出”瞒报面积 4277 亩，使水费分摊灌溉面积达到 11023 亩，并落实到户，当年农民亩均承担的水费由过去的 43 元/亩下降到 26.5 元/亩，彻底解决了用水交费不公和水费虚高的问题。

（4）减少了水事矛盾，改善了干群关系，促进了基层民主政治和社会和谐。例如乌兰图克镇的甜菜区协会，原来由乡村直接管理，转变为乡村监督下的协会管理，把乡村干部从繁杂的用水矛盾中解脱出来。用水协会由于实行民主自治，化解了许多水事矛盾，为稳定灌区灌溉秩序和实现抗旱保灌的目标发挥了积极的作用；同时也改善了干群关系，增进了农村社会的和谐建设。

（5）因地制宜在协会管理框架下采取多种灌溉管理模式并存。目前我区的灌溉管理模式有四种：一是以直口渠道为单元的协会管理，二是以行政村为单元的协会管理，三是以直口渠为单元的承包制管理，四是以斗渠为单元的斗渠长负责制管理。通过多元化管理，实现了因地制宜、自主、灵活的管理方式。

8.3　农民用水者协会管理办法

在临河区水务局及管理所、段的指导下，加强农民用水者协会规范化建设，保障协会健康运行和发展，保护用水户权益，促进用水民主管理，形成了农民用水者协会管理办法。

8.3.1　协会的性质、目标任务

（1）协会性质。协会由农民用水户代表大会民主选举产生，是不以营利为目的的社会团体，其主体是广大用水户，宗旨是“民建、民管、民受益”。

（2）目标任务。协会的主要任务是确立一个《章程》，开好两个会，建好三本账，做好四项工作，当好五大员，健全完善六项管理制度。即确立《农民用水户协会章程》；开好年初用水量分配计划、水费计收及工程维护计划和年底财务决算用水户代表大会；建好土地台账、水量账、财务账；做好灌排管理、工程管理、水费收缴管理和测流量水的共测互监工作；当好政策法规的宣传员、工程维修的施工员、管水配水的组织员、水费收缴的管理员、水事纠纷的调解员；健全完善岗位责任制度、灌排管理制度、工程管理制度、测流量水制度、水费收缴制度、财务管理制度。

8.3.2　协会的组建、规范、整合

（1）健全民主选举制度，实行任期目标管理。

1）根据水法律、法规及国家有关政策，全面落实协会各项规章制度。

2）协会章程必须经用水户或用水户代表大会通过。协会执委会成员要在尊重多数用水户意愿的基础上，由用水户或用水户代表大会民主选举产生，各镇（办）、水管部门协助把关。

3）协会管理人员要根据灌溉面积进行配备。灌溉面积在1万～2万亩的一般不超过3人，灌溉面积在2万～3万亩的配备3～5人，灌溉面积在3万～4万亩的配备5～7人。

4）协会在建设和管理中，要有意识地发现和培养妇女骨干，充分调动农村妇女参与的积极性，鼓励妇女在协会中发挥作用。在协会的会员、执委会以及监事会中，原则上要安排一定比例的妇女代表。

5）协会实行任期目标管理，每届任期5年。因特殊情况需提前或延期换届的，须经执委会表决通过、行政主管单位审查、社团登记管理机关批准。协会执委会成员的罢免、连任，按照协会章程由同届用水户代表大会表决通过。

（2）规范完善协会的监督机制。

1）监督机构的设置要以协会辖区水文边界为单元，按协会平行的村级行政机构设置监事会，并与协会执委会一并选举产生。对独村联户的小型渠道，根据用水户的意愿组建水事监督小组；对跨行政区域的渠道，要在广泛征求辖区用水户意见的基础上，由镇（办）负责组织建立监事会，并经用水户或用水户代表大会通过。

2）各镇（办）要明确一名领导，专门负责协会和监事会的监督指导工作，每年至少开展一次监督检查工作。

3）各镇（办）水管站要帮助协会制定中长期发展规划，健全完善选用人机制，严把协会的选人关，做好协会与国管供水部门之间协调工作。

（3）强化协会的注册登记和年检审验工作。

1）协会的业务主管单位是区水务局，行政主管单位是当地镇人民政府。各镇（办）水管站要加强督促和指导，帮助协会开展工作。

2）已经组建的协会或已经开征群管水费的群管组织，要尽快按要求进行规范整合，当年必须依法到民政部门注册登记，并设立账户，刻制印章，完善协会管理制度；注册的协会，在一年运行结束后，由镇（办）水管站统一组织报请民政部门，按要求进行年检审验。

3）协会年检审验时需提交镇（办事处）政府出具的协会年度综合评价、年度财务审计报告，提交2名以上协会工作人员的年度专业知识培训记录。

4）对乡村指派成立、村民不认可、没有经过民主选举及运行过程中不执行有关政策的协会，要在镇（办事处）政府的监督下坚决进行改选；对跨行政区域的协会，各镇和各村民委员会要加强沟通协调，帮助指导协会开展工作。

（4）建立健全学习培训机制，提高协会管理人员业务素质。

1）水务局负责制定培训计划，落实培训地点，编制培训教材，组织培训师资，建立培训档案。每年安排学习培训不少于两次。每个协会每年至少有两人参加集中学习培训，培训合格后由水务局颁发培训结业证书。

2）水务局要积极协调有关部门加大对协会培训的支持力度，协会要从群管水费中

落实一定的培训资金，确保形成学习培训的长效机制。

8.4　群管水费计费标准及收缴办法

8.4.1　协会群管水费的构成内容

（1）协会群管人员管水期间的工资补贴。

（2）协会群管工程日常维修养护费、大修理费、抢险费、支渠及支渠以上群管渠道清淤费。

（3）协会灌溉及水费计收业务费（群管测流量水、量水设施维修更新、防洪巡堤、闸坝看护、水费计收业务费及业务培训等）。

（4）管理费（群管组织的办公费、交通补贴费、通信补贴费、取暖费等）。

8.4.2　认真落实末级渠系终端水价制度，建立合理的水价形成机制

群管水费的收取标准必须经用水户或用水户代表大会通过，按照不超过国家物价部门审批的标准执行（现行价为支渠每方 0.97 分，斗渠及斗渠以下每方 0.88 分，不分指标内外用水进行计收）。如颁发新的水价标准，则按新标准执行。

8.4.3　灌溉水费收缴采用预收水费制度

灌域管理局负责对本灌域内农业灌溉水费分摊；各乡镇、农场是灌溉预收水费分摊到户的主管部门；临河区水务局负责全区灌溉水费分摊的监督工作。

（1）灌域管理局下达全年灌溉预收水费任务时，应将下达各管理所的预收水费情况以书面形式抄送临河区水务局备案。

（2）各管理所、段向我区基层灌溉管理组织下达预算预收水费任务前应与涉及乡镇（农场）沟通会商，下达的指标任务以书面形式抄送乡镇（农场）水管站备案。

（3）基层各群管灌溉管理组织向广大用水户分摊水费时，必须经乡镇（农场）水管站审核批准，建立预收水费台账，明细到用水户面积，亩均水费和总水费额，收缴之前要张榜公布，收缴时必须开具临河区水务局统一监制的农业灌溉预收水费票据。

8.5　协会群管水费的使用管理

8.5.1　群管水费支出的原则

（1）协会管理人员工资补贴标准：协会会长每年工资不超过 6000 元，副会长、会计年工资不超过 4500 元，其余人员年工资不超过 3000 元（对灌溉面积 1 万亩以下的斗农渠道，管理人员设置 1～2 人，年工资不超过 3000 元），如出台新的工资补贴标准，则按新标准执行。

（2）群管工程日常维修养护费、大修理费、抢险费、渠道清淤费 1000 元以上的支出，经用水户代表大会或监事会同意，报镇（办）水管站备案，按节约高效的原则使

用。对于按间隔年限提取的渠道清淤费要专账管理，专款专用，不得挪用。

(3) 协会灌溉及水费计收业务费支出原则上不能超过群管水费总额的8%，协会管理费支出原则上不能超过群管水费总额的20%，支出计划安排在监事会监督下，报镇（办）水管站备案，支出如有大的突破，必须经用水户代表大会通过，报镇（办）水管站批准，否则视为违规。

8.5.2 群管水费各类支出的报销办法

(1) 群管人员管水期间的工资补贴经用水户代表大会和监事会通过，并报镇（办）水管站备案，以工资表的形式发放。

(2) 群管工程日常维修养护费、大修理费、抢险费、灌溉及水费计收业务费和管理费等开支中的外购商品或服务，以发票报销；人员误工补贴、交通补贴、通信补贴等以造表的形式发放；会议开支以会议费的形式报销。

(3) 对于群管水费支出中形成的固定资产必须按固定资产上账管理。

8.5.3 群管水费使用的报销程序

(1) 协会每年年初要对群管水费的开支使用作出书面预算报告，经用水户代表大会通过，由镇（办）水管站和监事会审核签字后，方可启动报销程序。

(2) 协会要对群管水费按国家财务法律法规设专账管理，会计、出纳人员分设，财务印鉴分别保管。群管水费的原始开支单据，由监事会审核签字后，协会自行保管。年度末，协会要将群管水费收支情况在用水户代表大会或村民大会上公布。

8.6 群管水费的监督管理

(1) 群管水费实行公开公示。在全年灌溉工作结束后，各管理所、段将各直口渠道实用水量和灌溉水费的决算情况通知给各所涉及乡镇水管站和基层各用水灌溉管理组织、协会、行政村。然后在乡镇、农场水管站的监督下对所辖区域内每个农户的水费进行详细的核算，做到长退短补、造册登记、张榜公布。

(2) 各乡镇、农场水管站要将本辖区的各灌域、各渠道、各行政村、各村民小组的全年预算、决算水费，按照时段及时、准确地报送给临河区水务局备案备查。

(3) 按照临河区政府的统一安排部署，财政、水务、经管等相关部门，会同乡镇、农场要对灌溉水费的分摊到户工作按照各乡镇、农场报送的备案资料，采取定期不定期突击检查，确保临河区广大农户的灌溉权益得到保障。

(4) 对于恶意拖欠灌溉水费的农户，各级各部门各乡镇农场要加强协调配合，采取强有力措施加大灌溉水费的清欠力度。

(5) 各镇（办）要切实抓好对协会群管水费的监督审计工作，确保群管水费的各项支出合理合法，年底审计结束后，做出审计报告。区经管局要会同相关部门对协会群管水费的使用情况，进行定期不定期的抽查审计，发现有挤占、挪用、贪污群管水费的违法行为，要严肃查处，直至追究刑事责任。

8.7　农民用水者协会管理存在问题

近年来，临河区农民用水者协会在管理、运行过程中，不同程度出现了一些新矛盾和新问题，主要原因是水费收缴困难，协会运转经费难以保障，协会工作人员工资待遇低，积极性不高，作用发挥不强。我区农民用水者协会由 2013 年的 81 个减至现在的 68 个，有 13 个协会解散倒闭。目前，只有 41 个协会能够发挥作用，占协会总数的 60%；属于半瘫痪状态的协会有 27 个，占协会总数的 40%；能够正常运行的协会也是举步维艰，困难重重。主要表现在以下几方面。

（1）水费收缴难。一是个别地区水费分摊面积不实，造成亩均水费虚高，亩均水费少的渠道 60～70 元，亩均水费高的渠道 110 元左右，一些农民抵触情绪大。二是近几年水费由于种种原因逐年上涨，基层用水户反响强烈，有些恶意拖欠水费的顽户煽动农民集体抗费，造成水费拖欠呈蔓延态势，拖欠水费农户数量逐年增加。近三年，农户拖欠水费达 609 万元。三是有些地方水征业务费不能足额返还，收费人员得不到应有的报酬，收费积极性受挫。四是测流工作受管理模式、技术力量、设备数量、人员素质的制约，使广大用水户对水量测流数据抱有不信任和怀疑的态度。导致对水费决算产生质疑，影响了交费积极性。五是一些渠道工程设施简陋，建筑物老化失修，特别是支一级渠道，建筑物破损严重、投入不足，造成跑漏水现象频发，渠道管理难度大，影响到了水费的收缴。

（2）水费清欠难。经过多方协调，法院基本上能接受水费欠账诉讼。但是，以协会为诉讼主体对用水户欠费进行起诉执行异常艰难：一方面协会负责人都是常住本村的本地人，他们不愿意得罪人；另一方面由于起诉主体的不明确和程序的不完善，即使起诉了欠费户也执行不下去，有些用水户反过来和协会、村社、乡镇打官司告状。再一方面法院在执行欠费工作方法上大多采取诉调对接、审执分离的形式，起诉执行周期长，造成欠费户应交水费不能及时清欠足额收缴，给其他按时足额交费的农户造成负面影响。还有一方面原因是清欠对象欠费数额小，法院不愿执行，加之执行费用高，协会也不愿起诉。种种原因导致清欠水费困难重重，欠费户数逐年增加，协会工作人员产生强烈畏难情绪，时有撂担子、解散协会的现象。

（3）群管水费落实难，协会运转困难。一是有些渠道国管水费和群管水费不能一齐下达一齐收取，农民只认国管水费，不认群管水费，造成群管水费欠费额增加。就拿临河区新华镇来说，2014 年下达群管水费 95 万元，实际收缴 43 万元。二是群管水费抵顶了国管水费。农民用水协会为了能够按时放口开灌，足额缴够国管水费，只能将农户所欠国管水费用收缴回的群管水费抵顶，致使大量的水费欠在了协会里，增加了协会正常运行经费的缺口，临河区近三年群管水费抵顶额近 360 万元。三是协会采取民间借贷等形式上缴国管水费。协会为了按照管理所、段的要求时限完成水费上缴，在民间担负利息借款上缴水费，每年产生一定数量的借款利息，增加了协会运行成本，临河区协会近三年贷款上缴水费达 400 万元。四是协会管理人员工资偏低。临河区大部分协会工作

人员工资仍是按照市里下发的文件标准要求执行的，协会会长年工资在 5000 元左右，协会管理人员的待遇低，影响了工作积极性，制约了协会的进一步发展。五是水事矛盾难解决。特别是水利工程差、输水能力不好的渠道，淹地事件时有发生，一旦发生淹地事件，大额的赔偿费用协会难以承担，严重的甚至导致协会解散。

（4）水费任务下达晚，影响到了基层用水组织整体工作安排。近几年，由于水费调整政策出台相对晚一些，导致预收水费指标下达相应向后推迟。这样的后果如下：一是国家粮食补贴等资金下发完备后，才开始收缴水费，农户手中生产资金紧缺，增加了收取的难度。二是水费不能按时上缴，影响到了渠道的按时开口。

（5）水费收缴没有统一正式票据。水费的收缴方式不统一，有的使用花名册分摊收缴；有的用简单的收据收取；还有的只是简单地记录在一张纸上，这样就容易造成搭车收费。比如管渠人员工资、挖渠费用、维修建筑物的费用等等捆在一起收缴，这种现象存在普遍性，给社会上造成的假象是水费较高。

（6）城郊地区大量采集地下水，造成周围农民水费负担过重。市里的自来水厂，城区建筑物地下降水，分布在临河区城关、曙光、临河农场几个乡镇农场周围，导致这些地方地下水位逐年下降。另外，由于这些地方每年征地多，而用水量不降反增，相应的水费也在大量增长，亩均水费负担过重。

8.8 农民用水者协会管理应对建议

（1）水费收缴要规范程序，依法加强收缴力度。一是全灌区要统一明确水费上缴时限和上缴比例。不要任意提前加码催缴水费，避免用水协会承担不必要贷款产生的利息负担。二是供水部门要加大水价政策的宣传力度，使水价政策在用水户中提高知晓率，避免一些别有用心的人掌握一些一知半解的水价政策断章取义，煽动闹事。三是供水部门在水费收缴上多做一些延伸服务性工作，对一些欠水费多的村社给予帮助共同收缴水费，运用我们掌握的水价政策多做些耐心细致的解释工作。四是基层用水组织在灌溉期间上缴预收水费要明确一个百分比。全部要求百分之百上缴不客观，可否要求在 95%，水费决算时长退短补，否则年终决算时退库额过大，容易引起一些不必要的争议。对基层预收水费上也可把握在 95%，作为一个考评标准，进行奖惩。五是切实加强灌溉面积的核实工作，确保各地区、各渠道之间亩均水费均衡、公平、公正、公开。六是农民用水户组建协会参与灌溉管理应当是大力支持推广的一种模式。但单靠协会和用水户是无法圆满完成灌溉管理和收费任务的，必须依靠河灌总局执法部门和各级政府强有力的行政推动以及各灌域管理局的密切配合才能取得成效。建议成立专门的水事法庭或与银行部门沟通协调将恶意拖欠水费事件纳入个人信用黑名单，通过多种措施加大对恶意拖欠水费的打击力度，促进农户及时缴费。

（2）多方投入，加强基层水利组织的能力建设。一是田间供水群管组织可多种形式并存，在我区适宜采取的形式：①用水户协会的形式，通过民主选举的用水户协会，在跨乡镇、跨村组的渠道上发挥的作用非常显著，比如乌兰图克镇的甜菜渠协会、狼山镇

的西渠协会、干召庙镇的乌兰渠协会就是很好的例证。通过用水户协会，可实现民主管理，科学调水，节约化运行，能够解决基层许多水事纠纷。②协会下的村级组织管理形式，这种模式可用社团法人依法清欠，也可依靠村组织力量加大水费收缴力度。③渠长负责制形式，这种模式对一个社用水的分管直口渠道非常适用。管理费用低、水量调配灵活，水事矛盾少。④承包制形式，这种模式有很多弊端，但在我区的八一、城关许多渠道多年的运行中，也发挥着积极的作用，农民认可。承包制这种模式政府不提倡、不扶持。二是各级政府在农民用水户协会建设上要加大投入力度。出台一些好的政策，争取一定的资金帮助，培训一支业务素质高的队伍，建成一批民主化、科学化的用水户协会，在基层管水队伍中起到引领带动作用。三是水费征收业务费要足额返还。各管理所、段不要截留，可否考虑过去 5% 的返还比例，分别返还到乡镇水管站，用于加强职能建设；返还到协会，用以补充协会经费不足；返还到收费人员手中，提高收费积极性。

（3）水费指标要及早下达。预收水费指标下达时间要在农民种粮补贴款和银信部门涉农贷款发放前下达，这样便于水费的收缴。

（4）水费要开票到户。一是水费预收要有规范的程序，做到公开、公正、透明，国管水费与群管水费一齐下达收缴，以保证用水户协会必要的运行经费。二是水费决算要开票到户，避免层层加码，搭车收费，实现阳光收费。

（5）加强对城郊取用地下水单位的管理。一是对城郊一些单位取用地下水严格执行行政许可，遏制地下水位下降势头；二是建立取用地下水造成周围农户水费负担重的补偿机制。补偿标准根据实际情况而定。

（6）建立健全测流量水监督机制。对共测互监的制度要进一步完善，使测流简单易操作，非专业人员一看就明白，努力使农民趟上放心水、交上明白费。

第 9 章
农业水价改革国民经济效益评估

建立国民经济效益评估指标是农业水价改革的重要内容。近几年来，国内学者在农业水价改革方面进行了广泛的研究。例如，李婷等人构建了湖南省农业水价改革国民经济效益评价体系，并提出了一种熵权模糊综合评价模型，进行合理的评价；陈菁等人从节水、经济、社会、生态等方面建立了农业水价综合改革效果评价体系，并对实施效果进行评价；陈惠敏从效益评估基本理论出发，在公共政策效益评估方法的基础上，对农业用水定价政策国民经济效评估取得的研究成果进行论述。目前，农业水价改革主要是在体制机制方面的总结与研究，在经济效益指标体系方面的研究尚不多见，相关的评估研究可为农业水价改革国民经济效益指标体系建立提供科学的借鉴意义。

9.1 理论基础

9.1.1 国民经济评价的意义

国民经济评价是站在国家或全社会的角度，考察项目的费用和效益，应用国民经济评价参数分析和计算项目对国民经济的净贡献，考察评价项目的经济合理性和可行性，以使社会资源得到最优配置。国民经济评价在实质上就是一个最优化问题，是以国民经济净收益为目标函数，以国家可利用资源的合理配置为约束条件的最优化问题，目的是使项目对国民经济的净贡献达到最大。

国民经济评价的意义主要体现在如下方面。

（1）国民经济评价是对国家资源进行合理配置的需要。任何一个国家的资源都是有限的，例如土地、劳动力、资金。一种资源投入用于某一种用途，必将引起其他方面用途对这种资源的使用量的减少。在将这种有限的资源分配到社会经济发展的各种用途时，应力求合理，以求使其对国家的基本目标贡献最大。项目就是投入一定的资源，从而提供一定量的产出。国民经济评价就是要分析项目各项投入及产出对国民经济的影响，以项目对国民经济的净贡献作为项目取舍的依据，从而选择对国民经济最有利的项目。

（2）国民经济评价是科学投资的需要。国民经济分析和评价是从国家的角度（即宏观角度）出发考察项目的效益和费用，有利于引导投资方向和规模，促进和抑制某些行业或项目的发展，避免某些项目的重复和盲目建设，促进国家资源的合理配置。

（3）国民经济评价是真实反应项目对国民经济净贡献的需要。有些项目的投入物和产出物的市场价格并不能够准确地反映项目建设给国民经济带来的效益和费用。国民经

济评价通过对其进行价格调整，使其较为真实地反映资源的真实价格，以此调整后的价格来计算项目的效益和费用，全面合理地反映项目的国民经济净贡献，真实地反映出项目对国民经济的影响。

9.1.2　项目国民经济评价理论的发展

9.1.2.1　国外国民经济评价理论的发展

在 20 世纪 30 年代经济大萧条时代之前，西方国家主流经济学信奉自由放任的经济学说，并认为政府的主要职务是维护社会秩序，提供少数不可缺少的公共设施和服务。因此，只考虑投资项目的财务评价，不存在政府投资和公共项目的社会效益问题。经济大萧条时代，随着西方自由放任体系的崩溃，许多西方国家政府开始认识到政府在市场经济中的作用，开始重视通过运用新的财政政策、货币政策和公共建设工程来挽救经济。此后，各国政府在经济重建中运用了各种政府行为来控制经济事务，已达到动员人力物力来实现国家既定目标。从 1968 年开始，《发展中国家工业项目分析手册》《项目评价准则》和《项目经济分析》等几个重要的项目评价著作相继出版，并将收入分配、就业等社会发展目标引入了费用效果分析，这种新的项目分析方法称为社会费用效益分析。美国城市轨道交通管理局在 1976 年制订了项目评价准则，并在 1978 年和 1984 年进行了两次修改，引入了福利经济学的概念，将有关标准合成了一个综合指标。1986 年对该评价准则进行了第三次完善，增加了乘客支付意愿的评价标准，对成本和效益指标进行了标准化，加强了对需求预测的检查和限制。1977 年联合国工发组织和阿拉伯国家工业发展中心联合编制了《工业项目评价手册》。该手册在考虑了经济增长目标的同时，也设置了社会评价指标，并在阿拉伯国家得到了广泛应用。1978 年，法国发表了《项目经济评价手册——影响方法》，该方法考虑了项目的投入对国民经济的影响、项目产出对国内各部门收入分配的影响，以及不同收入差别引起的供求变化。原西德联邦政府于 1985 年颁布了《运输建设项目投资的宏观评价》，这项手册在交通运输建设方面的投资评价中得到了广泛应用。日本在 1997 年开始采用费用效益分析对轨道交通进行经济社会评价，并在 1999 年进行了修改，主要从社会经济效率的角度来分析项目的费用和效益、效果。运用消费者剩余原理，分别计算项目的利用者、供给者的效益以及环境影响等外部效益，之后再与项目投资费用进行比较，以此来判断项目的效率。

9.1.2.2　国内项目国民经济评价理论的发展

我国对投资经济效果理论的研究始于 20 世纪 50 年代末“一五”期间，在计划工作、基本建设和企业管理中应用的是苏联引入的技术经济论证法。直到 70 年代末，我国又引进了“可行性研究”和项目评价的理论方法。在多年的应用和发展之后，国家计委于 1983 年 2 月颁发了《关于建设项目进行可行性研究的试行管理办法》第一次对进行可行性研究的建设项目编制范围、可行性研究报告的编制程序、项目经济评价所包含的内容、可行性研究报告的预审和复审等方面做出了系统的规定。铁道部于 2018 年颁布了《铁路建设项目可行性研究试行办法》和《铁路建设项目可行性研究经济评价试行办法》这两项办法，由此推动了铁路建设项目经济评价工作的开展。1987 年 10 月，国

家计委正式颁发了《建设项目经济评价方法》《建设项目经济评价参数》《中外合资经营项目经济评价方法》和《关于建设项目经济评价工作的暂行规定》四个文件，这些文件在经济评价工作的管理、经济评价的程序、方法、指标等都作出了明确而系统的规定和说明，并第一次发布了经济评价各类国家级参数，在评价的基础理论和方法方面进行了必要的阐述。《建设项目经济评价的方法与参数》的颁布填补了我国在建设项目经济评价方法方面的空白。1989 年国家计委综合运输研究所研究编写了《运输建设项目经济评价办法》，主要介绍了费用效益分析法。1993 年由国家计委与建设部联合发布了《建设项目经济评价方法与参数》(第二版)，该办法对建设项目的经济评价方法和参数进行了进一步修正。2006 年 7 月由国家发展改革委和建设部以发改投资〔2006〕1325 号文印发《建设项目经济评价方法与参数》(第三版)，并且要求在投资项目的经济评价工作中使用。2008 年 12 月，住房和城乡建设部共同颁发出版了《市政公用设施建设项目经济评价方法与参数》。2019 年 10 月，住房和城乡建设部和交通运输部颁布了《公路建设项目经济评价方法与参数》。我国建设项目经济评价方法正在实际应用中不断改进，参数也在不断修正，以上关于建设项目经济评价方法与参数的文件为我国建设项目经济评价提供了理论依据。

9.2 评估方法

9.2.1 评估方法

农业水价综合改革涉及各方面的利益，改革能否顺利实施，在构建农田水利良性运行机制、节约农业用水，维护国家粮食安全等方面具有重要的意义，因此，需要采用适当的方法去分析和评估。目前，主要的综合评估方法包括以下几种：层次分析法、专家系统法、模糊综合评价法、包络分析法等。考虑到农业水价改革效益评估的各因素之间具有一定的相对性和不确定性，综合考虑因素特征，本文决定采用模糊综合评价法进行评估。模糊综合评价法是综合考虑多种影响因素的前提下，运用模糊数学工具对评价对象进行综合评估的方法。该方法可以较好地处理综合评价中的模糊性，具有模型简单、计算简便、易于掌握等优点，适宜对评价因素繁多、结构层次复杂的对象系统地进行综合评估。

其主要评判步骤包括以下六点。

(1) 选取评价对象的因素论域。选取 p 个评价指标，$U=\{u_1, u_2, \cdots, u_p\}$。

(2) 确定评语等级论域。确定评价等级：$V=\{v_1, v_2, \cdots, v_p\}$。每一个等级对应相应的模糊子集。

(3) 建立模糊关系矩阵 R。量化被评价因素 $u_i(i=1, 2, \cdots, p)$，即确定评价对象的单因素所对应等级的模糊了集的隶属度，从而得到评价对象的模糊关系矩阵 R：

$$R=\begin{bmatrix} R| & u_1 \\ R| & u_2 \\ \vdots & \vdots \\ R| & u_p \end{bmatrix}=\begin{bmatrix} r_{11} & r_{12} & \cdots & r_{1m} \\ r_{21} & r_{22} & \cdots & r_{2m} \\ \vdots & \vdots & \ddots & \vdots \\ r_{p1} & r_{p2} & \cdots & r_{pm} \end{bmatrix}_{pm}$$

其中，r_{ij} 表示矩阵 R 中第 i 行第 j 列元素，表示评价对象从因素 u_i 来看对应等级 v_i 模糊子集的隶属度。

（4）确定评价因素的权重。确定各项评价因素所占的权重 $W=(w_1, w_2, \cdots, w_{pi})$。文章选取相关方法，一般采用层次分析来确定各项评价因素间的相对重要性的次序。从而确定指标权重，并且在合成之前归一化。即

$$\sum_{t=1}^{p} w_i = 1, i \geqslant 0, i = 1,2,\cdots,n$$

（5）合成模糊综合评价结果向量。运用相关算法，将被评价因素的权重 W 与各对应的模糊关系矩阵 R 进行合成，从而得到被评价对象模糊综合评价的结果向量 B，即：$W \times R = B$。

（6）综合分析模糊综合评价的结果。根据结果，分析被评对象所对应的等级，得出结论。

9.2.2 评估步骤

利用模糊综合评价方法评估农业水价综合改革效益，主要评估步骤主要包括以下 5 条。

（1）分析层次体系。根据评估对象以及评价目标，将评估系统分为目标层、准则层和指标层。

（2）确立指标体系。通过对指标体系的分析研究，选取恰当的指标集，即选好评价对象的因素集和评语集。

（3）确定权向量指标权重。通过向专家发放调查问卷，运用层次分析法两两比较比较各项指标的重要性，从而确定各项指标的权重。

（4）选择适当的算法。根据各项因素，运用模糊评价方法建立模型，利用模型计算。

（5）分析综合评价结果。根据结果，分析评价对象与其目标的一致性，分析原因及对策。

9.2.3 评估指标体系

农业水价综合改革是一项连续不断推进的改革，其中涉及经济、社会、环境等很多方面，仅仅采用一个或几个指标不足以分析和评估一项改革的成效，因此，需要建立一个完善的农业水价综合改革指标体系去进行分析和评估。从宏观上看，农业水价综合改革国民经济效益评估包括国民效益、社会效益和生态效益，考虑到农业水价综合改革的节水目标，特增加节水效益。四项效益之间相互联系、相互制约，是一个有机整体。

9.2.3.1 构建原则

评估指标的正确选取对评估过程便捷性和评估结果的科学性具有关键性的影响。而农业水价改革是一项复杂的系统工程，为了能够客观、准确且全面地评价农业水价改革，在构建农业水价综合改革指标体系时遵循下列原则。

（1）系统性原则。指标体系的设立既要反映农业水价综合改革的内容、目标和主要成果，也要综合反映农业水价特点，使其成为一个较为完整的体系，全面系统地反映农业水价综合改革在国民、社会、生态等方面的效益，实现改革推进与经济发展、社会稳

定、生态环境保护的统筹兼顾。

(2) 代表性原则。农业水价综合改革国民经济效益评估的指标要具有代表性，需完整体统的反映农业水价综合改革的主要内容和发展目标，尽可能地避免自然或人为因素所造成的偏差，所设立的指标应该充分反映改革效果，便于进行综合考核和评价。

(3) 可操作性原则。该原则指在选取指标要简洁概要，相关资料要便于获取和计算，尽可能利用国家统计部门对外公布的统计数据计算，以保证评价数据具有权威性和广泛适用性。

(4) 层次性原则。农业水价综合改革国民经济效益评估涵盖节水、国民、社会和环境四大范围，每个范围所衡量指标内容不同。在综合评价中，各系统不同层次的指标共同反映农业水价综合改革效益。因此指标体系的设立必须紧紧围绕着农业水价综合改革国民经济效益评估目的层层展开，使得最后的评估结论正确反映评估目标。

9.2.3.2 指标选择

反映一个地区效益的指标有很多，需要根据相关的专业知识和经验进行判断，尽量选择与评价目标相关的指标。农业水价综合改革对农民、社会及生态环境等多方面都会产生影响。因此，在对其进行效益评估时也要考虑多个方面，从多个角度探讨改革的效益。从宏观上看，农业水价综合改革效益评估包括经济效益、社会效益和生态效益，本文根据我国农业水价综合改革的主要内容和目标，特增加了节水效益，四类效益是相互联系、相互制约的有机整体。在此基础上，依据指标选取原则，构建了包括4大类、共12项指标的农业水价综合改革效益评估体系（表9.1)。根据上述分类和指标，以2014和2015年度作为研究的两个时点，向专家访问问卷，确定指标权重并带入模型分析结果。

表9.1 农业水价综合改革效益评估体系

一级指标	二级指标	单位	表征
节水效益	农田灌溉水有效利用系数	—	利用效率
	亩均灌溉水量	m^3	平均用水量
	亩均节水量	m^3	节水程度
	亩均产量	kg	产出变化
经济效益	农村人均可支配收入	元	收入变化
	亩均节约水费	元	水费支出
	田间投劳程度	天/亩	成本支出
	工程完好率	%	工程状况
社会效益	节水灌溉率	%	普及范围
	水费实收率	%	及时完全
	农户参与用水管理程度	%	管理效率
生态效益	植被覆盖率	%	植被状况

9.2.3.3　指标说明

1. 节水效益

节水效益主要包括两方面：第一，改革项目区的末级渠系的改造完善，减少了渗漏损失，补充了灌溉用水，增加了灌溉面积；第二，实施阶梯水价，发挥农业水价的价格杠杆作用，促进节约用水。通过分析，本文主要采用农田灌溉水有效利用系数、亩均灌溉水量，亩均节水量三个指标进行评估。

（1）农田灌溉水有效利用系数。农田灌溉水有效利用系数是衡量单次灌水农作物所利用的净水量与渠首引入的水量的总值关系的指标。该指标能够综合衡量从源水到田间农作物吸收利用水资源的整个过程中水资源利用效率的核心指标；也是集中体现灌区工程质量好坏、节水技术水平高低与灌溉管理效率快慢的一项综合性指标。

其运算公式为：农田灌溉水有效利用系数＝单次灌水期中被农作物利用的净水量/渠首处引入的总水量

（2）亩均灌溉水量。亩均灌溉水量是衡量灌溉效率的重要指标之一，亩均灌溉水量的减少显示了农业水价综合改革在节水方面成效。通过改革，一方面完善末级渠系建设，减少灌溉过程中的水分渗漏和地面流失；另一方面，大力发展节水高效农业，减少了农作物的灌溉用水量，减少亩均灌溉水量。

其运算公式为：亩均灌溉水量＝年灌溉用水总量/年实际灌溉面积

（3）亩均节水量。亩均节水量指当年节水总量与实际灌溉面积的比值，能够直观反映节水效益。这里的节水量主要是指新建防渗渠系的节水量。

其运算公式为：亩均节水量＝当年节水总量/年实际灌溉面积

2. 农民效益

农民效益是指改革政策实施后，造成的资金占用、成本支出与产出之间的比较。农业水价综合改革政策的实施，改善农民生产条件，节约了劳动力，增加农作物产量，增加农民收入，经济效益显著。通过比较分析，本文采用亩均产量、农村人均可支配收入、亩均节约水费、田间投劳程度四项指标进行评估。

（1）亩均产量。亩均产量是指当年与没有实行水价改革的地区相比，项目区内作物一定灌溉面积下平均年产量。

其运算公式为：亩均产量＝项目区年作物产量/作物的灌溉面积

（2）农村人均可支配收入。农业水价综合改革的最终目的是在保障和改善农民的生活水平前提下，实现农业水资源的可持续利用，这与农民的生产、生活息息相关。农村人均可支配收入直接反映了农业水价综合改革对农民生活水平的改善程度，展现了农村居民家庭可支配收入与农村家庭人口数量之间的关系。

其运算公式为：农村人均可支配收入＝农村家庭可支配收入/农村家庭人口

（3）亩均节约水费。亩均节约水费是项目实施前后的农业水费支出差额与项目区灌溉面积之比，该指标反映灌区农户灌溉水费支出状况，关系到农民切身利益。农业水价改革，提升了农业水价，增加了农户用水成本。

其运算公式为：亩均节约水费＝(项目实施前水费支出－项目实施后水费支出)/作

物的灌溉面积

(4) 田间投劳程度。田间投劳程度是指通过改革，减少渠道整修、清淤等田间劳动，亩均用工量减少。田间投劳支出的减少，可以有效降低生产成本，是增加农户经济效益的重要途径。改革实施，改善输、配水条件，提高灌溉效率，缩短灌水周期，在减少田间灌水的劳动量和劳动强度方面有效益。

其运算公式为：田间投劳程度=(项目实施后平均投劳－项目实施前的平均投劳)/作物的灌溉面积

3. 社会效益

社会效益指项目实施对组成社会的人或整体产生的利益。农业水价综合改革实施，可以促进农业用水合作组织建立完善，提高水费实收率，保障灌区工程维护运营，提升农民节水意识，改善环境，有效提升农民生产生活水平。本书采用工程完好率、节水灌溉率、水费实收率、农户参与用水管理程度四项指标评估。

(1) 工程完好率。工程完好率指灌区内包括渠道、泵站等在内一切水利工程的完好程度，即完好工程的数量与总体水利工程数量的比值。我国农业水价综合改革目标主要包括完善末级渠系、明确管理主体、保障农田水利工程维修与养护等，而工程完好率充分体现其在社会层面的目标，是衡量改革社会效益的主要参考因素。

(2) 节水灌溉率。节水灌溉率是指一地区的节水灌溉面积与该地区有效灌溉面积之间的比值关系。其中，节水灌溉面积是指节水灌溉面积占耕地面积的比例，从一个侧面反映了节水技术的普及率；有效灌溉面积指拥有一定水源、灌溉设施基本配套，常年可实现灌溉的耕地面积。

其运算公式为：节水灌溉面积比例=(节水灌溉面积/有效灌溉面积)×100%。

(3) 水费实收率。水费实收率是灌区已征收的水费收入与应征收水费收入之比。该指标反映了灌区灌溉水费收入状况，其高低将直接影响供水单位的收益和水利设施的正常运行。部分灌区由于管理不到位，出现了水费收入截留、挪用现象，只有完善收费机制、提高水费实收率，才能保证灌区的正常运作。

其运算公式为：水费实收率=(已征收灌溉水费收入/应征收灌溉水费收入)×100%

(4) 农户参与用水管理程度。农民参管理程度可以用来衡量群众对农业水价综合改革的合作与支持程度，程度好坏将影响改革能否顺利实施和效益是否充分发挥。本文选取用水者协会管理灌溉面积，来观察农户参与用水管理程度。用水者协会管理灌溉面积比重等于用水者协会管理的面积与总的管理灌溉面积的比值。

其运算公式为：用水户协会管理灌溉面积比重=用水者协会管理的面积/管理灌溉面积×100%

4. 生态效益

生态效益是指人们的实践行动对生态和环境质量的影响，农业水价综合改革的实施，在促进农业水资源的合理配置，实现水资源的持续利用的同时，改善了水体质量和农田小气候，提升植被覆盖率。本文主要采用植被覆盖率指标评估。

植被覆盖率通常是指灌木林面积、农田林网树等植被占地面积占土地总面积之比。

改革减少灌溉用水，涵养了水源，降低了土壤侵蚀，部分农业用水转化为生态用水，对植被覆盖率有一定影响。

其运算公式为：植被覆盖率=(植被面积/土地面积)×100%。

9.2.4 指标权重的确定

9.2.4.1 确定层次

从总目标出发，农业水价综合改革综合效益分解为节水效益、经济效益、社会效益和生态效益四大效益，构成评价体系的准则层，即第一层次指标。每层效益下分若干指标，构成评价指标体系指标层，即第二层次指标。层次表见图9.1。

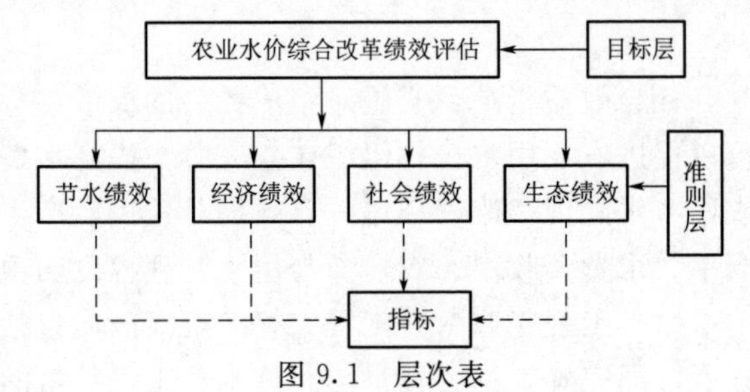

图9.1 层次表

9.2.4.2 判断矩阵

本研究应用层次分析法计算评价指标的权重，由多名相关权威专家的经验构造判断矩阵。通过两两比较，求得重要性判断矩阵，详情见下表。

(1) 第一层次判断矩阵。第一层次四项一级指标构造判断矩阵见表9.2。

表9.2 第一层判断矩阵 CR：0.0570 γ_{max}：4.1522

	节水效益	农民效益	社会效益	生态效益	w_i
节水效益	1.0000	1.3750	3.0000	3.6667	0.4067
农民效益	0.7273	1.0000	2.7500	3.6667	0.3389
社会效益	0.3333	0.3636	1.0000	3.6667	0.1747
生态效益	0.2727	0.2727	0.2727	1.0000	0.0796

(2) 第二层次判断矩阵。

1) 节水效益。将第二层次节水效益的三项指标进行两两比较，得到其重要性判断矩阵，见表9.3。

表9.3 节水效益判断矩阵 CR：0.0152 γ_{max}：3.0158

节水效益	农田灌溉水有效利用	亩均灌溉水量	亩均节水量	w_i
农田灌溉水有效利用系数	1.0000	0.8571	0.7500	0.2824
亩均灌溉水量	1.1667	1.0000	0.6000	0.2906
亩均节水量	1.3333	1.6667	1.0000	0.4270

利用乘幂法计算得节水效益判断矩阵的最大特征值 $\gamma_{max}=3.0158$，将其代入一致性检验公式 $CR=0.0152<0.1$，可知该判断矩阵具有良好的一致性。则最大特征值对应的特征向量即为所求第二层次指标的权重：$W_A^2=(0.2824, 0.2906, 0.4270)$。

2）经济效益。将第二层次经济效益的四项指标进行两两比较，得到其重要性判断矩阵，详情见表9.4。

表9.4 **农民效益判断矩阵** CR：0.0132 γ_{max}：4.0353

农民效益	亩均产量	农村人均可支配收入	田间投劳程度	亩均节约水费	w_i
亩均产量	1.0000	0.6667	1.6250	0.7500	0.2330
农村人均可支配收入	1.5000	1.0000	1.5714	0.8333	0.2896
田间投劳程度	0.6154	0.6364	1.0000	0.7143	0.1783
亩均节约水费	1.3333	1.2000	1.4000	1.0000	0.2991

利用乘幂法计算得判断矩阵的最大特征值 $\gamma_{max}=4.0353$，将其代入一致性检验公式 $CR=0.0132<0.1$，可知该判断矩阵具有良好的一致性。则最大特征值对应的特征向量即为所求第二层次指标的权重：$W_A^2=(0.2330, 0.2896, 0.2991)$。

3）社会效益。将第二层次社会效益的节水灌溉率、水费实收率、农户参与用水管理程度、工程完好率这四项指标进行两两比较，得到其重要性判断矩阵，详情见表9.5。

表9.5 **社会效益判断矩阵** CR：0.0097 γ_{max}：4.0258

社会效益	节水管概率	水费实收率	农户参与用水管理程度	工程完好率	w_i
节水管概率	1.0000	1.0000	0.6667	0.6667	0.1965
水费实收率	1.5000	1.0000	0.5714	0.5000	0.1764
农户参与用水管理程度	1.5000	1.7500	1.0000	1.3750	0.3331
工程完好率	1.5000	2.0000	0.7273	1.0000	0.2941

利用乘幂法计算得社会效益判断矩阵的最大特征值 $\gamma_{max}=4.0258$，将其代入一致性检验公式 $CR=0.0097<0.1$，可知该判断矩阵具有良好的一致性。则最大特征值对应的特征向量即为所求第二层次指标的权重：$W_A^2=(0.1965, 0.3333, 0.2941)$。

9.2.4.3 权重确定

根据AHP方法中，指标层针对目标的权重方法，确定各指标的权重，结果见表9.6。

表9.6 **AHP法判断农业水价改革指标权重**

指　　标	权重	指　　标	权重
农田灌溉水有效利用系数	0.1149	田间投劳程度	0.604
亩均灌溉水量	0.1182	工程完好率	0.0514
亩均节水量	0.1737	节水管概率	0.0343
亩均产量	0.0790	水费实收率	0.0308
农村人均可支配收入	0.0981	农户参与用水管理程度	0.0582
亩均节约水费	0.1014	植被覆盖率	0.0796

由表 9.6 可知，农业水价综合改革效益评估的 12 项指标的权重分别为W=0.1149，0.1182，0.1737，0.0790，0.0981，0.1014，0.0604，0.0514，0.0343，0.0308，0.0582，0.0796）。

其中第一层次指标权重为 W^T=(0.4067，0.3389，0.1747，0.0796)；第二层次节水效益内各指标的权重为 W_A^2=(0.2824，0.2906，0.4270)；经济效益内各指标的权重为 W_B^2＝(0.2330，0.2896，0.2991，0.1783)；社会效益内各指标的权重 W_C^2＝(0.2941，0.1956，0.1764，0.3331)。

第一层次影响农业水价综合改革效益的四项指标中，节水效益＞经济效益＞社会效益＞生态效益，其中，生态效益的权重最低，权重不足 0.1。这表明，专家认为农业水价综合改革的效益主要体现在节水效益、经济效益和社会效益三方面，对生态系统的影响十分有限。

第二层次 12 项指标中，有四项指标权重大于 0.1，分别是亩均节水量、亩均灌溉水量、农田灌溉水有效利用系数和亩均节约水费，合计权重为 0.5082，超过总体权重的一半以上，说明农业水价综合改革效益评估主要体现在提高农业用水效率、减少农业用水、降低农业水费支出三个方面，因此改革的重点是需要从节水、经济效益的角度进行观察。

9.2.4.4　指标标准

指标标准是效益综合评价的指标准值，反映被评价对象某方面的客观可能性与人们对它的主观期望的总和。本文根据农业水价改革效益的优劣程度把各指标标准按由低到高分为五个级别，详见表 9.7。

表 9.7　指标标准

评价分值	等级	Ⅰ级	Ⅱ级	Ⅲ级	Ⅳ级	Ⅴ级
	分值	0～0.2	0.2～0.4	0.4～0.6	0.6～0.8	0.8～1

9.3　磴口县农业水价改革国民经济效益评估

9.3.1　数据来源

根据磴口县农业水价综合改革实际情况，得到内蒙古磴口县农业水价综合改革评估的指标标准。具体参考资料如下。

（1）鄂尔多斯黄河南岸灌区水权细化及农业水价综合改革试点方案。

（2）农业水价综合改革评估与配套政策拟定。

（3）2014 年巴彦淖尔市国民经济和社会发展统计公报。

（4）2015 年巴彦淖尔市国民经济和社会发展统计公报。

（5）2014 年巴彦淖尔市国民经济和社会发展统计公报。

（6）2015 年巴彦淖尔市国民经济和社会发展统计公报。

（7）2016 年巴彦淖尔市国民经济和社会发展统计公报。

(8) 2017年巴彦淖尔市国民经济和社会发展统计公报。

(9) 中国水资源公报：2006—2017。

(10) 内蒙古水资源公报：2006—2017。

(11) 中国统计年鉴：2006—2017。

(12) 磴口县农牧业现代化进程指标评价体系。

(13) 磴口县农牧业现代化三年发展规划。

(14) 磴口县人民政府关于2014年度实行最严格水资源管理制度报告。

(15) 内蒙古磴口县人民政府关于磴口县水资源费征收标准及相关规定的通知。

(16) 磴口县水利普查公报等。

9.3.2 评估指标的标准

根据上述资料，确定指标的上下限，具体指标说明如下。

(1) 农田灌溉水有效利用系数。我国2017年耕地农田灌溉水有效利用系数0.55，发达国家平均灌溉水有效利用系数为0.7～0.8，因此，确定为下限0.4，上限为0.7，详见表9.8。

(2) 亩均灌溉水量。2017年我国耕地实际灌溉亩均灌溉水量377m^3，事实上我国西北地区采用井灌、渠灌比重较高，蒸发量较大，用水效率低，多年平均的亩均灌溉水量值分布在600～1000m^3/亩之间。根据国家统计年鉴和磴口县现状确定，亩均灌溉水量上限为350m^3，下限为800m^3，详见表9.8。

(3) 亩均节水量。农业水价综合改革促进了农业节水增效，2017年全国800个试点区亩均节水约100 m^3。2017年磴口县亩均毛灌溉定额为664.77m^3，节水潜力巨大，根据改革整体目标和磴口县实际状况，确定亩均节水量上限为400，下限为100，详见表9.8。

(4) 亩均产量。改革项目区土壤肥沃，渠系基本配套，灌溉便利，主要种植向日葵、玉米两种作物。考虑项目区为玉米新品种引进试验示范种植地，为排除干扰，选取向日葵作为主要作物进行评估。据统计，2014年我国向日葵单位面积产量为175.11kg/亩，据查内蒙古2012年向日葵单位面积产量179.14kg/亩，鉴于磴口县具体情况，确定下限标准为160kg/亩，上限标准200kg/亩，详见表9.8。

(5) 农村人均可支配收入。2017年我国农村居民人均可支配收入分别为13432元，内蒙古农村居民人均可支配收入分别为11609元，结合磴口县当地经济发展情况，确定农村人均可支配收入下限为8000元，上限为14000，详见表9.8。

(6) 亩均节约水费。根据水利统计公报，2006—2017年磴口县农户平均水费支出23.96元/亩，结合《磴口县2014年农业水价实施方案》，内蒙古水资源公报等要求，确定磴口县农业水价综合改革水亩均解约水费上限为15，下限为0，详见表9.8。

(7) 田间投劳缩短程度。根据《农业水价综合改革评估与配套政策拟定》和《磴口县2014年农业水价实施方案》田间投劳缩短程度的下限为0天/亩，上限为2天/亩，详见表9.8。

(8) 工程完好率。工程完好率是体现灌区水利工程完好状况，水利设施是否正常发挥其功能情况的指标。根据水利部对灌区的考核指标及《磴口县2014年农业水价实施方案》要求进度，设工程完好率最低完成线为60%，最高完成线为90%，详见表9.8。

(9) 节水灌溉率。节水灌溉面积与该地区有效灌溉面积之间的比值关系是评估一个地区节水技术普及程度与节水发展趋势的重要参考指标。2017年全国节水灌溉面积为34319千hm^2，有效灌溉面积为73872.64千hm^2；节水灌溉面积占有效灌溉面积的比重为47.15%；参考全国状况，结合磴口县原有基础和节水改造投资与节水量平均情况，以30%为下限，70%为上限，详见表9.8。

(10) 水费实收率。根据水利统计公报，2017年我国农业水价综合改革地区农业水费实收率为89.36%，结合《磴口县2014年农业水价实施方案》，内蒙古水资源公报等要求，确定磴口县农业水价综合改革水费实收率上限为90%，下限为50%，详见表9.8。

(11) 农户参与用水管理程度。用水户直接参与到灌溉管理过程中，可以有效提高灌区管理效率，这一点得到国际社会的普遍认可。其参与程度越高，农民对灌溉工程的管、护责任感也越强烈，节水意识普及范围也更广。根据《磴口县农业水价实施方案》要求，确定用水者协会管理灌溉面积，观察农户参与用水管理程度，根据表现将农户参与用水管理程度分为上限为90%，下限为50%，详见表9.8。

(12) 植被覆盖率。2017年磴口县所在巴彦淖尔市植被覆盖率大于75%；参考磴口县农牧业现代化评价指标要求，确定下限为40%，上限为85%，详见表9.8。

表9.8　　　　评分标准

编号	评价指标	单位	Ⅰ级	Ⅱ级	Ⅲ级	Ⅳ级	Ⅴ级
			0～0.2	0.2～0.4	0.4～0.6	0.6～0.8	0.8～0.1
1	农田灌溉水有效利用系数		≤0.4	0.4～0.5	0.5～0.6	0.6～0.7	≥0.7
2	亩均灌溉水量	m^3	≥800	800～600	600～400	400～300	≤300
3	亩均节水量	m^3	≤100	100～200	200～300	300～400	≥400
4	亩均产量	kg	≤160	160～180	180～200	200～220	≥220
5	农村人均可支配收入	元	≤8000	8000～10000	10000～12000	12000～14000	≥14000
6	亩均节约水费	元	≤0	0～5	0	10～15	≥15
7	田间投劳程度	天/亩	≤0	0.1～0.3	5～10	1～2	≥2
8	工程完好率	%	≤60	60～70	0.3～1	80～90	≥90
9	节水管概率	%	≤25	25～40	70～80	55～70	≥70
10	水费实收率	%	≤50	50～60	40～55	80～90	≥90
11	农户参与用水管理程度	%	≤30	30～50	60～80	70～90	≥90
12	植被覆盖率	%	≤40	40～55	55～70	70～85	≥85

9.3.3 评估模型构建

为了便于计算，本文采取层次分析法给指标权重赋值，运用模糊综合评价法对农业水价改革的效益进行评估，全面系统的反映磴口县农业水价综合改革的效益。

（1）指标标准化处理。农业水价综合改革经济效益评估的指标涉及节水、农民、社会和生态等多个领域，且指标不同量纲也不同，对应指标的标准值也大相径庭。为了实现不同指标在同一标准尺度下相互比较，运用极值标准化方法对原始数据计算得到的指数实行标准化处理，进而得出评估的综合分值。指标体系共 4 类 12 项指标，其中正向指标 11 个，逆向指标 1 个为亩均灌溉水量，标准化前先取负数将指标正向化，再运用标准化公式得出指标的量化分值。

指标标准化公式为

$$r_i=\frac{x_i-x_{\min}}{x_{\max}-x_{\min}}$$

式中：r_i 为指标的标准化值；x_i 是指标数值；$x_{\max}$ 为指标所在级别的上限值；$x_{\min}$ 为指标所在级别的下限值。

（2）权函数。由第 2 部分可知，则农业水价综合改革各项指标的权重为 W=(0.1149，0.1182，0.1737，0.0790，0.0981，0.1014，0.0604，0.0514，0.0343，0.0308，0.0582，0.0796)。其中第二层次节水效益的权重为 W_A=(0.2824，0.2906，0.4270)；经济效益的权重为：W=(0.2330，0.2896，0.2991，0.1783)；社会效益的权重 W_C=(0.2941，0.1965，0.1764，0.3331)。

9.3.4 指标数值的计算

经过改革，农业水价综合改革成效主要包括以下几点。

（1）节水效益。据统计，现状年 2017 年磴口县平均灌溉水利用系数为 0.5，改革后，农田灌溉水利用系数上升至 0.53；亩均灌溉水量由 536.45m^3 下降为 452.27。项目改造完成后，新砌渠道超过 100km，平均每公里节水约 1.2 万 m^3，年可节水 127.53 万 m^3，亩均节水量 269.13m^3。

（2）经济效益。通过改革，项目区向日葵亩产增产 20kg 以上，农户平均水费支出由实施前的 23.%元/亩降至 18.16 元/亩，亩均节约水费 5.8 元。灌溉工程建成改造完成后，总体上提高了项目区的机械化水平和农业集约化程度，减少了农田灌溉用工时长，年可节省灌溉用工约 0.1 工日每亩。根据《磴口县国民经济统计公报》，2017 年、2018 年磴口县农村人均可支配收入分别为 13313 元和 14258 元。

（3）社会效益。项目的实施合理利用了水资源，缩短了轮灌期，改善生产条件，及时保障了灌溉供水，建立良好的灌水秩序。通过改革，新增衬砌农渠 78.551km，维修农渠 27.723km，工程完好率得到提高，由于原有灌溉基础条件较好，设 2017 年工程完好率为 80%，2018 年为 90%。项目区原有农村用水户协会，管理项目区灌溉面积 2.38 万亩，499 用水户直接参与管理灌溉渠系，保障水费收取率 100%收取；全区新增节水灌溉面积 5.6 万亩，由 44.7%上升至 47.8%，推动了高效节水灌溉方式的普及。

（4）生态效益。改革实施后，改善了水利工程设施，减少了灌区渠系渗漏现象，总体上降低了灌溉用水总量，潜水蒸发显著减少，配合各种土壤改良措施，改善了土壤条件，土壤中的水、气、热三项比例趋于正常，植被覆盖率由 75%上升为 77%。综合上述研究，得出 2017 年和 2018 年评估指标，将指标标准化取得量化分值，具体见表 9.9。

表 9.9　　磴口县农业水价综合改革指标

编号	评价指标	单位	2017 年			2018 年		
			指标	量化分值	级别	指标	量化分值	级别
0	总体评价	—	—	0.416	Ⅲ	—	0.620	Ⅳ
1	农田灌溉水有效利用系数	—	0.50	0.400	Ⅱ	0.52	0.440	Ⅲ
2	亩均灌溉水量	m^3	536.45	0.464	Ⅲ	452.27	0.550	Ⅲ
3	亩均节水量	m^3	0	0	Ⅰ	269.13	0.538	Ⅲ
4	亩均产量	kg	210	0.700	Ⅳ	230	0.900	Ⅴ
5	农村人均可支配收入	元	13313	0.731	Ⅰ	14258	0.826	Ⅴ
6	亩均节约水费	元	0	0	Ⅰ	5.8	0.432	Ⅲ
7	田间投劳程度	天/亩	0	0	Ⅲ	0.1	0.200	Ⅱ
8	工程完好率	%	80	0.600	Ⅲ	90	0.800	Ⅳ
9	节水管概率	%	44.7	0.463	Ⅴ	47.8	0.504	Ⅲ
10	水费实收率	%	100	1.000	Ⅴ	100	1.000	Ⅴ
11	农户参与用水管理程度	%	100	1.000	Ⅳ	100	1.000	Ⅳ
12	植被覆盖率	%	75	0.667	Ⅳ	77	0.693	Ⅳ

9.3.5　评估结果的分析

（1）总体效益。由上述模糊综合评价结果可以得出，2017 年磴口县农业水价改革的效益评估得分为 0.416 分，评估等级为第Ⅲ等级，评估结果为一般；2018 年改革的评估结果为 0.620 分，评估等级为第Ⅳ等级，评估结果为较好；总体效益的评估得分增加了 0.204 分，评估等级增加了一个等级，评估结果由一般发展为较好，说明磴口县农业水价综合改革政策取得了一定的成效。

（2）农民效益。其中，经济效益最为明显。2017 年磴口县农业水价改革的经济效益评估得分为 0.375，第Ⅱ等级，评估结果为较差；2018 年经济效益的评估得分为 0.614 分，第Ⅳ等级，评估结果为较好；评估得分增加了 0.239 分，评估等级增加了两个等级，评估结果由较差发展为较好，说明改革在改善灌溉条件、节省人工、增加产量方面成效显著。原因主要包括以下两点：一方面，经济效益所占的权重比较高，为 0.3389，仅次于节水效益；另一方面，不同于生态效益，随着水利工程设施建设完善，改革在增加产量、提高农民收入方面的效益能够短时间显现出来。

（3）节水效益。2017 年改革的节水效益评估得分为 0.248 分，评估等级为第Ⅱ等级，评估结果为较差；2018 年节水效益的评估得分为 0.514 分，评估等级为第Ⅲ等级，评估结果为一般；节水效益的评估得分增加了 0.266 分，评估等级增加了一个等级，评估结果由较差发展为一般。结果表明，一方面，磴口县的节水灌溉基础薄弱，未来发展

空间较大；另一方面，改革的节水措施发挥了功效，农业用水效率得到提高。

（4）社会效益。2017年改革的社会效益评估得分为0.750分，评估等级为第Ⅳ等级，评估结果为较好；2018年社会效益的评估得分为0.844分，评估等级为第Ⅴ等级，评估结果为好；改革的社会效益的评估得分增加了0.094分，评估等级增加了一个等级，评估结果由较好发展为好。结果显示，磴口县的社会效益增幅不大，但所隶属的等级最高，说明改革在改善工程质量，提升灌区管理水平等方面的效益基本达到改革的目标。

（5）生态效益。2017年改革的生态效益评估得分为0.667分，评估等级为第Ⅲ等级，评估结果为较好；2018年生态效益的评估得分为0.693分，评估等级为第Ⅲ等级，评估结果为较好；生态效益评估等级不变，评估得分也只增加0.002分，综合考虑其他干扰因素，表明改革在生态方面的效益不明显。这是由于生态效益的观察周期较长，评估观察期短，改革具有滞后期，难以在短时间内观察得出。

综上所述，本次磴口县农业水价改革取得一定的成效，在经济、节水、社会三方面产生了较好的效益，为下一步改革发展奠定了良好基础。但考虑到观察年限较短、政策的滞后性等原因，需要在保障资金扶持，深化水权改革的前提下，加大农业水价改革宣传的力度，推动改革继续发展。

9.4 研究建议

积极推进农业水价综合改革深入发展是我国水利改革事业的关键性举措，也是促进我国农业节水、有效用水资源的关键途径。经过多年发展，我国农业水价综合改革取得了显著成绩，为下一步改革发展奠定了良好基础。但随着改革的深化，也暴露出一定的问题，需要在健全农业水价机制、加强资金扶持、深化水权改革、保障管护服务的前提下，继续加大农业水价改革宣传的力度，建设利水型社会。

9.4.1 健全水价机制

农业水价作为公共用品，关系用水户、水管单位、国家等各方利益，牵一发而动全身。鉴于我国农民的农业水价承受能力较低，而水利工程的维护缺乏必要的资金，威胁国家的粮食安全，因此，我国大部分灌区的国管水价近十年未调整，水管单位长期入不支出，难以适应新时期农业用水需求。新一轮农业水价综合改革虽然对水价价格机制有要求，但地方政府对此仍慎之又慎，建议国家完善相关法律法规，根据市场变化，建立适当的农业水价调价机制和农业水价分担机制，保障农灌用水水管单位的良性运行。

9.4.2 拓宽融资渠道

合理的农业水价改革政策，不仅要考虑水价价格在促进农业节水方面的作用，而且还要体察农户对农业水价承受能力，水价调整应该控制在农户的承受能力范围之内，因此，政府批复的供水水价普遍偏低。为了保障灌溉工程良性运行，政府出台了相关补贴奖励办法，明确规定相关奖补标准及资金配套来源。但是，随着改革的推广实施，奖补资金规模扩大，加之改革区域大部分为农业产粮大省（县），加大了地方政府财政压力。

建议统筹整合涉农涉水项目资金，将现行农田水利、高效节水灌溉面积等项目资金合理统筹；拓宽补贴资金来源，积极吸引社会资本参与农田水利工程建设和管护过程当中，推动农业水价综合改革进程；改进补贴方式，推行直接补贴，提高农民的节水意识，实现补贴效用最大化。

9.4.3 促进水权交易

建立完善水权交易市场，通过农业水权使用的转让机制使农业用水得到补偿，一方面，刺激城市和工业部门节约用水，另一方面，保障了农民对农业用水的自主权，增加农民收入，激发了农民的节水积极性。我国水市场刚刚起步，水权交易还处于初级阶段，要求进一步完善水权制度，明晰水权，促进农业水权收储，流转机制，补偿农民，实现农业用水向工业用水的有偿流转。

9.4.4 重视管护保障

农业水价综合改革的目的不仅包括节约利用水资源，还包括加强灌区管理机制改革，支持和规范农业用水户组织等农民管水组织，保障灌区维护运行。长期以来，我国农田水利建设重视项目设施建设，而忽视灌溉维护管理，特别是部分地区农业用水户合作组织，建立在基层组织上，由于受有关政策、法律、资金等方面的限制，难以发挥有效作用。建议深化灌区管理体制改革，积极发挥农业用水户组织作用，加大资金投入，建立灌区资金管理和维护保障制度，将农业水价综合改革效益纳入官员考核机制，促进改革事业不断发展。

9.4.5 构建利水型社会

利水型社会就是对水友好的社会，友好地开发和利用水资源、尊重和保护水资源和水环境的社会。开展实施农业水价综合改革，是为了更好地开发利用水资源，改善农业生产与生态环境，这与利水型社会相一致。因此，应当组织多种形式宣传，提高全社会水资源有偿使用观念，积极宣传农业水价综合改革相关政策的积极意义，争取社会理解和支持，营造良好舆论环境，确保改革稳步推行。

第10章 农业水价综合改革信息管理系统

10.1 系统简介

以灌区量测水业务为基础，从实际需求出发，坚持可靠、实用、经济、先进的原则，建立数据准确、自动预警、控制安全的测控一体化系统，实现从数据采集、预警报警、视频监控、远程控制、水量调度的完整的渠道监控管理流程，完成灌区供水的用水计量和水费收缴管理，建成统一的灌区水费计收管理信息系统，有效提高灌区水资源管理的科学化、现代化水平。系统包括灌区地图、工程管理、灌溉管理、水量管理、水费管理、实时监控等业务功能，实现从水资源计划配置管理，以及科学辅助决策节约用水的水资源管理目标。磴口县农业水价综合改革平台，系统包括灌溉管理、工程管理、灌区一张图、水权交易等四大应用系统。

10.1.1 建设目标

磴口县立足自身情况，围绕农业水价综合改革总体目标，计划到2020年，全县建立健全有利于节水和农田水利体制机制创新、与投融资体制相适应、能确保农田水利工程良性运行的农业群管水价形成机制，群管水价总体达到群管渠道运行维护成本水平；全面建立“两费合一、开票到户、界限清晰、权责明确、公开公正、底本高效、监管到位、规范有序”的基层供水收费秩序。农业用水总量控制和定额管理普遍实行，逐级细化农业用水初始水权至群管直口渠首、确权到农民用水户协会等基层群管用水组织；在直口渠首全面配套计量设施，全面推行“共测互监”的精准计量收费。群管工程管理体制改革政策全面落实并与时俱进逐步深化，集成农业用水管护主体明确。可持续的精准补贴和节水奖励机制基本建立，先进适用的农业节水技术措施普遍应用，农业种植结构实现优化调整，水资源配置效率和效益以及粮食安全和水安全保障水平得到较大提升，全面构建“三位一体”的农田水利良性运行长效机制。

10.1.2 总体框架

灌区水利信息化建设总体框架由接入层、应用层、服务层、交换层、存储层、感知层六层组成，形成服务于灌区水利建设与管理业务的水利信息资源网络，并为防汛抗旱、防洪减灾、水资源管理与保护、水土保持等其他系统提供全面支撑和技术保障，如图10.1所示。

(1) 感知层。水利数据采集与生产主要覆盖基础数据、业务数据、专题数据、空间地理数据等四方面组成，通过自动监测、GPS监控、空间数据生产、外部数据交换等

方式，向水利、水文、水土保持等相关部门提供所需的多空间尺度、多时间尺度、多数据格式、多记录方式、多精度的各类数据。

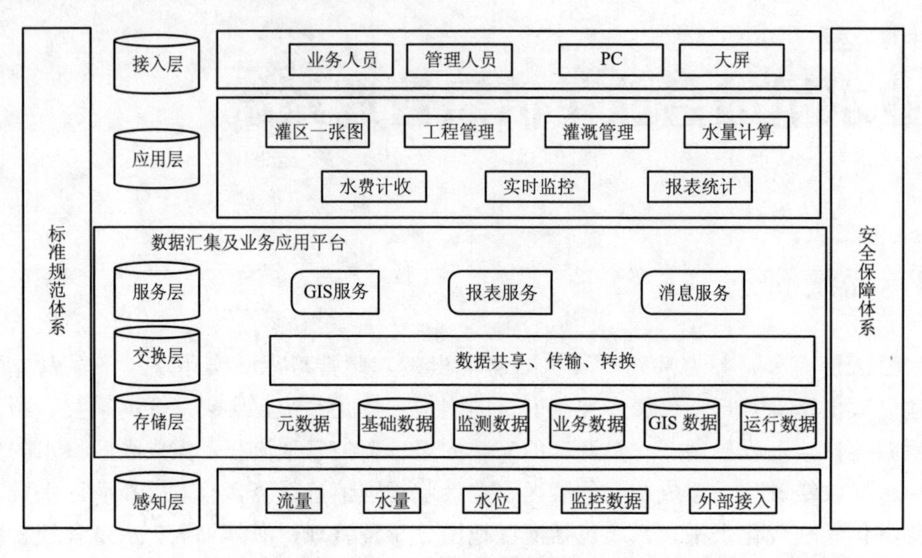

图 10.1　总体架构图

(2) 存储层。存储层是服务平台的运行基础，包括网络环境、集成配置、数据库服务器、应用服务器、存储设备，以及操作系统、中间件、数据库管理软件、存储备份系统等软件环境。

(3) 交换层。数据交换是将存放信息资源的实体，通过整合已有数据，按照既定的采集标准和数据格式，通过对水利信息公开资源、行业管理和项目管理信息的采集、转换和加载，不断补充形成的数据库群。

(4) 服务层。服务层提供了一系列的工具和通用构件，使得应用开发者能够比较快速地建立和升级更新上层的专项应用。应用服务支撑平台为水利信息化系统的应用建设提供了必不可少的统一的基础构件，包括 GIS、信息发布、消息管理、数据转换、数据传输、报表管理、信息查询等。这些构件不是最终的应用系统，但它们提供了实现最终应用所需要的一些通用功能。

(5) 应用层。应用层主要由灌区一张图、工程管理、灌溉管理、水量计算、水费计收、实时监控、报表统计等 7 个业务模块组成。业务应用层是在服务支撑层基础上，通过使用服务支撑层提供的工具和通用构件进行建设的，从而减少公用服务的重复建设，降低业务应用建设的耦合度。

(6) 接入层。接入层支持不同的终端及人群，终端主要包括普通电脑及大屏，访问人群主要包括水利系统组织架构下的各级业务人员、领导、系统管理员。

10.1.3　业务流程

围绕磴口县灌区主要业务：灌溉管理、水资源管理、工程管理、水费计收、指导农民用水协会用水管理等业务，分析其业务流程。

10.1.3.1 水资源调度配置流程

首先各管理段、管理所、管理处依次向上级单位提交需水计划，水利厅水资源管理局根据干渠市县配水计划和管理处汇总的蓄水计划表，综合制定支渠的配水计划和断面的配水计划，并下发至各管理处、管理所，管理段根据配水计划细分为干渠交换水断面配水计划和干渠直开口配水计划，生成调度方案（包括闸门开启时间和开度），最后将调度指令下发至闸门自动化系统，从而实现水资源的调度和配置。具体的流程如图 10.2～图 10.11 所示。

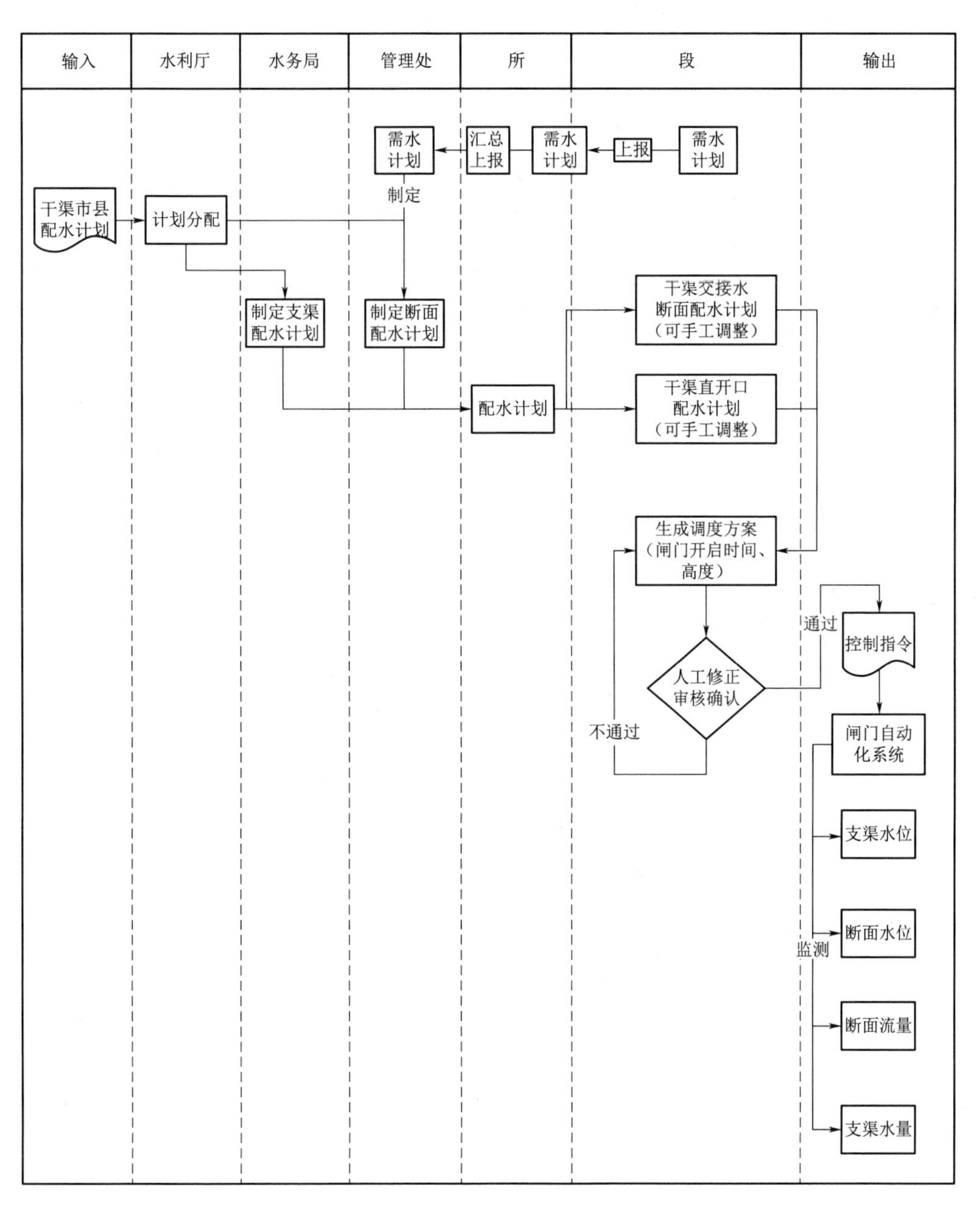

图 10.2　水资源调度配置业务流程图

10.1.3.2　水量调度流程

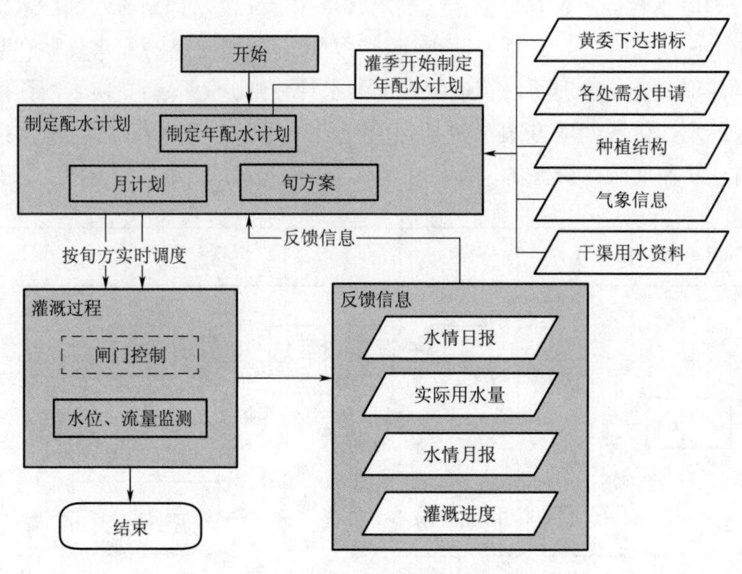

图 10.3　水量调度流程图

10.1.3.3　需水计划流程

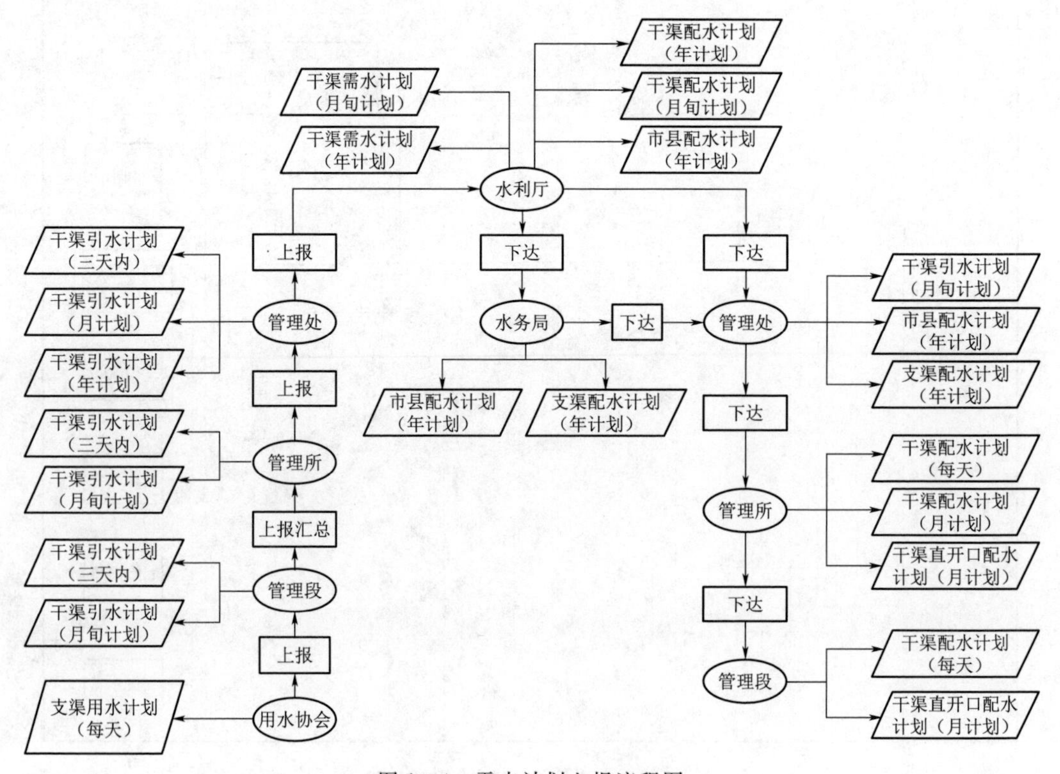

图 10.4　需水计划上报流程图

10.1.3.4 配水计划流程

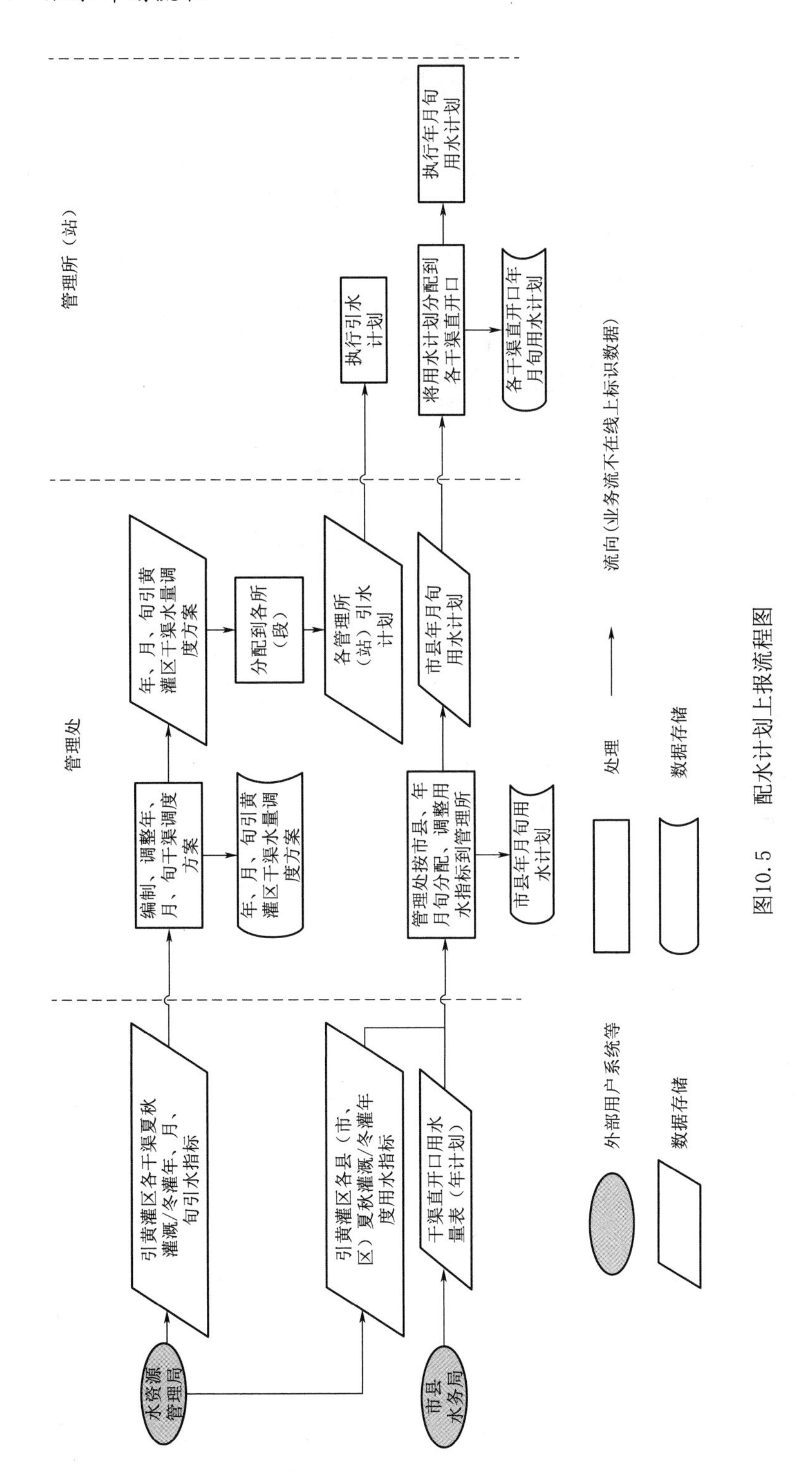

图10.5 配水计划上报流程图

10.1.3.5　水情日报及月报上报流程

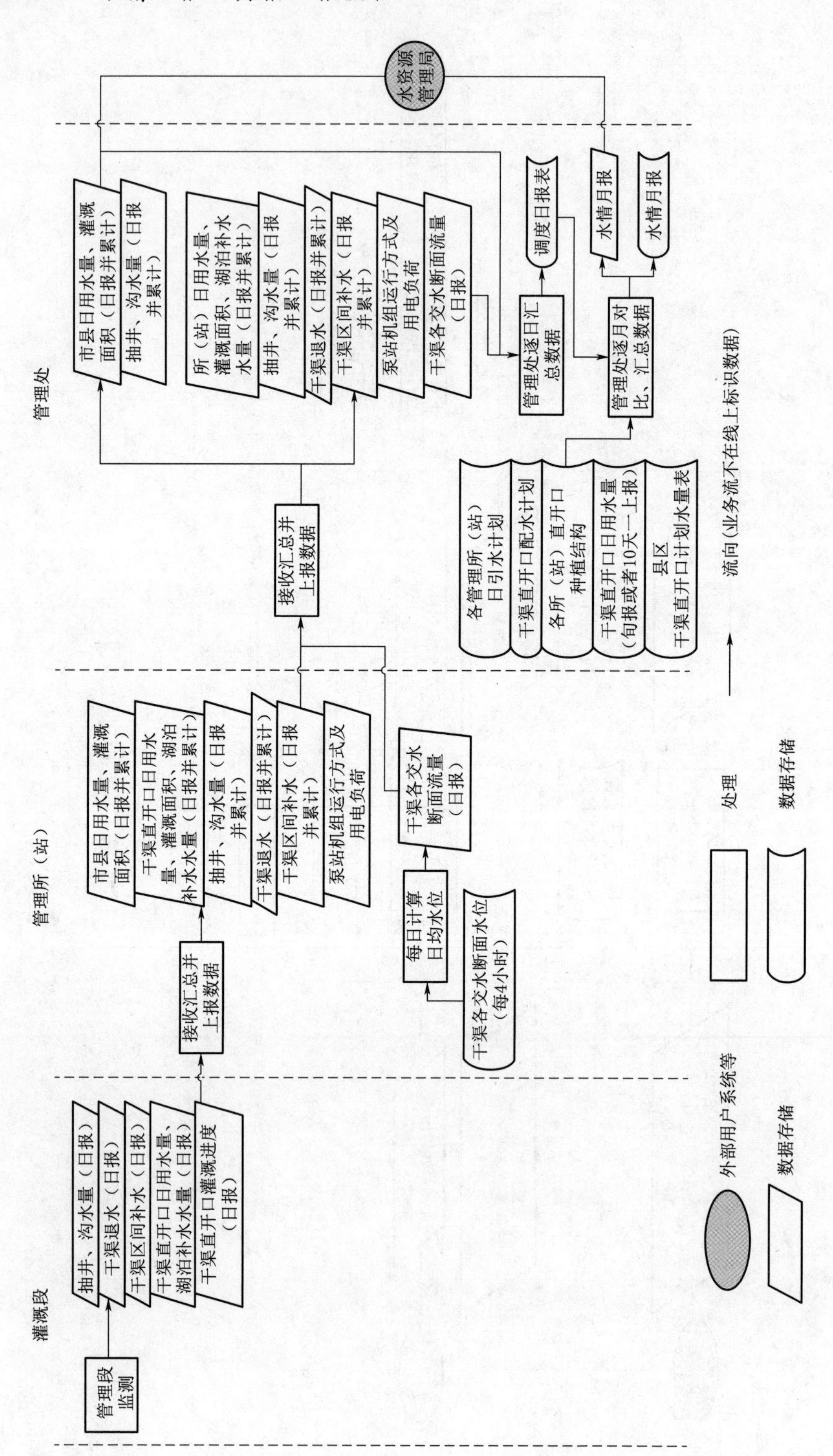

图10.6　水情日报及月报上报图

10.1.3.6 干渠水位上报流程

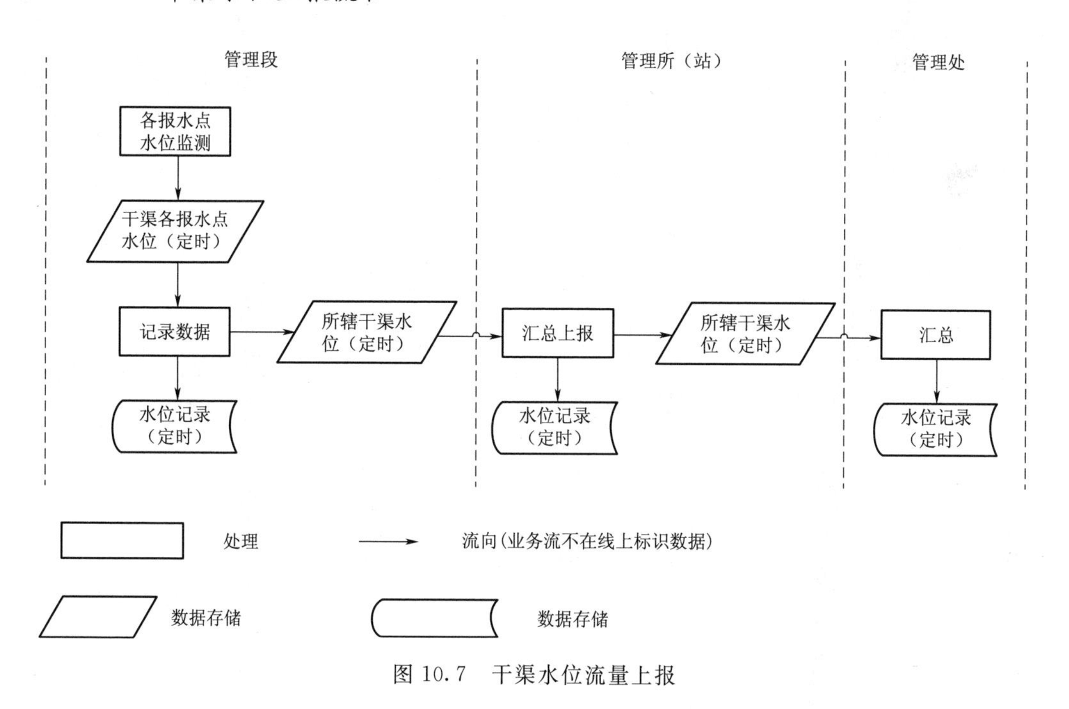

图 10.7 干渠水位流量上报

10.1.3.7 渠首干渠水位流量上报流程

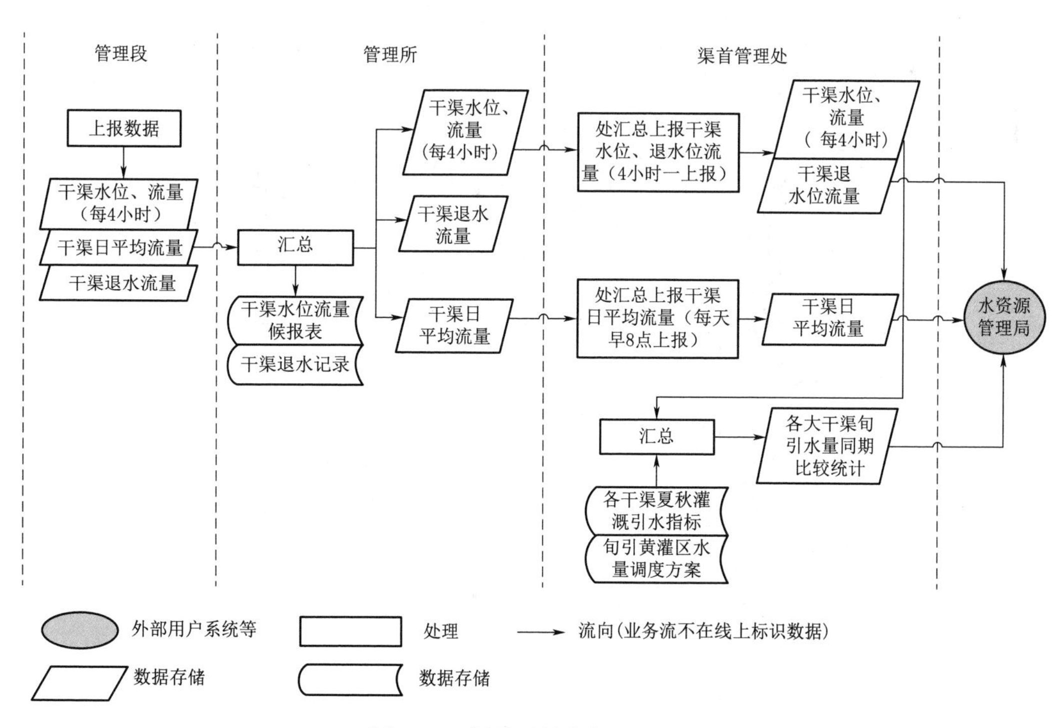

图 10.8 渠首干渠水位流量上报

10.1.3.8　干渠引水口加减水流程

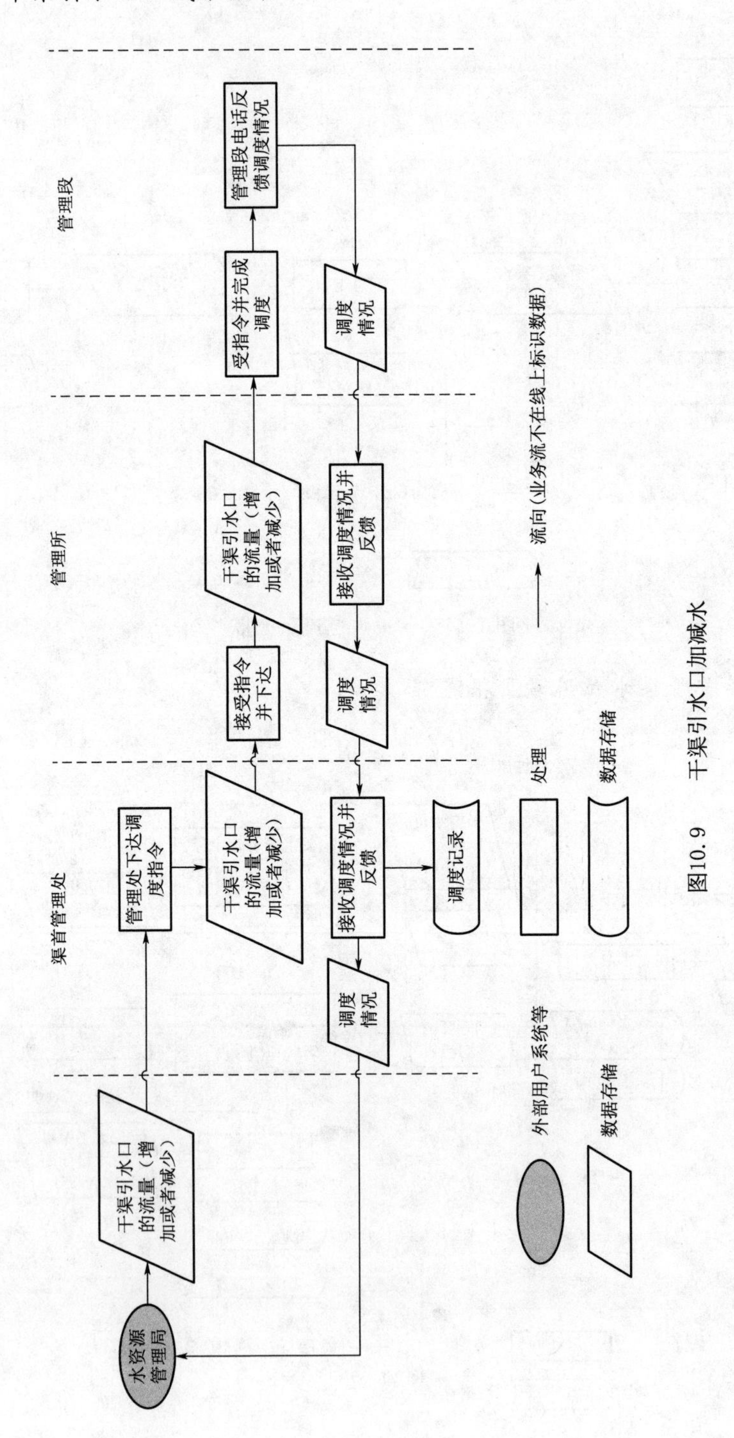

图10.9　干渠引水口加减水

10.1.3.9 干渠加减水流程

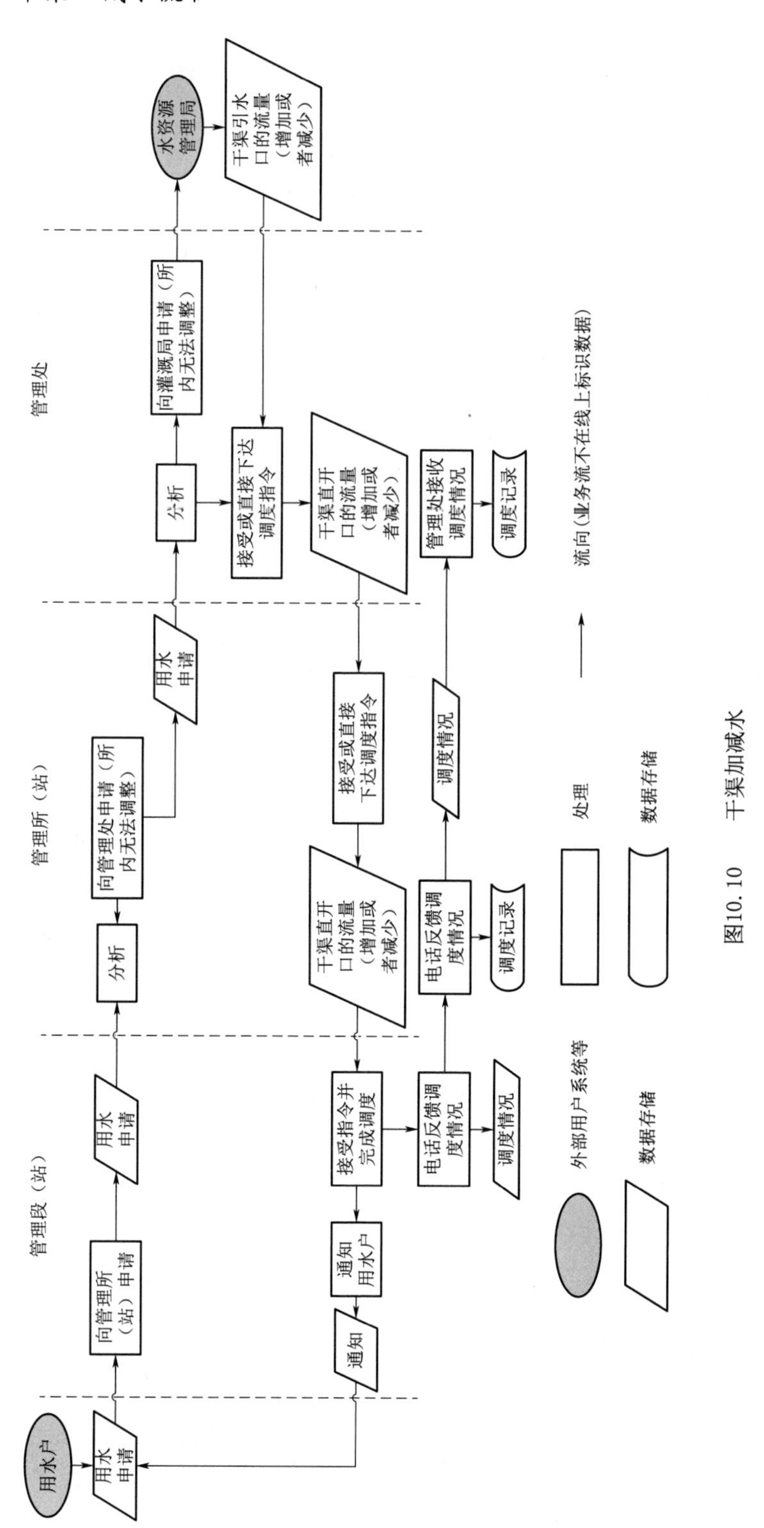

图10.10 干渠加减水

10.1.3.10　水费计收流程

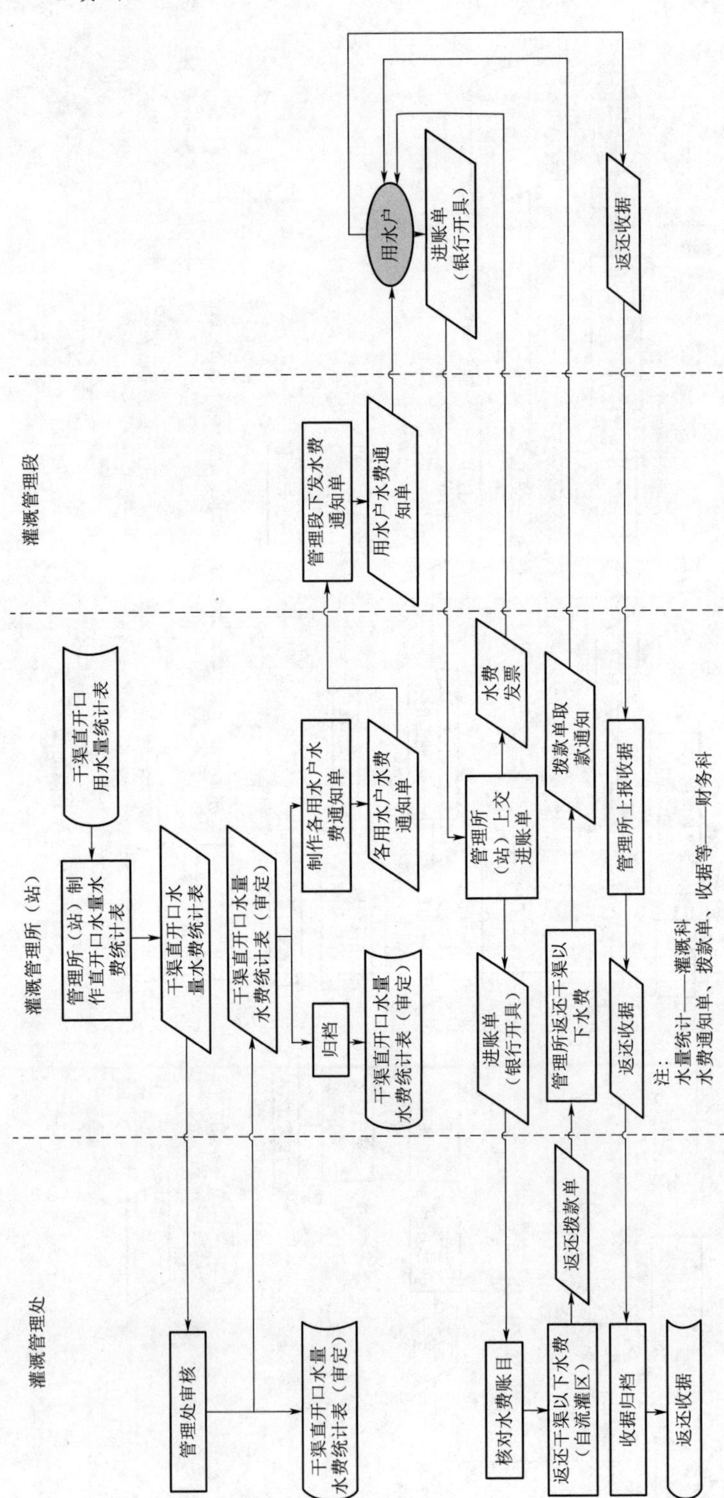

图10.11　水费收缴流程

10.1.4 系统登录

登录人员可以通过磁口县农业水价综合改革平台的入口进行登录，输入用户名、密码，可以登录到磁口县农业水价综合改革平台，如图 10.12 所示。

图 10.12 登录页面

10.1.5 首页

登录之后，进入首页，首页以图形化示例展示，根据不同地区用户可以查看权限范围内的数据。如图 10.13 所示。

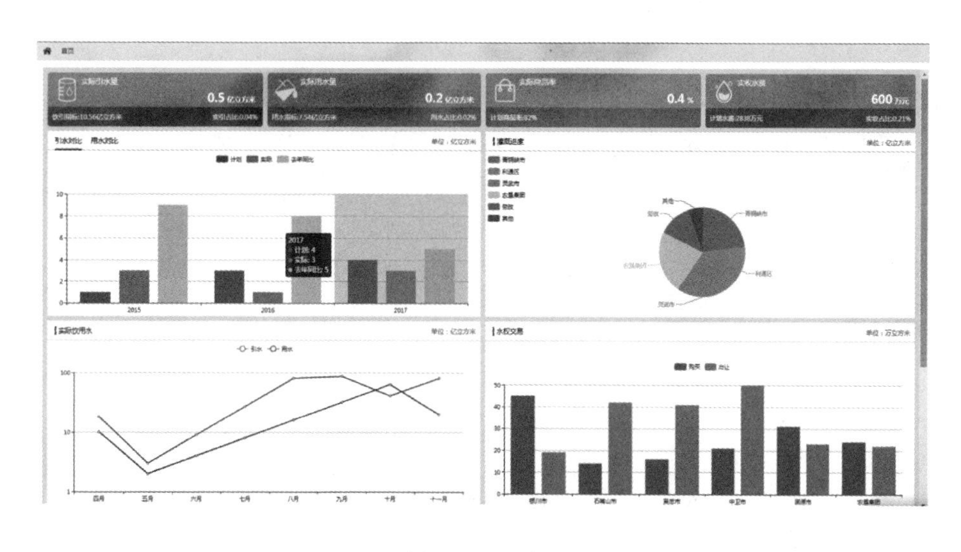

图 10.13 首页

10.2　灌区一张图

灌区一张图可清楚地显示灌区的相关信息及位置图标，点击渠道、渡槽等可显示其信息，如图 10.14 所示。

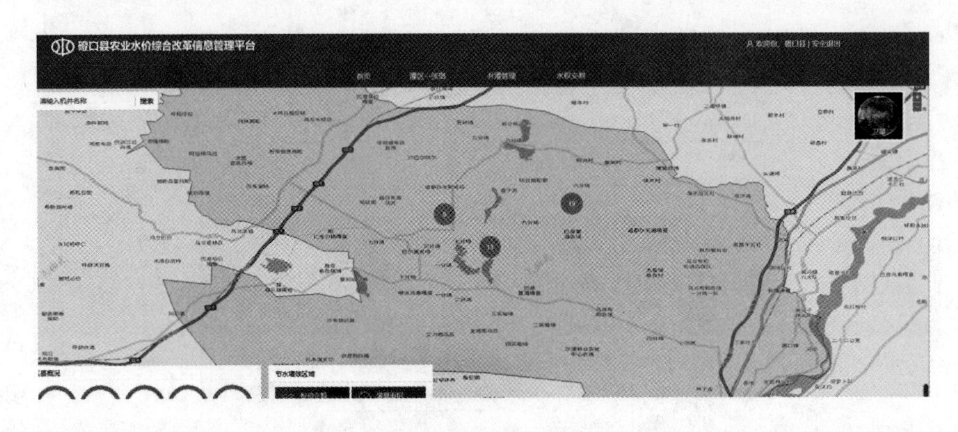

图 10.14　灌区一张图

10.3　工程管理

10.3.1　基本信息

10.3.1.1　干渠基本信息

干渠主要对干渠基本信息进行查询、新增、修改、删除、导入、导出等操作，如图 10.15 所示。

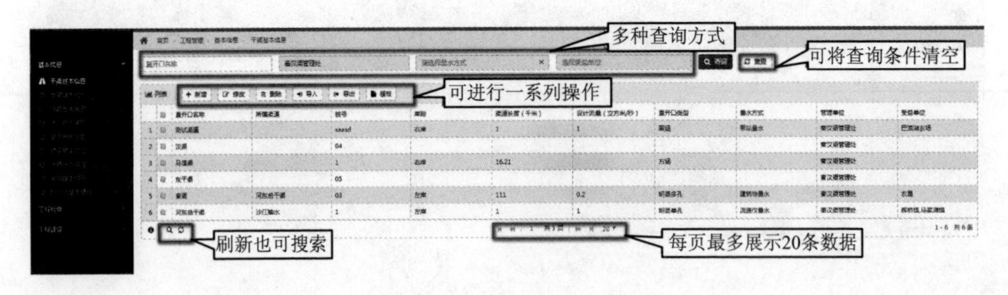

图 10.15　干渠基本信息列表

图 10.15 页面说明如下：

(1) 查询：按直开口名称、管理单位、量水方式、受益单位查询；

(2) 重置：点击【重置】按钮，可将查询条件清空；

(3) 新增：点击【新增】按钮，打开新增页面进行新增，如图 10.16 所示；

(4) 删除：勾选一条或者多条所要删除的渠道信息，点击【删除】按钮，提示确定要删除所选中的信息，点击【确定】则可以成功删除；

(5) 修改：选中一条渠道信息，点击【修改】按钮，进入修改页面，如图 10.17 所示；

(6) 点击【导入】按钮，选择要导入的 Excel 表格，点击导入，则可以成功导入数据；

(7) 点击【导出】按钮，选择导出存放位置，点击导出，则可以将基本信息以 Excel 表格的形式导出；

(8) 点击【模板】，选择存放位置，可以将基本信息的 Excel 表格模板成功导出；

图 10.16 页面说明如下：

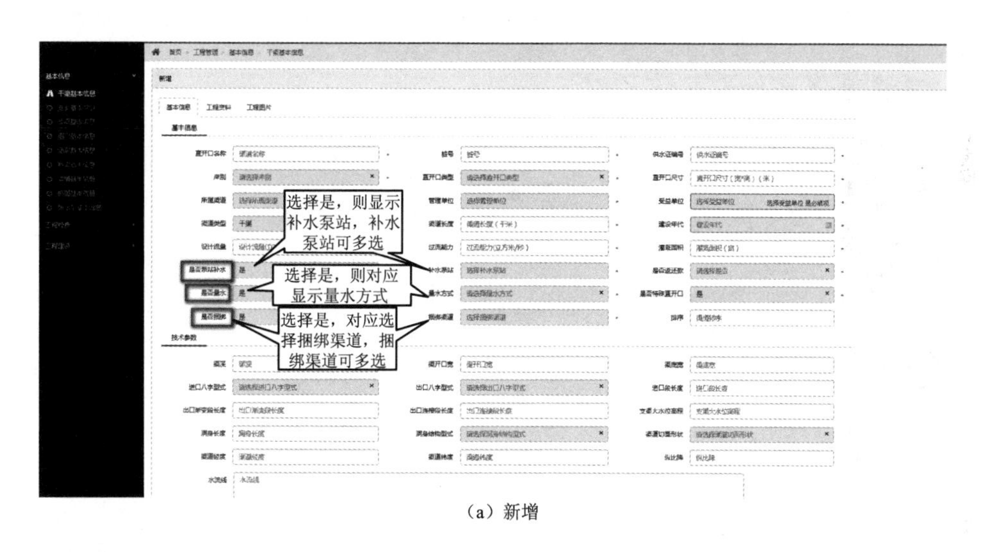

(a) 新增

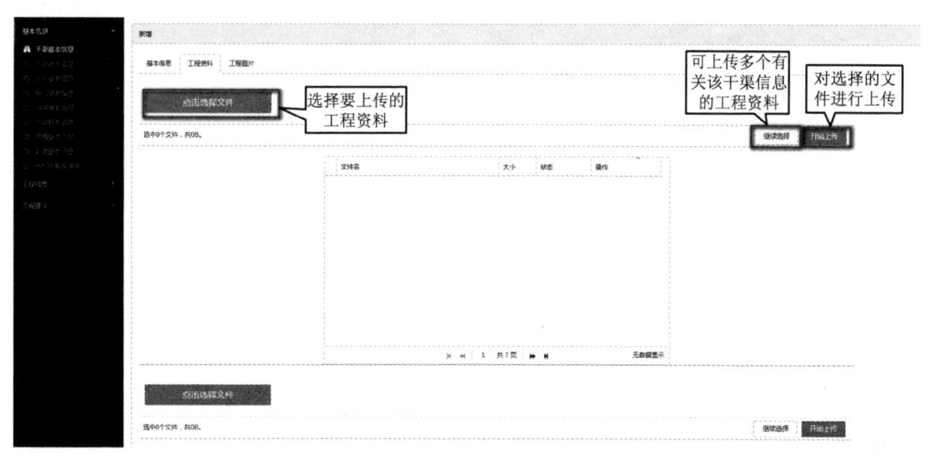

(b) 上传

图 10.16　干渠信息新增页面

（1）新增：添加干渠基本信息，其中标注红色星号的全部为必填项，必填项不填写会进行提示，填写的信息不合法也会进行提示，所有必填项填写完成才能保存成功，否则不能保存；

（2）工程资料、工程图片，已经填写的干渠信息，可填写工程资料、工程图片等相关信息，点击选择文件，点击开始上传，则会显示上传的资料及图片，点击继续上传，可上传多个文件或图片，也可对上传的文件或图片进行删除操作，点击相关文件后面显示的删除按钮，则可删除。

需注意以下几点：①是否泵站补水，选择（是）时，补水泵站可选择，且可多选，补水泵站按管理单位列出泵站名称。②是否量水，选择（是）时，显示量水方式。③是否打捆，选择（是）时，捆绑渠道可选择，且可多选，捆绑渠道按管理单位列出渠道名称。

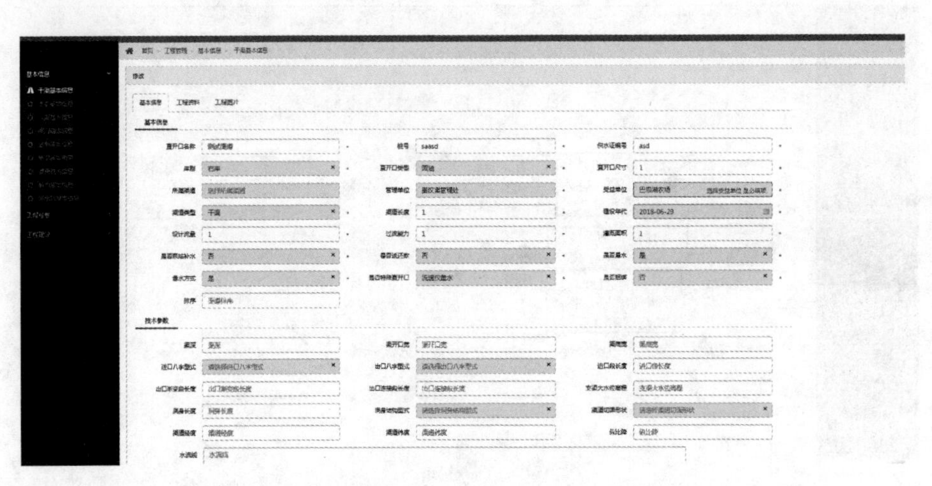

图 10.17　干渠信息修改页面

图 10.17 页面说明如下：

参考干渠基本信息的新增。

10.3.1.2　干渠基本信息

支渠主要对支渠基本信息进行查询、新增、修改、删除、导入、导出等操作，如图 10.18 所示。

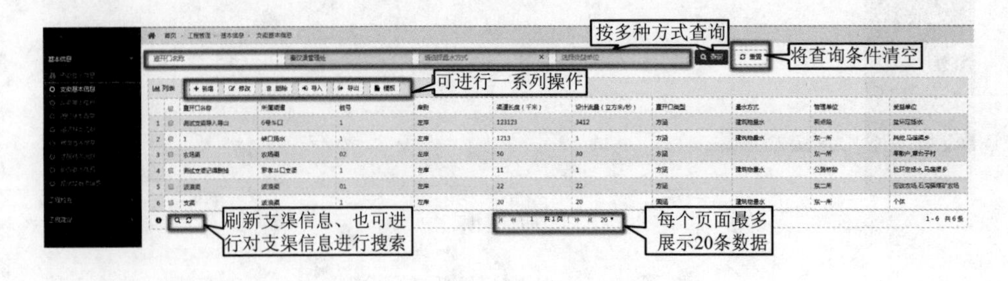

图 10.18　支渠基本信息列表

图 10.18 页面说明如下：

(1) 查询：按直开口名称、管理单位、量水方式、受益单位查询；

(2) 重置：重置：点击【重置】按钮，可将查询条件清空；

(3) 新增：点击【新增】按钮，打开新增页面进行新增，如图 10.19 所示；

(4) 删除：勾选一条或者多条所要删除的渠道信息，点击【删除】按钮，提示确定要删除所选中的信息，点击【确定】则可以成功删除；

(5) 修改：选中一条渠道信息，点击【修改】按钮，进入修改页面，如图 10.20 所示；

(6) 点击【导入】按钮，选择要导入的 Excel 表格，点击导入，则可以成功导入数据；

(7) 点击【导出】按钮，选择导出存放位置，点击导出，则可以将基本信息以 Excel 表格的形式导出；

(8) 点击【模板】，选择存放位置，可以将基本信息的 Excel 表格模板成功导出；

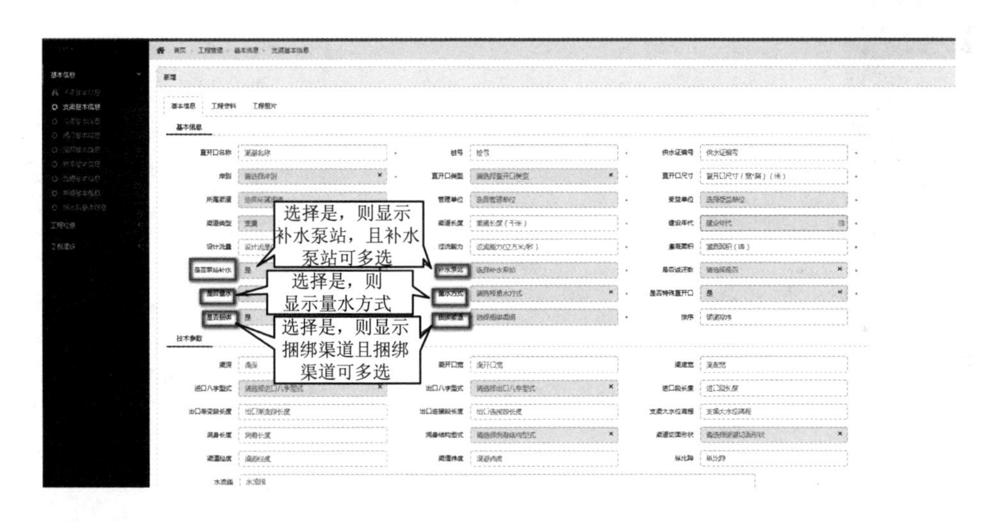

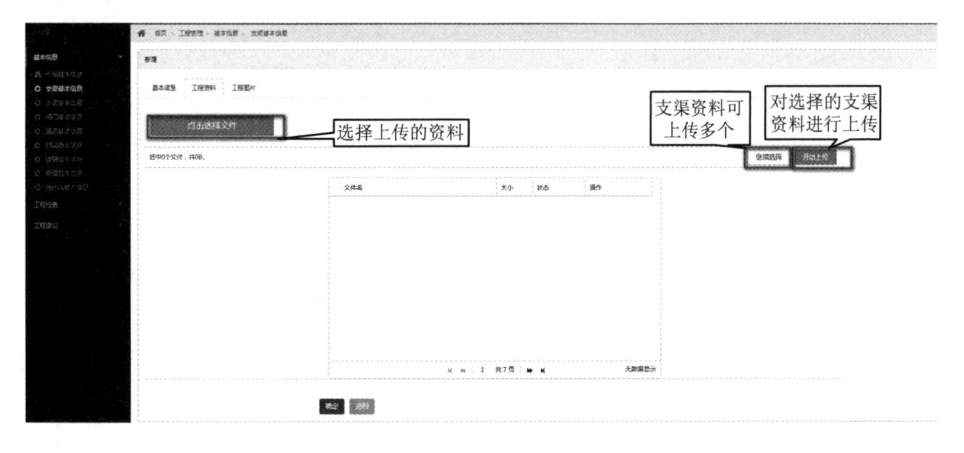

图 10.19　支渠信息新增页面

图 10.19 页面说明如下：

（1）新增：添加支渠基本信息，其中标注红色星号的全部为必填项，必填项不填写会进行提示，填写的信息不合法也会进行提示，所有必填项填写完成才能保存成功，否则不能保存；

（2）工程资料、工程图片，已经填写的支渠信息，可填写工程资料、工程图片等相关信息，点击选择文件，点击开始上传，则会显示上传的资料及图片，点击继续上传，可上传多个文件或图片，也可对上传的文件或图片进行删除操作，点击相关文件后面显示的删除按钮，则可删除。

需注意以下几点：①是否泵站补水，选择（是）时，补水泵站可选择，且可多选，补水泵站按管理单位列出泵站名称。②是否量水，选择（是）时，显示量水方式。③是否打捆，选择（是）时，捆绑渠道可选择，且可多选，捆绑渠道按管理单位列出渠道名称。

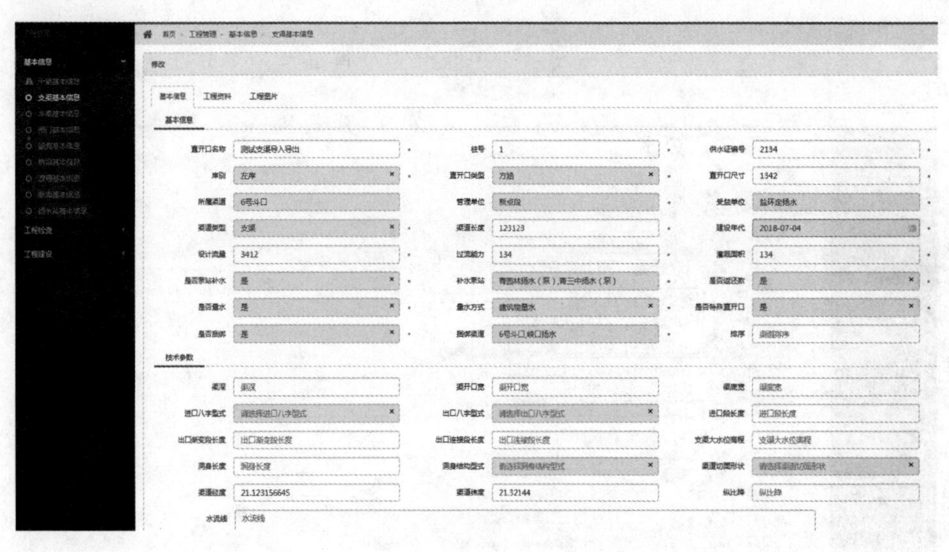

图 10.20　支渠信息修改页面

图 10.20 页面说明如下：

参考支渠基本信息的新增。

10.3.1.3　斗渠基本信息

斗渠主要对斗渠基本信息进行查询、新增、修改、删除、导入、导出等操作，如图 10.21 所示。

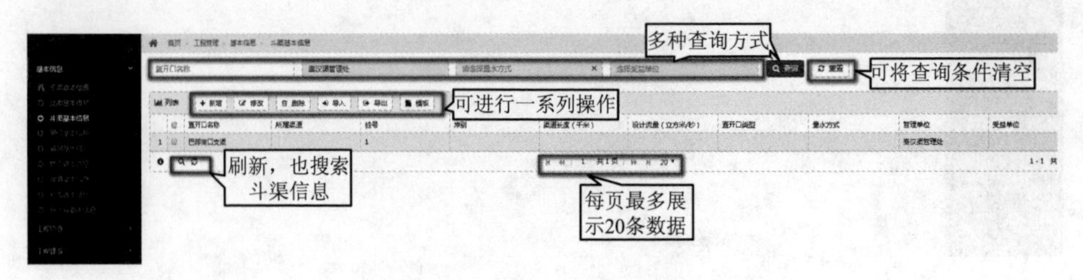

图 10.21　斗渠基本信息列表

图 10.21 页面说明如下：

(1) 查询：按直开口名称、管理单位、量水方式、受益单位查询；

(2) 重置：点击【重置】按钮，可将查询条件清空；

(3) 新增：点击【新增】按钮，打开新增页面进行新增，如图 10.22 所示；

(4) 删除：勾选一条或者多条所要删除的渠道信息，点击【删除】按钮，提示确定要删除所选中的信息，点击【确定】则可以成功删除；

(5) 修改：选中一条渠道信息，点击【修改】按钮，进入修改页面，如图 10.23 所示；

(6) 点击【导入】按钮，选择要导入的 Excel 表格，点击导入，则可以成功导入数据；

(7) 点击【导出】按钮，选择导出存放位置，点击导出，则可以将基本信息以 Excel 表格的形式导出；

(8) 点击【模板】，选择存放位置，可以将基本信息的 Excel 表格模板成功导出。

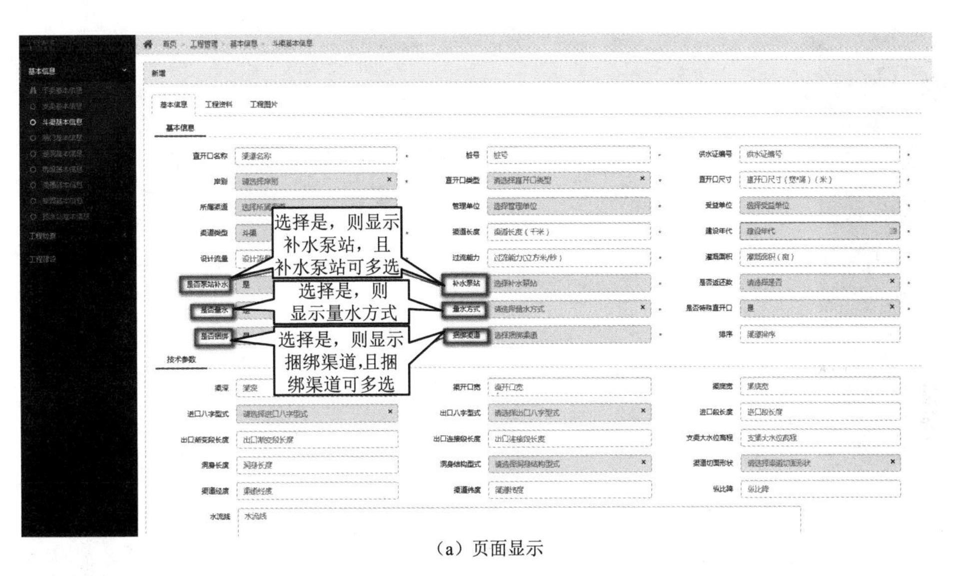

(a) 页面显示

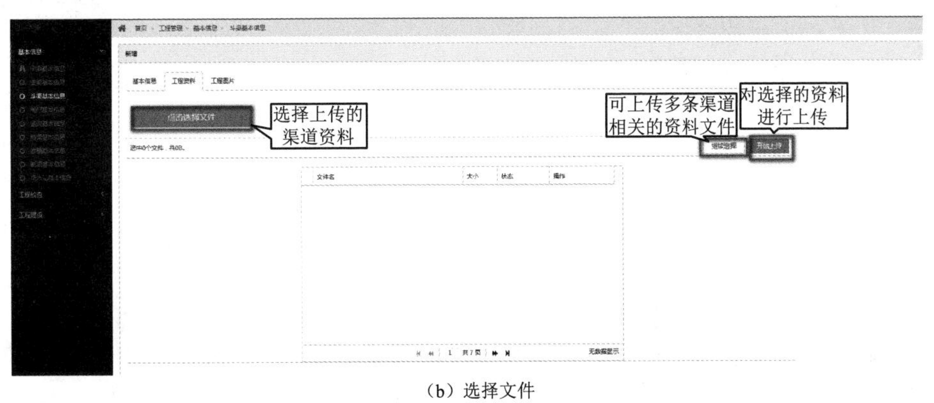

(b) 选择文件

图 10.22 斗渠信息新增页面

图 10.24 页面说明如下：

（1）新增：添加斗渠基本信息，其中标注红色星号的全部为必填项，必填项不填写会进行提示，填写的信息不合法也会进行提示，所有必填项填写完成才能保存成功，否则不能保存；

（2）工程资料、工程图片，已经填写的斗渠信息，可填写工程资料、工程图片等相关信息，点击选择文件，点击开始上传，则会显示上传的资料及图片，点击继续上传，可上传多个文件或图片，也可对上传的文件或图片进行删除操作，点击相关文件后面显示的删除按钮，则可删除。

需注意以下几点：①是否泵站补水，选择（是）时，补水泵站可选择，且可多选，补水泵站按管理单位列出泵站名称。②是否量水，选择（是）时，显示量水方式。③是否打捆，选择（是）时，捆绑渠道可选择，且可多选，捆绑渠道按管理单位列出渠道名称。

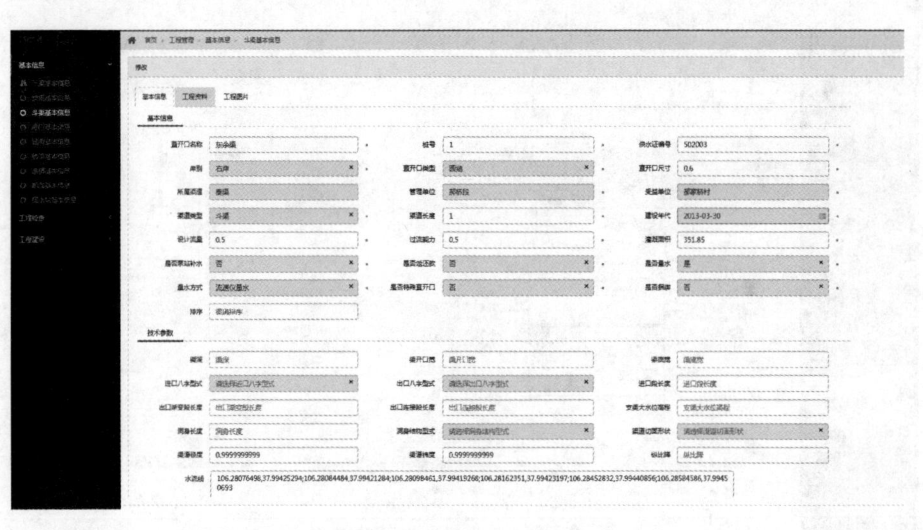

图 10.23 斗渠信息修改页面

图 10.23 页面说明如下：

参考斗渠基本信息的新增。

10.3.1.4 闸门基本信息

闸门主要对闸门基本信息进行查询、新增、修改、删除、导入、导出等操作，如图 10.24 所示。

图 10.24 页面说明如下：

（1）查询：按水闸名称、管理单位、所属渠道、闸门类型查询；

（2）重置：点击【重置】按钮，可将查询条件清空；

（3）新增：点击【新增】按钮，打开新增页面进行新增，如图 10.25 所示；

（4）删除：勾选一条或者多条所要删除的闸门信息，点击【删除】按钮，提示确定要删除所选中的信息，点击【确定】则可以成功删除；

多种查询方式
将查询条件清空
可进行一系列操作
刷新信息，搜索渠道信息
最多展示20条

图 10.24 闸门基本信息列表

（5）修改：选中一条闸门信息，点击【修改】按钮，进入修改页面，如图 10.26 所示；

（6）点击【导入】按钮，选择要导入的 Excel 表格，点击导入，则可以成功导入数据；

（7）点击【导出】按钮，选择导出存放位置，点击导出，则可以将基本信息以 Excel 表格的形式导出；

（8）点击【模板】，选择存放位置，可以将基本信息的 Excel 表格模板成功导出。

（a）页面显示

图 10.25（一） 水闸信息新增页面

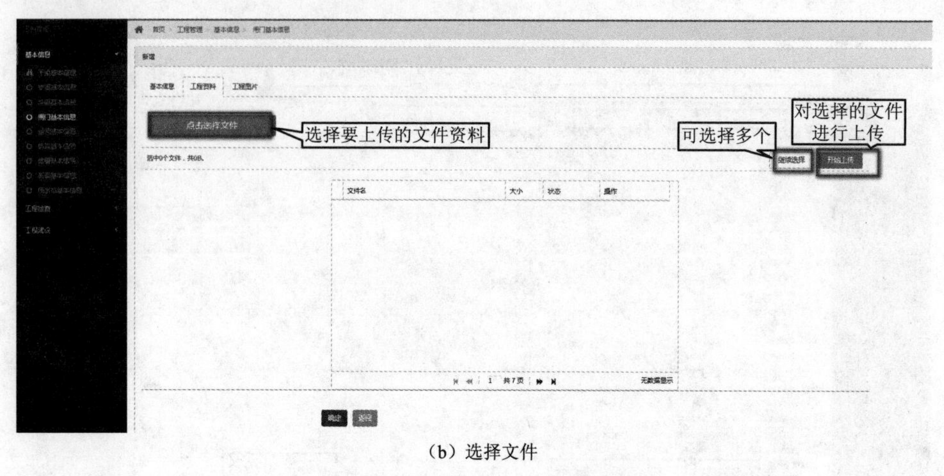

(b) 选择文件

图 10.25（二）　水闸信息新增页面

图 10.25 页面说明如下：

(1) 新增：添加水闸基本信息，其中标注红色星号的全部为必填项，必填项不填写会进行提示，填写的信息不合法也会进行提示，所有必填项填写完成才能保存成功，否则不能保存；

(2) 工程资料、工程图片，已经填写的水闸信息，可上传工程资料、工程图片等相关信息，点击选择文件，点击开始上传，则会显示上传的资料及图片，点击继续上传，可上传多个文件或图片，也可对上传的文件或图片进行删除操作，点击相关文件后面显示的删除按钮，则可删除。

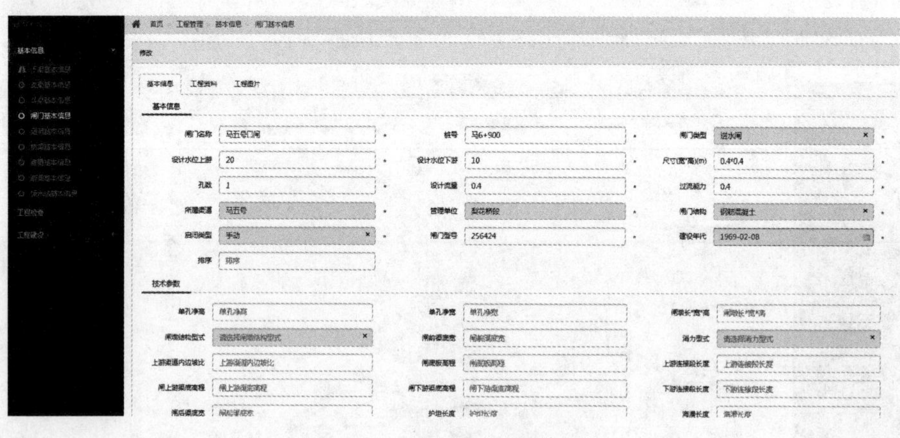

图 10.26　水闸信息修改页面

图 10.26 页面说明如下：

参考水闸基本信息的新增。

10.3.1.5　涵洞基本信息

涵洞主要对涵洞基本信息进行查询、新增、修改、删除、导入、导出等操作，如图 10.27 所示。

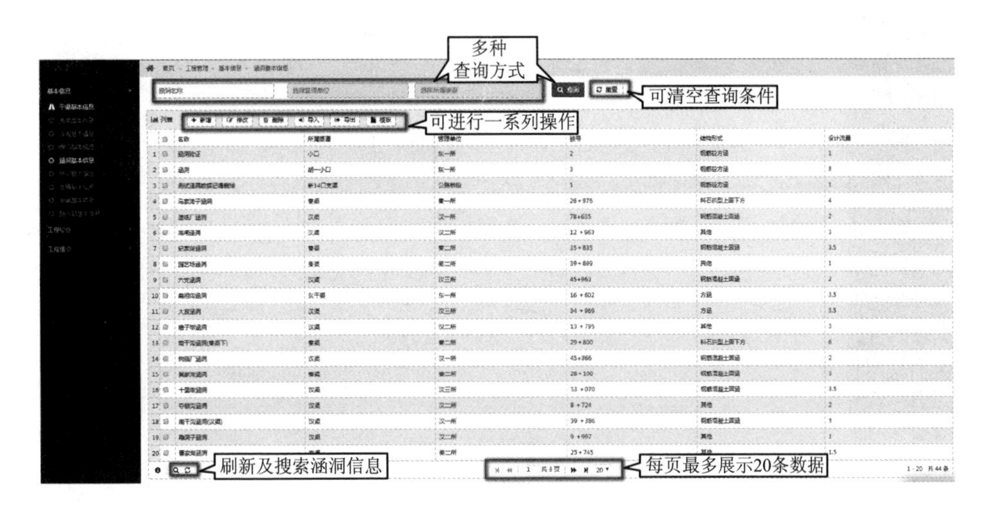

图 10.27 涵洞基本信息列表

图 10.27 页面说明如下：

（1）查询：按涵洞名称、管理单位、所属渠道查询；

（2）重置：点击【重置】按钮，可将查询条件清空；

（3）新增：点击【新增】按钮，打开新增页面进行新增，如图 10.28 所示；

（4）删除：勾选一条或者多条所要删除的涵洞信息，点击【删除】按钮，提示确定要删除所选中的信息，点击【确定】则可以成功删除；

（5）修改：选中一条涵洞信息，点击【修改】按钮，进入修改页面，如图 10.29 所示；

（6）点击【导入】按钮，选择要导入的 Excel 表格，点击导入，则可以成功导入数据；

（7）点击【导出】按钮，选择导出存放位置，点击导出，则可以将基本信息以 Excel 表格的形式导出；

（8）点击【模板】，选择存放位置，可以将基本信息的 Excel 表格模板成功导出。

图 10.28 页面说明如下：

（1）新增：添加涵洞基本信息，其中标注红色星号的全部为必填项，必填项不填写会进行提示，填写的信息不合法也会进行提示，所有必填项填写完成才能保存成功，否则不能保存；

（2）工程资料、工程图片，已经填写的涵洞信息，可上传工程资料、工程图片等相关信息，点击选择文件，点击开始上传，则会显示上传的资料及图片，点击继续上传，可上传多个文件或图片，也可对上传的文件或图片进行删除操作，点击相关文件后面显示的删除按钮，则可删除。

（a）页面显示

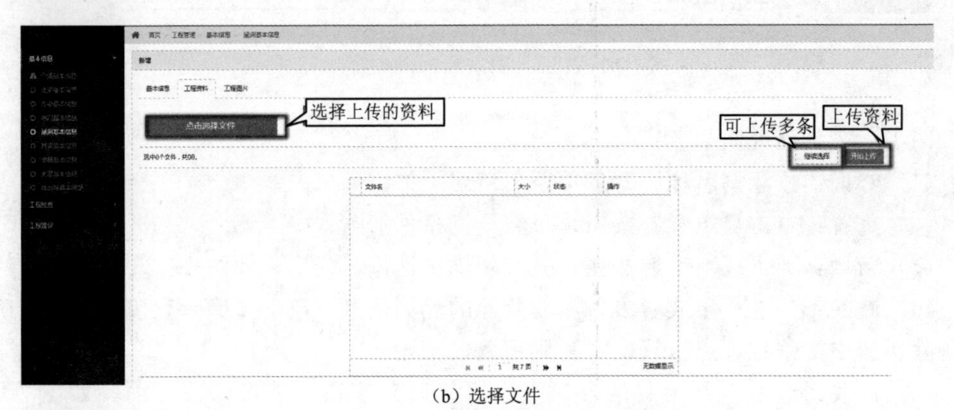

（b）选择文件

图 10.28　涵洞信息新增页面

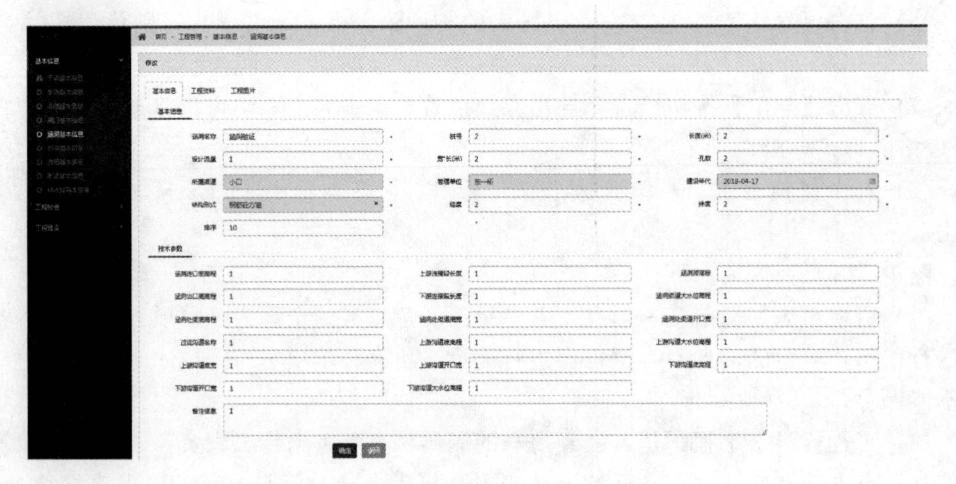

图 10.29　涵洞信息修改页面

图 10.29 页面说明如下：

参考涵洞基本信息的新增。

10.3.1.6 桥梁基本信息

桥梁主要对桥梁基本信息进行查询、新增、修改、删除、导入、导出等操作，如图 10.30 所示。

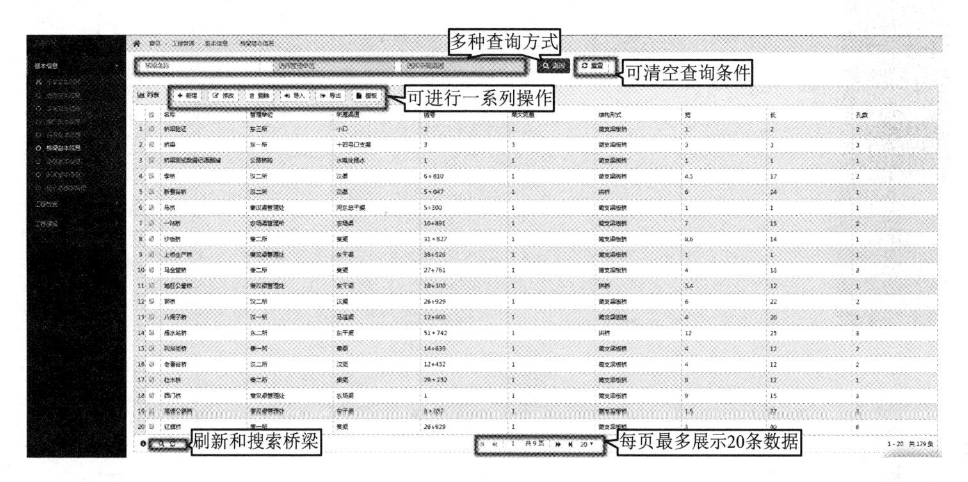

图 10.30 桥梁基本信息列表

图 10.30 页面说明如下：

(1) 查询：按桥梁名称、管理单位、所属渠道查询；

(2) 重置：点击【重置】按钮，可将查询条件清空；

(3) 新增：点击【新增】按钮，打开新增页面进行新增，如图 10.31 所示；

(4) 删除：勾选一条或者多条所要删除的桥梁信息，点击【删除】按钮，提示确定要删除所选中的信息，点击【确定】则可以成功删除；

(5) 修改：选中一条桥梁信息，点击【修改】按钮，进入修改页面，如图 10.32 所示；

(6) 点击【导入】按钮，选择要导入的 Excel 表格，点击导入，则可以成功导入数据；

(7) 点击【导出】按钮，选择导出存放位置，点击导出，则可以将基本信息以 Excel 表格的形式导出；

(8) 点击【模板】，选择存放位置，可以将基本信息的 Excel 表格模板成功导出。

图 10.31 页面说明如下：

(1) 新增：添加桥梁基本信息，其中标注红色星号的全部为必填项，必填项不填写会进行提示，填写的信息不合法也会进行提示，所有必填项填写完成才能保存成功，否则不能保存；

(2) 工程资料、工程图片，已经填写的桥梁信息，可上传工程资料、工程图片等相关信息，点击选择文件，点击开始上传，则会显示上传的资料及图片，点击继续上传，可上传多个文件或图片，也可对上传的文件或图片进行删除操作，点击相关文件后面显示的删除按钮，则可删除。

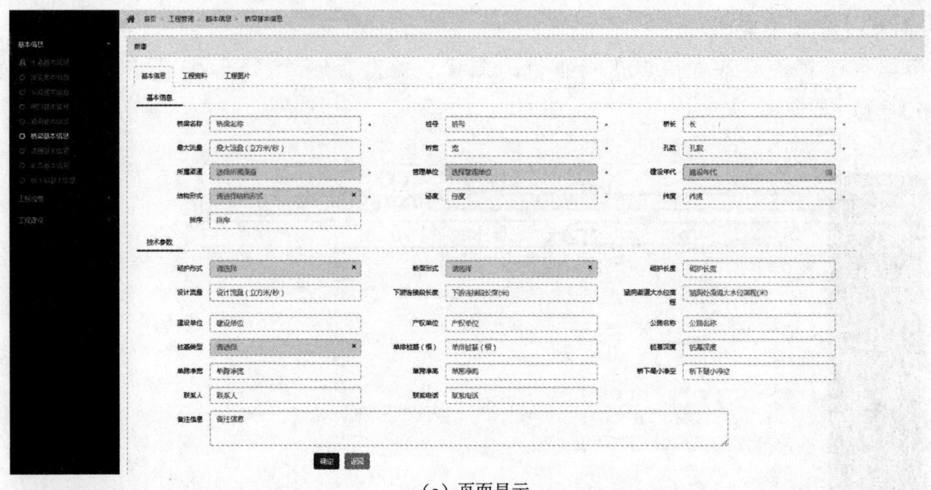

（a）页面显示

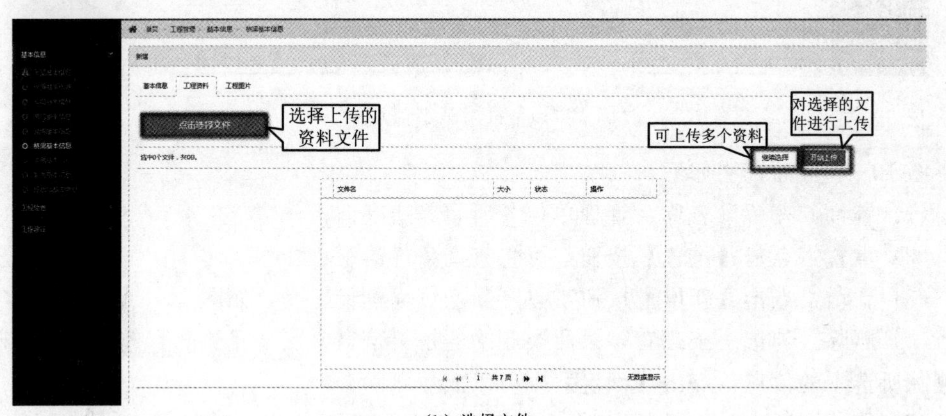

（b）选择文件

图 10.31　桥梁信息新增页面

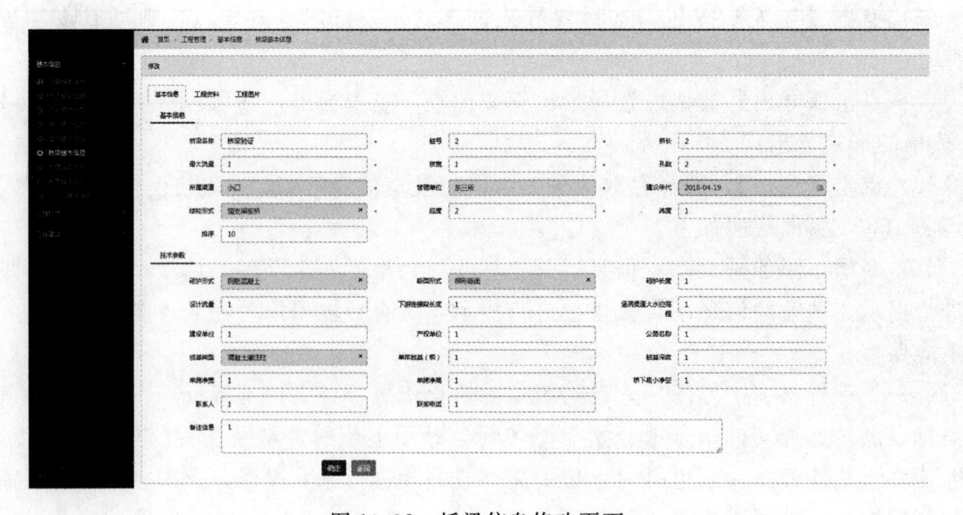

图 10.32　桥梁信息修改页面

图 10.32 页面说明如下：

参考桥梁基本信息的新增。

10.3.1.7 渡槽基本信息

渡槽主要对渡槽基本信息进行查询、新增、修改、删除、导入、导出等操作，如图 10.33 所示。

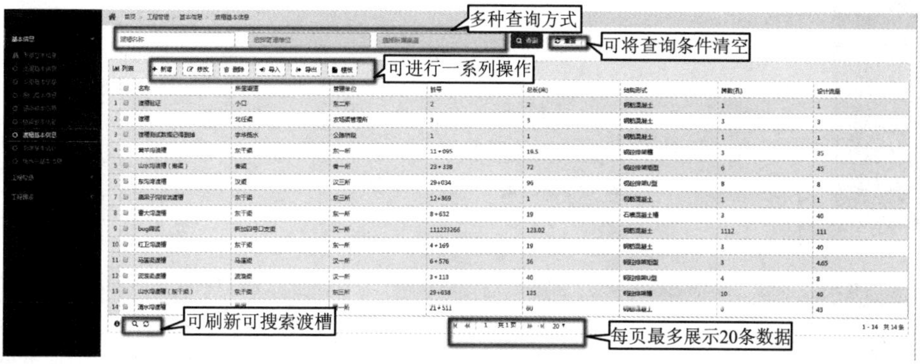

图 10.33 桥梁基本信息列表

图 10.33 页面说明如下：

（1）查询：按渡槽名称、管理单位、所属渠道查询；

（2）重置：点击【重置】按钮，可将查询条件清空；

（3）新增：点击【新增】按钮，打开新增页面进行新增，如图 10.34 所示；

（4）删除：勾选一条或者多条所要删除的渡槽信息，点击【删除】按钮，提示确定要删除所选中的信息，点击【确定】则可以成功删除；

（5）修改：选中一条渡槽信息，点击【修改】按钮，进入修改页面，如图 10.35 所示；

（6）点击【导入】按钮，选择要导入的 Excel 表格，点击导入，则可以成功导入数据；

（7）点击【导出】按钮，选择导出存放位置，点击导出，则可以将基本信息以 Excel 表格的形式导出；

（8）点击【模板】，选择存放位置，可以将基本信息的 Excel 表格模板成功导出。

图 10.34 页面说明如下：

（1）新增：添加渡槽基本信息，其中标注红色星号的全部为必填项，必填项不填写会进行提示，填写的信息不合法也会进行提示，所有必填项填写完成才能保存成功，否则不能保存；

（2）工程资料、工程图片，已经填写的渡槽信息，可上传工程资料、工程图片等相关信息，点击选择文件，点击开始上传，则会显示上传的资料及图片，点击继续上传，可上传多个文件或图片，也可对上传的文件或图片进行删除操作，点击相关文件后面显示的删除按钮，则可删除。

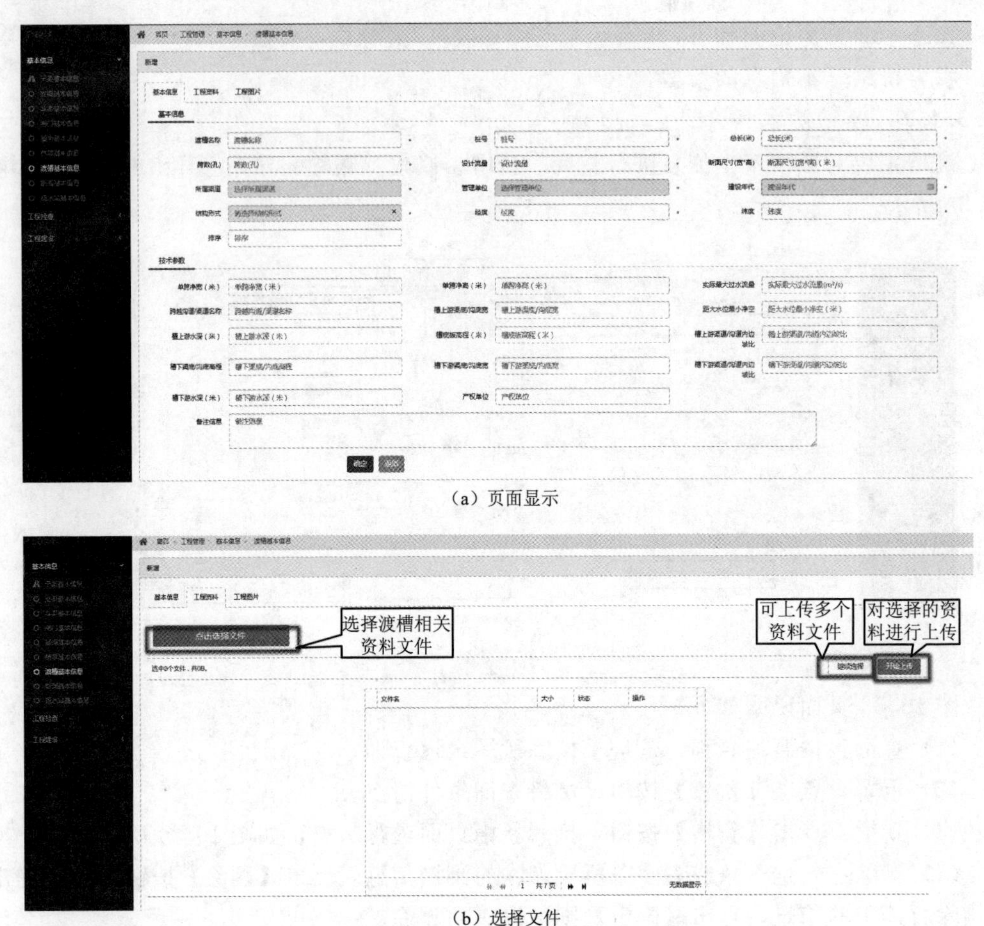

(a) 页面显示

(b) 选择文件

图 10.34 渡槽信息新增页面

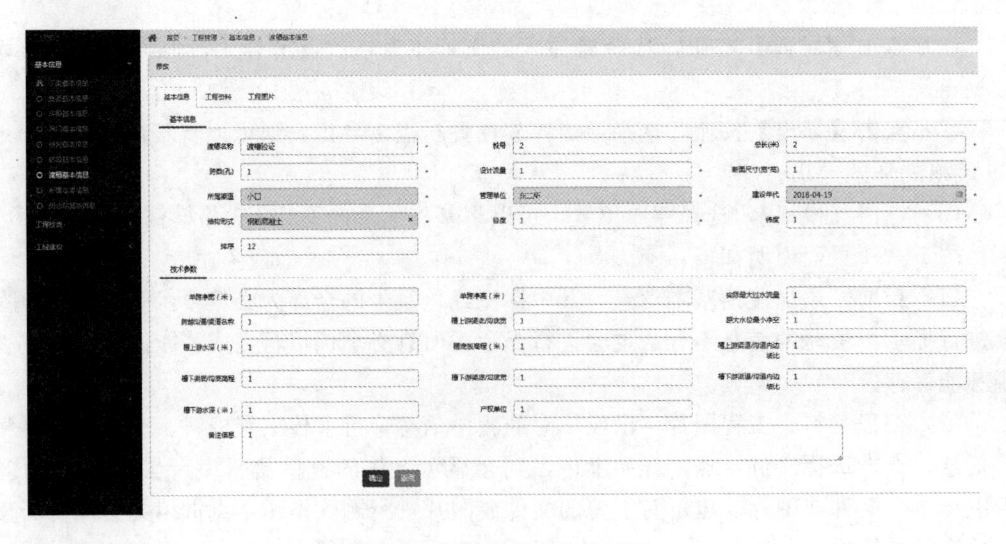

图 10.35 渡槽信息修改页面

图 10.35 页面说明如下：

参考渡槽基本信息的新增。

10.3.1.8 断面基本信息

断面主要对断面基本信息进行查询、新增、修改、删除、导入、导出等操作，如图 10.36 所示。

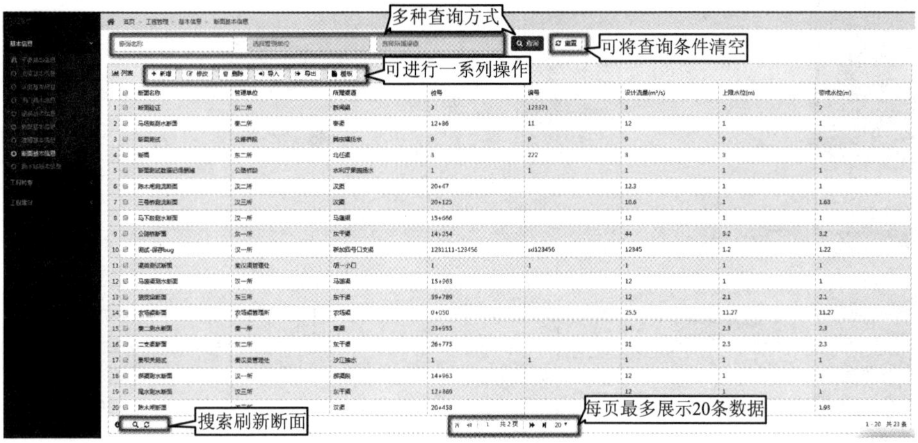

图 10.36 断面基本信息列表

图 10.36 页面说明如下：

(1) 查询：按断面名称、管理单位、所属渠道查询；

(2) 重置：点击【重置】按钮，可将查询条件清空；

(3) 新增：点击【新增】按钮，打开新增页面进行新增，如图 10.37 所示；

(4) 删除：勾选一条或者多条所要删除的断面信息，点击【删除】按钮，提示确定要删除所选中的信息，点击【确定】则可以成功删除；

(5) 修改：选中一条断面信息，点击【修改】按钮，进入修改页面，如图 10.38 所示；

(6) 点击【导入】按钮，选择要导入的 Excel 表格，点击导入，则可以成功导入数据；

(7) 点击【导出】按钮，选择导出存放位置，点击导出，则可以将基本信息以 Excel 表格的形式导出；

(8) 点击【模板】，选择存放位置，可以基本信息的 Excel 表格模板成功导出。

图 10.37 页面说明如下：

(1) 新增：添加断面基本信息，其中标注红色星号的全部为必填项，必填项不填写会进行提示，填写的信息不合法也会进行提示，所有必填项填写完成才能保存成功，否则不能保存；

(2) 工程资料、工程图片，已经填写的断面信息，可上传工程资料、工程图片等相关信息，点击选择文件，点击开始上传，则会显示上传的资料及图片，点击继续上传，可上传多个文件或图片，也可对上传的文件或图片进行删除操作，点击相关文件后面显示的删除按钮，则可删除。

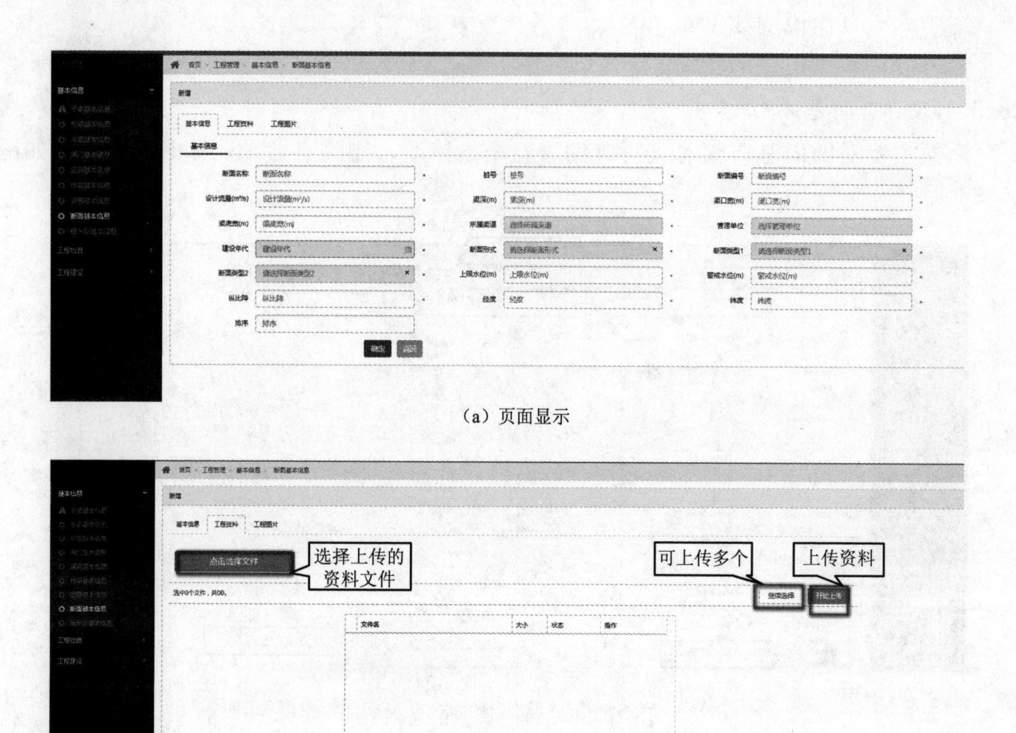

（a）页面显示

（b）选择文件

图 10.37　断面信息新增页面

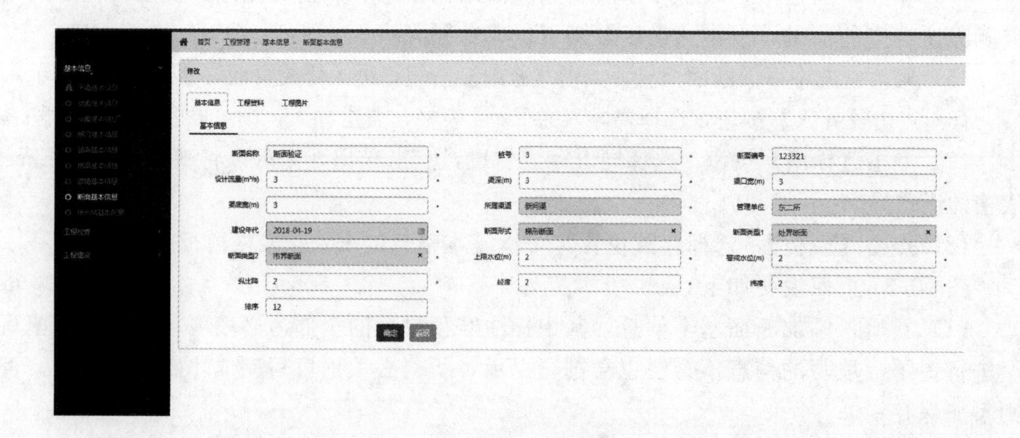

图 10.38　断面信息修改页面

图 10.38 页面说明如下：

参考断面基本信息的新增。

10.3.1.9 扬水站基本信息

扬水站主要对扬水站基本信息进行查询、新增、修改、删除、导入、导出等操作，如图 10.39 所示。

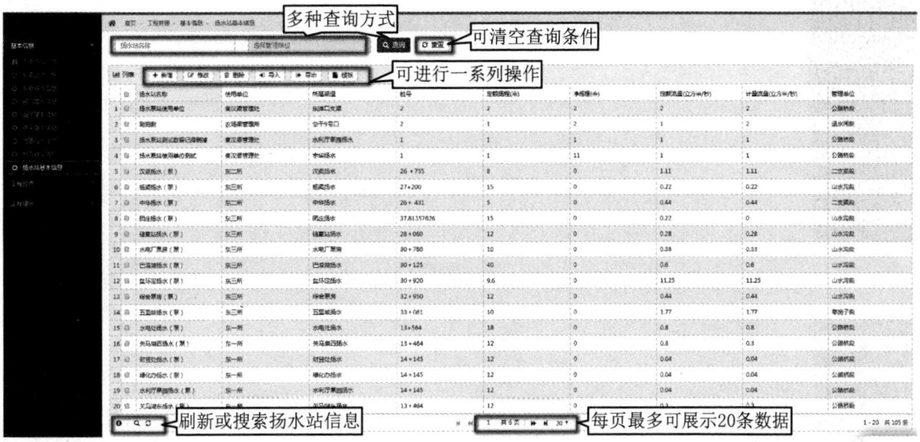

图 10.39 扬水站基本信息列表

图 10.39 页面说明如下：

(1) 查询：按扬水站名称、管理单位查询；

(2) 重置：点击【重置】按钮，可将查询条件清空；

(3) 新增：点击【新增】按钮，打开新增页面进行新增，如图 10.40 所示；

(4) 删除：勾选一条或者多条所要删除的断面信息，点击【删除】按钮，提示确定要删除所选中的信息，点击【确定】则可以成功删除；

(5) 修改：选中一条断面信息，点击【修改】按钮，进入修改页面，如图 10.41 所示；

(6) 点击【导入】按钮，选择要导入的 Excel 表格，点击导入，则可以成功导入数据；

(7) 点击【导出】按钮，选择导出存放位置，点击导出，则可以将基本信息以 Excel 表格的形式导出；

(8) 点击【模板】，选择存放位置，可以基本信息的 Excel 表格模板成功导出。

图 10.40 页面说明如下：

(1) 新增：添加扬水站基本信息，其中标注红色星号的全部为必填项，必填项不填写会进行提示，填写的信息不合法也会进行提示，所有必填项填写完成才能保存成功，否则不能保存；

(2) 工程资料、工程图片，已经填写的扬水站信息，可上传工程资料、工程图片等相关信息，点击选择文件，点击开始上传，则会显示上传的资料及图片，点击继续上传，可上传多个文件或图片，也可对上传的文件或图片进行删除操作，点击相关文件后面显示的删除按钮，则可删除。

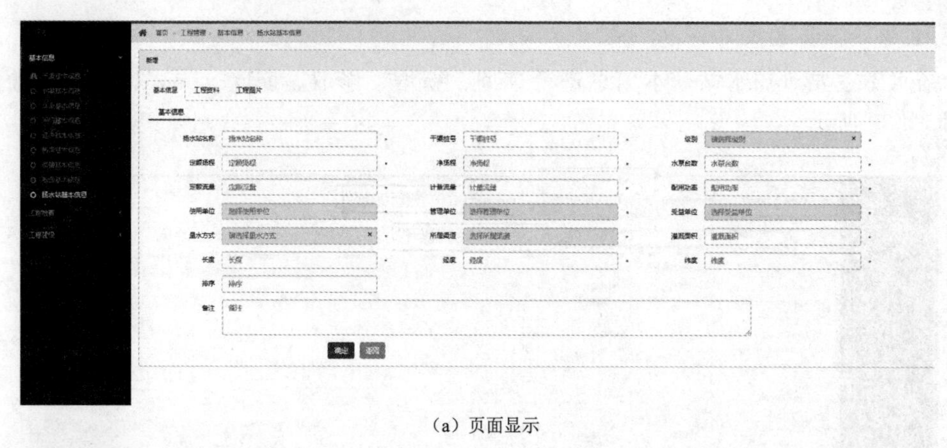

（a）页面显示

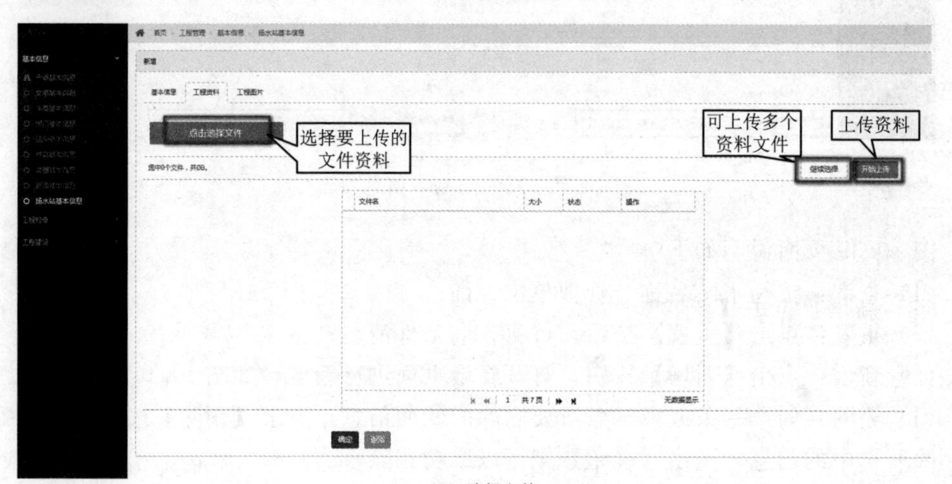

（b）选择文件

图 10.40　扬水站信息新增页面

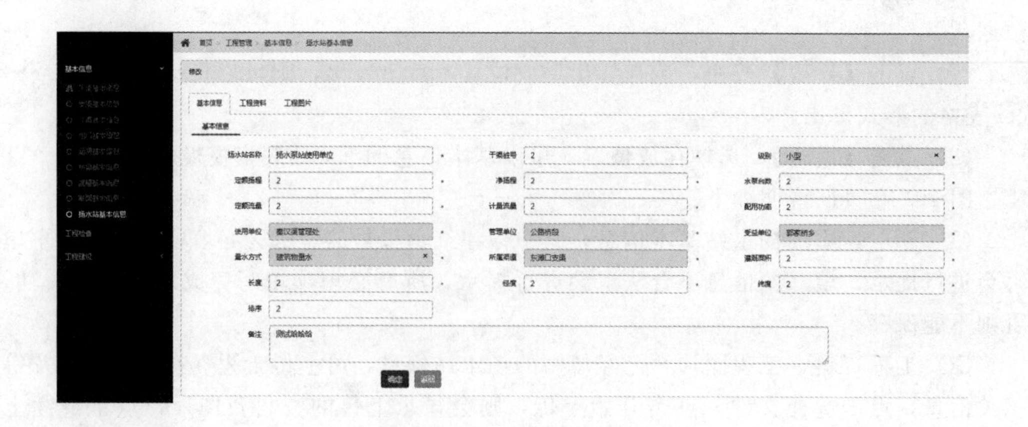

图 10.41　扬水站信息修改页面

图 10.41 页面说明如下：

参考扬水站基本信息的新增。

10.3.2 工程检查

10.3.2.1 日常巡查

主要用于记录巡护时发生的一些问题，如图 10.42 所示。

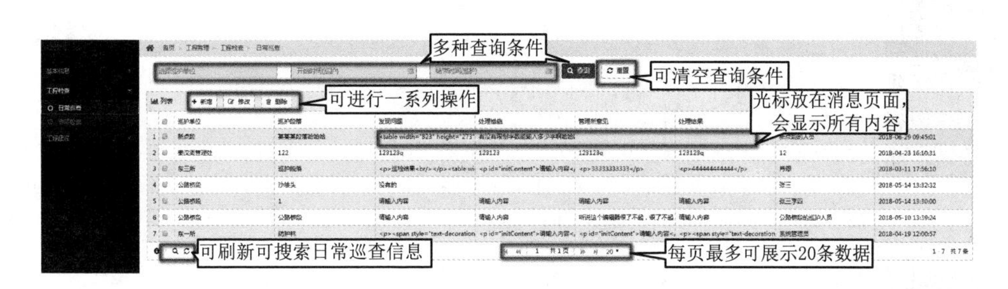

图 10.42 日常巡查

图 10.42 页面说明如下：

(1) 查询：按巡护单位、巡护开始时间、结束时间查询；

(2) 重置：点击重置按钮，可将查询条件清空；

(3) 新增：点击【新增】按钮，打开新增页面进行新增，如图 10.43 所示；

(4) 删除：勾选一条或者多条所要删除的日常巡查信息，点击【删除】按钮，提示确定要删除所选中的信息，点击【确定】则可以成功删除；

(5) 修改：选中一条巡查信息，点击【修改】按钮，进入修改页面，如图 10.44 所示。

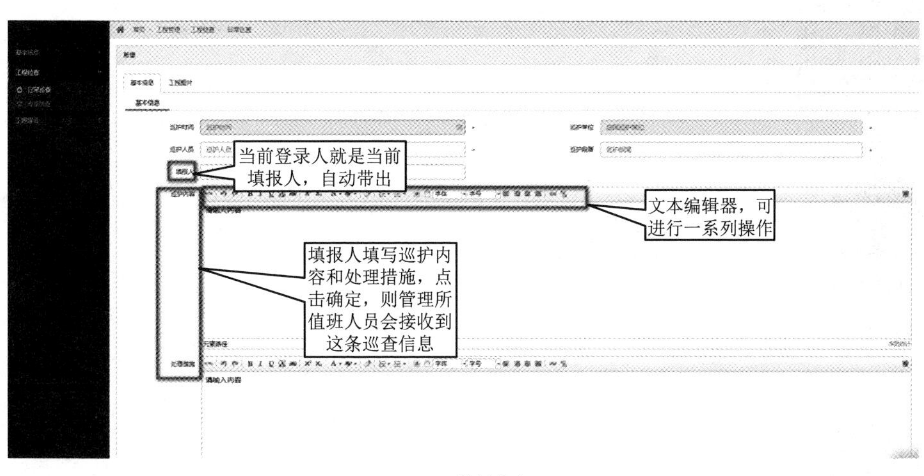

(a) 填写内容

图 10.43（一） 日常巡查新增页面

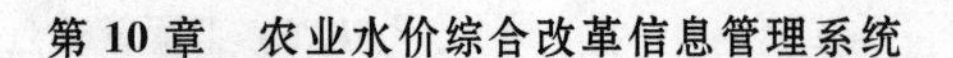

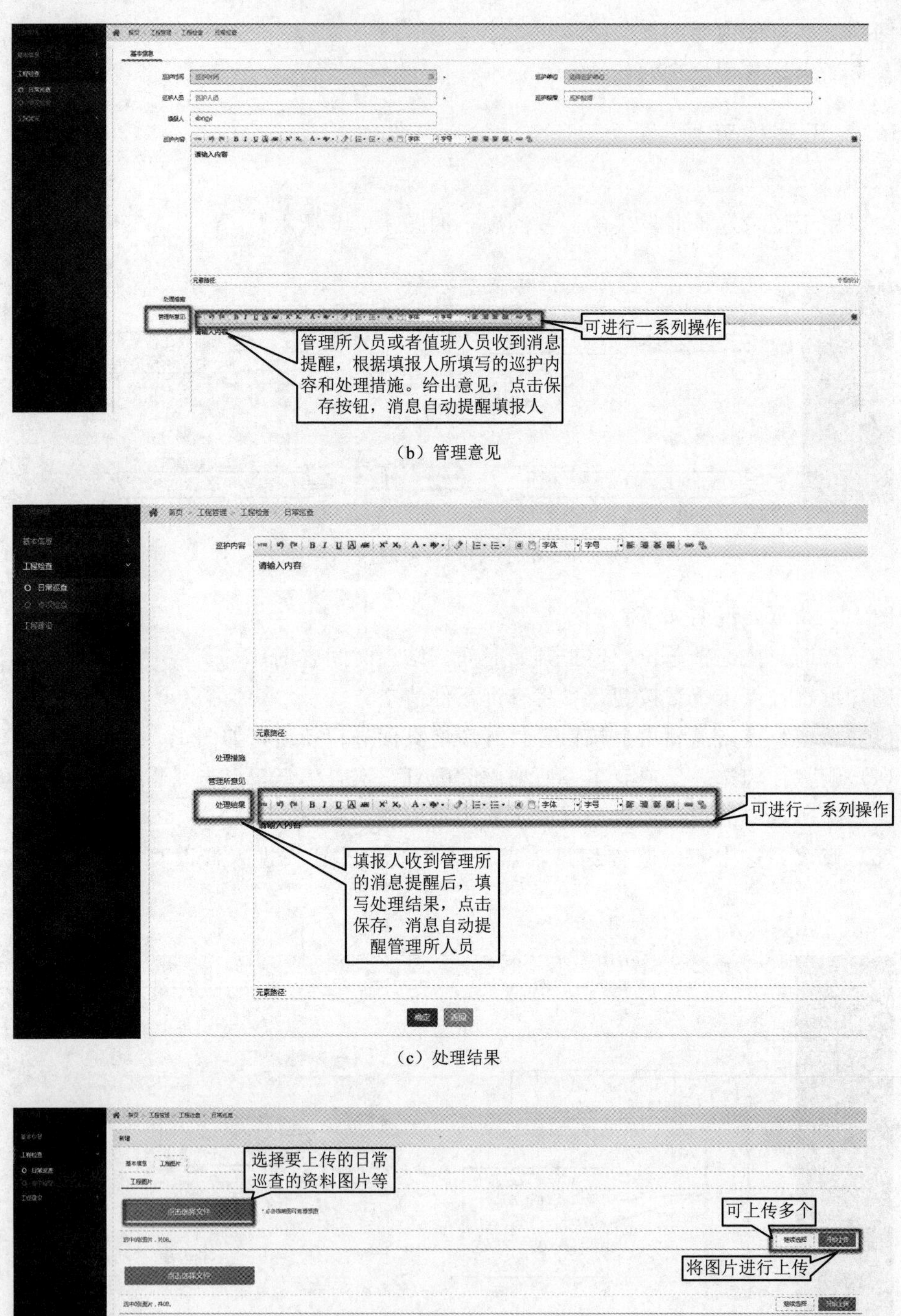

（b）管理意见

（c）处理结果

（d）选择文件

图 10.43（二）　日常巡查新增页面

图 10.43 页面说明如下：

(1) 新增：填报人填写巡护内容和处理措施，点击保存后，消息自动提醒管理所值班人员或者管理所所长，管理所所长根据填报人填报的信息填写管理所意见，管理所人员填写完毕点击保存，消息自动提醒填报人，填报人根据管理所意见，填写处理措施，填写完毕保存后，消息再动提醒管理所所长或者值班人员。

需注意：填报人填写后，只要下一步相关人员点击了消息查看之后，上一步的人员对自己填写的内容便不可再进行编辑，同时下一步处理人员也不可编辑上一步人员填写的信息。

(2) 工程图片，已经填写的日常巡查记录，可上传工程图片等相关信息，点击选择文件，点击开始上传，则会显示上传的图片，点击继续上传，可上传多张图片，也可对上传图片进行删除操作，点击相关文件后面显示的删除按钮，则可删除。

图 10.44 日常巡查修改

图 10.44 页面说明如下：

修改：填报人填写的内容点击保存后，在下一步处理人没有查看前都可以修改，但只能修改自己编辑的内容。

10.3.2.2 专项检查

主要对专项检查的一些记录，如图 10.45 所示。

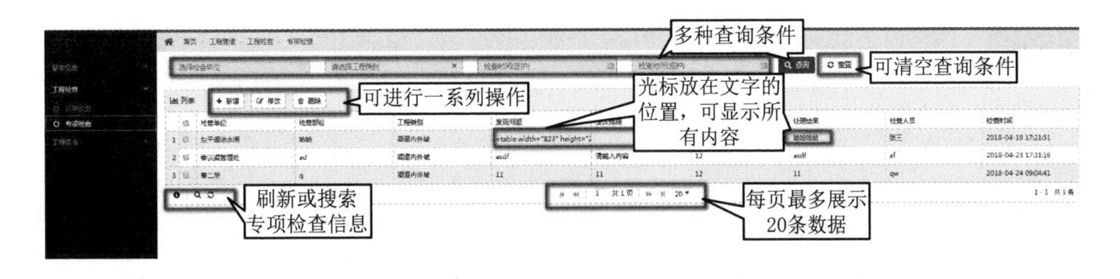

图 10.45 专项检查

图 10.45 页面说明如下：

(1) 查询：按检查单位、工程类别、检查开始时间、结束时间查询；

(2) 重置：点击重置按钮，可将查询条件清空；

(3) 新增：点击【新增】按钮，打开新增页面进行新增，如图 10.46 所示；

(4) 删除：勾选一条或者多条所要删除的专项巡查信息，点击【删除】按钮，提示确定要删除所选中的信息，点击【确定】则可以成功删除；

(5) 修改：选中一条专项巡查信息，点击【修改】按钮，进入修改页面，如图 10.47 所示。

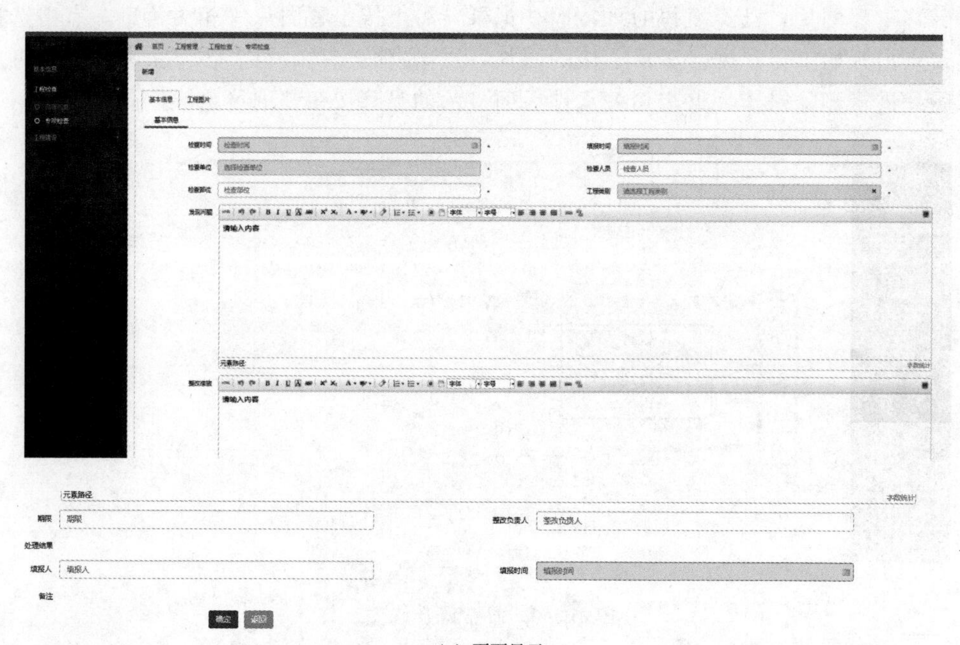

(a) 页面显示

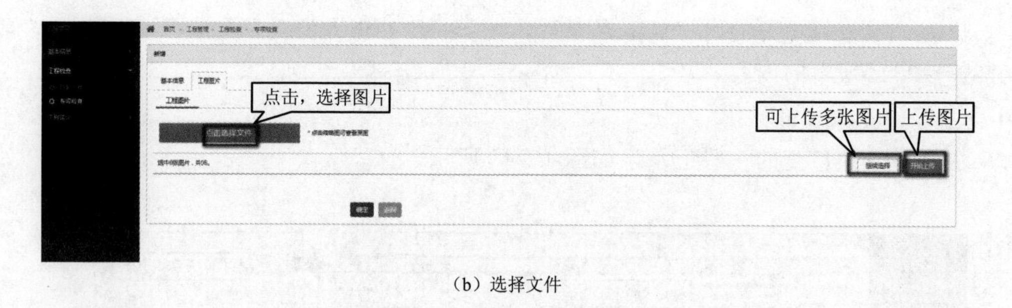

(b) 选择文件

图 10.46　专项巡查新增页面

图 10.46 页面说明如下：

(1) 新增：填报人填写表单内容，点击保存后，列表页新增一条巡查记录。

需注意以下几点：①发现问题、整改措施、整改期限、整改负责人，由填报人填写；②填报人填写保存后，系统会发消息提醒整改负责人；③处理结果由整改人填写；④处理结果下面的【填报人】系统自动提取处理人登录人员名称，但可修改；⑤处理结果下面的【填报时间】由处理人人工选择；⑥处理人填写处理结果，保存后，消息提醒发起人。

（2）工程图片，已经填写的日常巡查记录，可上传工程图片等相关信息，点击选择文件，点击开始上传，则会显示上传的图片，点击继续上传，可上传多张图片，也可对上传图片进行删除操作，点击相关文件后面显示的删除按钮，则可删除。

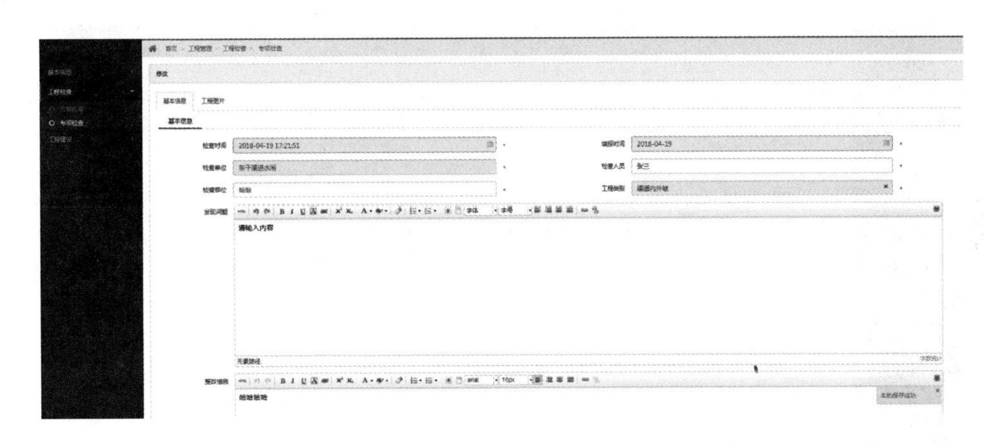

图 10.47 专项巡查修改页面

图 10.47 页面说明如下：

修改：参考专项巡查的新增。

10.3.3 工程建设

10.3.3.1 续建配套

主要用于对续建配套项目建设管理的一些记录。如图 10.48 所示。

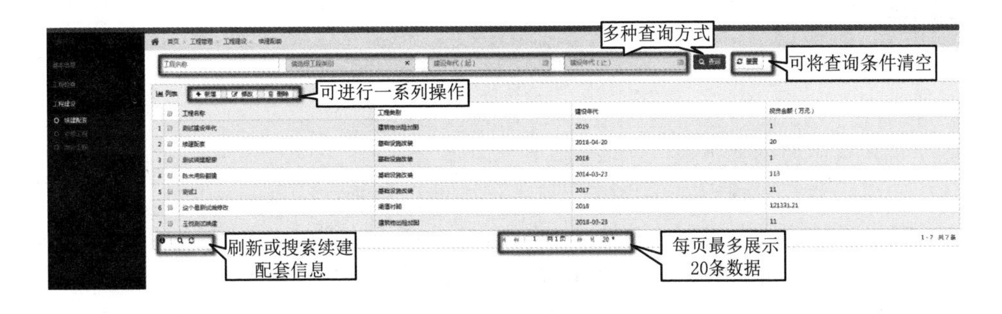

图 10.48 续建配套列表

图 10.48 页面说明如下：

（1）查询：按工程名称、工程类别、建设年代开始时间、结束时间查询；

（2）重置：点击重置按钮，可将查询条件清空；

（3）新增：点击【新增】按钮，打开新增页面进行新增，如图 10.49 所示；

（4）删除：勾选一条或者多条所要删除的续建配套信息，点击【删除】按钮，提示确定要删除所选中的信息，点击【确定】则可以成功删除；

（5）修改：选中一条徐建配套信息，点击【修改】按钮，进入修改页面，如图 10.50 所示。

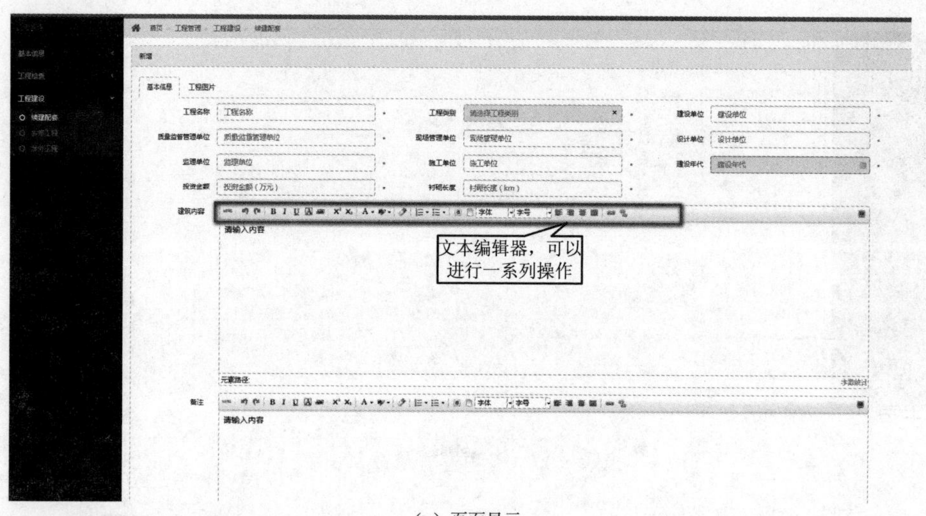

（a）页面显示

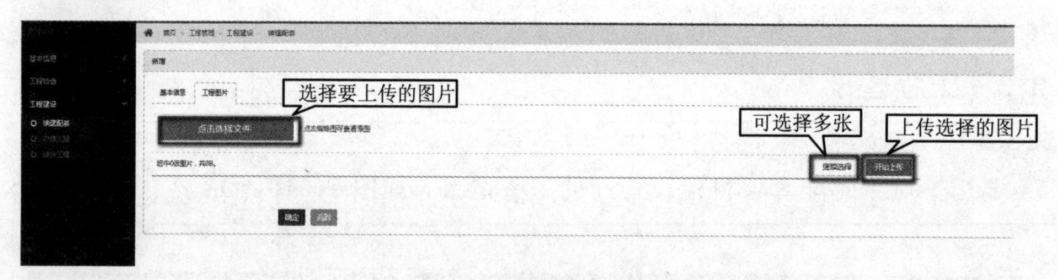

（b）选择文件

图 10.49　续建配套新增页面

图 10.49 页面说明如下：

（1）新增：填写人填写表单内容，其中标注红色星号的全部为必填项，必填项不填写会进行提示，填写的信息不合法也会进行提示，所有必填项填写完成才能保存成功，否则不能保存。填写完毕保存，列表页增加一条续建配套数据；

（2）工程图片，已经填写的续建配套工程，可上传工程图片等相关信息，点击选择文件，点击开始上传，则会显示上传的图片，点击继续上传，可上传多张图片，也可对上传图片进行删除操作，点击相关文件后面显示的删除按钮，则可删除。

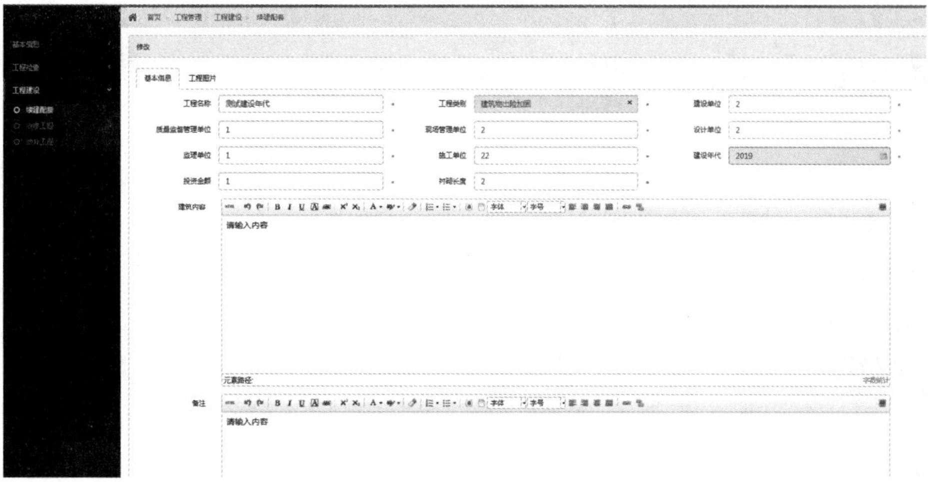

图 10.50 续建配套修改页面

图 10.50 页面说明如下：

参考续建配套的新增。

10.3.3.2 岁修工程

主要用于对岁修工程的一些记录，如图 10.51 所示。

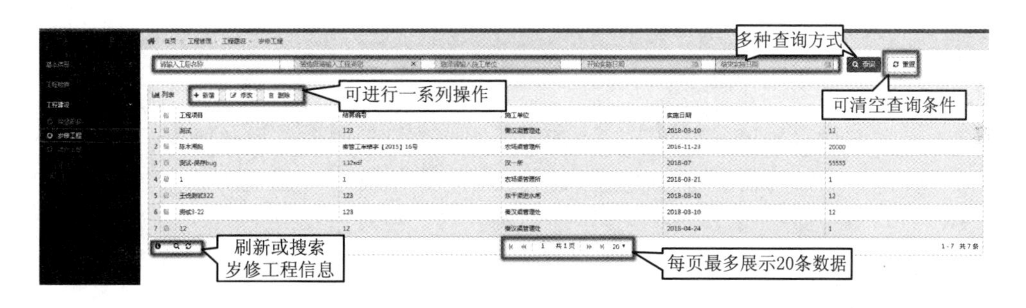

图 10.51 岁修工程列表

图 10.51 页面说明如下：

（1）查询：按工程名称、工程类别、施工单位，施工开始时间、结束时间查询；

（2）重置：点击重置按钮，可将查询条件清空；

（3）新增：点击【新增】按钮，打开新增页面进行新增，如图 10.52 所示；

（4）删除：勾选一条或者多条所要删除的岁修工程信息，点击【删除】按钮，提示确定要删除所选中的信息，点击【确定】则可以成功删除；

（5）修改：选中一条岁修工程信息，点击【修改】按钮，进入修改页面，如图 10.53 所示。

（a）页面显示

（b）选择文件

图 10.52　续建配套新增页面

图 10.52 页面说明如下：

(1) 新增：填写人填写表单内容，其中标注红色星号的全部为必填项，必填项不填写会进行提示，填写的信息不合法也会进行提示，所有必填项填写完成才能保存成功，否则不能保存填写完毕保存，列表页增加一条岁修工程数据；

图 10.53　岁修工程修改页面

（2）工程图片，已经填写的岁修工程信息，可上传工程图片等相关信息，点击选择文件，点击开始上传，则会显示上传的图片，点击继续上传，可上传多张图片，也可对上传图片进行删除操作，点击相关文件后面显示的删除按钮，则可删除。

图 10.53 页面说明如下：

参考岁修工程的新增。

10.4　灌溉管理

10.4.1　厅控制引水指标

10.4.1.1　各干渠引水指标

主要对各干渠引水指标进行增、删、改、查等一系列操作，如图 10.54 所示。

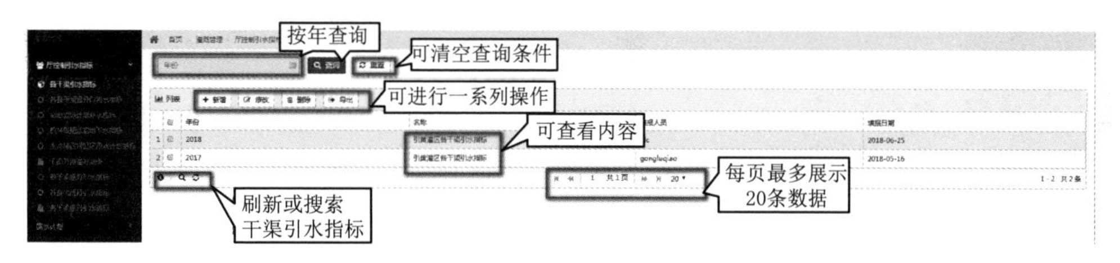

图 10.54　各干渠引水指标列表页面

图 10.54 页面说明如下：

（1）查询：按年份查询；

（2）重置：点击重置按钮，可将查询条件清空；

（3）新增：点击【新增】按钮，打开新增页面进行新增，如图 10.55 所示；

（4）删除：勾选一条或者多条所要删除的各干渠引水指标信息，点击【删除】按钮，提示确定要删除所选中的信息，点击【确定】则可以成功删除；

（5）修改：选中一条各干渠引水指标，点击【修改】按钮，进入修改页面，如图 10.56 所示；

（6）导出：点击导出按钮，可导出各干渠引水指标数据。

图 10.55　各干渠引水指标新增页面

需注意：点击名称可进行查看各干渠某年的引水指标。

图 10.55 页面说明如下：

新增：填写人填写表单内容，其中标注红色星号的全部为必填项，必填项不填写会进行提示，填写的信息不合法也会进行提示，所有必填项填写完成才能保存成功，否则不能保存。填写完毕保存，列表页增加一年的数据。

需注意：一年只能录入一条数据。

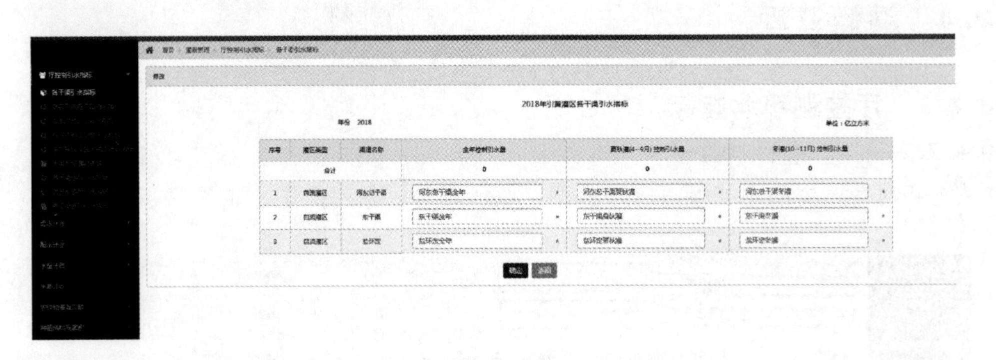

图 10.56　各干渠引水指标修改页面

图 10.56 页面说明如下：

参考各干渠引水指标的新增。

10.4.1.2　各县干渠直开口用水指标

主要对各县干渠直开口用水指标进行增、删、改、查等一系列操作，如图 10.57 所示。

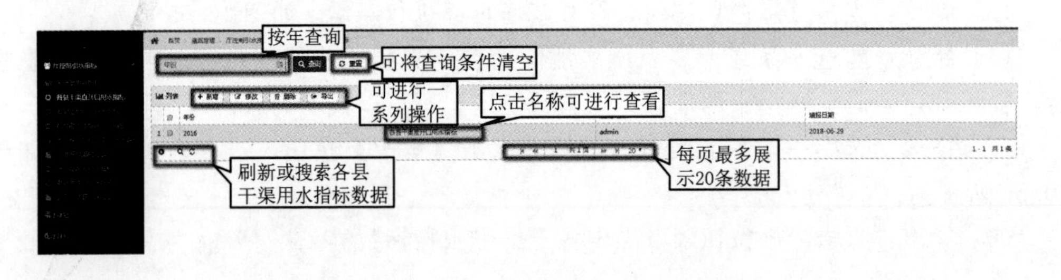

图 10.57　各县干渠直开口用水指标列表页面

图 10.57 页面说明如下：

（1）查询：按年份查询；

（2）重置：点击重置按钮，可将查询条件清空；

（3）新增：点击【新增】按钮，打开新增页面进行新增，如图 10.58 所示；

（4）删除：勾选一条或者多条所要删除的各县干渠直开口用水指标信息，点击【删除】按钮，提示确定要删除所选中的信息，点击【确定】则可以成功删除；

（5）修改：选中一条各县干渠直开口用水指标，点击【修改】按钮，进入修改页

面，如图 10.59 所示；

(6) 导出：点击导出按钮，可导出各干渠引水指标数据。

需注意：点击名称可进行查看各干渠某年的引水指标。

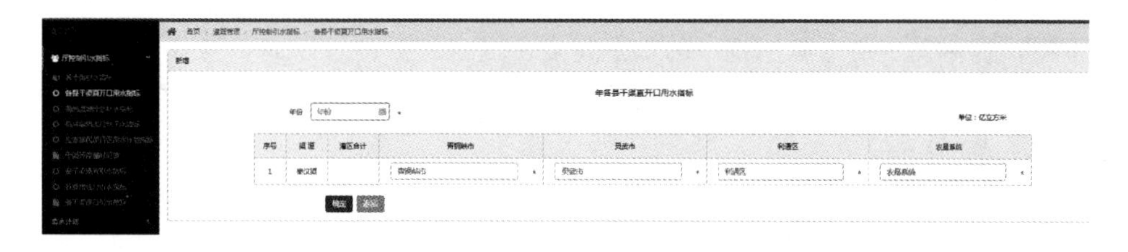

图 10.58 各县干渠直开口用水指标新增页面

图 10.58 页面说明如下：

新增：填写人填写表单内容，其中标注红色星号的全部为必填项，必填项不填写会进行提示，填写的信息不合法也会进行提示，所有必填项填写完成才能保存成功，否则不能保存。填写完毕保存，列表页增加一年的数据。

需注意：一年只能录入一条数据。

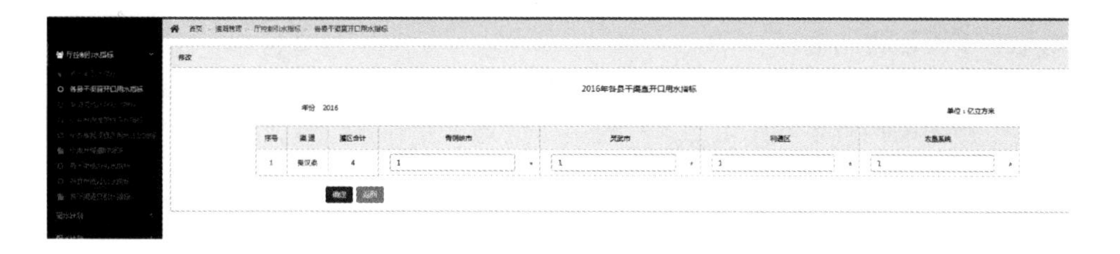

图 10.59 各县干渠直开口用水指标修改页面

图 10.59 页面说明如下：

参考各县干渠直开口用水指标的新增。

10.4.1.3 湖泊湿地计划补水指标

主要对湖泊湿地计划补水指标进行增、删、改、查等一系列操作，如图 10.60 所示。

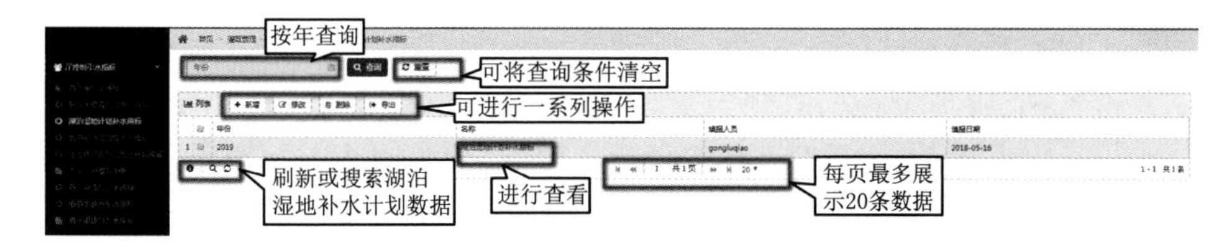

图 10.60 湖泊湿地计划补水指标列表页面

图 10.60 页面说明如下：

（1）查询：按年份查询；

（2）重置：点击重置按钮，可将查询条件清空；

（3）新增：点击【新增】按钮，打开新增页面进行新增，如图 10.61 所示；

（4）删除：勾选一条或者多条所要删除的湖泊湿地计划补水指标信息，点击【删除】按钮，提示确定要删除所选中的信息，点击【确定】则可以成功删除；

（5）修改：选中一条湖泊湿地计划补水指标，点击【修改】按钮，进入修改页面，如图 10.62 所示；

（6）导出：点击导出按钮，可导出各干渠引水指标数据。

需注意：进行查看湖泊湿地计划点击名称可补水指标。

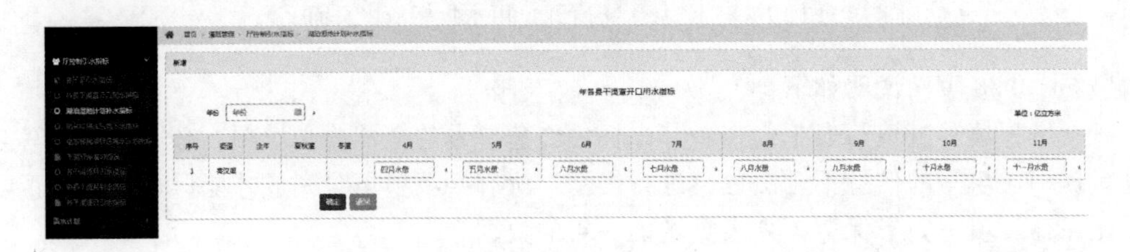

图 10.61　湖泊湿地计划补水指标新增页面

图 10.61 页面说明如下：

新增：填写人填写表单内容，其中标注红色星号的全部为必填项，必填项不填写会进行提示，填写的信息不合法也会进行提示，所有必填项填写完成才能保存成功，否则不能保存。填写完毕保存，列表页增加一年的数据。

需注意：一年只能录入一条数据。

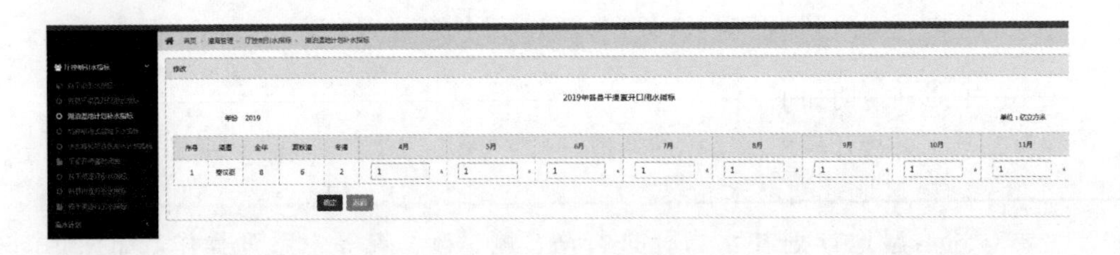

图 10.62　湖泊湿地计划补水指标修改页面

图 10.62 页面说明如下：

参考湖泊湿地计划补水指标的新增。

10.4.1.4　机井取用浅层地下水指标

主要对机井取用浅层地下水指标进行增、删、改、查等一系列操作，如图 10.63 所示。

图 10.63 页面说明如下：

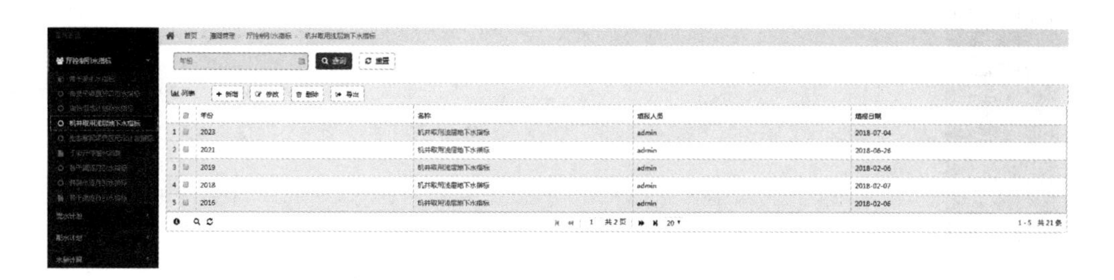

图 10.63　机井取用浅层地下水指标列表页面

（1）查询：按年份查询；

（2）重置：点击重置按钮，可将查询条件清空；

（3）新增：点击【新增】按钮，打开新增页面进行新增，如图 10.64 所示；

（4）删除：勾选一条或者多条所要删除的机井取用浅层地下水指标信息，点击【删除】按钮，提示确定要删除所选中的信息，点击【确定】则可以成功删除；

（5）修改：选中一条机井取用浅层地下水指标，点击【修改】按钮，进入修改页面，如图 10.65 所示；

（6）导出：点击导出按钮，可导出机井取用浅层地下水指标的数据。

需注意：点击名称可进行查看机井取用浅层地下水指标。

图 10.64　机井取用浅层地下水指标新增页面

图 10.64 页面说明如下：

新增：填写人填写表单内容，其中标注红色星号的全部为必填项，必填项不填写会进行提示，填写的信息不合法也会进行提示，所有必填项填写完成才能保存成功，否则不能保存。填写完毕保存，列表页增加一年的数据。

需注意：一年只能录入一条数据。

图 10.65 页面说明如下：

参考机井取用浅层地下水指标的新增。

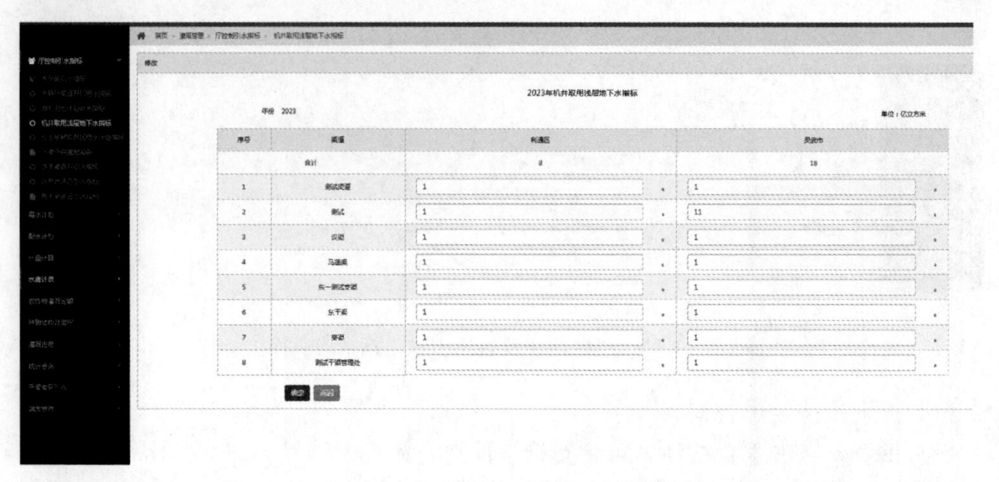

图 10.65　机井取用浅层地下水指标修改页面

10.4.1.5　生态移民项目区用水计划指标

主要对生态移民项目区用水计划进行增、删、改、查等一系列操作，如图 10.66 所示。

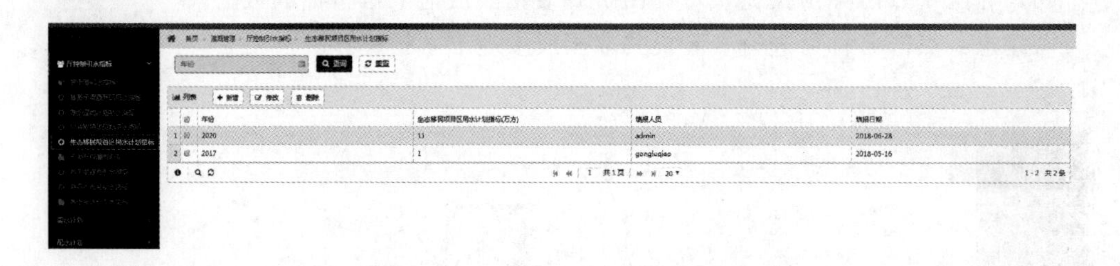

图 10.66　生态移民项目区用水计划列表页面

图 10.66 页面说明如下：

(1) 查询：按年份查询；

(2) 重置：点击重置按钮，可将查询条件清空；

(3) 新增：点击【新增】按钮，打开新增页面进行新增，如图 10.67 所示；

(4) 删除：勾选一条或者多条所要删除的生态移民项目区用水计划信息，点击【删除】按钮，提示确定要删除所选中的信息，点击【确定】则可以成功删除；

(5) 修改：选中一条生态移民项目区用水计划，点击【修改】按钮，进入修改页面，如图 10.68 所示。

需注意：点击名称可进行查看生态移民项目区用。

图 10.67 页面说明如下：

新增：填写人填写表单内容，其中标注红色星号的全部为必填项，必填项不填写会进行提示，填写的信息不合法也会进行提示，所有必填项填写完成才能保存成功，否则不能保存。填写完毕保存，列表页增加一年的数据。

需注意：一年只能录入一条数据。

图 10.67 生态移民项目区用水计划新增页面

图 10.68 生态移民项目区用水计划修改页面

图 10.68 页面说明如下：

参考生态移民项目区用水计划的新增。

10.4.1.6 干渠开停灌时间表

主要对干渠开停灌时间表进行增、删、改、查等一系列操作，如图 10.69 所示。

图 10.69 页面说明如下：

（1）查询：按年份查询；

（2）重置：点击重置按钮，可将查询条件清空；

（3）新增：点击【新增】按钮，打开新增页面进行新增，如图 10.70 所示；

（4）删除：勾选一条或者多条所要删除的干渠开停灌时间表信息，点击【删除】按钮，提示确定要删除所选中的信息，点击【确定】则可以成功删除；

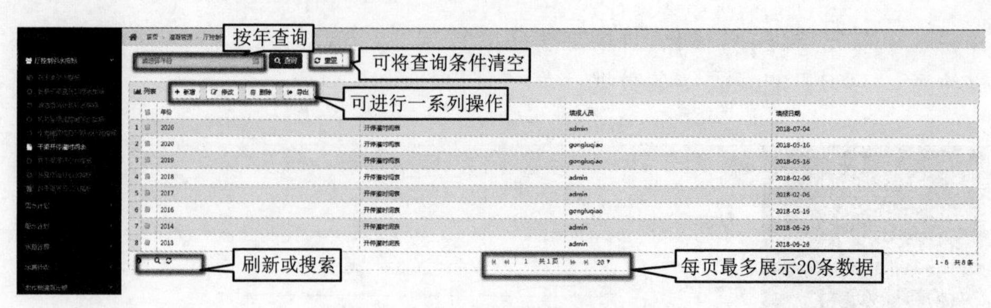

图 10.69　开停灌时间列表页面

（5）修改：选中一条干渠开停灌时间表信息，点击【修改】按钮，进入修改页面，如图 10.71 所示。

需注意：点击名称可进行查看干渠开停灌时间表。

图 10.70　干渠开停灌时间表新增页面

图 10.70 页面说明如下：

新增：填写人填写表单内容，其中标注红色星号的全部为必填项，必填项不填写会进行提示，填写的信息不合法也会进行提示，所有必填项填写完成才能保存成功，否则不能保存。填写完毕保存，列表页增加一年的数据。

需注意：一年只能录入一条数据。

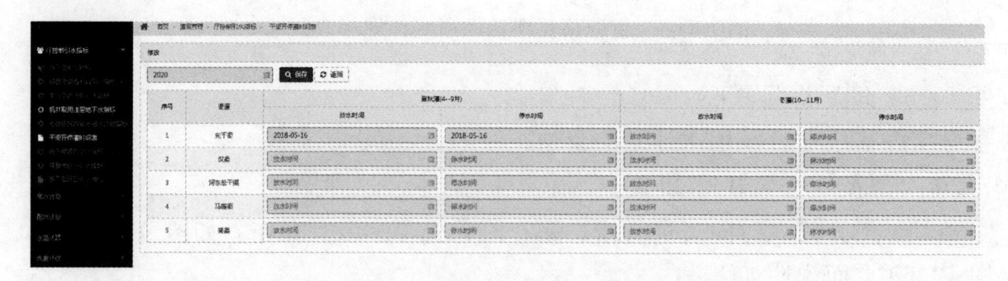

图 10.71　干渠开停灌时间表修改页面

图 10.71 页面说明如下：

参考干渠开停灌时间表的新增。

10.4.1.7　各干渠逐月引水指标

主要对各干渠逐月引水指标进行增、删、改、查等一系列操作，如图 10.72 所示。

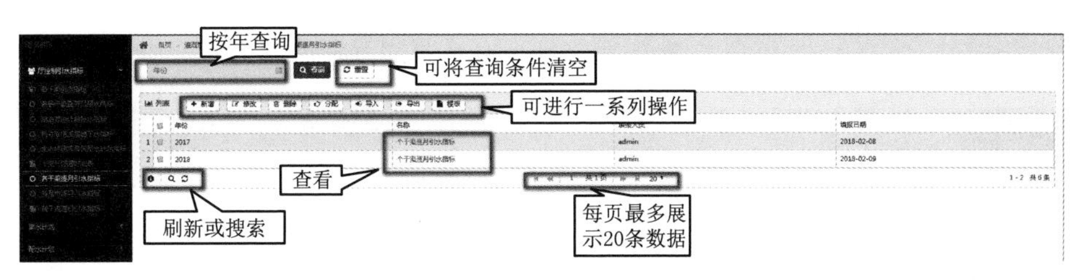

图 10.72 各干渠逐月引水指标列表页面

图 10.72 页面说明如下：

(1) 查询：按年份查询；

(2) 重置：点击重置按钮，可将查询条件清空；

(3) 新增：点击【新增】按钮，打开新增页面进行新增，如图 10.73 所示；

(4) 删除：勾选一条或者多条所要删除的各干渠逐月引水指标信息，点击【删除】按钮，提示确定要删除所选中的信息，点击【确定】则可以成功删除；

(5) 修改：选中一条各干渠逐月引水指标信息，点击【修改】按钮，进入修改页面，如图 10.74 所示；

(6) 点击【导入】按钮，选择要导入的 Excel 表格，点击导入，则可以成功导入数据；

(7) 点击【导出】按钮，选择导出存放位置，点击导出，则可以将各干渠逐月引水指标以 Excel 表格的形式导出；

(8) 点击【模板】，选择存放位置，可以将各干渠逐月引水指标数据以 Excel 表格模板成功导出。

需注意：点击名称可进行查看各干渠逐月引水指标。

图 10.73 各干渠逐月引水指标新增页面

图 10.73 页面说明如下：

新增：填写人填写表单内容，其中标注红色星号的全部为必填项，必填项不填写会进行提示，填写的信息不合法也会进行提示，所有必填项填写完成才能保存成功，否则不能保存。填写完毕保存，列表页增加一条数据。

需注意：4—6 月、7—9 月、夏秋灌小计、合计数据为自动计算。

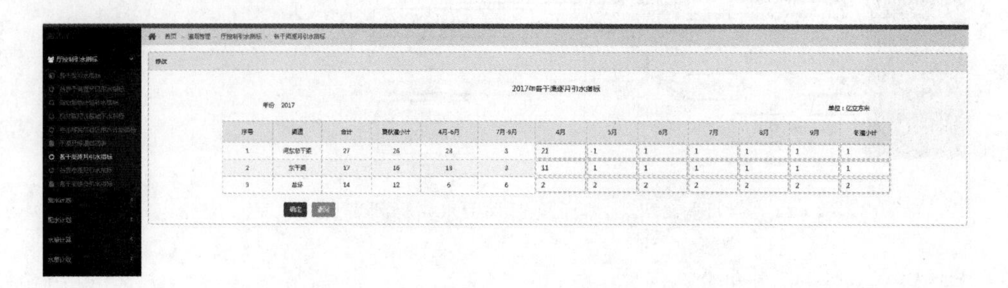

图 10.74　各干渠逐月引水指标修改页面

图 10.74 页面说明如下：

参考各干渠逐月引水指标的新增。

10.4.1.8　各县市逐月引水指标

主要对各县市逐月引水指标进行增、删、改、查等一系列操作，如图 10.75 所示。

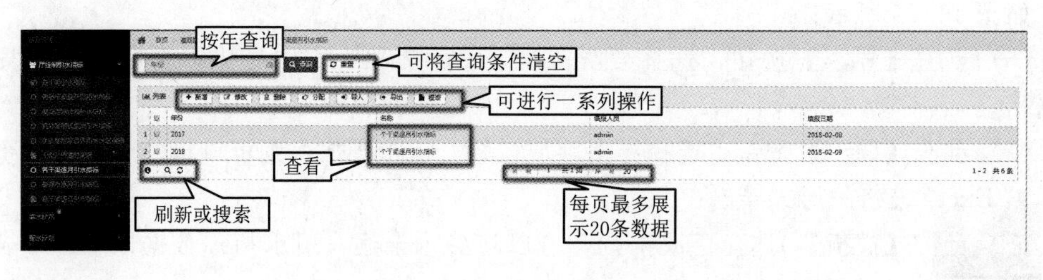

图 10.75　各县市逐月引水指标列表页面

图 10.75 页面说明如下：

(1) 查询：按年份查询；

(2) 重置：点击重置按钮，可将查询条件清空；

(3) 新增：点击【新增】按钮，打开新增页面进行新增，如图 10.76 所示；

(4) 删除：勾选一条或者多条所要删除的各县市逐月引水指标信息，点击【删除】按钮，提示确定要删除所选中的信息，点击【确定】则可以成功删除；

(5) 修改：选中一条各县市逐月引水指标信息，点击【修改】按钮，进入修改页面，如图 10.77 所示；

(6) 点击【导入】按钮，选择要导入的 Excel 表格，点击导入，则可以成功导入数据；

(7) 点击【导出】按钮，选择导出存放位置，点击导出，则可以将各县市逐月引水指标以 Excel 表格的形式导出；

(8) 点击【模板】，选择存放位置，可以将各县市逐月引水指标以 Excel 表格模板成功导出。

需注意：点击名称可进行查看各县市逐月引水指标。

图 10.76　各县市逐月引水指标新增页面

图 10.76 页面说明如下：

新增：填写人填写表单内容，其中标注红色星号的全部为必填项，必填项不填写会进行提示，填写的信息不合法也会进行提示，所有必填项填写完成才能保存成功，否则不能保存。填写完毕保存，列表页增加一条数据。

需注意：夏秋灌小计、合计数据为自动计算。

图 10.77　各县市逐月引水指标修改页面

图 10.77 页面说明如下：

参考各县市逐月引水指标的新增。

10.4.1.9　各干渠逐日引水指标

主要对各干渠逐日引水指标进行增、删、改、查等一系列操作。如图 10.78 所示。

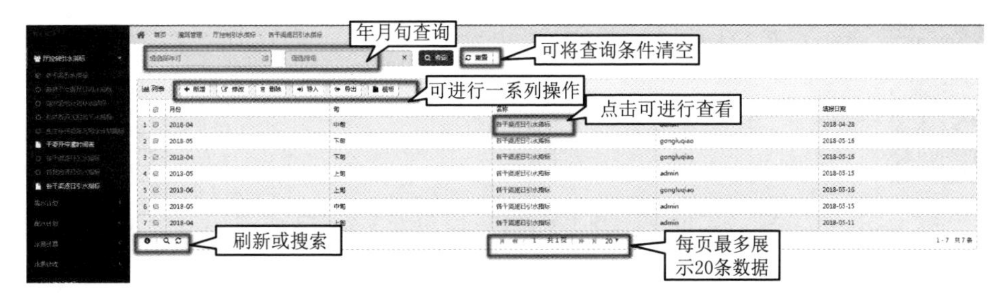

图 10.78　各干渠逐日引水指标列表页面

图 10.78 页面说明如下：

(1) 查询：按年月旬查询；

(2) 重置：点击重置按钮，可将查询条件清空；

(3) 新增：点击【新增】按钮，打开新增页面进行新增，如图 10.79 所示；

(4) 删除：勾选一条或者多条所要删除的各干渠逐日引水指标信息，点击【删除】按钮，提示确定要删除所选中的信息，点击【确定】则可以成功删除；

(5) 修改：选中一条各干渠逐日引水指标信息，点击【修改】按钮，进入修改页面，如图 10.80 所示；

(6) 点击【导入】按钮，选择要导入的 Excel 表格，点击导入，则可以成功导入数据；

(7) 点击【导出】按钮，选择导出存放位置，点击导出，则可以将各干渠逐日引水指标以 Excel 表格的形式导出；

(8) 点击【模板】，选择存放位置，可以各干渠逐日引水指标数据以 Excel 表格模板成功导出。

需注意：点击名称可进行查看各干渠逐日引水指标。

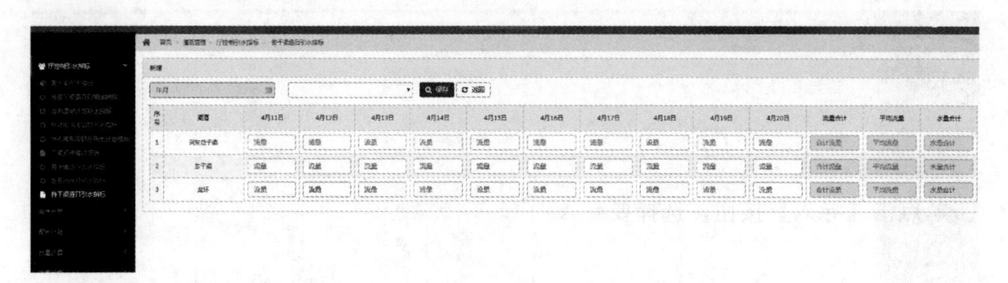

图 10.79　各干渠逐日引水指标新增页面

图 10.79 页面说明如下：

新增：填写人填写表单内容，其中标注红色星号的全部为必填项，必填项不填写会进行提示，填写的信息不合法也会进行提示，所有必填项填写完成才能保存成功，否则不能保存。填写完毕保存，列表页增加一条数据。

需注意：流量合计、平均流量、水量合计为自动计算。

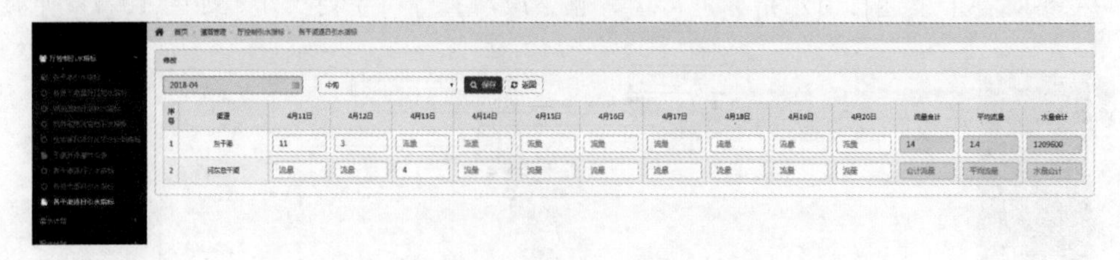

图 10.80　各干渠逐日引水指标修改页面

图 10.80 页面说明如下：

参考各干渠逐日引水指标的新增。

10.4.2 需水计划

10.4.2.1 需水旬计划

需水旬计划列表页如图 10.81 所示。

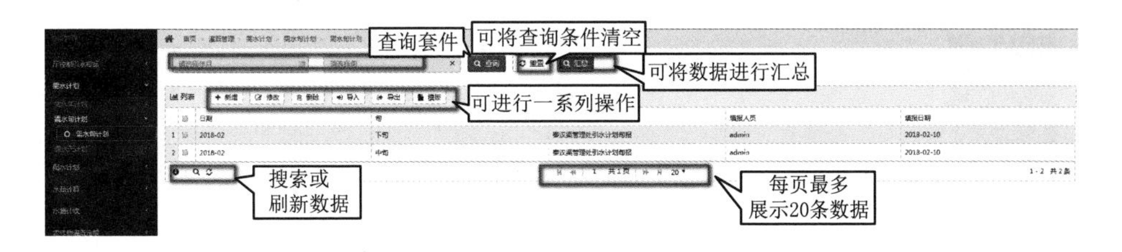

图 10.81 需水旬计划列表页

图 10.81 页面说明如下：

(1) 查询：按年月旬查询；

(2) 重置：点击重置按钮，可将查询条件清空；

(3) 新增：点击【新增】按钮，打开新增页面进行新增，如图 10.82 所示；

(4) 删除：勾选一条或者多条所要删除的需水旬计划信息，点击【删除】按钮，提示确定要删除所选中的信息，点击【确定】则可以成功删除；

(5) 修改：选中一条需水旬计划信息，点击【修改】按钮，进入修改页面，如图 10.83 所示；

(6) 点击【导入】按钮，选择要导入的 Excel 表格，点击导入，则可以成功导入数据；

(7) 点击【导出】按钮，选择导出存放位置，点击导出，则可以将需水旬计划以 Excel 表格的形式导出；

(8) 点击【模板】，选择存放位置，可以将需水旬计划数据以 Excel 表格模板成功导出。

图 10.82 需水旬计划新增页

图 10.82 页面说明如下：

新增：填写人填写表单内容，填写的信息不合法也会进行提示，填写完毕保存，列表页增加一条数据。

需注意：旬的数据不能重复新增。

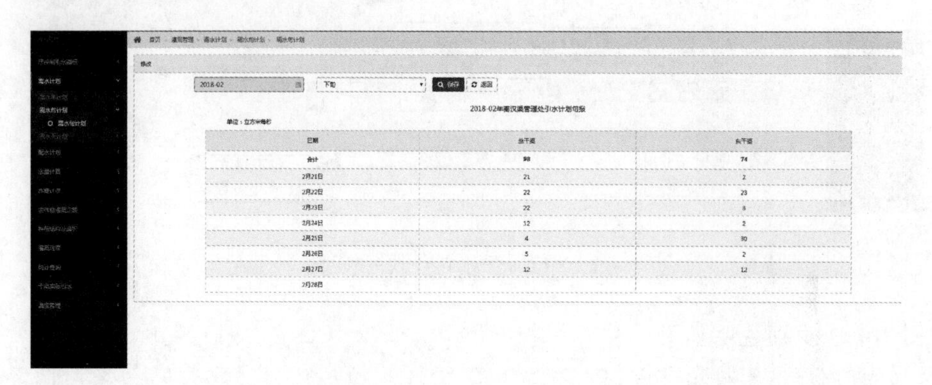

图 10.83　需水旬计划修改页

图 10.83 页面说明如下：

参考需水旬计划的新增。

10.4.2.2　需水天计划

逐日用水计划上报列表页如图 10.84 所示。

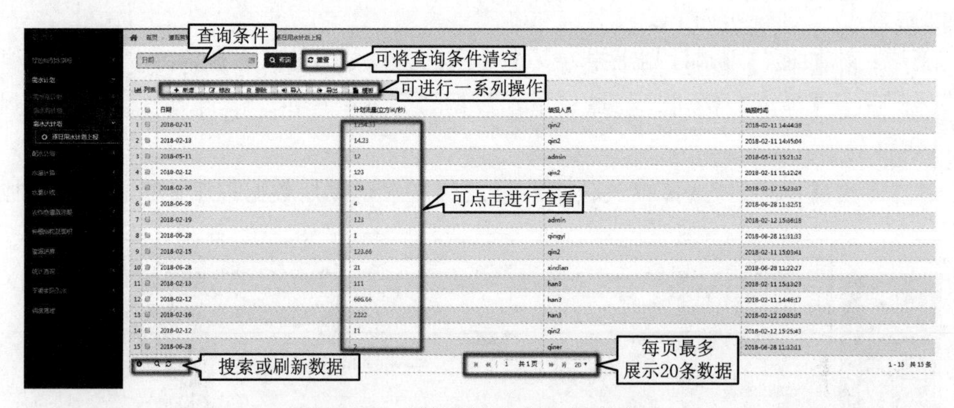

图 10.84　逐日用水计划上报列表页

图 10.84 页面说明如下：

（1）查询：按日期查询；

（2）重置：点击重置按钮，可将查询条件清空；

（3）新增：点击【新增】按钮，打开新增页面进行新增，如图 10.85 所示；

（4）删除：勾选一条或者多条所要删除的逐日用水计划信息，点击【删除】按钮，提示确定要删除所选中的信息，点击【确定】则可以成功删除；

（5）修改：选中一条逐日用水计划信息，点击【修改】按钮，进入修改页面，如图 10.86 所示；

（6）点击【导入】按钮，选择要导入的 Excel 表格，点击导入，则可以成功导入数据；

（7）点击【导出】按钮，选择导出存放位置，点击导出，则可以将逐日用水计划以 Excel 表格的形式导出；

（8）点击【模板】，选择存放位置，可以将逐日用水计划数据以 Excel 表格模板成功导出。

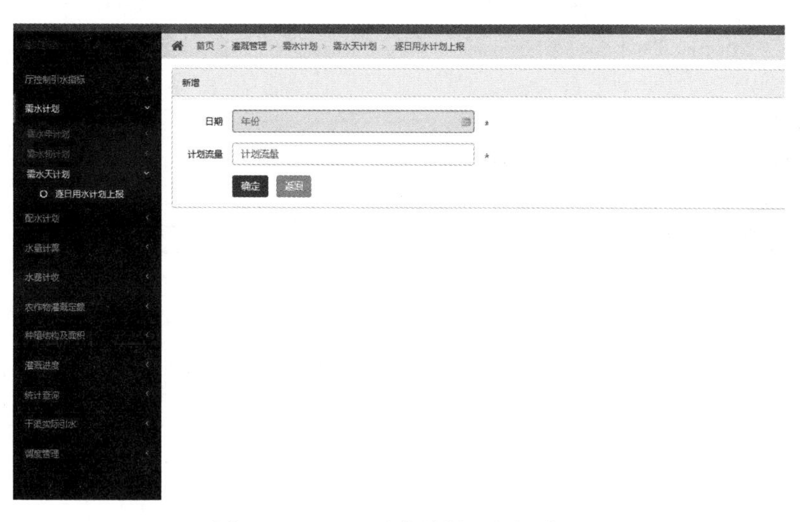

图 10.85　逐日用水计划上报新增页

图 10.85 页面说明如下：

新增：添加逐日用水计划上报，其中标注红色星号的全部为必填项，必填项不填写会进行提示，填写的信息不合法也会进行提示，所有必填项填写完成才能保存成功，否则不能保存。

图 10.86　逐日用水计划上报修改页

图 10.86 页面说明如下：

参考逐日用水计划的新增。

10.4.3　配水计划

10.4.3.1　配水年计划

1. 各管理所控制引水计划

主要对各管理所的引水计划进行增、删、改、查等一系列操作，如图 10.87 所示。

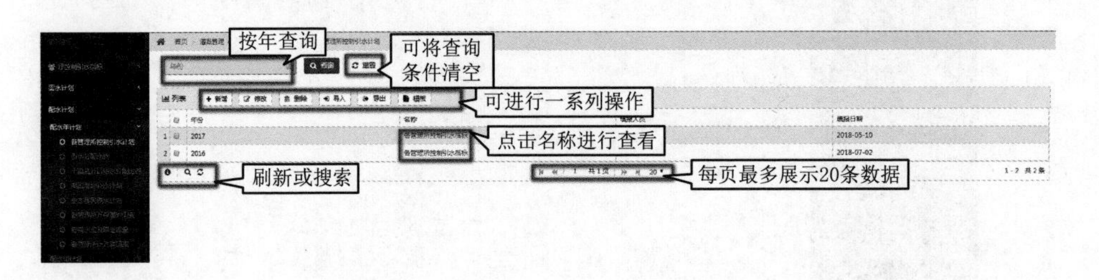

图 10.87　各管理所控制引水计划列表页

图 10.87 页面说明如下：

（1）查询：按年查询；

（2）重置：点击重置按钮，可将查询条件清空；

（3）新增：点击【新增】按钮，打开新增页面进行新增，如图 10.88 所示；

（4）删除：勾选一条或者多条所要删除的各管理所控制引水计划信息，点击【删除】按钮，提示确定要删除所选中的信息，点击【确定】则可以成功删除；

（5）修改：选中一条各管理所控制引水计划信息，点击【修改】按钮，进入修改页面，如图 10.89 所示；

（6）点击【导入】按钮，选择要导入的 Excel 表格，点击导入，则可以成功导入数据；

新增

保存　查询　返回

年各干渠逐月引水指标

单位：亿立方米

序号	管理所	全年	夏秋灌	冬灌	4月-6月	7月-9月	4月	5月	6月	7月	8月	9月
1	盐环						四月	五月	六月	七月	八月	九月
2	汉渠						四月	五月	六月	七月	八月	九月
3	马莲渠						四月	五月	六月	七月	八月	九月
4	东干渠						四月	五月	六月	七月	八月	九月
5	秦渠						四月	五月	六月	七月	八月	九月
6	河东总干渠						四月	五月	六月	七月	八月	九月
7	汉一所						四月	五月	六月	七月	八月	九月
8	汉二所						四月	五月	六月	七月	八月	九月
9	汉三所						四月	五月	六月	七月	八月	九月
10	东一所						四月	五月	六月	七月	八月	九月
11	东二所						四月	五月	六月	七月	八月	九月
12	东三所						四月	五月	六月	七月	八月	九月
13	秦一所						四月	五月	六月	七月	八月	九月

图 10.88　各管理所的引水计划新增页面

（7）点击【导出】按钮，选择导出存放位置，点击导出，则可以将各管理所控制引水计划以 Excel 表格的形式导出；

（8）点击【模板】，选择存放位置，可以将各管理所控制引水计划数据以 Excel 表格模板成功导出。

需注意：点击名称可进行查看各管理所的引水计划数据。

图 10.88 页面说明如下：

新增：填写人填写表单内容，填写的信息不合法也会进行提示，填写完毕保存，列表页增加一条数据。

图 10.89 各管理所的引水计划修改页面

图 10.89 页面说明如下：

参考各管理所的引水计划的新增。

2. 引水分配比例

主要是为所有引水类计划，以及用水计划提供水量分解比例，对引水分配比例进行增、删、改、查等一系列操作，如图 10.90 所示。

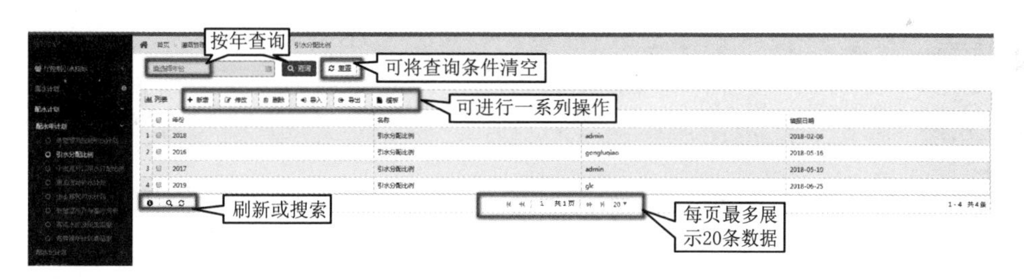

图 10.90 引水分配比例列表页

图 10.90 页面说明如下：

（1）查询：按年查询；

（2）重置：点击重置按钮，可将查询条件清空；

（3）新增：点击【新增】按钮，打开新增页面进行新增，如图 10.91 所示；

（4）删除：勾选一条或者多条所要删除的引水分配比例信息，点击【删除】按钮，提示确定要删除所选中的信息，点击【确定】则可以成功删除；

（5）修改：选中一条引水分配比例信息，点击【修改】按钮，进入修改页面，如图 10.92 所示；

（6）点击【导入】按钮，选择要导入的 Excel 表格，点击导入，则可以成功导入数据；

（7）点击【导出】按钮，选择导出存放位置，点击导出，则可以将引水分配比例信息以 Excel 表格的形式导出；

（8）点击【模板】，选择存放位置，可以引水分配比例的数据以 Excel 表格模板成功导出。

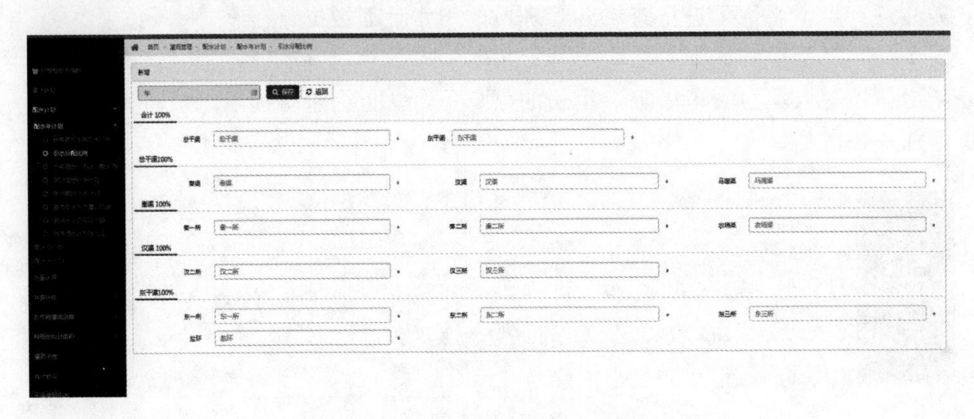

图 10.91　引水分配比例新增页

图 10.91 页面说明如下：

新增：填写人填写表单内容，其中标注红色星号的全部为必填项，必填项不填写会进行提示，填写的信息不合法也会进行提示，所有必填项填写完成才能保存成功，否则不能保存。填写完毕保存，列表页增加一年的数据。

需注意：一年只能录入一条数据。

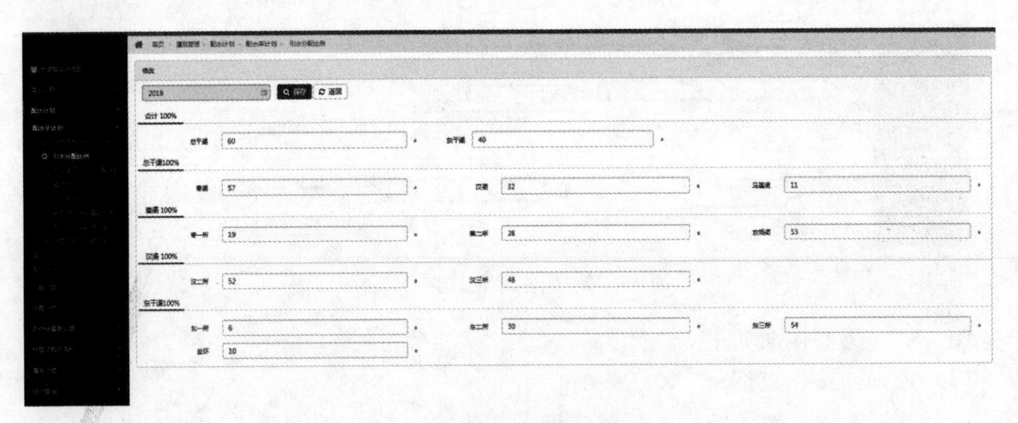

图 10.92　引水分配比例修改页

图 10.92 页面说明如下：

参考引水分配比例的新增。

3. 干渠直开口用水分配比例

主要对干渠直开口用水分配比例进行增、删、改、查等一系列操作，如图 10.93 所示。

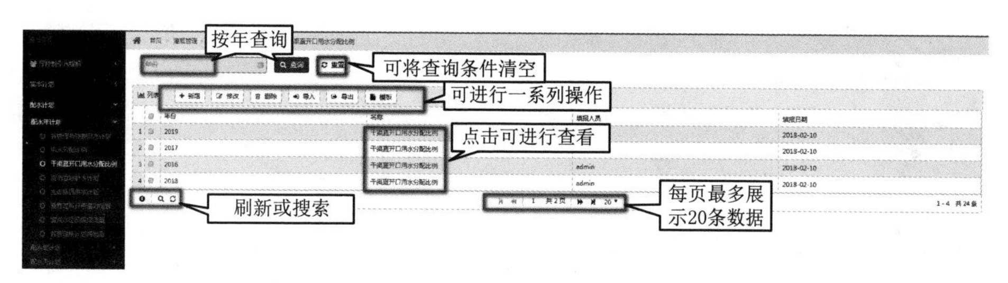

图 10.93　干渠直开口用水分配比例列表页

图 10.93 页面说明如下：

(1) 查询：按年查询；

(2) 重置：点击重置按钮，可将查询条件清空；

(3) 新增：点击【新增】按钮，打开新增页面进行新增，如图 10.94 所示；

(4) 删除：勾选一条或者多条所要删除的干渠直开口用水分配比例信息，点击【删除】按钮，提示确定要删除所选中的信息，点击【确定】则可以成功删除；

(5) 修改：选中一条干渠直开口用水分配比例信息，点击【修改】按钮，进入修改页面，如图 10.95 所示；

(6) 点击【导入】按钮，选择要导入的 Excel 表格，点击导入，则可以成功导入数据；

(7) 点击【导出】按钮，选择导出存放位置，点击导出，则可以将干渠直开口用水分配比例数据以 Excel 表格的形式导出；

(8) 点击【模板】，选择存放位置，可以干渠直开口用水分配比例的数据以 Excel 表格模板成功导出。

图 10.94　干渠直开口用水分配比例新增页面

图 10.94 页面说明如下：

新增：填写人填写表单内容，填写完毕保存，列表页增加一年的数据。

需注意：①一年只能录入一条数据；②点击名称可进行查看各管理所的引水计划数据。

图 10.95 页面说明如下：

参考干渠直开口用水分配比例的新增。

4. 湖泊湿地补水计划

主要对湖泊湿地补水计划进行增、删、改、查等一系列操作，如图 10.96 所示。

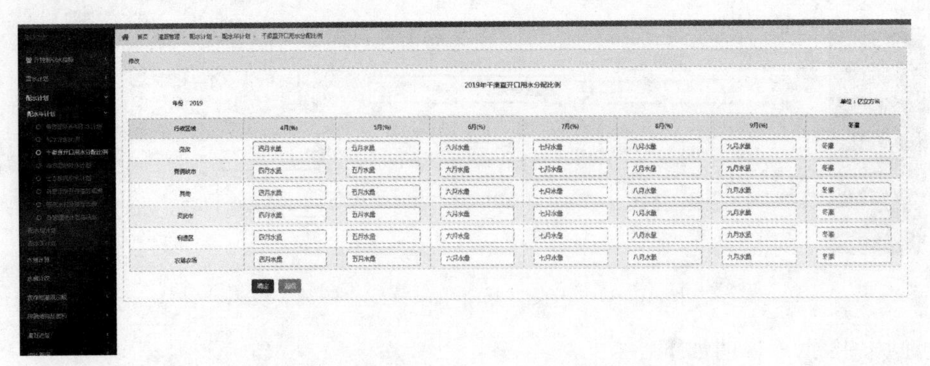

图 10.95　干渠直开口用水分配比例新增页面

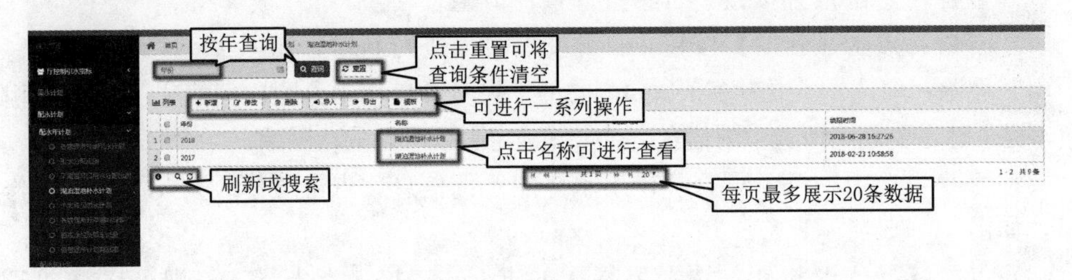

图 10.96　湖泊湿地补水计划列表页

图 10.96 页面说明如下：

（1）查询：按年查询；

（2）重置：点击重置按钮，可将查询条件清空；

（3）新增：点击【新增】按钮，打开新增页面进行新增，如图 10.97 所示；

（4）删除：勾选一条或者多条所要删除的湖泊湿地补水计划信息，点击【删除】按钮，提示确定要删除所选中的信息，点击【确定】则可以成功删除；

（5）修改：选中一条湖泊湿地补水计划信息，点击【修改】按钮，进入修改页面，如图 10.98 所示；

（6）点击【导入】按钮，选择要导入的 Excel 表格，点击导入，则可以成功导入数据；

（7）点击【导出】按钮，选择导出存放位置，点击导出，则可以将湖泊湿地补水计划数据以 Excel 表格的形式导出；

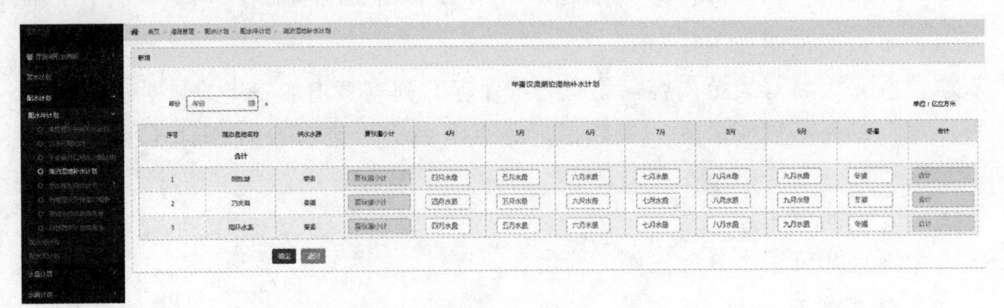

图 10.97　湖泊湿地补水计划新增页

(8) 点击【模板】，选择存放位置，可以将湖泊湿地补水计划的数据以 Excel 表格模板成功导出。

图 10.97 页面说明如下：

新增：填写人填写表单内容，填写完毕保存，列表页增加一年的数据。

需注意：①一年只能录入一条数据，夏秋灌小计和合计数据为自动计算。②点击名称可进行查看各管理所的引水计划数据。

图 10.98 湖泊湿地补水计划修改页

图 10.98 页面说明如下：

参考湖泊湿地补水计划的新增。

5. 生态移民供水计划

主要对生态移民供水计划进行增、删、改、查等一系列操作，如图 10.99 所示。

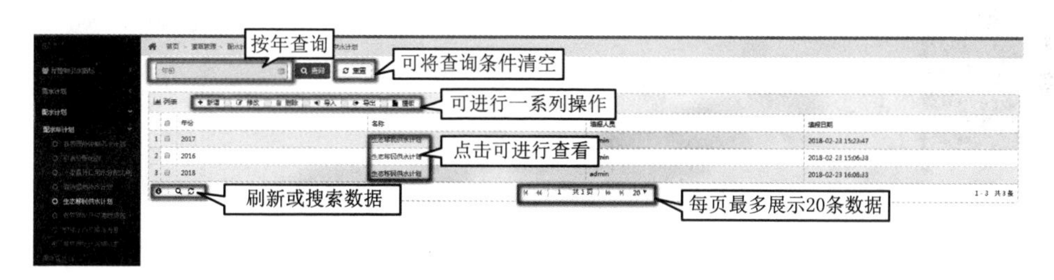

图 10.99 生态移民供水计划列表页

图 10.99 页面说明如下：

(1) 查询：按年查询；

(2) 重置：点击重置按钮，可将查询条件清空；

(3) 新增：点击【新增】按钮，打开新增页面进行新增，如图 10.100 所示；

(4) 删除：勾选一条或者多条所要删除的生态移民供水计划信息，点击【删除】按钮，提示确定要删除所选中的信息，点击【确定】则可以成功删除；

(5) 修改：选中一条生态移民供水计划信息，点击【修改】按钮，进入修改页面，如图 10.101 所示；

(6) 点击【导入】按钮，选择要导入的 Excel 表格，点击导入，则可以成功导入数据；

（7）点击【导出】按钮，选择导出存放位置，点击导出，则可以将生态移民供水计划数据以 Excel 表格的形式导出；

（8）点击【模板】，选择存放位置，可以将生态移民供水计划的数据以 Excel 表格模板成功导出。

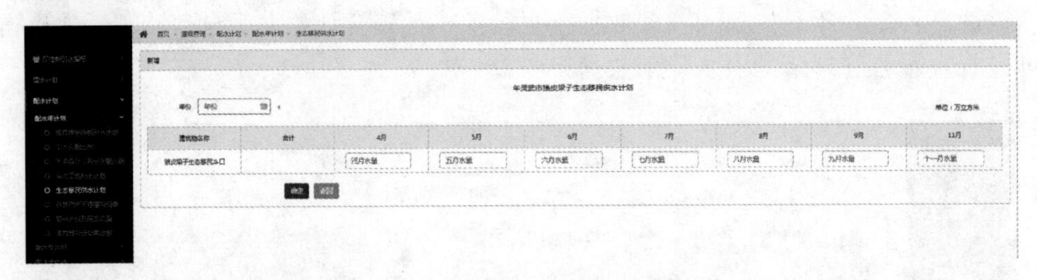

图 10.100　生态移民供水计划新增页

图 10.100 页面说明如下：

新增：填写人填写表单内容，填写完毕保存，列表页增加一年的数据。

需注意：①一年只能录入一条数据，合计数据为自动计算。②点击名称可进行查看各管理所的引水计划数据。

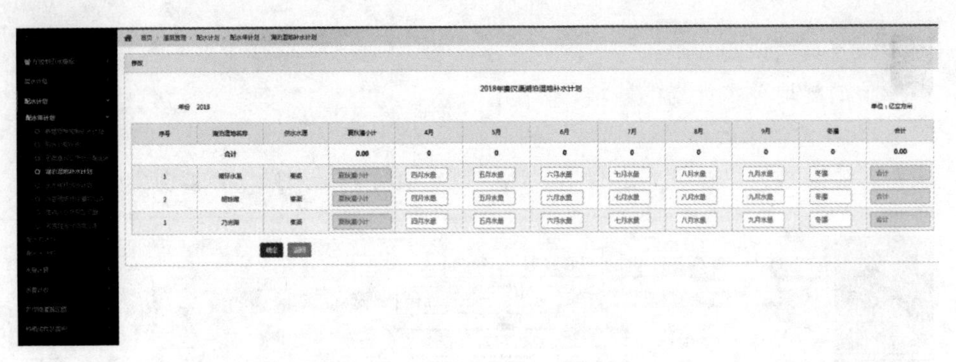

图 10.101　生态移民供水计划修改页

图 10.101 页面说明如下：

参考生态移民供水计划的新增。

6. 各管理所开停灌时间表

主要对各管理所开停灌时间表进行增、删、改、查等一系列操作，如图 10.102 所示。

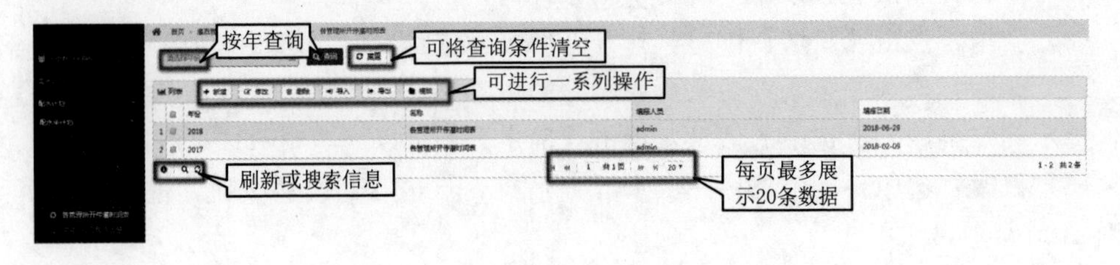

图 10.102　各管理所开停灌时间表列表页

图 10.102 页面说明如下：

（1）查询：按年查询；

（2）重置：点击重置按钮，可将查询条件清空；

（3）新增：点击【新增】按钮，打开新增页面进行新增，如图 10.103 所示；

（4）删除：勾选一条或者多条所要删除的各管理所开停灌时间表信息，点击【删除】按钮，提示确定要删除所选中的信息，点击【确定】则可以成功删除；

（5）修改：选中一条各管理所开停灌时间表信息，点击【修改】按钮，进入修改页面，如图 10.104 所示；

（6）点击【导入】按钮，选择要导入的 Excel 表格，点击导入，则可以成功导入数据；

（7）点击【导出】按钮，选择导出存放位置，点击导出，则可以将各管理所开停灌时间表数据以 Excel 表格的形式导出；

（8）点击【模板】，选择存放位置，可以将各管理所开停灌时间表的数据以 Excel 表格模板成功导出。

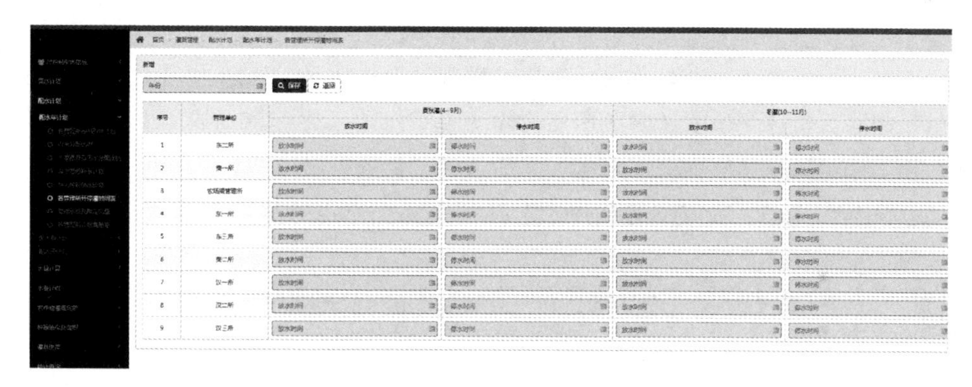

图 10.103　各管理所开停灌时间表新增页

图 10.103 页面说明如下：

新增：填写人填写表单内容，填写完毕保存，列表页增加一年的数据。

需注意：一年只能录入一条数据。

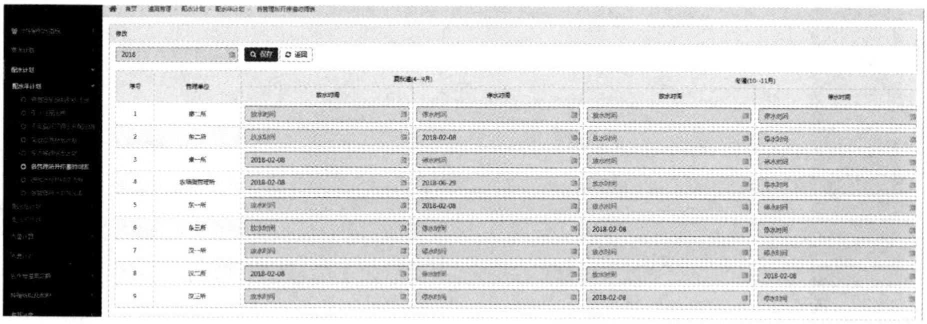

图 10.104　各管理所开停灌时间表修改页

图 10.104 页面说明如下：

参考各管理所开停灌时间表的新增。

7. 警戒水位及限定流量

主要对各管理所下面的各管理段进行水位及流量记录，可对其进行增、删、改、查等一系列操作，如图 10.105 所示。

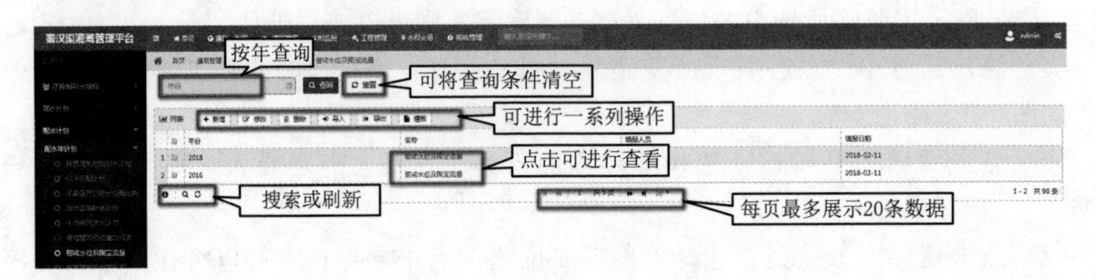

图 10.105　警戒水位及限定流量列表页

图 10.105 页面说明如下：

（1）查询：按年查询；

（2）重置：点击重置按钮，可将查询条件清空；

（3）新增：点击【新增】按钮，打开新增页面进行新增，如图 10.106 所示；

（4）删除：勾选一条或者多条所要删除的警戒水位及限定流量信息，点击【删除】按钮，提示确定要删除所选中的信息，点击【确定】则可以成功删除；

（5）修改：选中一条警戒水位及限定流量信息，点击【修改】按钮，进入修改页面，如图 10.107 所示；

（6）点击【导入】按钮，选择要导入的 Excel 表格，点击导入，则可以成功导入数据；

（7）点击【导出】按钮，选择导出存放位置，点击导出，则可以将警戒水位及限定流量数据以 Excel 表格的形式导出；

（8）点击【模板】，选择存放位置，可以将警戒水位及限定流量的数据以 Excel 表格模板成功导出。

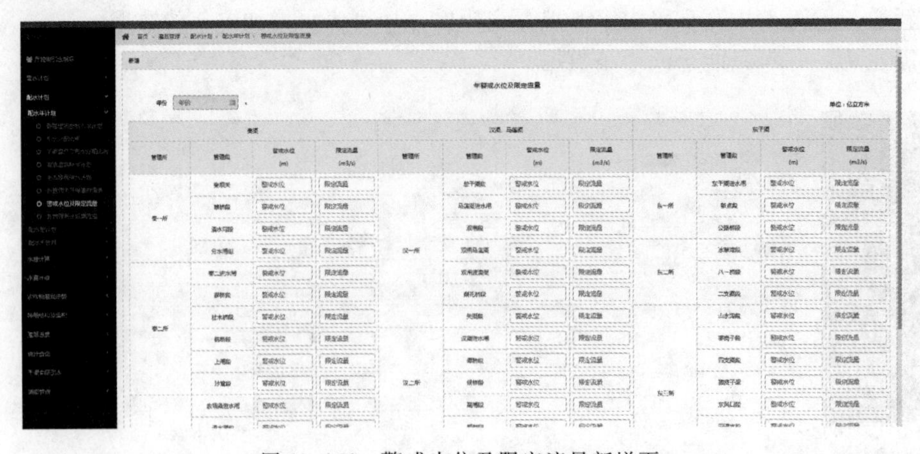

图 10.106　警戒水位及限定流量新增页

图 10.106 页面说明如下：

新增：填写人填写表单内容，填写完毕保存，列表页增加一年的数据。

需注意：①一年只能录入一条数据。②点击名称可进行查看。

修改

2016年警戒水位及限定流量

年份 2016

单位：亿立方米

秦渠				汉渠、马莲渠				东干渠			
管理所	管理段	警戒水位 (m)	限定流量 (m3/s)	管理所	管理段	警戒水位 (m)	限定流量 (m3/s)	管理所	管理段	警戒水位 (m)	限定流量 (m3/s)
第一所	[illegible]	1	1	汉一所	[illegible]	1	1	东一所	东干渠进水闸	1	1
	[illegible]	1	1		马莲渠进水闸	1	1		[illegible]	1	1
	[illegible]	1	1		[illegible]	1	1		[illegible]	1	1
	[illegible]	警戒水位	限定流量		[illegible]	警戒水位	限定流量	东二所	[illegible]	警戒水位	限定流量
第二所	第二进水闸	警戒水位	限定流量		[illegible]	警戒水位	限定流量		八一[illegible]	警戒水位	限定流量
	[illegible]	警戒水位	限定流量		[illegible]	警戒水位	限定流量		二支[illegible]	警戒水位	限定流量
	[illegible]	警戒水位	限定流量		[illegible]	警戒水位	限定流量	东三所	[illegible]	警戒水位	限定流量
	[illegible]	警戒水位	限定流量	汉二所	[illegible]	警戒水位	限定流量		[illegible]	警戒水位	限定流量
	上闸段	警戒水位	限定流量		[illegible]	警戒水位	限定流量		[illegible]	警戒水位	限定流量
	沙窝段	警戒水位	限定流量		[illegible]	警戒水位	限定流量		[illegible]	警戒水位	限定流量

图 10.107 警戒水位及限定流量修改页

图 10.107 页面说明如下：

参考警戒水位及限定流量的新增。

8. 各管理所计划商品率

主要对各管理所计划商品率进行增、删、改、查等一系列操作，如图 10.108 所示。

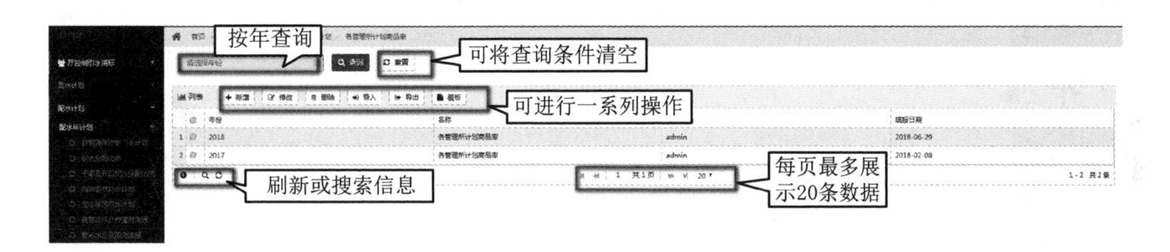

图 10.108 各管理所计划商品率列表页

图 10.108 页面说明如下：

(1) 查询：按年查询；

(2) 重置：点击重置按钮，可将查询条件清空；

(3) 新增：点击【新增】按钮，打开新增页面进行新增，如图 10.109 所示；

(4) 删除：勾选一条或者多条所要删除的各管理所计划商品率信息，点击【删除】按钮，提示确定要删除所选中的信息，点击【确定】则可以成功删除；

(5) 修改：选中一条各管理所计划商品率信息，点击【修改】按钮，进入修改页面，如图 10.110 所示；

(6) 点击【导入】按钮，选择要导入的 Excel 表格，点击导入，则可以成功导入数据；

(7) 点击【导出】按钮，选择导出存放位置，点击导出，则可以将各管理所计划商品率数据以 Excel 表格的形式导出；

（8）点击【模板】，选择存放位置，可以将各管理所计划商品率的数据以 Excel 表格模板成功导出。

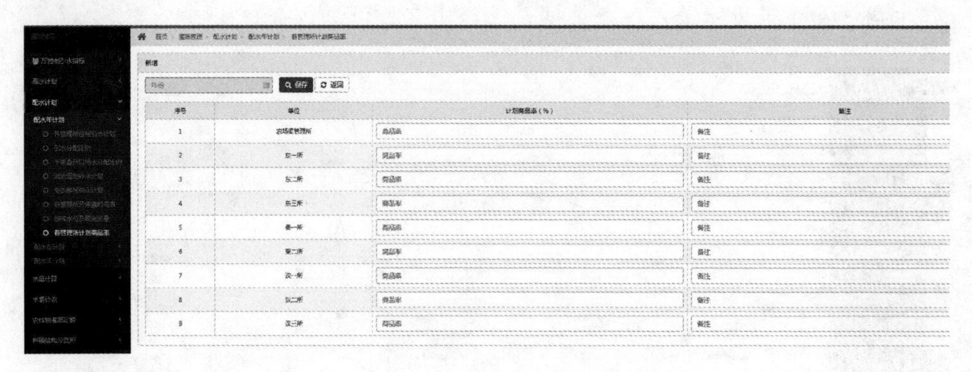

图 10.109　各管理所计划商品率新增页

图 10.109 页面说明如下：

新增：填写人填写表单内容，填写完毕保存，列表页增加一年的数据。

需注意：一年只能录入一条数据。

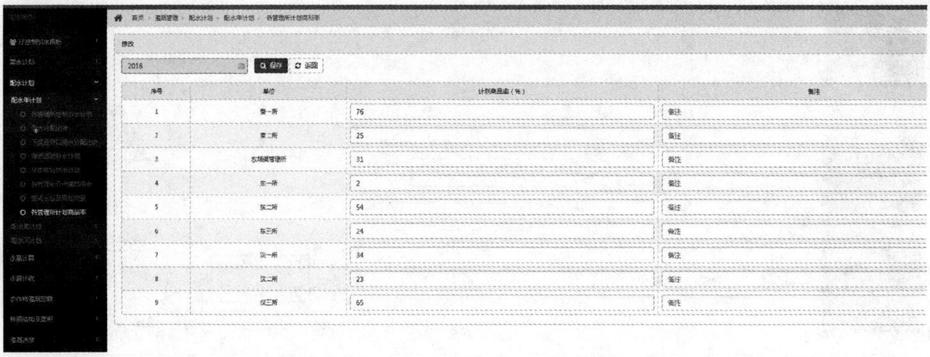

图 10.110　各管理所计划商品率修改页

图 10.110 页面说明如下：

参考各管理所计划商品率的新增。

10.4.3.2　配水旬计划

管理处对管理所的计划用水数据进行调整，如图 10.111 所示。

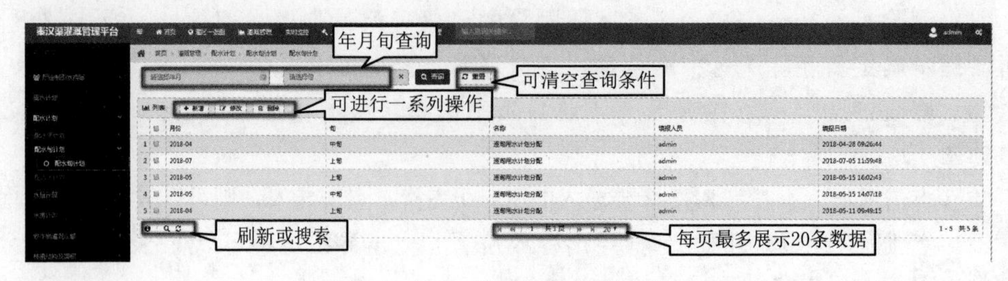

图 10.111　配水旬计划列表页

图 10.111 页面说明如下：

（1）查询：按年月旬查询；

（2）重置：点击重置按钮，可将查询条件清空；

（3）新增：点击【新增】按钮，打开新增页面进行新增，如图 10.112 所示；

（4）删除：勾选一条或者多条所要删除的配水旬计划信息，点击【删除】按钮，提示确定要删除所选中的信息，点击【确定】则可以成功删除；

（5）修改：选中一条配水旬计划信息，点击【修改】按钮，进入修改页面，如图 10.113 所示。

新增

2018-05 中旬 保存 查询 返回

2018-05中旬逐日用水计划分配表

单位：立方米每秒

日期	汉渠	马莲渠	东干渠	秦渠	河东总干渠	汉一所	[illegible]	汉二所	汉三所	东一所	东二所	东三所	秦一所	秦二所	农场渠管理所
5月11日	0	0	0	0	0	11	0	22	33	0	0	0	0	0	0
5月12日	2	3	4	5	6	7	8	9	10	11	12	13	14	15	16
5月13日	0	0	0	0	0	0	0	0	0	0	0	0	0	0	0
5月14日	0	0	0	0	0	0	0	0	0	0	0	0	0	0	0
5月15日	0	0	0	0	0	0	0	0	0	0	0	0	0	0	0
5月16日	0	0	0	0	0	0	0	0	0	0	0	0	0	0	0
5月17日	0	0	0	0	0	0	0	0	0	0	0	0	0	0	0
5月18日	0	0	0	0	0	0	0	0	0	0	0	0	0	0	0
5月19日	0	0	0	0	0	0	0	0	0	0	0	0	0	0	0
5月20日	0	0	0	0	0	0	0	0	0	0	0	0	0	0	0

图 10.112　配水旬计划新增页

图 10.112 页面说明如下：

新增：管理所人员选择年月旬，点击查询，然后填写表单内容，填写完毕保存，列表页增加一条数据。

修改

2018-04 中旬 保存 查询 返回

2018-04中旬逐日用水计划分配表

单位：立方米每秒

日期	汉渠	马莲渠	东干渠	秦渠	河东总干渠	汉一所	汉二所	汉三所	东一所	东二所	东三所	秦一所	秦二所	农场渠管理所
4月11日	0	222	11	0	0	0	0	0	0	0	0	0	0	0
4月12日	0	0	3	12	0	0	0	0	0	0	0	0	0	0
4月13日	0	0	0	0	4	0	0	0	0	0	0	0	0	0
4月14日	0	0	0	0	0	0	0	0	0	0	0	0	0	0
4月15日	0	0	0	0	0	0	0	0	0	0	0	0	0	0
4月16日	0	0	0	0	0	0	0	0	0	0	0	0	0	0
4月17日	0	0	0	0	0	0	0	0	0	0	0	0	0	0
4月18日	0	0	0	0	0	0	0	0	0	0	0	0	0	0
4月19日	0	0	0	0	0	0	0	0	0	0	0	0	0	0
4月20日	0	0	0	0	0	0	0	0	0	0	0	0	0	0

图 10.113　配水旬计划修改页

图 10.113 页面说明如下：

参考配水旬计划的新增。

10.4.3.3　配水天计划

主要是管理处对管理所计划用水数据进行调整，所做的增、删、改、查等一系列操作，如图10.114所示。

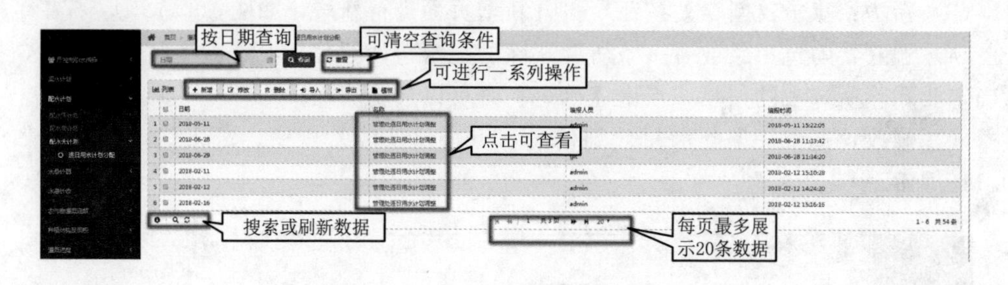

图10.114　逐日用水计划分配列表页

图10.114页面说明如下：

(1) 查询：按日期查询；

(2) 重置：点击重置按钮，可将查询条件清空；

(3) 新增：点击【新增】按钮，打开新增页面进行新增，如图10.115所示；

(4) 删除：勾选一条或者多条所要删除的逐日用水计划分配信息，点击【删除】按钮，提示确定要删除所选中的信息，点击【确定】则可以成功删除；

(5) 修改：选中一条逐日用水计划分配信息，点击【修改】按钮，进入修改页面，如图10.116所示；

(6) 点击【导入】按钮，选择要导入的Excel表格，点击导入，则可以成功导入数据；

(7) 点击【导出】按钮，选择导出存放位置，点击导出，则可以将逐日用水计划分配数据以Excel表格的形式导出；

(8) 点击【模板】，选择存放位置，可以将逐日用水计划分配的数据以Excel表格模板成功导出。

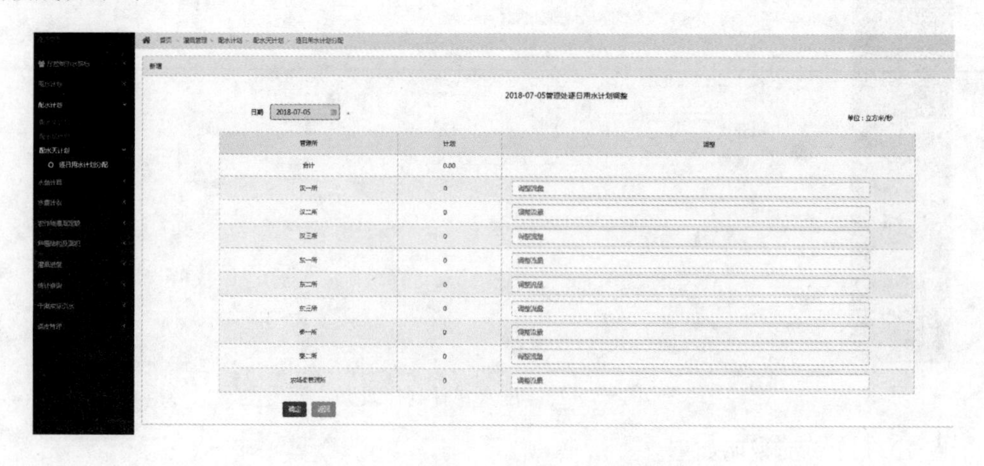

图10.115　逐日用水计划分配新增页面

图 10.115 页面说明如下：

新增：管理所人员选择日期，点击查询，然后填写表单内容，填写完毕保存，列表页增加一条数据。

需注意：①计划数据取配水旬计划中对应的各天的数据。②点击名称可以查看逐日用水计划分配数据。

图 10.116　逐日用水计划分配修改页面

图 10.116 页面说明如下：

参考逐日用水计划分配的新增。

10.4.4　水量计算

10.4.4.1　时段水量记录

对时段水量进行的增、删、改、查等一系列操作，如图 10.117 所示。

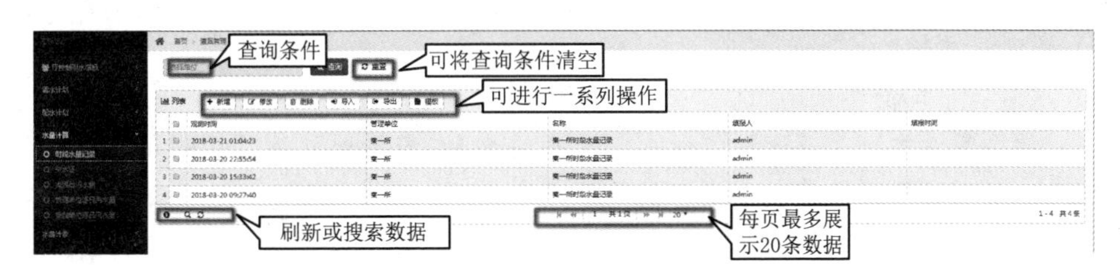

图 10.117　时段水量记录列表页

图 10.117 页面说明如下：

(1) 查询：按管理单位查询；

(2) 重置：点击重置按钮，可将查询条件清空；

(3) 新增：点击【新增】按钮，打开新增页面进行新增，如图 10.118 所示；

(4) 删除：勾选一条或者多条所要删除的时段水量信息，点击【删除】按钮，提示确定要删除所选中的信息，点击【确定】则可以成功删除；

(5) 修改：选中一条时段水量信息，点击【修改】按钮，进入修改页面，如图 10.119 所示；

(6) 点击【导入】按钮，选择要导入的 Excel 表格，点击导入，则可以成功导入数据；

(7) 点击【导出】按钮，选择导出存放位置，点击导出，则可以将时段水量数据以 Excel 表格的形式导出；

(8) 点击【模板】，选择存放位置，可以将时段水量的数据以 Excel 表格模板成功导出。

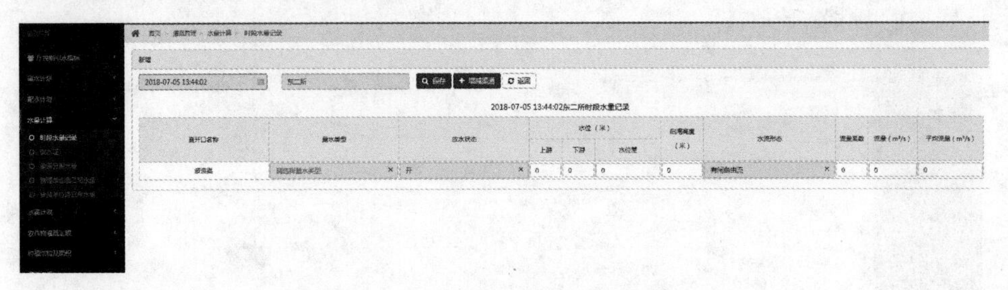

图 10.118　时段水量记录新增页面

图 10.118 页面说明如下：

新增：填写人员选择日期、管理单位，增减渠道，然后填写表单内容，填写完毕保存，列表页增加一条数据。

需注意：

(1) 观测时间：提取选择的日期和时间；

(2) 如果量水类型为：建筑物量水。

1) 水位：水位差＝上游-下游。

2) 水流形态：根据选择的流态自动对应【平底闸涵量水公式配置】。

3) 流量系数：空（暂时不填，也不计算）。

4) 流量：根据【平底闸涵量水公式】计算得到。

5) 平均流量：（当天第一条记录＋当天最后一条记录）/2＋其他各时段流量。

6) 历时：手填。

7) 水量：平均流量×历时。

(3) 如果量水类型为【流速仪量水、泵站量水】，流量单元格、历时单元格允许手填，系统自动计算平均流量、水量，其他单元格为空，禁止填写。

(4) 如果量水类型为【人工量水】，则水量允许直接手填，其他单元格为空，禁止填写。

(5) 流量根据公式计算得到，在系统设置—业务设置—放水口配置中录入计算公式。

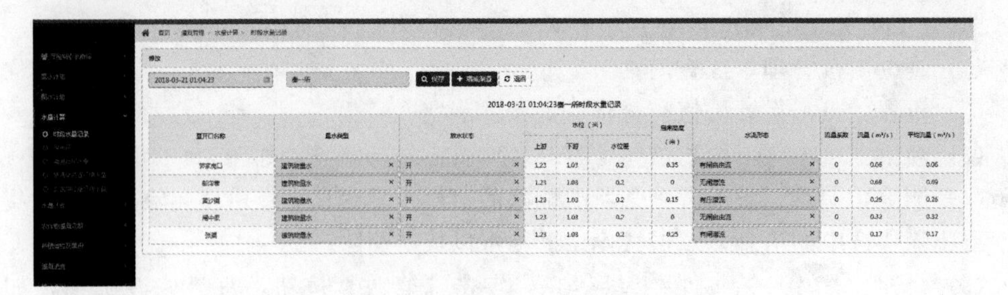

图 10.119　时段水量记录修改页面

图 10.119 页面说明如下：

参考时段水量记录的新增。

10.4.4.2 供水证

记录渠的供水情况如图 10.120 所示。

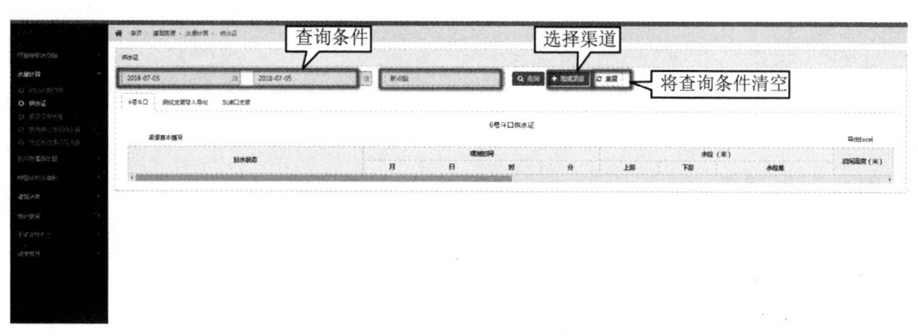

图 10.120 供水证列表页

图 10.120 页面说明如下：

选择开始时间、结束时间、管理单位，点击增减渠道，进行查询。

需注意：

（1）警戒：提取【处引水计划】⇨【警戒水位及限定流量】对应管理段数据。

（2）水位：提取各管理所对应断面水位。

（3）流量：提取各管理所对应断面流量。

（4）校正流量：手填。

（5）日期：默认为当天，但可选择。

（6）当日平均校正流量计算公式：

$0.5H0+H4+H8+H12+H16+H20+0.5H24/6$ 【注：可以修改】

（7）当日平均流量：提取各管理所对应当日平均流量。

（8）提取按钮：提取各管理所对应日期的断面数据。

10.4.4.3 渠道日用水量

主要查询渠道每天的用水量，如图 10.121 所示。

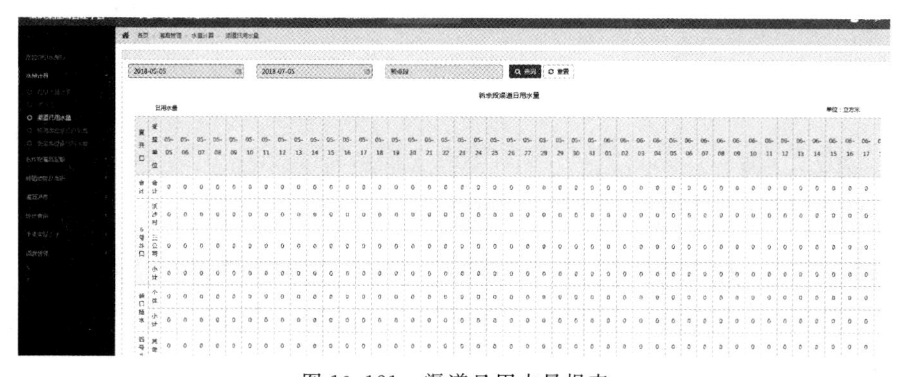

图 10.121 渠道日用水量报表

图 10.121 页面说明如下：

（1）选择开始时间、结束时间、选择管理单位，进行查询；

（2）点击重置按钮，可将查询条件清空。

需注意：

（1）警戒：提取【处引水计划】⇨【警戒水位及限定流量】对应管理段数据。

（2）水位：提取各管理所对应断面水位。

（3）流量：提取各管理所对应断面流量。

（4）校正流量：手填。

（5）日期：默认为当天，但可选择。

（6）当日平均校正流量计算公式：

$0.5H0+H4+H8+H12+H16+H20+0.5H24/6$　　　　【注：可以修改】

（7）当日平均流量：提取各管理所对应当日平均流量。

（8）提取按钮：提取各管理所对应日期的断面数据。

10.4.4.4　管理单位逐日用水量

查询管理单位的逐日用水量如图 10.122 所示。

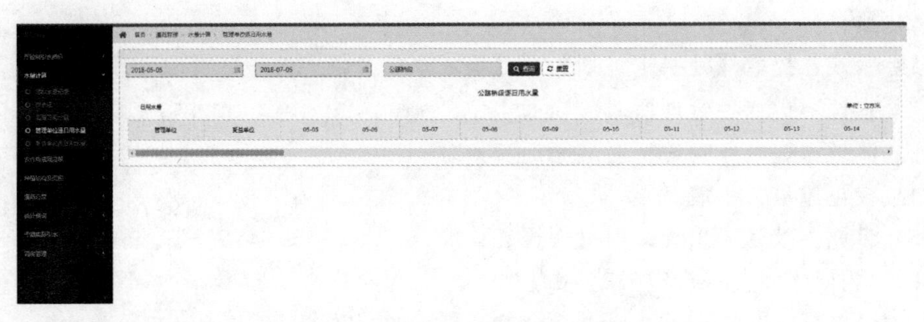

图 10.122　管理单位逐日用水量报表

图 10.122 页面说明如下：

（1）选择开始时间、结束时间、选择管理单位，进行查询；

（2）点击重置按钮，可将查询条件清空。

需注意：数据来源同渠道日用水量。

10.4.4.5　受益单位逐日用水量

查询受益单位的逐日用水量如图 10.123 所示。

图 10.123 页面说明如下：

（1）选择开始时间、结束时间、选择管理单位，进行查询；

（2）点击重置按钮，可将查询条件清空。

需注意：数据来源同渠道日用水量。

10.4.5　水费记收

10.4.5.1　管理单位月累计水费

主要查询管理单位每月的水费情况，如图 10.124 所示。

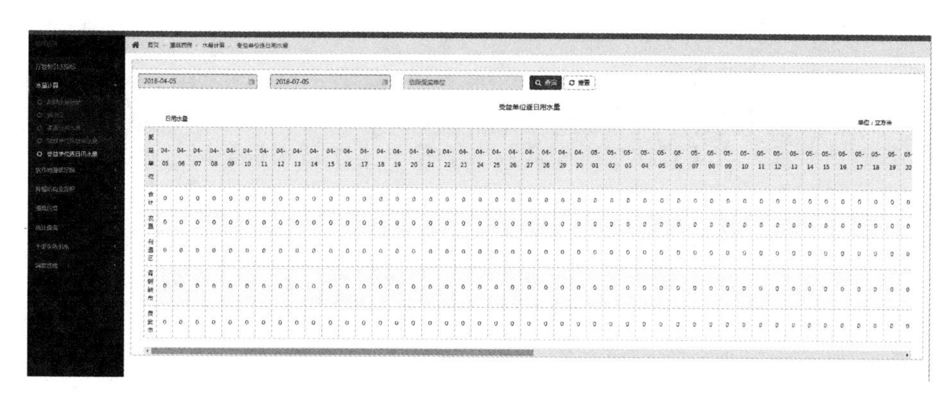

图 10.123　受益单位逐日用水量报表

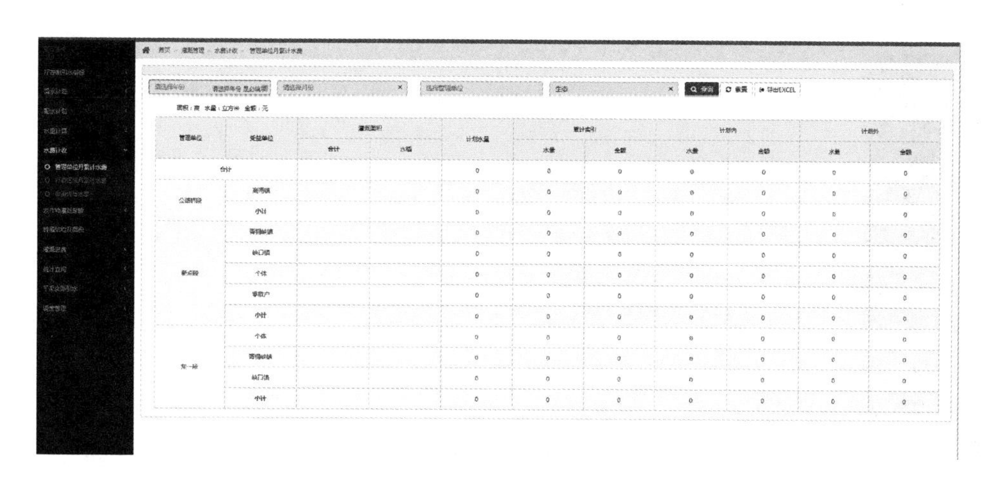

图 10.124　管理单位月累计水费报表

图 10.124 页面说明如下：

（1）选择年份、月份、管理单、取水用途，进行查询；

（2）点击重置按钮，可将查询条件清空；

（3）可将水费数据以 Excel 表格的形式导出。

需注意：

（1）相关内容有：系统设置—业务设置—水价配置

（2）系统设置—业务设置—取水用途配置

（3）计划水量：

1）4 月至 9 月提取，【直开口定额配水⇨管理单位年计划配水】提取管理所下对应夏秋灌水量。

2）冬灌提取，【直开口定额配水⇨管理单位年计划配水】提取管理所下对应冬灌水量。

3）累计实引⇨水量：提取【干渠直开口实际用水量⇨管理单位年用水量】中对应累计月份水量。

4）注：累计月份水量指：当前月为 4 月时，累计＝当月，当前月为 5 月时，累计＝4 月＋5 月水量，以此类推。

5）累计实引⇨金额：计划内金额＋计划外金额。

6）计划内水量：当【累计实引水量】小于等于【计划水量】时，计划内水量＝累计实引水。

7）计划内金额：计划内水量×平价水费。

8）计划外水量：当【累计实引水量】大于【计划水量】时，计划外水量＝累计实引水量-计划水量。

9）计划外金额：计划外水量×加价水费。

10.4.5.2　行政区域月累计水费

按行政区域统计每月的水费情况如图 10.125 所示。

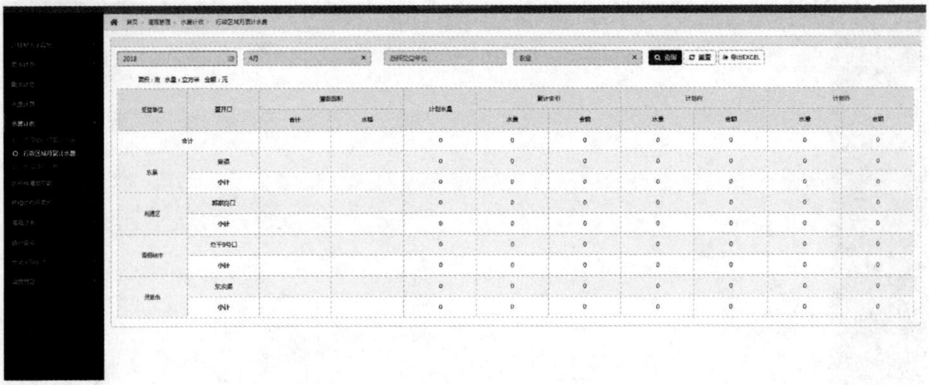

图 10.125　行政区域月累计水费报表

图 10.125 页面说明如下：

（1）选择年份、月份、管理单、取水用途，进行查询；

（2）点击重置按钮，可将查询条件清空；

（3）可将水费数据以 Excel 表格的形式导出。

需注意：

（1）相关内容有：系统设置—业务设置—水价配置。

（2）系统设置—业务设置—取水用途配置。

1）其中计划水量来源于年计划配水。

2）累计水量来源于直开口用水量—工业用水量。

3）灌溉面积取种植结构及面积—在册上报的面积。

4）计划水量＜累计水量，只有计划内水量，金额＝水量×单价。

5）计划水量＞累计水量，既有计划内水量，又有计划外水量，计划内金额＝水量×计划内单价。

6）计划外金额＝水量×计划外单价。

7）累计金额＝计划内金额＋计划外金额。

10.4.5.3 渠道逐日水费

统计渠道逐日水费如图10.126所示。

图10.126 渠道逐日水费

图10.126页面说明如下：

（1）选择日期、管理单位、渠道名称，进行查询；

（2）点击重置按钮，可将查询条件清空；

（3）可将水费数据以Excel表格的形式导出。

需注意：

（1）相关内容有：系统设置—业务设置—水价配置。

（2）系统设置—业务设置—取水用途配置。

1）其中计划水量来源于年计划配水。

2）累计水量来源于水量计算—渠道日用水量。

3）灌溉面积取种植结构及面积—在册上报的面积。

4）计划水量<累计水量，只有计划内水量，金额=水量×单价。

5）计划水量>累计水量，既有计划内水量，又有计划外水量，计划内金额=水量×计划内单价。

6）计划外金额=水量×计划外单价。

7）累计金额=计划内金额+计划外金额。

10.4.6 农作物灌溉定额

10.4.6.1 作物定额水量录入

录取作物的水量，可对其进行增、删、改、查等一系列操作，如图10.127所示。

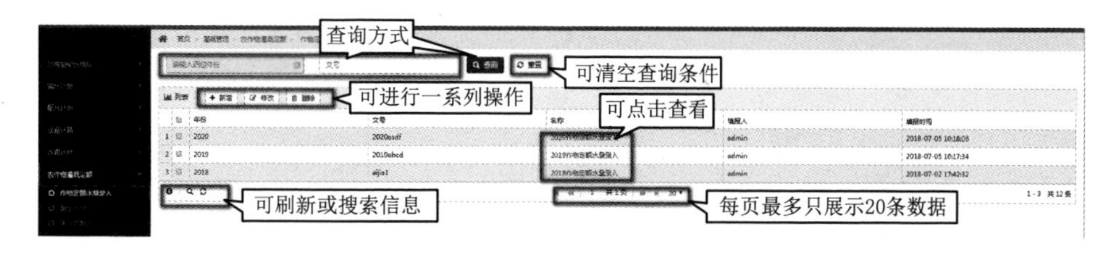

图10.127 作物定额水量录入列表页

图 10.127 页面说明如下：

（1）查询：按年、文号查询；

（2）重置：点击重置按钮，可将查询条件清空；

（3）新增：点击【新增】按钮，打开新增页面进行新增，如图 10.128 所示；

（4）删除：勾选一条或者多条所要删除的作物定额水量录入信息，点击【删除】按钮，提示确定要删除所选中的信息，点击【确定】则可以成功删除；

（5）修改：选中一条作物定额水量录入信息，点击【修改】按钮，进入修改页面，如图 10.129 所示。

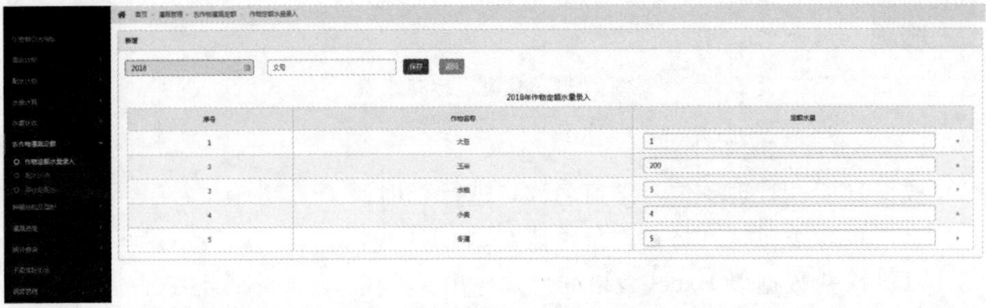

图 10.128　作物定额水量录入新增页

图 10.128 页面说明如下：

填写人填写表单内容，其中标注红色星号的全部为必填项，必填项不填写会进行提示，填写的信息不合法也会进行提示，所有必填项填写完成才能保存成功，否则不能保存。填写完毕保存，列表页增加该年作物水量的数据。

图 10.129　作物定额水量录入修改页

图 10.129 页面说明如下：

参考作物定额水量录入的新增。

10.4.6.2　配水比例

主要是为所有引水类计划，以及用水计划提供水量分解比例，如图 10.130 所示。

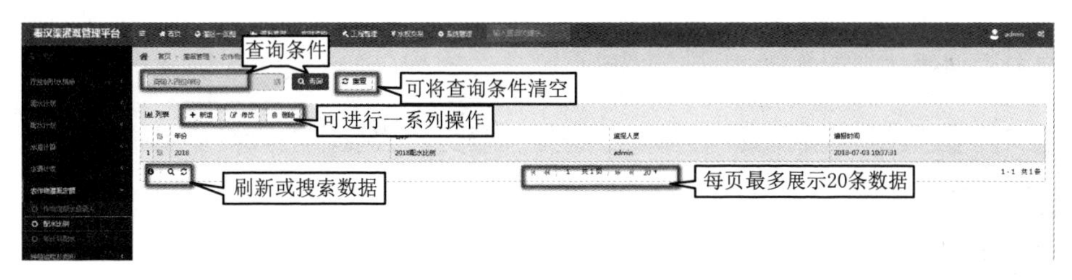

图 10.130 配水比例列表页

图 10.130 页面说明如下：

（1）查询：按年查询；

（2）重置：点击重置按钮，可将查询条件清空；

（3）新增：点击【新增】按钮，打开新增页面进行新增，如图 10.131 所示；

（4）删除：勾选一条或者多条所要删除的配水比例信息，点击【删除】按钮，提示确定要删除所选中的信息，点击【确定】则可以成功删除；

（5）修改：选中一条配水比例信息，点击【修改】按钮，进入修改页面，如图 10.132 所示。

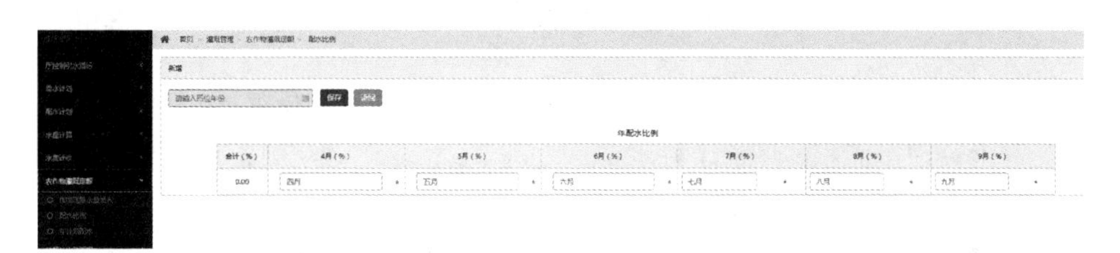

图 10.131 配水比例新增页

图 10.131 页面说明如下：

填写人填写表单内容，其中标注红色星号的全部为必填项，必填项不填写会进行提示，填写的信息不合法也会进行提示，所有必填项填写完成才能保存成功，否则不能保存。填写完毕保存，列表页增加该年配水比例的数据。

需注意：一年只能录入一条数据。

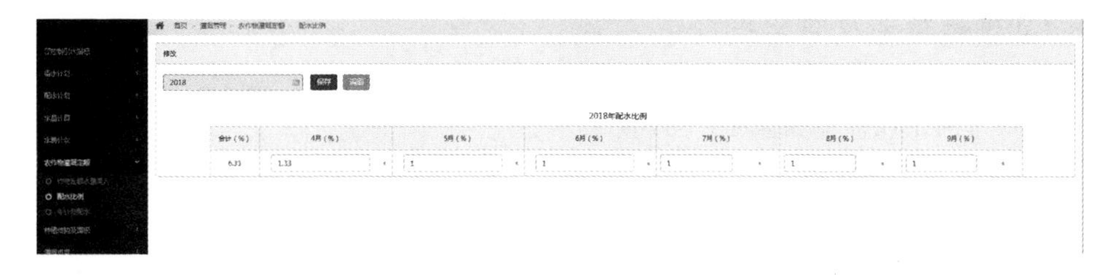

图 10.132 配水比例修改页

图 10.132 页面说明如下：

参考配水比例的新增。

10.4.6.3　年计划配水

主要查询年计划配水统计数据，如图 10.133 所示。

图 10.133　年计划配水列表页

图 10.133 页面说明如下：

选择年、管理单位查询。

需注意：

(1) 夏秋灌＝各作物定额水量×对应渠道作物灌溉面积，最后相加，取整数，最后换算为万立方米。

(2) 4 至 9 月各单元格数据＝夏秋灌计划×配水比例，小数点保留 2 位，四舍五入。

(3) 冬灌＝灌溉面积×冬灌定额水量。

(4) 可下钻：所⇨段⇨渠道。

1) 如果登录用户隶属于管理段，此项直接显示对应管理段名称，不允许选择其他管理段。

2) 如果登录用户隶属于管理所，此项直接显示对应管理所名称，不允许选择其他管理所，但可以选择所辖管理段。

3) 选择管理所或管理段后，弹出直开口选择窗口供用户批量选择直开口，直接输入直开口名称，系统将自动检索直开口选项。

4) 如果登录用户是管理处，可以选择各管理所、段。

10.4.7　种植结构及面积

10.4.7.1　作物种类配置

配置每年的作物种类如图 10.134 所示。

图 10.134 页面说明如下：

(1) 查询：按年查询；

(2) 重置：点击重置按钮，可将查询条件清空；

(3) 新增：点击【新增】按钮，打开新增页面进行新增，如图 10.135 所示；

(4) 删除：勾选一条或者多条所要删除的作物种类配置信息，点击【删除】按钮，提示确定要删除所选中的信息，点击【确定】则可以成功删除；

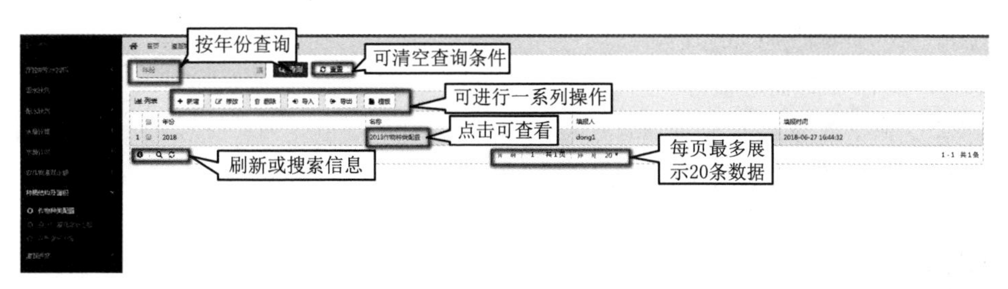

图 10.134 作物种类配置列表页

(5) 修改：选中一条作物种类配置信息，点击【修改】按钮，进入修改页面，如图10.136所示；

(6) 点击【导入】按钮，选择要导入的Excel表格，点击导入，则可以成功导入数据；

(7) 点击【导出】按钮，选择导出存放位置，点击导出，则可以将作物种类配置信息以Excel表格的形式导出；

(8) 点击【模板】，选择存放位置，可以作物种类配置信息以Excel表格模板成功导出。

图 10.135 作物种类配置新增

图10.135页面说明如下：

填写人选择年，点击【增行】按钮，增加一种作物，点击【减行】按钮，删除一种作物，填写完毕，点击保存。

需注意：①作物种类一年配置一次，一年不能配置相同的作物。②列表页点击名称可查询作物。

图 10.136 作物种类配置修改页

图 10.136 页面说明如下：

参考作物种类配置的新增。

10.4.7.2　直开口灌溉面积上报

直开口灌溉面积上报主要用于灌溉进度，如图 10.137 所示。

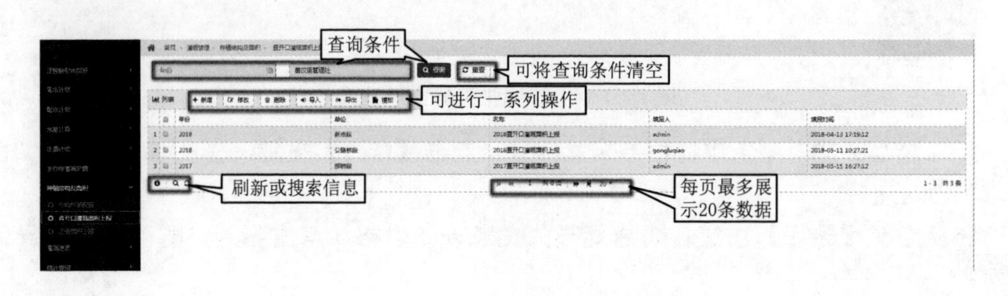

图 10.137　直开口灌溉面积列表页

图 10.137 页面说明如下：

(1) 查询：按年、管理单位查询；

(2) 重置：点击重置按钮，可将查询条件清空；

(3) 新增：点击【新增】按钮，打开新增页面进行新增，如图 10.138 所示；

(4) 删除：勾选一条或者多条所要删除的直开口灌溉面积上报信息，点击【删除】按钮，提示确定要删除所选中的信息，点击【确定】则可以成功删除；

(5) 修改：选中一条直开口灌溉面积上报信息，点击【修改】按钮，进入修改页面，如图 10.139 所示；

(6) 点击【导入】按钮，选择要导入的 Excel 表格，点击导入，则可以成功导入数据；

(7) 点击【导出】按钮，选择导出存放位置，点击导出，则可以将直开口灌溉面积上报以 Excel 表格的形式导出；

(8) 点击【模板】，选择存放位置，可以直开口灌溉面积上报数据以 Excel 表格模板成功导出。

图 10.138　直开口灌溉面积新增页

图 10.138 页面说明如下：

选择年，点击增减渠道，选择要上报的直开口，填写各直开口的灌溉上报面积，点击保存，上报成功。

需注意：

(1) 管理单位带出当前登录人所属的管理单位。

(2) 受益单位灌溉面积和渠道灌溉面积自动计算。

(3) 直开口灌溉面积一年只能上报一次。

(4) 如果登录用户隶属于管理段，此项直接显示对应管理段名称，不允许选择其他管理段。

(5) 如果登录用户隶属于管理所，此项直接显示对应管理所名称，不允许选择其他管理所，但可以选择所辖管理段。

(6) 选择管理所或管理段点击【确定】按钮后，系统提取对应管理单位下的所有直开口。

(7) 如果登录用户是管理处，可以选择各管理所、段。

图 10.139　直开口灌溉面积修改页

图 10.139 页面说明如下：

参考直开口灌溉面积的新增。

10.4.7.3　在册面积上报

在册面积列表如图 10.140 所示。

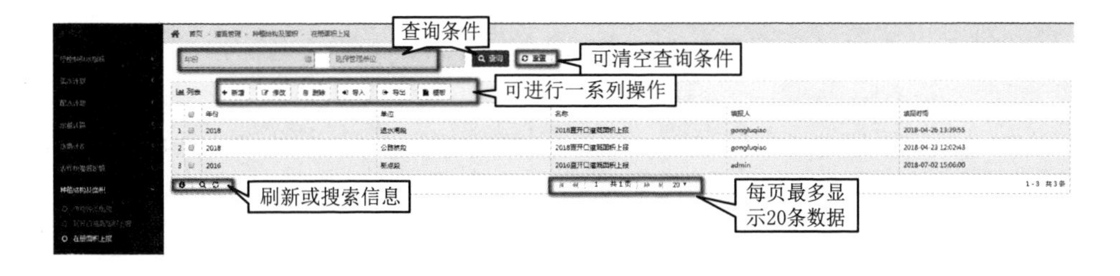

图 10.140　在册面积列表页

图 10.140 页面说明如下：

(1) 查询：按年、管理单位查询；

(2) 重置：点击重置按钮，可将查询条件清空；

(3) 新增：点击【新增】按钮，打开新增页面进行新增，如图 10.141 所示；

(4) 删除：勾选一条或者多条所要删除的在册面积上报信息，点击【删除】按钮，提示确定要删除所选中的信息，点击【确定】则可以成功删除；

(5) 修改：选中一条在册面积上报信息，点击【修改】按钮，进入修改页面，如图 10.142 所示；

(6) 点击【导入】按钮，选择要导入的 Excel 表格，点击导入，则可以成功导入数据；

(7) 点击【导出】按钮，选择导出存放位置，点击导出，则可以将在册面积上报以 Excel 表格的形式导出；

(8) 点击【模板】，选择存放位置，可以将在册面积数据以 Excel 表格模板成功导出。

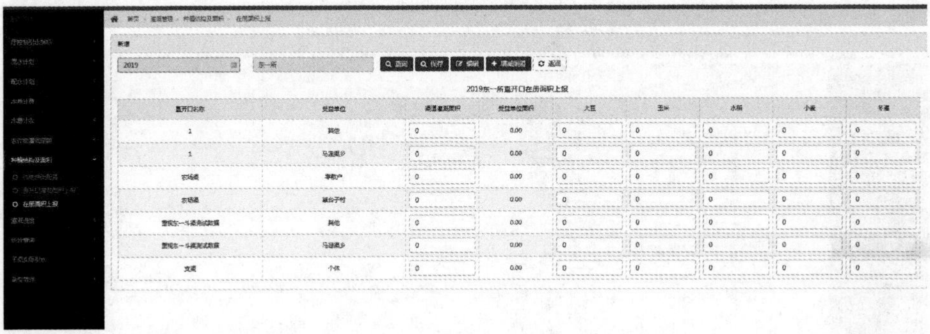

图 10.141　在册面积新增页

图 10.141 页面说明如下：

选择年，点击增减渠道，选择要上报的直开口，填写在册面积，点击保存，列表页新增一条数据。

需注意：

(1) 管理单位带出当前登录人所属的管理单位。

(2) 受益单位灌溉面积和渠道灌溉面积自动计算。

(3) 直开口灌溉面积一年只能上报一次。

(4) 如果登录用户隶属于管理段，此项直接显示对应管理段名称，不允许选择其他管理段。

(5) 如果登录用户隶属于管理所，此项直接显示对应管理所名称，不允许选择其他管理所，但可以选择所辖管理段。

(6) 选择管理所或管理段点击【确定】按钮后，系统提取对应管理单位下的所有直开口。

(7) 如果登录用户是管理处，可以选择各管理所、段。

首页 › 灌溉管理 › 种植结构及面积 › 在册面积上报

修改

2018　公路桥段　查询　保存　编辑　增减渠道　返回

2018公路桥段直开口在册面积上报

直开口名称	受益单位	渠道灌溉面积	受益单位面积	大豆	玉米	水稻	小麦	[illegible]
[illegible]	[illegible]	2	4.00	2	0	0	0	2
[illegible]	个体	2	4.00	2	0	0	0	2
[illegible]	个体	2	4.00	2	0	0	0	2
[illegible]	其他	0	0.00	0	0	0	0	0
十五号口支渠	[illegible]	0	0.00	0	0	0	0	0
[illegible]	个体	0	0.00	0	0	0	0	0
巴电石大扬水	[illegible]	1	2.30	1.1	0	0	0	1.2
[illegible]	其他	0	0.00	0	0	0	0	0
巴电石小扬水	[illegible]	0	0.00	0	0	0	0	0
[illegible]	个体	0	0.00	0	0	0	0	0
十六号口支渠	62585部队	0	0.00	0	0	0	0	0

图 10.142　在册面积修改页

图 10.142 页面说明如下：

参考在册面积的新增。

10.4.8　灌溉进度

10.4.8.1　灌溉进度录入

灌溉进度录入如图 10.143 所示。

首页 › 灌溉管理 › 灌溉进度 › 灌溉进度录入

2018-07-05　查询　增减作物　保存

大豆　小麦　玉米　水稻

行政区域	应灌面积	已灌面积		灌溉进度
		当日	累计	
[illegible]	386	0	15	4%
青铜峡市	24	0	11	46%
[illegible]	0	0	0	0%
[illegible]	0	0	0	0%
农垦	0	0	0	0%

图 10.143　灌溉进度录入页

图 10.143 页面说明如下：

选择日期，点击增减渠道，填写当日的应灌面积，点击保存。

需注意：累计和灌溉进度的值自动计算，灌溉面积提取直开口灌溉面积上报的面积。

10.4.8.2　管理单位灌溉进度

汇总管理单位的灌溉进度，如图 10.144 所示。

图 10.144 页面说明如下：

（1）选择管理单位、日期，点击查询，可查询出管理单位的灌溉进度；

（2）点击重置可将查询条件清空。

需注意：应灌、已灌面积、灌溉进度提取灌溉进度录入的面积，当日水量提取管理单位逐日用水量中的数据。

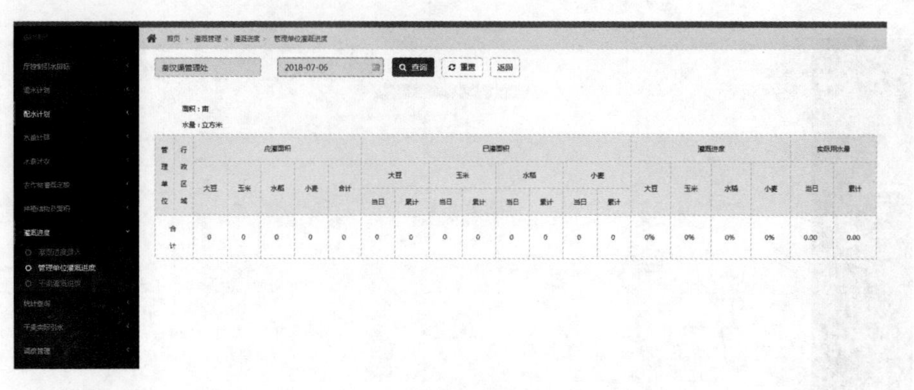

图 10.144　管理单位灌溉进度页面

10.4.8.3　干渠灌溉进度

用于干渠灌溉进度的数据统计，如图 10.145 所示。

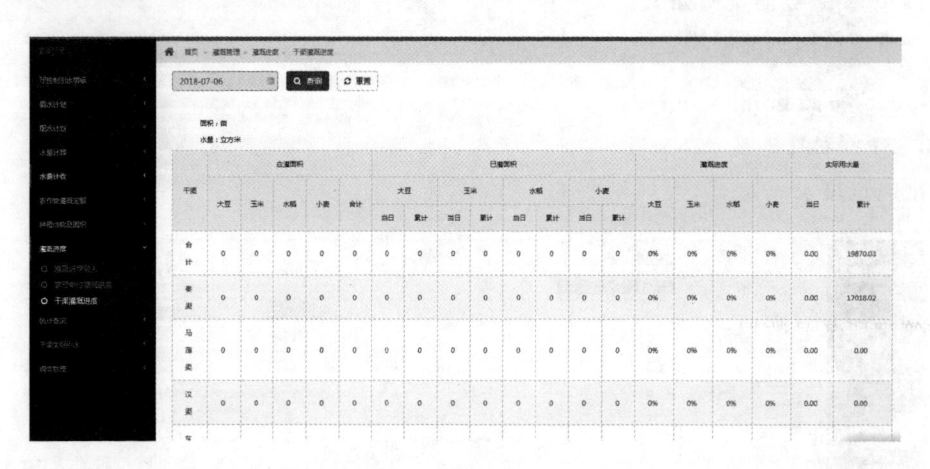

图 10.145　干渠灌溉进度页面

图 10.145 页面说明如下：

(1) 选择日期，点击查询，可干渠的灌溉进度；

(2) 点击重置可将查询条件清空。

10.4.9　统计查询

10.4.9.1　水情月报

1. 数据汇总

主要对水情数据的录入，如图 10.146 所示。

图 10.146 页面说明如下：

(1) 选择年月，点击查询，可查询该年该月的数据；

(2) 点击编辑可对区间补水量、自由水量、干渠退水进行编辑。

需注意：

(1) 表中数据按月查询，默认提取系统时间月份。

图 10.146　水情月报数据汇总页面

(2) 计划引水流量：【引用水指标⇨干渠旬（日）引水指标⇨指标分配】中提取对应管理所【流量合计】，相加得到月流量。

(3) 实际引水流量：【干渠断面引水⇨实引流量】提取对应管理所【合计】。

(4) 区间补水量：手填。

(5) 支（斗）口计划配水量：【直开口定额配水⇨管理单位年计划配水】提取对应管理所各月数据。

(6) 支（斗）口实际配水量：【干渠直开口实际用水量⇨管理单位年用水量】提取对应管理所各月数据。

(7) 自用水量：手填。

(8) 干渠退水：手填。

(9) 各市、县数据：【干渠直开口实际用水量⇨管理单位年用水量】提取对应市县数据。

(10) 点击【编辑】【保存】按钮，可对各单位数据进行修改、保存。

2. 报表查询

水情月报报表查询如图 10.147 所示。

图 10.147　水情月报报表查询页面

图 10.147 页面说明如下：

选择年月，点击查询，可查询该年该月的数据。

需注意：报表数据取数据汇总中对应日期对应渠道的数据。

10.4.9.2　水费统计

1. 管理单位年水费

查询管理单位年水费如图 10.148 所示。

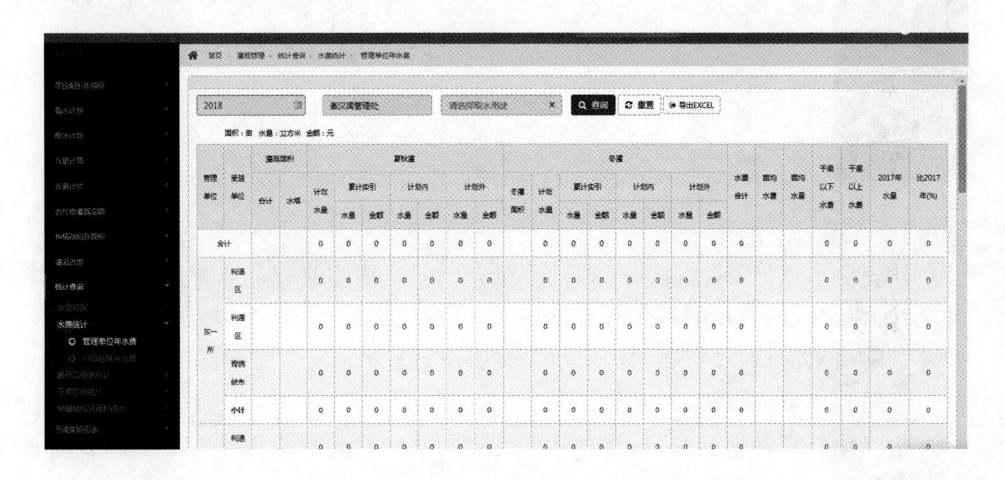

图 10.148　管理单位年水费页面

图 10.148 页面说明如下：

选择年月，点击查询，可查询该年该月的数据。

需注意：报表数据取管理单位逐月累计水费的数据，表内具体计算公式参考管理单位逐月累计水费。

2. 行政区域年水费

行政区域年水费如图 10.149 所示。

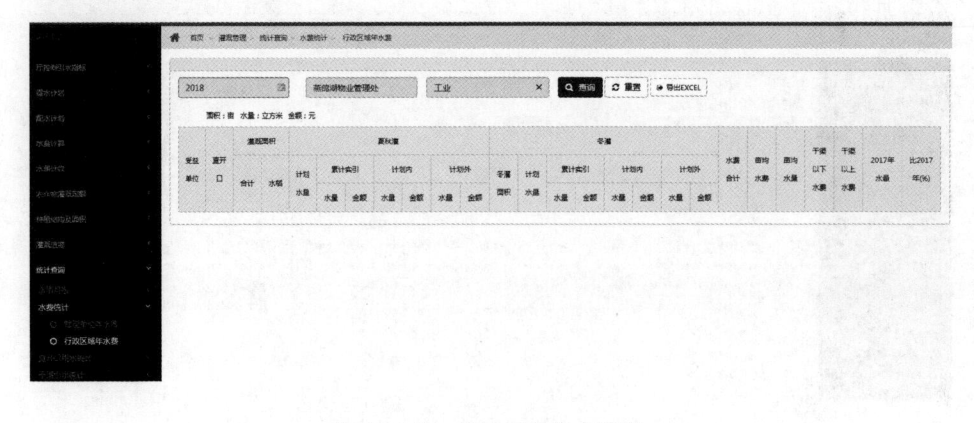

图 10.149　行政区域年水费页

图 10.149 页面说明如下：

选择年月，点击查询，可查询该年该月的数据。

需注意：报表数据取行政区域逐月累计水费的数据，表内具体计算公式参考行政区域逐月累计水费。

10.4.9.3 直开口实际用水

1. 管理单位旬用水量

管理单位旬用水量如图 10.150 所示。

首页 > 灌溉管理 > 统计查询 > 直开口用水统计 > 管理单位旬用水量

2018-06　秦汉渠管理处　查询　重置

秦汉渠管理处2018-06旬用水量

日用水量　单位：立方米

管理单位	受益单位	上旬	中旬	下旬
合计	合计	0	0	0
东一所	利通区	0	0	0
	利通区	0	0	0
	青铜峡市	0	0	0
	小计	0	0	0
东三所	利通区	0	0	0
	利通区	0	0	0
	小计	0	0	0
东二所	利通区	0	0	0
	小计	0	0	0
农场渠管理所	利通区	0	0	0
	小计	0	0	0
	利通区	0	0	0

图 10.150　管理单位旬用水量页面

图 10.150 页面说明如下：

选择年月、管理单位，点击查询，可查询该年该月各管理单位的旬用水量的数据。

需注意：报表数据取管理单位逐日用水量的数据，汇总按旬展示，数据来源参考管理单位日用水量。

2. 管理单位年用水量

管理单位年用水量如图 10.151 所示。

首页 > 灌溉管理 > 统计查询 > 直开口用水统计 > 管理单位年用水量

2018　秦汉渠管理处　查询　重置

秦汉渠管理处2018旬用水量

日用水量　单位：立方米

管理单位	受益单位	4月	5月	6月	7月	8月	9月	夏秋灌小计	冬灌	合计
合计	合计	0	0	0	0	0	0	0	0	19870.03
东一所	利通区	0	0	0	0	0	0	0	0	0
	利通区	0	0	0	0	0	0	0	0	0
	青铜峡市	0	0	0	0	0	0	0	0	0
	小计	0	0	0	0	0	0	0	0	0
东三所	利通区	0	0	0	0	0	0	0	0	0
	利通区	0	0	0	0	0	0	0	0	0
	小计	0	0	0	0	0	0	0	0	0
东二所	利通区	0	0	0	0	0	0	0	0	0
	小计	0	0	0	0	0	0	0	0	0
农场渠管理所	利通区	0	0	0	0	0	0	0	0	0
	小计	0	0	0	0	0	0	0	0	0

图 10.151　管理单位年用水量页面

图 10.151 页面说明如下：

选择年月、管理单位，点击查询，可查询该年该月各管理单位的旬用水量的数据。

需注意：报表数据取管理单位旬用水量的数据，汇总按年展示，数据来源参考管理单位旬用水量。

3. 湖泊湿地实际用水

湖泊湿地用水报表统计，如图 10.152 所示。

2018年秦汉渠管理处湖泊湿地实际用水量

单位：亿立方米

序号	湖泊湿地名称	供水水源	夏秋灌小计	4月	5月	6月	7月	8月	9月	冬灌	合计
合计			359.00	318	0	41	0	0	0	306	665.00
1	明珠湖	秦渠	5	5	0	0	0	0	0	35	40
2	[illegible]	秦渠	111	111	0	0	0	0	0	73	184
3			31	31	0	0	0	0	0	34	65
4	南环水系	秦渠	46	46	0	0	0	0	0	55	101
5			132	91	0	41	0	0	0	52	184
6			34	34	0	0	0	0	0	57	91

图 10.152　湖泊湿地用水页面

图 10.152 页面说明如下：

选择年单位，点击查询，可查询该年湖泊湿地的用水量。

4. 工业用水量

工业用水量报表统计，如图 10.153 所示。

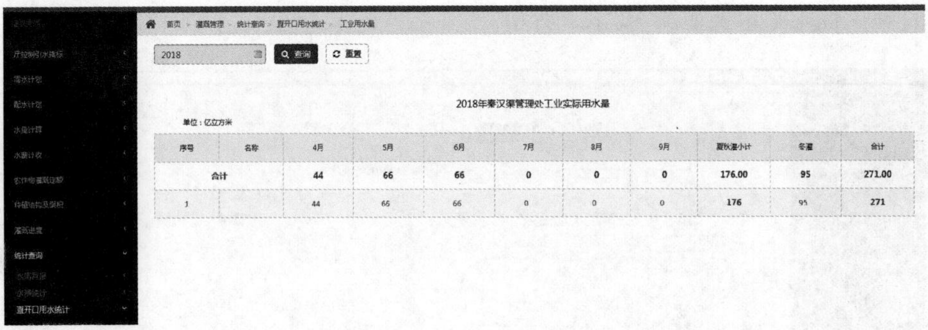

2018年秦汉渠管理处工业实际用水量

单位：亿立方米

序号	名称	4月	5月	6月	7月	8月	9月	夏秋灌小计	冬灌	合计
合计		44	66	66	0	0	0	176.00	95	271.00
1		44	66	66	0	0	0	176	95	271

图 10.153　工业用水量页面

图 10.153 页面说明如下：

选择年单位，点击查询，可查询该年的工业用水量。

10.4.9.4 干渠引水统计

实引流量见图 10.154。

首页 > 灌溉管理 > 统计查询 > 干渠引水统计 > 实引流量

厅控制引水指标
用水计划
配水计划
水量计算
水费计收
农作物灌溉定额
种植结构及面积
灌溉进度
统计查询
干渠引水统计
实引流量
调度管理

2018-06 查询

日期	秦渠	汉渠	马莲渠	东干渠	秦一	秦二	农场渠	汉一	汉二	汉三	东一	东二	东三	东四
01	0.00	0.00	0.00	0.00	0.00	0.00	0.00	0.00	0.00	0.00	0.00	0.00	0.00	
02	0.00	0.00	0.00	0.00	0.00	0.00	0.00	0.00	0.00	0.00	0.00	0.00	0.00	
03	0.00	0.00	0.00	0.00	0.00	0.00	0.00	0.00	0.00	0.00	0.00	0.00	0.00	
04	0.00	0.00	0.00	0.00	0.00	0.00	0.00	0.00	0.00	0.00	0.00	0.00	0.00	
05	0.00	0.00	0.00	0.00	0.00	0.00	0.00	0.00	0.00	0.00	0.00	0.00	0.00	
06	0.00	0.00	0.00	0.00	0.00	0.00	0.00	0.00	0.00	0.00	0.00	0.00	0.00	
07	0.00	0.00	0.00	0.00	0.00	0.00	0.00	0.00	0.00	0.00	0.00	0.00	0.00	
08	0.00	0.00	0.00	0.00	0.00	0.00	0.00	0.00	0.00	0.00	0.00	0.00	0.00	
09	0.00	0.00	0.00	0.00	0.00	0.00	0.00	0.00	0.00	0.00	0.00	0.00	0.00	
10	0.00	0.00	0.00	0.00	0.00	0.00	0.00	0.00	0.00	0.00	0.00	0.00	0.00	
小计	0.00	0.00	0.00	0.00	0.00	0.00	0.00	0.00	0.00	0.00	0.00	0.00	0.00	0.00
11	0.00	0.00	0.00	0.00	0.00	0.00	0.00	0.00	0.00	0.00	0.00	0.00	0.00	
12	0.00	0.00	0.00	0.00	0.00	0.00	0.00	0.00	0.00	0.00	0.00	0.00	0.00	
13	0.00	0.00	0.00	0.00	0.00	0.00	0.00	0.00	0.00	0.00	0.00	0.00	0.00	
14	0.00	0.00	0.00	0.00	0.00	0.00	0.00	0.00	0.00	0.00	0.00	0.00	0.00	

图 10.154 实引流量页面

10.4.9.5 种植结构及面积统计

1. 灌溉面积及种植结构统计

灌溉面积及种植结构面积统计见图 10.155。

图 10.155 灌溉面积及种植结构面积统计

图 10.155 页面说明如下：

选择年单位，点击查询，可查询该年的灌溉面积及种植结构统计报表。

需注意：报表数据取直开口灌溉面积上报。

2. 在册面积统计

在册面积上报见图 10.156。

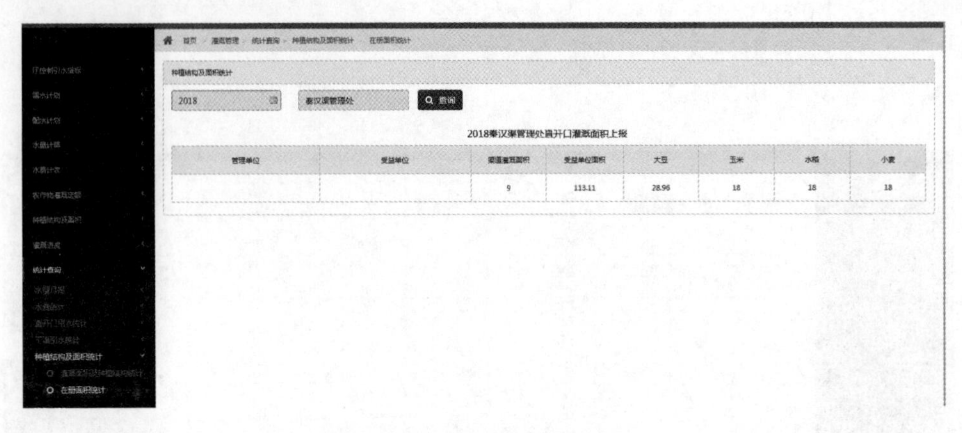

图 10.156　在册面积上报页面

图 10.156 页面说明如下：

选择年单位，点击查询，可查询该年的在册面积统计报表。

需注意：报表数据取在册面积上报。

10.4.10　干渠实际引水

1. 断面水位流量关系表

断面水位流量关系见图 10.157。

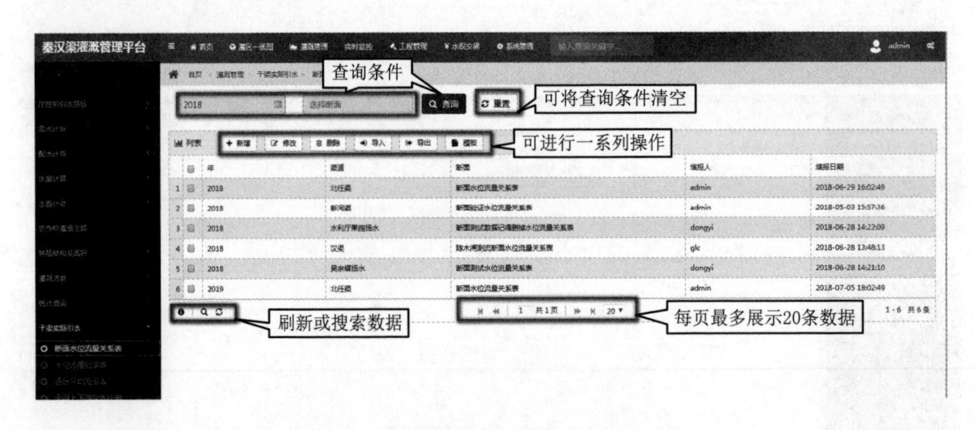

图 10.157　断面水位流量关系列表页

图 10.157 页面说明如下：

（1）查询：按年、管理单位查询；

（2）重置：点击重置按钮，可将查询条件清空；

（3）新增：点击【新增】按钮，打开新增页面进行新增，如图 10.158 所示；

（4）删除：勾选一条或者多条所要删除的断面水位流量关系表的信息，点击【删除】按钮，提示确定要删除所选中的信息，点击【确定】则可以成功删除；

（5）修改：选中一条断面水位流量关系表信息，点击【修改】按钮，进入修改页面，如图 10.159 所示；

（6）点击【导入】按钮，选择要导入的 Excel 表格，点击导入，则可以成功导入数据；

（7）点击【导出】按钮，选择导出存放位置，点击导出，则可以将断面水位流量关系表数据以 Excel 表格的形式导出断面水位流量关系表；

（8）点击【模板】，选择存放位置，可以将断面水位流量关系表的数据以 Excel 表格模板成功导出。

图 10.158　断面水位流量关新增页

图 10.158 页面说明如下：

新增：填写人选择年和断面填写表单内容，可通过增行减行来填写数据，填写完毕保存，列表页增加一年的数据。

需注意：①一个断面一年只能录入一条数据。②流量差自动计算：流量差：每行的流量差＝对应的行的 0 列单元格数据，减去下一行 0 列单元格数据，最后一行的流量差不计算，手填。

图 10.159　断面水位流量关修改页

图 10.159 页面说明如下：

参考断面水位流量关系的新增。

2. 水位流量记录表

水位流量记录见图 10.160。

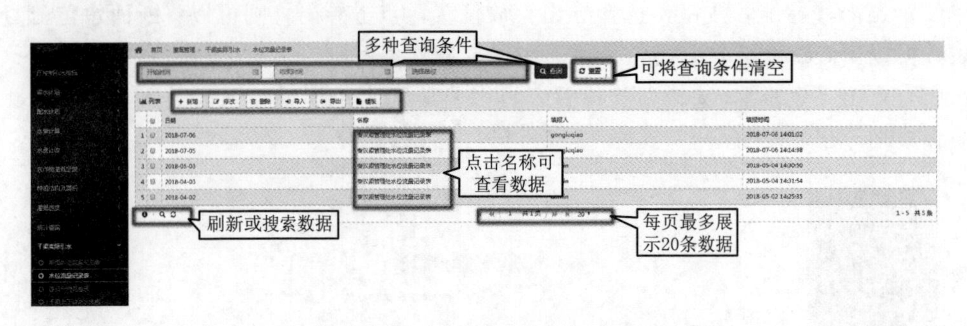

图 10.160　水位流量记录表页面

图 10.160 页面说明如下：

（1）查询：按开始时间、结束时间、管理单位查询；

（2）重置：点击重置按钮，可将查询条件清空；

（3）新增：点击【新增】按钮，打开新增页面进行新增，如图 10.161 所示；

（4）删除：勾选一条或者多条所要删除的水位流量记录表的信息，点击【删除】按钮，提示确定要删除所选中的信息，点击【确定】则可以成功删除；

（5）修改：选中一条水位流量记录表信息，点击【修改】按钮，进入修改页面，如图 10.162 所示；

（6）点击【导入】按钮，选择要导入的 Excel 表格，点击导入，则可以成功导入数据；

（7）点击【导出】按钮，选择导出存放位置，点击导出，则可以将水位流量记录表数据以 Excel 表格的形式导出断面水位流量关系表；

（8）点击【模板】，选择存放位置，可以将水位流量记录表的数据以 Excel 表格模板成功导出。

图 10.161　水位流量记录新增页面

图 10.161 页面说明如下：

新增：填写人选择日期点击查询，填报人填写表单，点击保存，列表页新增一条数据。

需注意：

（1）管理单位：默认登录用户管理机构，可选择下级机构。

（2）警戒：提取【处引水计划】⇨【警戒水位及限定流量】对应管理段数据。

（3）日期：默认为当天，但可选择。

（4）表头的断面名称，提取断面基本信息中，【断面类型 1】中对应断面，例如：管理处登录，提取【处界断面】，管理所登录提取【所界断面】以此类推。

（5）当日平均流量，要实时计算，即：每填写一个时段，就计算一次。

（6）当用户为管理处时：

1）水位：提取各管理所对应断面水位。

2）流量：提取各管理所对应断面流量。

3）当日平均流量：提取各管理所对应当日平均流量。

（7）校正流量：默认提取【流量】，但可修改手填。

（8）当日平均校正流量计算公式：$(0.5H0+H4+H8+H12+H16+H20+0.5H24)/6$。

（9）提取按钮：提取各管理所对应日期的断面数据。

（10）当用户为管理所时：

1）水位：提取各管理段对应断面水位，可修改。

2）流量：提取各管理段对应断面流量，可修改。

3）当日平均流量：提取各管理段对应当日平均流量。

（11）提取按钮：提取各管理段对应日期的断面数据，如果提不到，假如管理段没有填写，那管理所这一级直接录入本级断面数据。

（12）当用户为管理段时，水位、流量为手填，当日平均流量自动计算，没有【提取】按钮，只有【保存】和【返回】按钮。

（13）点击名称可查询水位流量记录。

断面名称	农场渠断面		秦二测水断面		陈木闸断面		狼皮梁断面	
水位流量	水位	流量	水位	流量	水位	流量	水位	流量
警戒								
0时	0	0	0	0	0	0	0	0
4时	0	0	0	0	0	0	0	0

图 10.162　水位流量记录修改页面

图 10.162 页面说明如下：

参考水位流量记录表的新增。

10.4.10.1　逐日平均流量表

逐日平均流量见图 10.163。

图 10.163　逐日平均流量表页面

图 10.163 页面说明如下：

新增：填写人选择年、断面点击查询，能够查询该年的断面平均流量数据。

需注意：

(1) 数据源：水位流量记录表日平均流量。

(2) 每个干渠交接水断面（处控断面）一年一张表，记录每天的日平均流量。

(3) 表中的【平均】＝总数/每月的天数。

(4)【最大、最小】，系统自动提取每月最大的日平均流量、最小的日平均流量。

(5)【最大、最小】下面的日期，就是最大、最小日平均流量的日期。

(6) 年总数：各月总数和。

(7) 径流量：年总数×86400，要换算成亿 m^3。

(8) 年最大、最小流量：提取本表中最大最小流量。

（9）年最大、最小流量后面的日期：提取对应最大、最小流量的日期。

（10）平均流量：年总数/365天。

10.4.10.2 干渠上下游交水比例

干渠上下游交水比例如图10.164所示。

图10.164 干渠上下游交水比例页面

图10.164页面说明如下：

（1）新增：填写人选择年点击查询，通过增行减行按钮根据自己的需要，填写干渠上下游交水比例数据，点击保存，数据保存成功；

（2）点击导入导出按钮，可将数据导入导出。

10.4.11 调度管理

10.4.11.1 水资源调度管理

水资源调度管理如图10.165所示。

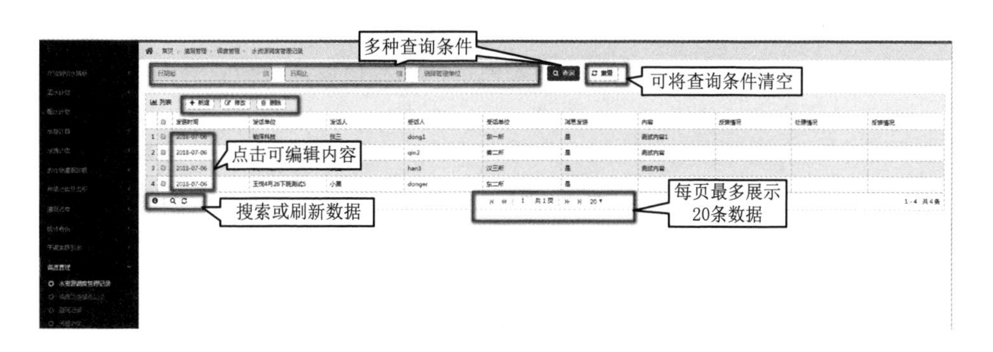

图10.165 水资源调度管理列表页

图10.165页面说明如下：

（1）查询：按开始时间、结束时间、管理单位查询；

（2）重置：点击重置按钮，可将查询条件清空；

（3）新增：点击【新增】按钮，打开新增页面进行新增，如图 10.166 所示；

（4）删除：勾选一条或者多条所要删除的水资源调度管理的信息，点击【删除】按钮，提示确定要删除所选中的信息，点击【确定】则可以成功删除；

（5）修改：选中一条水资源调度管理信息，点击【修改】按钮，进入修改页面，如图 10.167 所示。

需注意：消息是否发送，选择否时，可以修改。

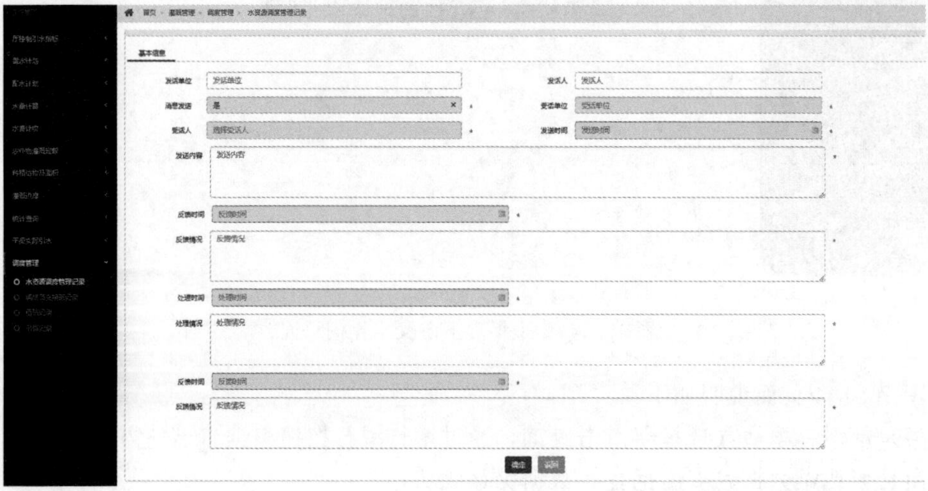

图 10.166 水资源调度管理新增页面

图 10.166 页面说明如下：

新增：填写人填写表单，点击保存，数据保存成功。

需注意：

（1）发话单位、发话人有可能是管理处外部人员，所以手填。

（2）受话单位、受话人、消息接收人是内部人员，所以点击后，要出现选择树。

（3）消息接收人的选择树，要能多选，也可不选。

（4）不选择消息接收人时，填写的记录即保存为单条记录。

（5）当选择一个或多个消息接收人时，调度记录将实现表单传递或分发功能，即：当前填写的调度记录，同时分发给对应选择的一个或多个人，同时当前任务分发人的列表记录，也自动增加拆分的多条分发记录，一个消息接收人一条记录。

（6）拆分的多条记录中，发话单位、发话人为当前填写内容，保持不变；受话单位、受话人系统自动补填为：受话人⇨接收人名称，受话单位⇨接收人管理单位。

（7）当任务分发后，系统将自动向接收人的【水资源调度管理记录】中增加一条调度记录。

（8）接收人填写表单后，消息接收人禁止选择，保存后填写的内容，自动更新到发送人的列表中，同时进行消息提醒。

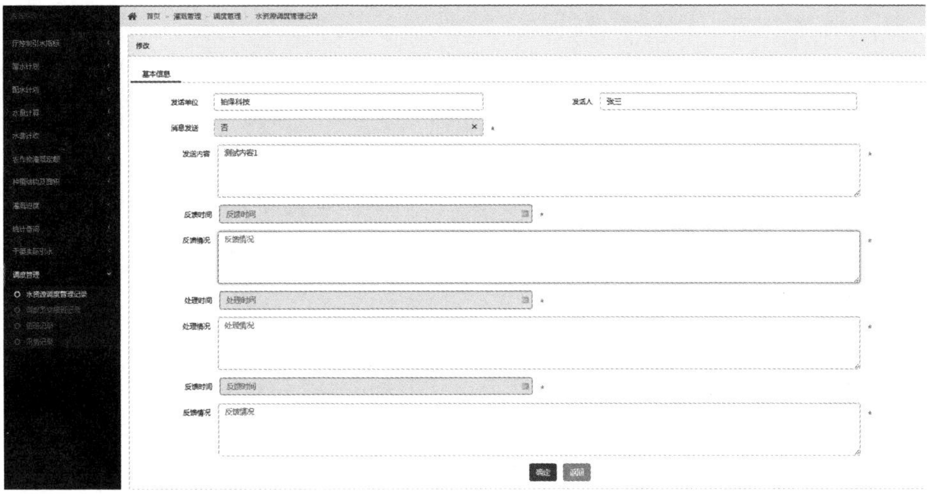

图 10.167 水资源调度记录修改页面

图 10.167 页面说明如下：

修改：参考水资源调度管理的新增。

需注意：只有消息是否发送，选择否时，才可以进行修改。

10.4.11.2 调度员交接班记录

调度员交接班记录如图 10.168 所示。

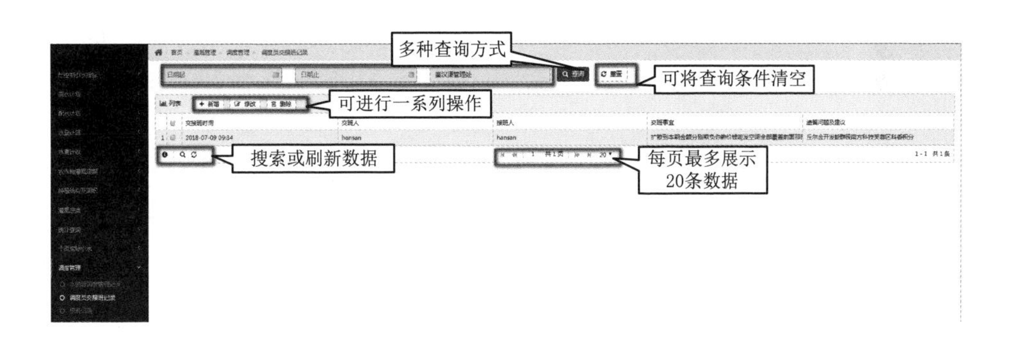

图 10.168 调度员交接班记录列表

图 10.168 页面说明如下：

（1）查询：按开始时间、结束时间、管理单位查询；

（2）重置：点击重置按钮，可将查询条件清空；

（3）新增：点击【新增】按钮，打开新增页面进行新增，如图 10.169 所示；

（4）删除：勾选一条或者多条所要删除的调度员交接班记录的信息，点击【删除】按钮，提示确定要删除所选中的信息，点击【确定】则可以成功删除；

(5) 修改：选中一条调度员交接班记录信息，点击【修改】按钮，进入修改页面，如图 10.170 所示。

需注意：将光标放在交办事宜、遗留问题及建议上可显示所有内容。

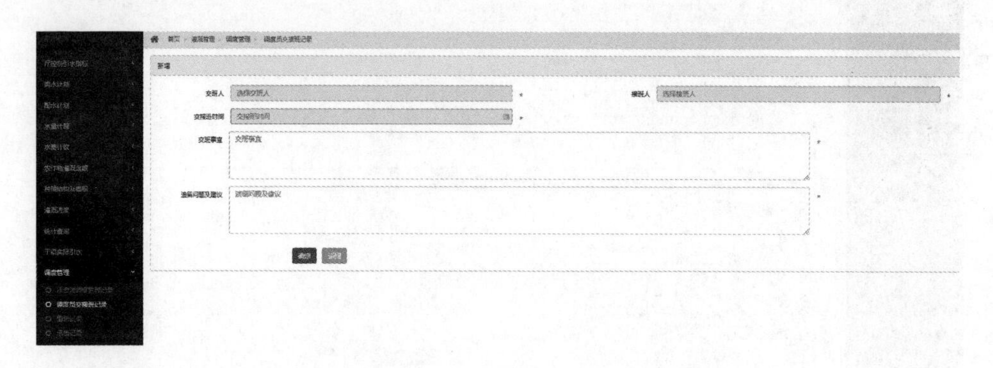

图 10.169　调度员交接班记录新增页面

图 10.169 页面说明如下：

新增：添加调度员交接班记录，其中标注红色星号的全部为必填项，必填项不填写会进行提示，所有必填项填写完成才能保存成功，否则不能保存。

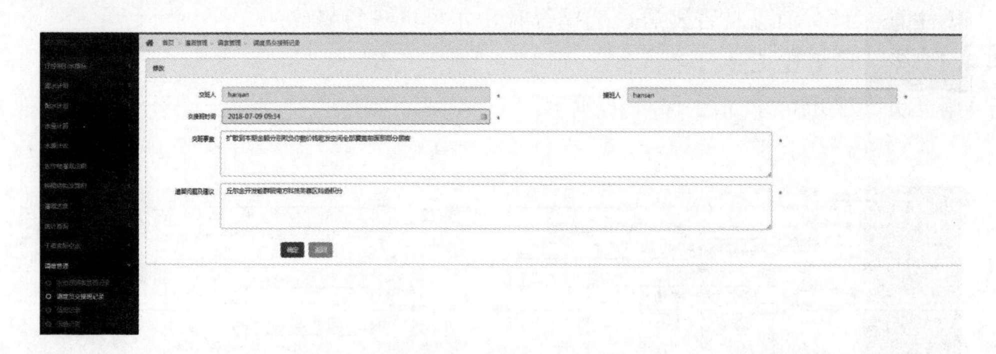

图 10.170　调度员交接班记录修改页面

图 10.170 页面说明如下：

修改：参考调度员交接班记录的新增。

10.4.11.3　值班记录

值班记录如图 10.171 所示。

图 10.171 页面说明如下：

(1) 查询：按开始时间、结束时间、管理单位查询；

(2) 重置：点击重置按钮，可将查询条件清空；

(3) 新增：点击【新增】按钮，打开新增页面进行新增，如图 10.172 所示；

(4) 删除：勾选一条或者多条所要删除的值班记录的信息，点击【删除】按钮，提示确定要删除所选中的信息，点击【确定】则可以成功删除；

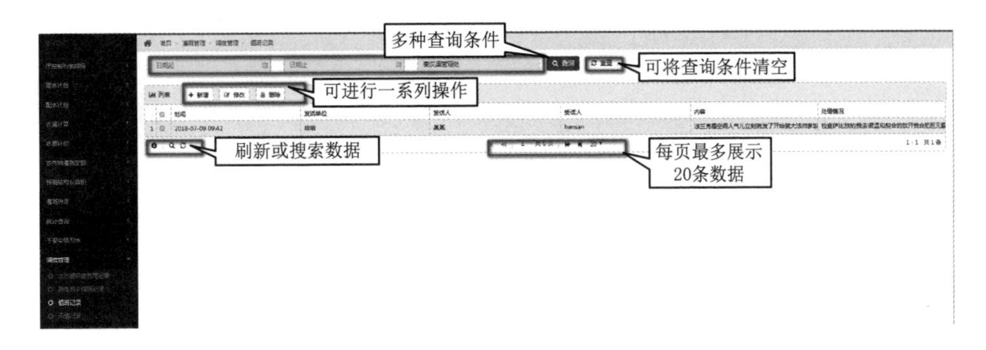

图 10.171　值班记录列表

(5) 修改：选中一条值班记录信息，点击【修改】按钮，进入修改页面，如图 10.173 所示。

需注意：将光标放在内容、处理情况上可显示所有内容。

图 10.172　值班记录新增页面

图 10.172 页面说明如下：

新增：添加值班记录，其中标注红色星号的全部为必填项，必填项不填写会进行提示，所有必填项填写完成才能保存成功，否则不能保存。

图 10.173　值班记录修改页面

图 10.173 页面说明如下：
修改：参考值班记录的新增。

10.5　实施监控

10.5.1　闸门控制

实施监控页面如图 10.174 所示。

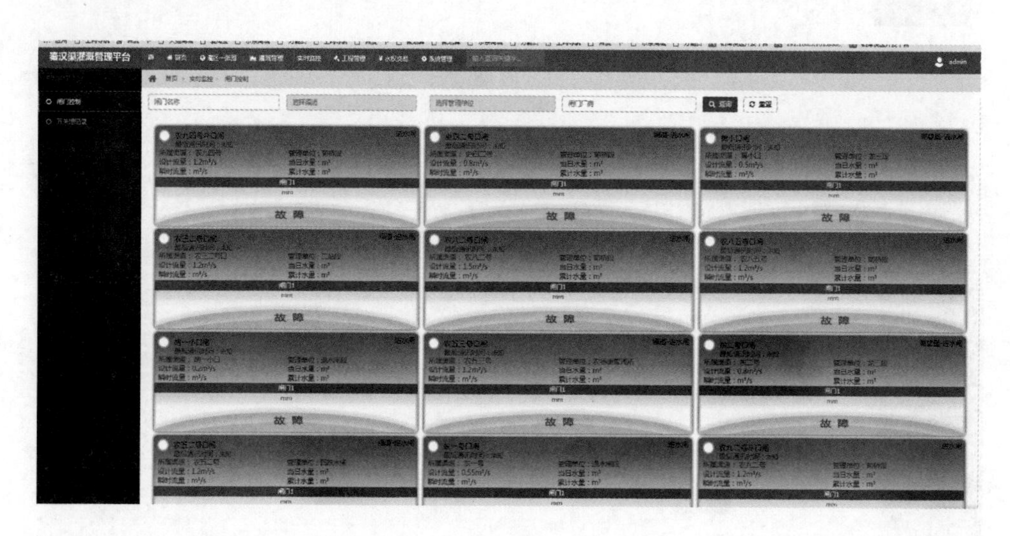

图 10.174　实施监控页面

图 10.174 页面说明如下：
可根据闸门名称、渠道、闸门厂商、管理单位进行查询。
需注意：闸门与硬件匹配，展示闸门情况。

10.5.2　开关闸记录

开关闸记录页面如图 10.175 所示。

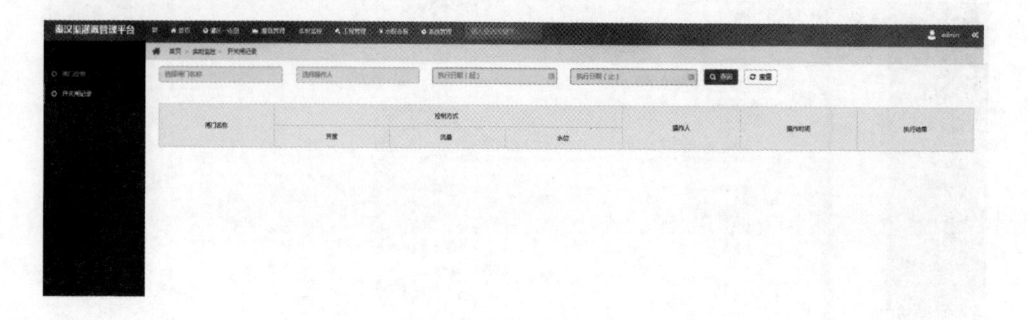

图 10.175　开关闸记录页面

图 10.175 页面说明如下：

可根据闸门名称、操作人、执行起止日期进行查询。

需注意：闸门与硬件匹配，显示开关闸记录。

10.6 系统管理

系统管理是对系统一个最基本的管理信息进行管理，包括用户的管理，系统角色的管理，系统模块管理，系统功能管理，授权管理。日志管理和数字字典管理等。

10.6.1 机构用户

10.6.1.1 用户列表

展示用户名、用户 ID、所属部门、邮箱、手机号、状态等，可对已存在的用户进行查询、增加、删除、修改，列表页面如图 10.176 所示。

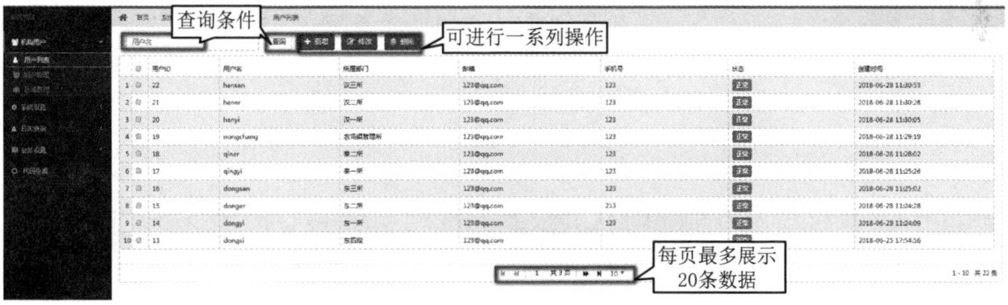

查询条件

可进行一系列操作

每页最多展示
20条数据

图 10.176 用户列表

图 10.176 页面说明如下：

(1) 新增：点击【新增】按钮，进入新增页面，如图 10.177 所示；

(2) 删除：选择列表中记录前的复选框，点击【删除】按钮，可进行批量删除；

(3) 修改：点击记录的【名称】，进入查看修改页面，如图 10.178 所示。

图 10.177 用户新增页面

图 10.177 页面说明如下：

新增：填写人填写表单，点击保存则可创建一个用户。

需注意：①分配用户角色时，得先添加角色，点击系统设置—角色设置；②用户状态为正常，代表可用，状态显示禁用，该用户被禁用。

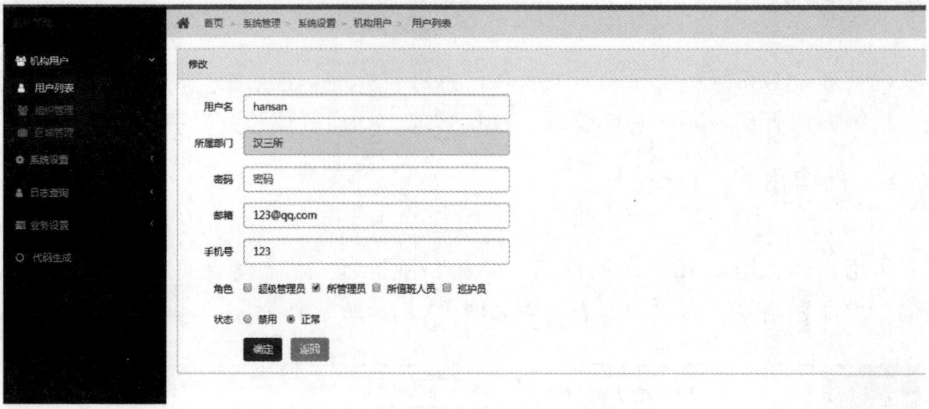

图 10.178　用户修改页面

图 10.178 页面说明如下：

修改：参考机构用户的新增。

10.6.1.2　组织管理

按组织进行增加、删除、修改，列表页面如图 10.179 所示。

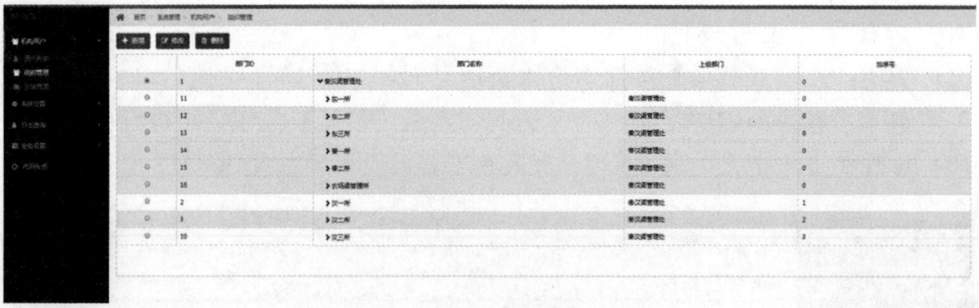

图 10.179　组织管理列表

图 10.179 页面说明如下：

(1) 新增：点击【新增】按钮，进入新增页面，如图 10.180 所示；

(2) 删除：选择列表中记录前的复选框，点击【删除】按钮，如果删除的记录有下级部门，则删除该管理部门下的所有信息，否则，只删除所选信息；

(3) 修改：选择一条记录，点击【修改】，进入修改页面，如图 10.181 所示。

图 10.180 页面说明如下：

新增：填写人填写表单，点击保存，则创建一个组织名称。

图 10.180　组织管理新增页面

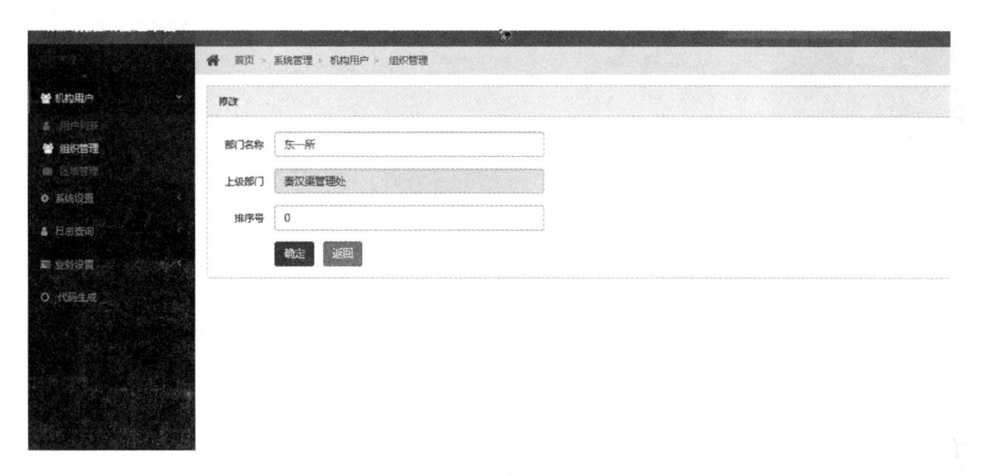

图 10.181　组织管理修改页面

图 10.181 页面说明如下：

修改：参考组织管理的新增。

10.6.1.3　区域管理

按所属区域进行增加、删除、修改，列表页面如图 10.182 所示。

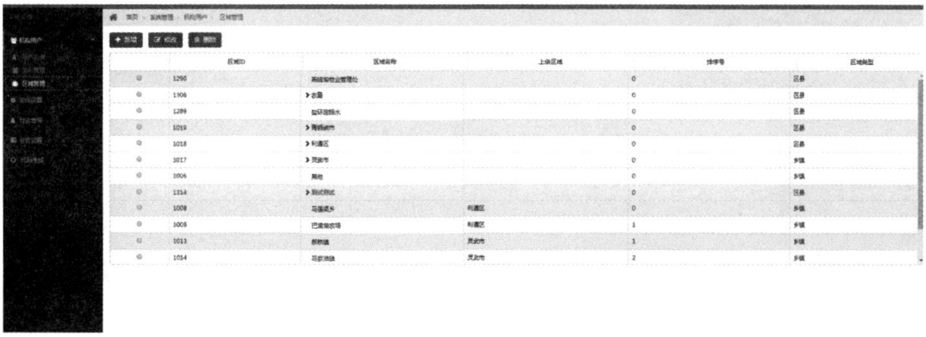

图 10.182　区域管理列表页

图 10.182 页面说明如下：

(1) 新增：点击【新增】按钮，进入新增页面，如图 10.183 所示；

(2) 删除：选择列表中记录前的复选框，点击【删除】按钮，如果删除的记录有下级行政区域，则删除该区域的所有信息，否则，只删除所选信息；

(3) 修改：选择一条记录，点击【修改】，进入修改页面，如图 10.184 所示。

图 10.183　区域管理新增页面

图 10.183 页面说明如下：

新增：填写人填写表单，点击保存，则创建一个区域名称。

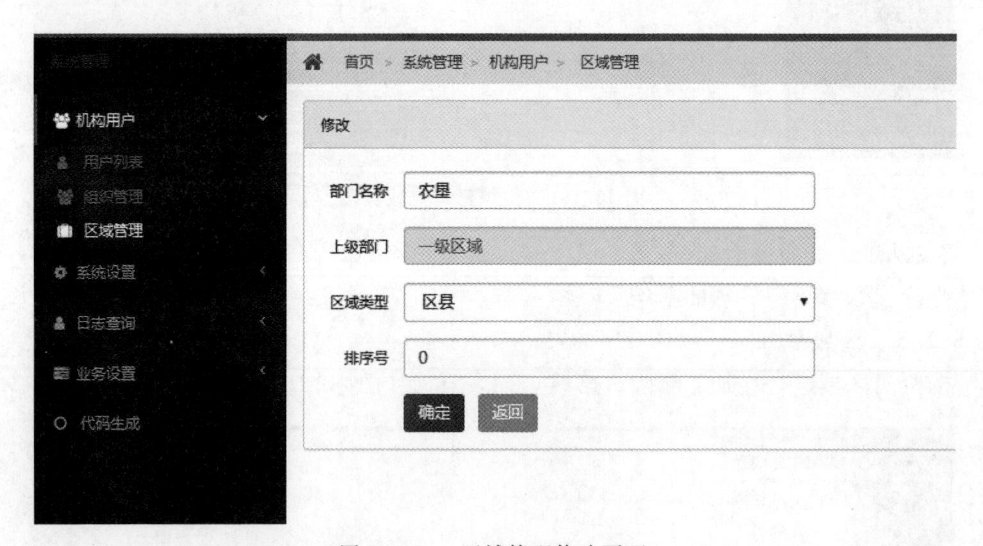

图 10.184　区域管理修改页面

图 10.184 页面说明如下：

修改：参考区域管理的新增。

10.6.2　系统设置

10.6.2.1　菜单管理

菜单管理是管理所有的菜单，其列表页面，如图 10.185 所示。

	菜单ID	菜单名称	上级菜单	图标	类型	排序号	菜单URL	授权标识
	167	首页			菜单	0	main.html	
	58	景区一张图			菜单	1	modules/pro/mapIn...	pro:3ds:view
	45	> [illegible]			目录	60		
	80	> 实时监控			目录	70		
	59	> 工程管理			目录	80		
	61	> 水权交易		¥	目录	120		
	1	> 系统管理			目录	9999		

图 10.185 菜单管理列表页面

图 10.185 页面说明如下：

(1) 新增：点击【新增】按钮，进入新增页面，如图 10.186 所示；

(2) 删除：选择列表中记录前的复选框，点击【删除】按钮，删除所选信息；

(3) 修改：选择一条记录，点击【修改】，进入修改页面，如图 10.187 所示。

图 10.186 菜单管理新增页面

图 10.186 页面说明如下：

新增：填写人填写表单，点击保存，则创建一个菜单名称。

需注意：创建菜单名称时，注意类型。

图 10.187 页面说明如下：

修改：参考菜单管理的新增。

10.6.2.2 角色管理

角色管理是管理所有的角色，其列表页面，如图 10.188 所示。

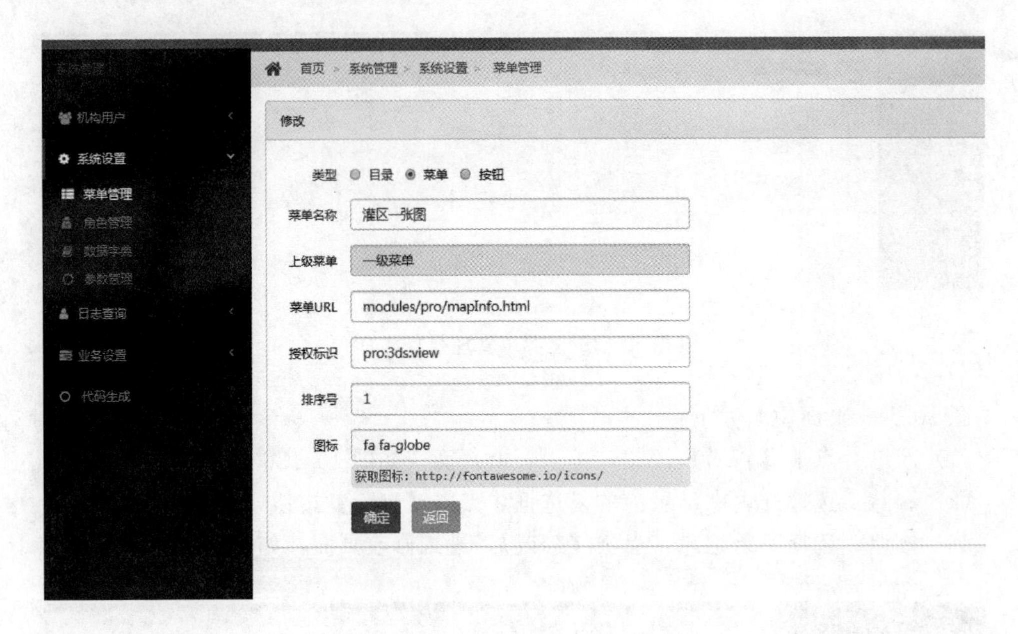

图 10.187　菜单管理修改页面

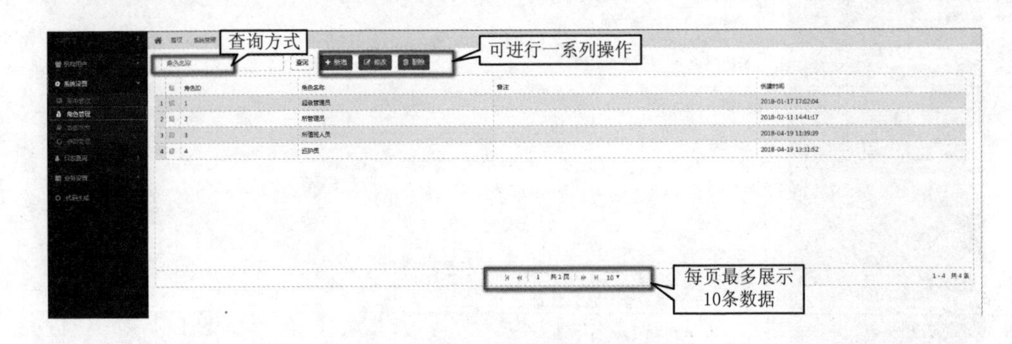

图 10.188　角色管理列表页面

图 10.188 页面说明如下：

(1) 查询：通过角色名称查询；

(2) 新增：点击【新增】按钮，进入新增页面，如图 10.189 所示；

(3) 修改：选中一条角色管理信息，点击列表记录的【修改】按钮，进入修改页面；

(4) 删除：勾选一条所要删除的角色管理的信息，点击【删除】按钮，提示确定要删除所选中的信息，点击【确定】则可以成功删除。

图 10.189 页面说明如下：

新增：填写人填写角色名称，根据菜单勾选该角色的权限（图 10.190），点击确定，角色分配成功。

图 10.189　新增角色页面

图 10.190　修改角色页面

图 10.190 页面说明如下：

修改：参考角色管理的新增。

10.6.2.3　数据字典

数据字典列表见图 10.191。

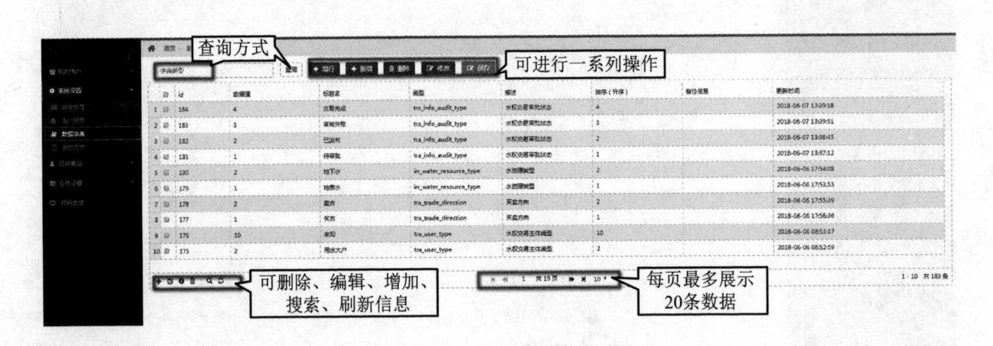

图 10.191　数据字典列表页

图 10.191 页面说明如下：

（1）查询：按字典类型查询；

（2）增行：点击【增行】按钮，直接填写信息，如图 10.192 所示；

（3）删除：在列表中选择要删除的记录前面的复选框，点击【删除】按钮，则可以成功删除；

（4）修改：点击列表记录的某一条信息，进入修改页面，可以对此条记录进行修改，如图 10.193 所示。

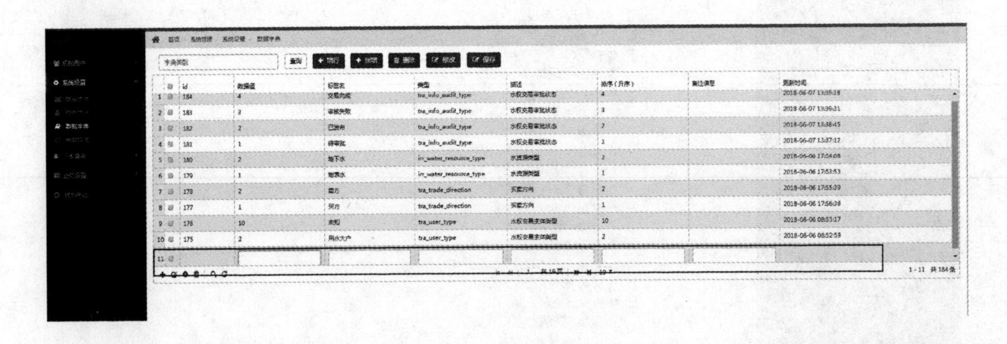

图 10.192　增行页面

图 10.192 页面说明如下：

增行：填写人填写信息，惦记你保存，数据字典创建成功。

图 10.193 页面说明如下：

修改：参考数据字典的新增。

首页 > 系统管理 > 系统设置 > 数据字典

机构用户
系统设置
菜单管理
角色管理
数据字典
参数管理
日志查询
业务设置
代码生成

修改

数据值 3
标签名 审核失败
类型 tra_info_audit_type
描述 水权交易审批状态
排序（升序） 3

确定 返回

图 10.193　数据字典修改页面

10.6.3　业务设置

10.6.3.1　文件查询

文件查询见图 10.194。

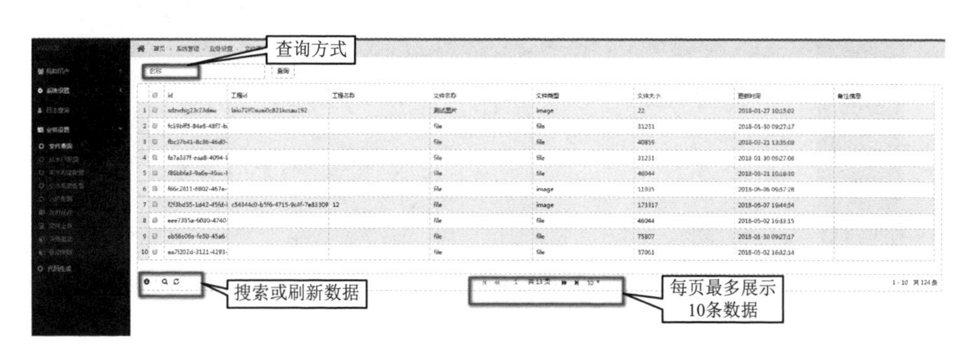

图 10.194　文件查询页面

图 10.194 页面说明如下：

查询：按文件名称查询。

10.6.3.2　放水口配置

列表页如图 10.195 所示。

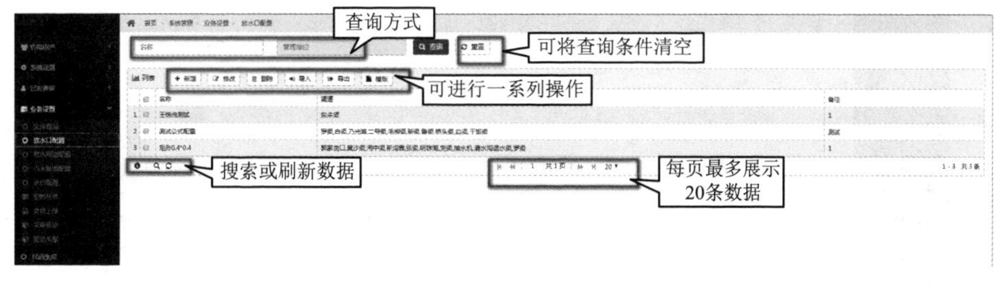

图 10.195　放水口配置列表页

图 10.195 页面说明如下：

（1）查询：按名称、管理单位查询；

（2）重置：点击重置按钮，可将查询条件清空；

（3）新增：点击【新增】按钮，打开新增页面进行新增，如图 10.196 所示；

（4）删除：勾选一条或者多条所要删除的放水口配置的信息，点击【删除】按钮，提示确定要删除所选中的信息，点击【确定】则可以成功删除；

（5）修改：选中一条放水口配置信息，点击【修改】按钮，进入修改页面，如图 10.197 所示；

（6）点击【导入】按钮，选择要导入的 Excel 表格，点击导入，则可以成功导入数据；

（7）点击【导出】按钮，选择导出存放位置，点击导出，则可以将放水口配置数据以 Excel 表格的形式导出；

（8）点击【模板】，选择存放位置，可以将放水口配置的数据以 Excel 表格模板成功导出。

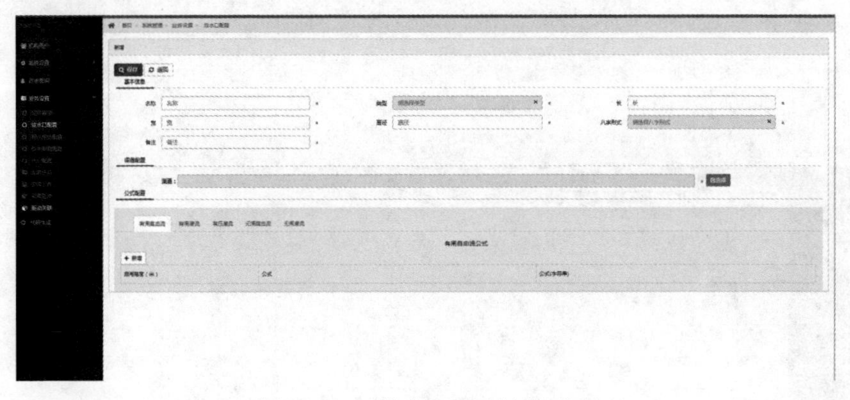

图 10.196　放水口配置新增页面

图 10.196 页面说明如下：

新增：添加放水口配置信息，其中标注红色星号的全部为必填项，必填项不填写会进行提示，填写的信息不合法也会进行提示，所有必填项填写完成才能保存成功，否则不能保存。

需注意：配置公式，计算时段供水量数据。

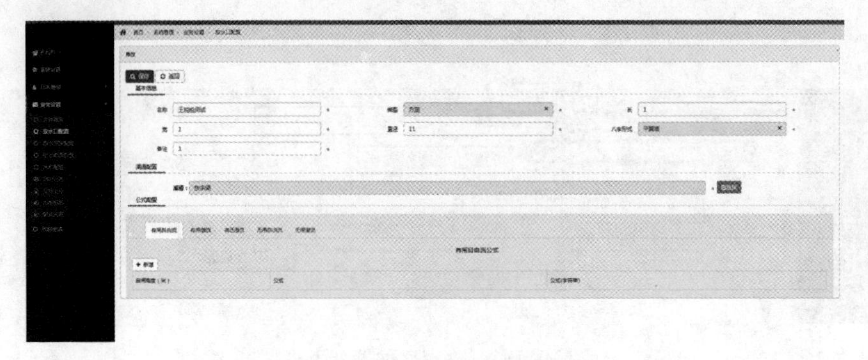

图 10.197　放水口配置修改页面

图 10.197 页面说明如下：

修改：参考放水口配置的新增。

10.6.3.3　取水用途配置

取水用途配置页面如图 10.198 所示。

图 10.198　取水用途配置页面

图 10.198 页面说明如下：

选择管理单位、受益单位，点击查询，进行配置。

10.6.3.4　引水断面配置

配置页面如图 10.199 所示。

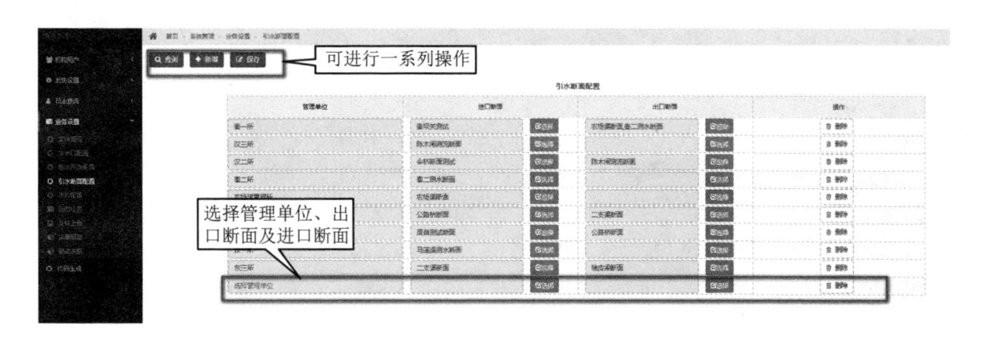

图 10.199　引水断面配置页面

图 10.199 页面说明如下：

(1) 点击【新增】按钮：进行断面配置，点击保存，配置成功；

(2) 点击断面后的【删除】按钮，删除配置信息。

10.6.3.5　水价配置

水价配置列表页如图 10.200 所示。

图 10.200 页面说明如下：

(1) 新增：点击【新增】按钮，进入新增页面，如图 10.201 所示；

(2) 删除：选择列表中记录前的复选框，点击【删除】按钮，删除所选信息；

(3) 修改：选择一条记录，点击【修改】，进入修改页面，如图 10.202 所示。

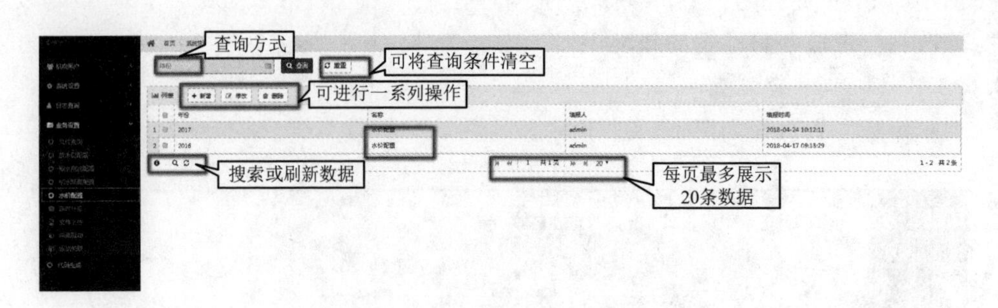

图 10.200　水价配置列表页

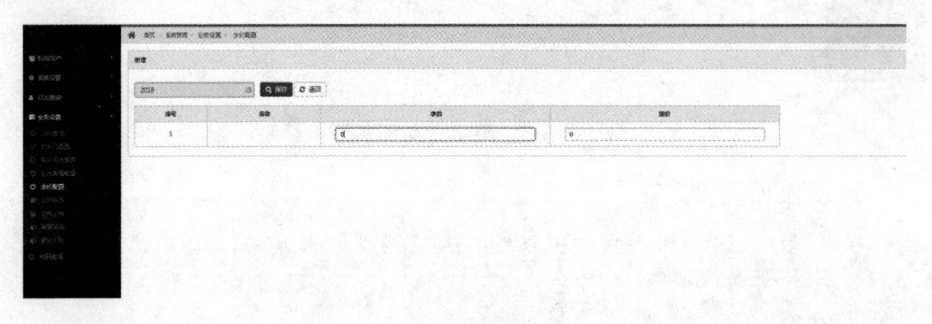

图 10.201　水价配置新增页面

需注意：一年只能配置一次水价，其中加价指超出定额内水量之后的水价。

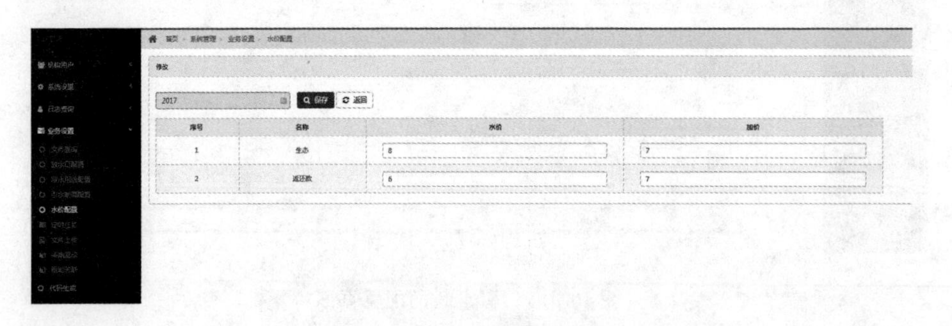

图 10.202　水价配置修改页面

图 10.202 页面说明如下：

参考水价配置页面的新增。

10.7　水权交易

10.7.1　网站管理

10.7.1.1　通知公告

通知公告见图 10.203。

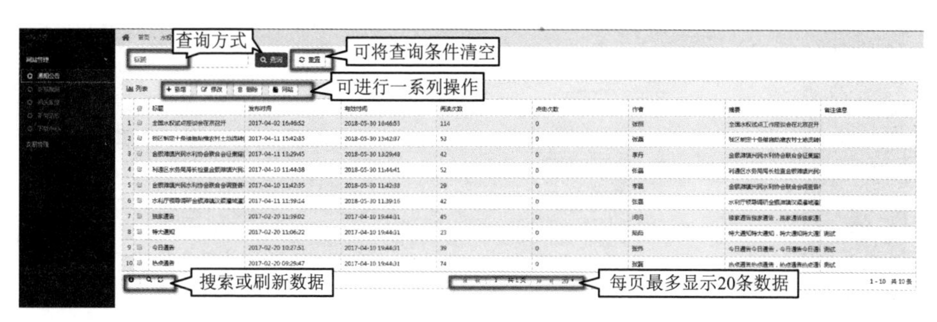

图 10.203 通知公告列表页

图 10.203 页面说明如下：

(1) 新增：点击【新增】按钮，进入新增页面，如图 10.204 所示；

(2) 删除：选择列表中记录前的复选框，点击【删除】按钮，删除所选信息；

(3) 修改：选择一条记录，点击【修改】，进入修改页面，如图 10.205 所示；

(4) 点击网站可查看秦渠相关信息。

图 10.204 通知公告新增页面

图 10.204 页面说明如下：

新增：添加通知公告信息，其中标注红色星号的全部为必填项，必填项不填写会进行提示，必填项填写完成才能保存成功，否则不能保存。通知公告修改页面见图 10.205。

图 10.205 页面说明如下：

修改：参考通知公告的新增。

10.7.1.2 交易规则

交易规则见图 10.206。

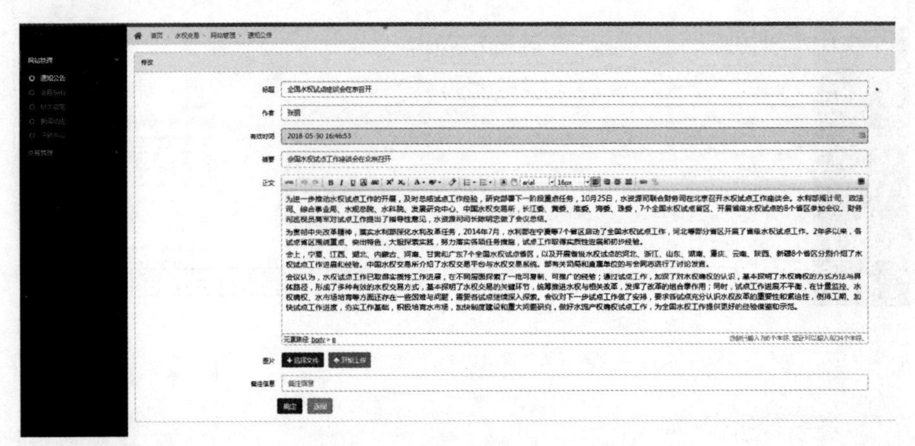

图 10.205　通知公告修改页面

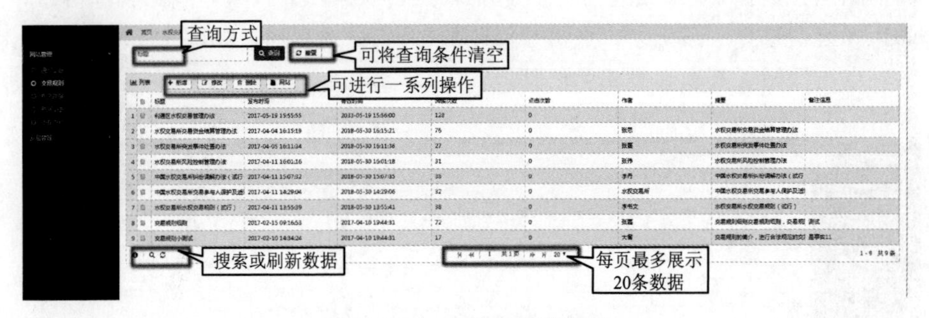

图 10.206　交易规则列表页

图 10.206 页面说明如下：

(1) 新增：点击【新增】按钮，进入新增页面，如图 10.207 所示；

(2) 删除：选择列表中记录前的复选框，点击【删除】按钮，删除所选信息；

(3) 修改：选择一条记录，点击【修改】，进入修改页面，如图 10.208 所示；

(4) 点击网站可查看秦渠相关信息。

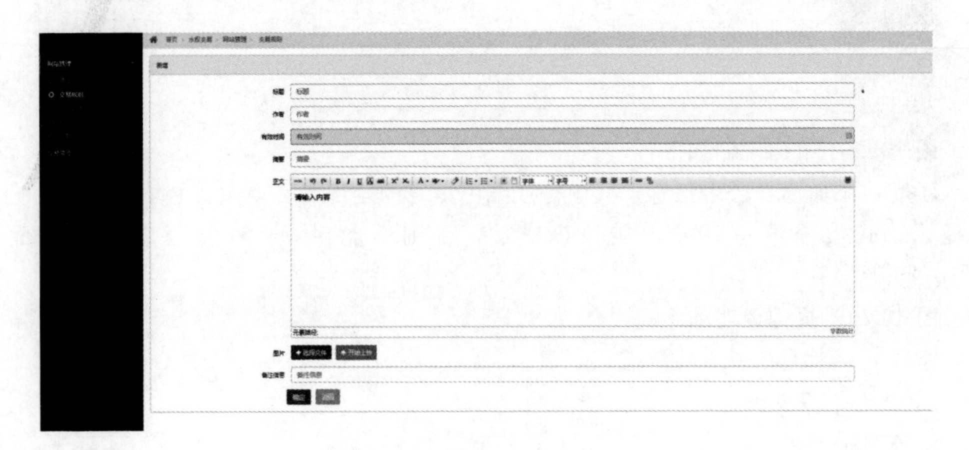

图 10.207　交易规则新增页面

图 10.207 页面说明如下：

新增：添加交易规则信息，其中标注红色星号的全部为必填项，必填项不填写会进行提示，必填项填写完成才能保存成功，否则不能保存。

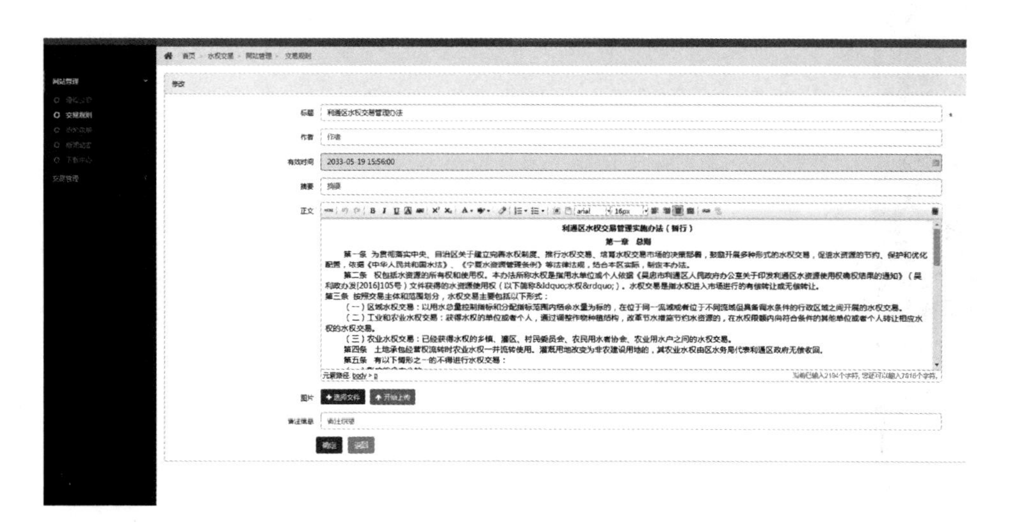

图 10.208 交易规则修改页面

图 10.208 页面说明如下：

修改：参考交易规则的新增。

10.7.1.3 相关政策

相关政策见图 10.209。

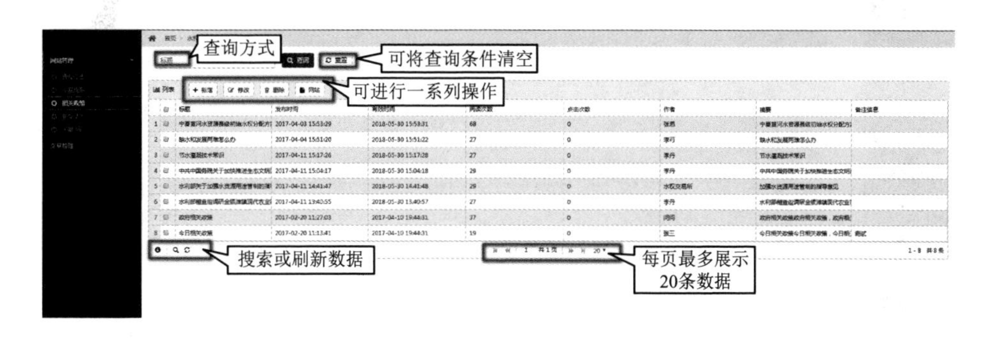

图 10.209 相关政策列表页

图 10.209 页面说明如下：

(1) 新增：点击【新增】按钮，进入新增页面，如图 10.210 所示；

(2) 删除：选择列表中记录前的复选框，点击【删除】按钮，删除所选信息；

(3) 修改：选择一条记录，点击【修改】，进入修改页面，如图 10.211 所示；

(4) 点击网站可查看秦渠相关信息。

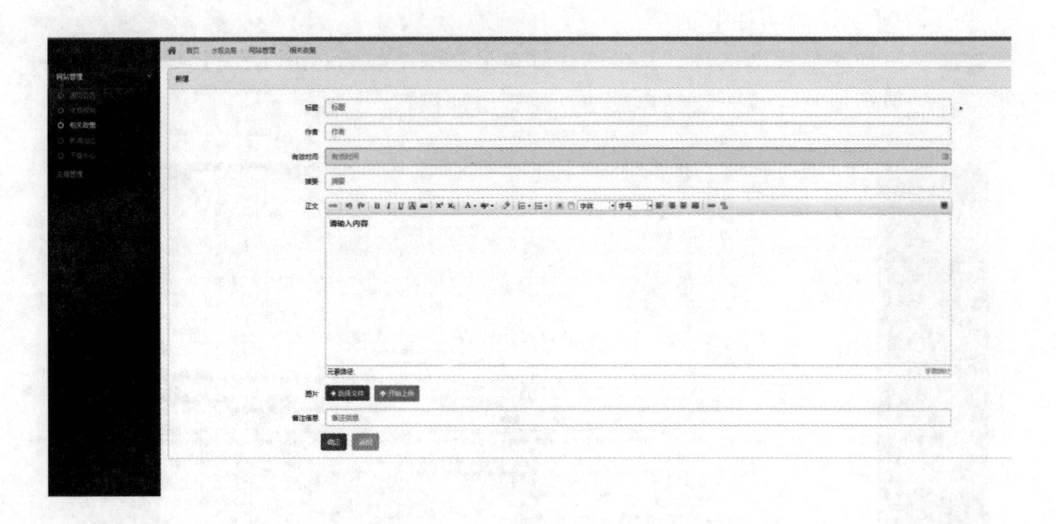

图10.210　相关政策新增页面

图10.210页面说明如下：

新增：添加相关政策信息，其中标注红色星号的全部为必填项，必填项不填写会进行提示，必填项填写完成才能保存成功，否则不能保存。

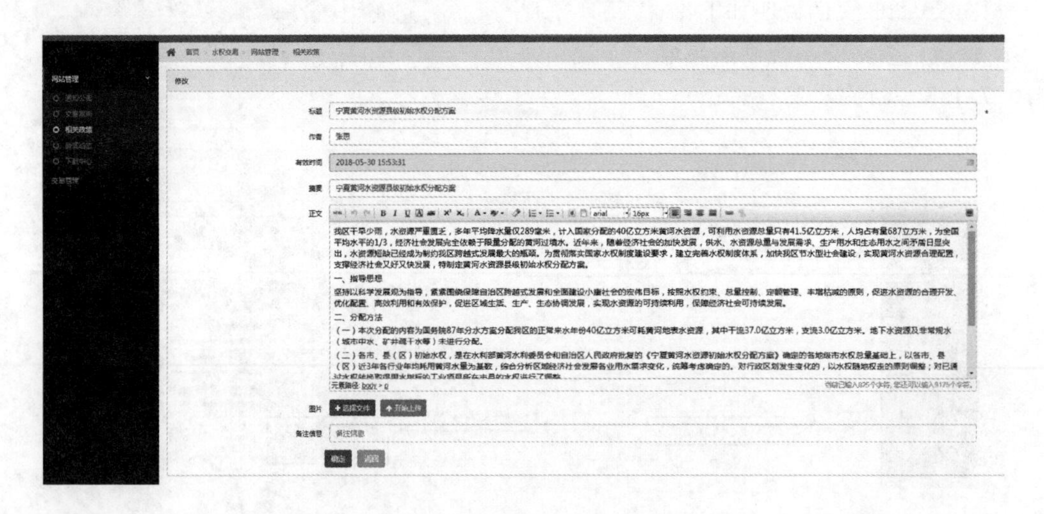

图10.211　相关政策修改页面

图10.211页面说明如下：

修改：参考相关政策的新增。

10.7.1.4　新闻动态

新闻动态见图10.212。

图10.212页面说明如下：

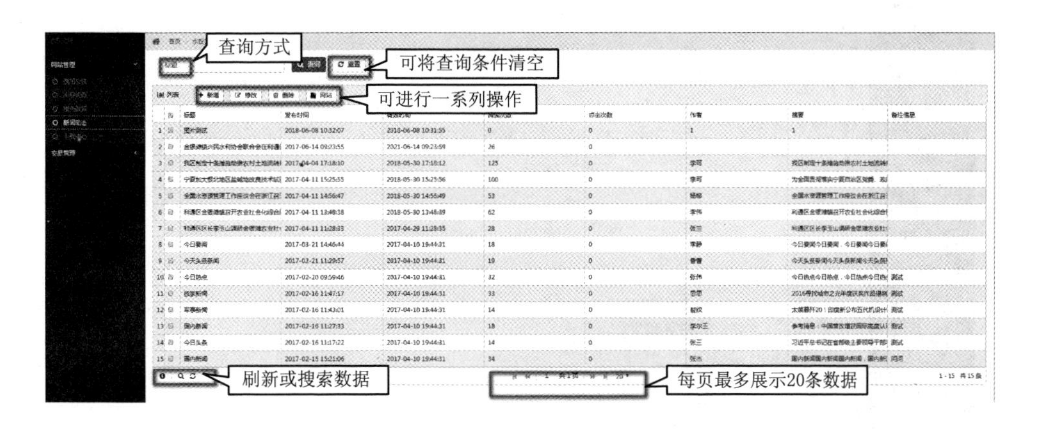

图 10.212 新闻动态列表页

（1）新增：点击【新增】按钮，进入新增页面，如图 10.213 所示；

（2）删除：选择列表中记录前的复选框，点击【删除】按钮，删除所选信息；

（3）修改：选择一条记录，点击【修改】，进入修改页面，如图 10.214 所示。

（4）点击网站可查看秦渠相关信息。

图 10.213 新闻动态新增页面

图 10.213 页面说明如下：

新增：添加新闻动态信息，其中标注红色星号的全部为必填项，必填项不填写会进行提示，必填项填写完成才能保存成功，否则不能保存。

图 10.214 页面说明如下：

修改：参考新闻动态的新增。

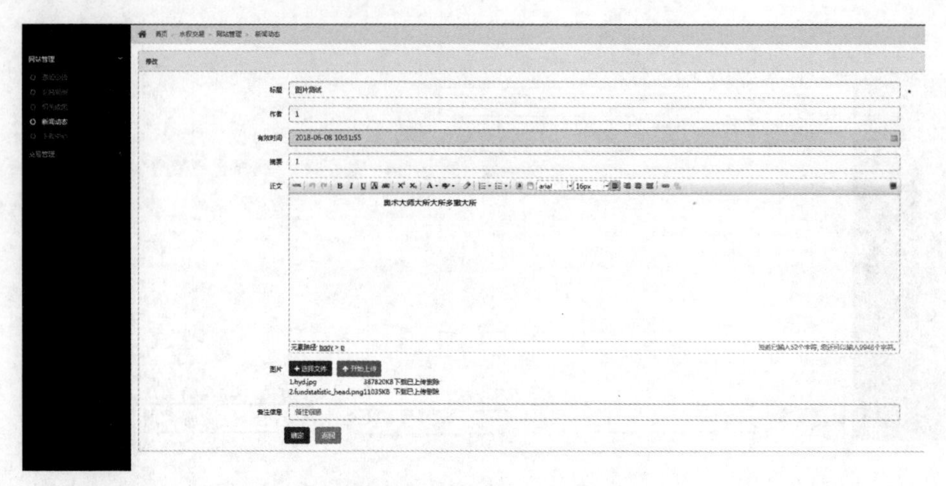

图 10.214　新闻动态修改页面

10.7.1.5　下载中心

下载中心见图 10.215。

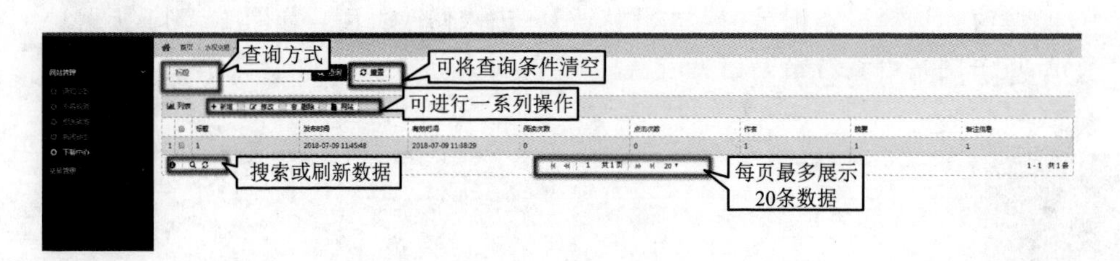

图 10.215　下载中心列表页

图 10.215 页面说明如下：

（1）新增：点击【新增】按钮，进入新增页面，如图 10.216 所示；

（2）删除：选择列表中记录前的复选框，点击【删除】按钮，删除所选信息；

（3）修改：选择一条记录，点击【修改】，进入修改页面，如图 10.217 所示；

（4）点击网站可查看秦渠相关信息。

图 10.216　下载中心新增页面

图 10.216 页面说明如下：

新增：添加下载中心信息，其中标注红色星号的全部为必填项，必填项不填写会进行提示，必填项填写完成才能保存成功，否则不能保存。

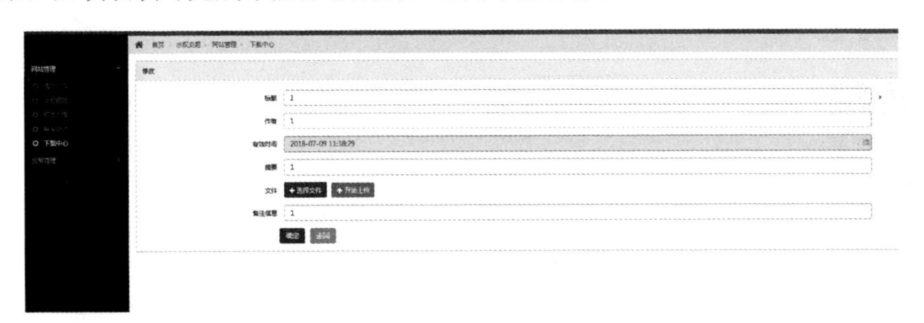

图 10.217 下载中心修改页面

图 10.217 页面说明如下：

修改：参考下载中心的新增。

10.7.2 交易管理

10.7.2.1 我的账户

我的账户见图 10.218。

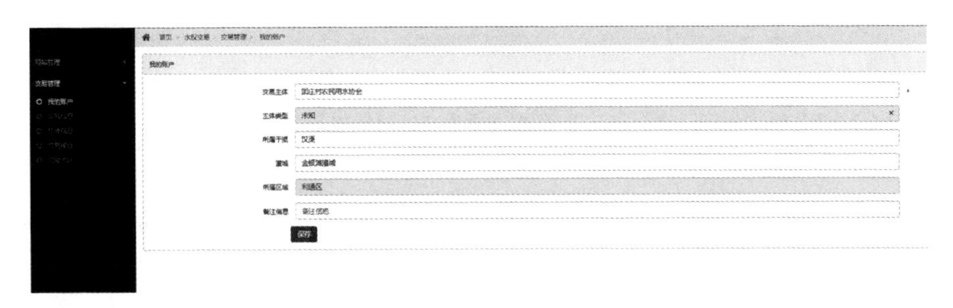

图 10.218 我的账户页面

图 10.218 页面说明如下：

新增：填写信息，其中标注红色星号的全部为必填项，必填项不填写会进行提示，必填项填写完成才能保存成功，否则不能保存。

10.7.2.2 交易信息

交易信息见图 10.219。

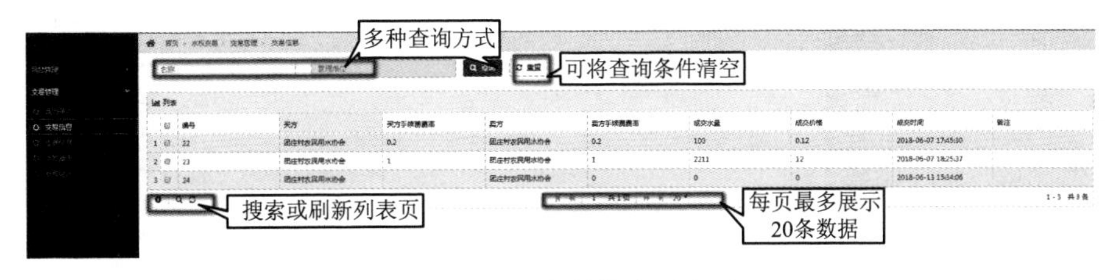

图 10.219 交易信息列表页

图 10.219 页面说明如下：

根据管理单位、名称可查询交易信息。

10.7.2.3　挂牌信息

挂牌信息见图 10.220。

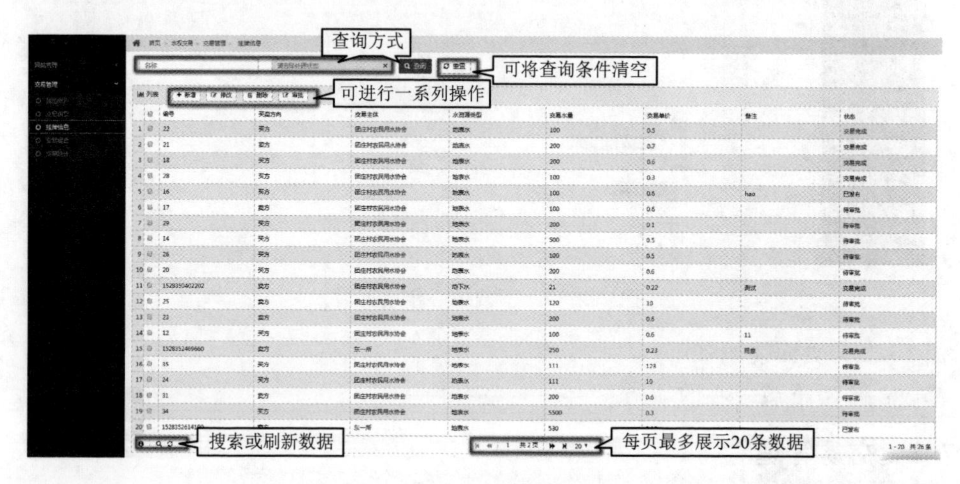

图 10.220　挂牌信息列表页

图 10.220 页面说明如下：

(1) 新增：点击【新增】按钮，进入新增页面，如图 10.221 所示；

(2) 删除：选择列表中记录前的复选框，点击【删除】按钮，删除所选信息；

(3) 修改：选择一条记录，点击【修改】，进入修改页面，如图 10.222 所示；

(4) 审批：点击【审批】可审核信息。

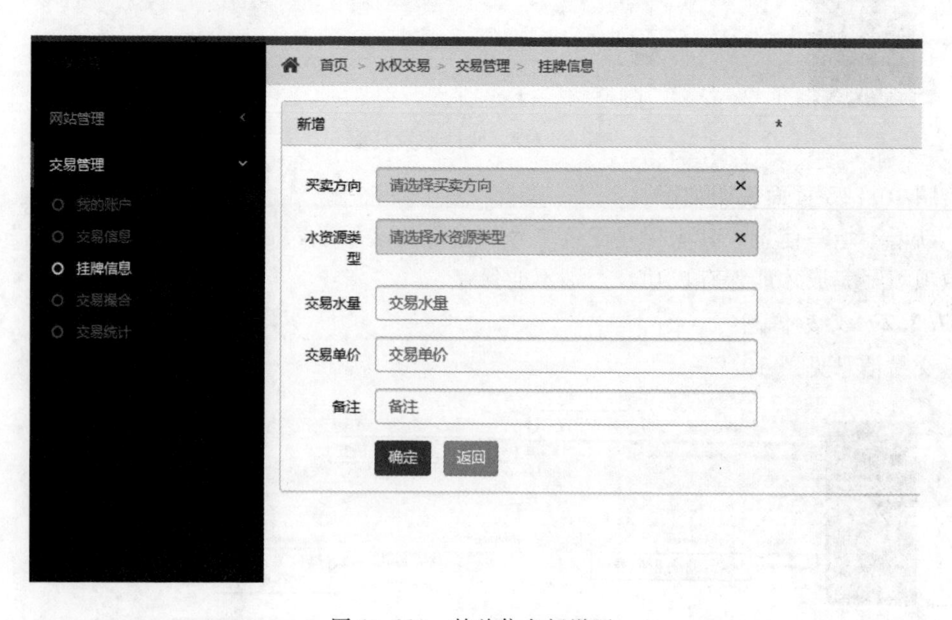

图 10.221　挂牌信息新增页

图 10.221 页面说明如下：

新增：填写信息，点击保存。

图 10.222　挂牌信息修改页

图 10.222 页面说明如下：

修改：参考挂牌信息的新增。

10.7.2.4　交易撮合

交易撮合见图 10.223。

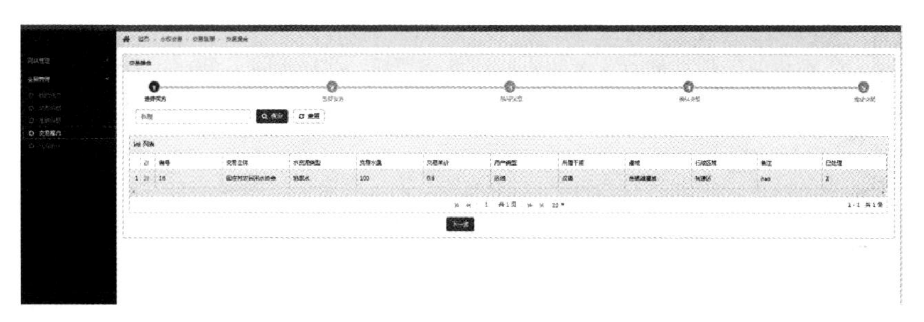

图 10.223　交易撮合页面

图 10.223 页面说明如下：

勾选一条数据，点击下一步，按提示操作直至交易完成，则会显示进度完成交易。

10.7.2.5　交易统计

交易统计见图 10.224。

图 10.224　交易统计页面

图 10.224 页面说明如下：

根据名称和年份查询交易情况。

参 考 文 献

[1] 廖小凤. 农村小型水利参与式管理研究 [D]. 南宁：广西大学，2008.

[2] 刘文铮. 基于层次分析法的农业水价改革绩效评估 [J]. 水利规划与设计，2018（4）：27-29，78.

[3] 薛雨. 全国大中型灌区续建配套节水改造工作探讨 [J]. 河北水利，2017（7）：43.

[4] 王福霞，丁林. 民勤绿洲精细覆膜畦灌技术参数研究 [J]. 甘肃水利水电技术，2017，53（8）：30-34.

[5] 于海波. 对农田水利工程建设问题及对策的探究 [J]. 城市建设理论研究（电子版），2012，(21)：75-76.

[6] 王强. 农田水利建设存在的问题及解决措施 [J]. 养殖技术顾问，2011（4）：278.

[7] 王明东. 我国农田水利建设中存在的问题及对策研究 [J]. 农业科技与信息，2016（28）：125-126.

[8] 杨小勇，张卉芬. 农田水利建设存在问题及发展对策研究 [J]. 城市建设理论研究（电子版），2012，(14)：119.

[9] 韩东. 当代中国公共服务的社会化改革研究——以参与式灌溉管理为例 [D]. 武汉：华中师范大学，2009.

[10] 马通宙. 论汾河灌区农业水价综合改革 [J]. 山西科技，2010，25（3）：42-43.

[11] 郭托平. 当前农业水价改革中存在的问题与对策 [J]. 现代农业，2014（5）：76-78.

[12] 易斌. 关于推进农业水价综合改革试点工作的措施与方法的思考 [J]. 农家科技（下旬刊），2012（4）：8.

[13] 陈艳丽. 灌区改革中用水户协会自立机制研究 [D]. 北京：中国农业科学院，2005.

[14] 陈菁. 大型灌区骨干工程长效利用与管理体制改革探讨 [J]. 中国水利，2005（23）：53-55.

[15] 郑清平. 浅议灌区骨干工程长效利用与管理体制改革 [J]. 地下水，2013，35（4）：151-152.

[16] 王丽萍，谢晓芳. 末级渠系改造在党河灌区节水中的作用 [J]. 中国建筑企业，2011（6）：63-64.

[17] 张紫红. 乌议灌区渠系节水改造和农业水价改革 [J]. 黑龙江水利科技，2006，34（6）：85-86.

[18] 郑通汉. 推进水价综合改革建立农田水利良性运行机制 [J]. 中国水利，2007（23）：29-32.

[19] 胡继连，崔海峰. 我国农业水价改革的历史进程与限制因素 [J]. 山东农业大学学报（社会科学版），2017，19（4）：22-29.

[20] 姜文来. 我国农业水价改革总体评价与展望 [J]. 水利发展研究，2011，11（7）：47-51.

[21] 姜文来. 我国农业用水权进展与展望 [J]. 中国农业信息，2015（1）：7-9，55.

[22] 曹彪，刘敏杰，白云岗. 玛纳斯县水权交易改革跟踪与探析 [J]. 新疆水利，2015（5）：19-23.

[23] 汤莉. 农业灌溉水价核算方法研究 [D]. 乌鲁木齐：新疆农业大学，2006.

[24] 冯治良. 甘肃省水价改革初探 [J]. 水利经济，2005，23（2）：24-26.

[25] 王大勇. 合理开发利用水资源、发展节水型灌区 [J]. 黑龙江水利科技，2010（4）：196-197.

[26] 王克强，刘红梅，黄智俊. 我国灌溉水价格形成机制的问题及对策 [J]. 经济问题，2007（1）：25-27.

[27] 尹明万，贾玲，甘泓，等. 水权转让定价方法及其应用综述 [J]. 中国水利水电科学研究院学报，2011，8（4）：258-265.

[28] 杨彩霞，李冬明，李磊. 基于实物期权理论的水资源价值研究 [J]. 商业研究，2006（18）：26-29.

[29] 张云辉，张玉斌，李磊．基于实物期权理论的水权交易模式构建研究［J］．科技与管理，2004，6（5）：13－15.

[30] 郭洁．水权交易中新的定价方法——实物期权方法［J］．中国农村水利水电，2006（4）：42－44.

[31] 高亚运．石羊河流域水权交易价格研究——以武威市为例［J］．甘肃科技，2014，30（12）：27－31，42.

[32] 邱源．国内外水权交易研究述评［J］．水利经济，2016，34（4）：42－46.

[33] 田贵良，杜梦娇，蒋咏．水权交易机制探究［J］．水资源保护，2016，32（5）：29－33，52.

[34] 侯慧敏，王鹏全，张永明，等．石羊河流域水权交易试点实践方案［J］．节水灌溉，2016（4）：86－89.

[35] 马海峰，王景山，鲍子云，等．宁夏水权交易试点实施技术方案研究——以中宁县农业节水向工业流转为例［J］．中国农村水利水电，2017（1）：167－170.

[36] 张洪波．基于水权交易的流域水量联合调度系统研究［D］．南京：河海大学，2006.

[37] 李红艳．南水北调东线水资源的网络配置研究［D］．南京：河海大学，2008.

[38] 沈满洪．水权交易制度研究——中国的案例分析［D］．杭州：浙江大学，2004.

[39] 李木山．第五讲：海河流域的省际水量分配方案［J］．海河水利，2011（1）：68－70.

[40] 高而坤．我国的水资源管理与水权制度建设［J］．中国水利，2006（21）：1－2，14.

[41] 中华人民共和国水利部．水利部关于水权转让的若干意见［J］．水利建设与管理，2005，25（3）：6－7.

[42] 吴景社．区域节水灌溉综合效应评价方法与应用研究［D］．杨凌：西北农林科技大学，2003.

[43] 雷波，姜文来．北方旱作区节水农业综合效益评价研究——以山西寿阳为例［J］．干旱地区农业研究，2008，26（2）：134－138.

[44] 肖新，赵言文，胡锋，等．南方丘陵典型季节性干旱区水稻节水灌溉的密肥互作效应研究［J］．干旱地区农业研究，2005，23（6）：73－79.

[45] Intizar H. Direct and indirect benefits and potential disbenefits of irrigation：evidence and lessons［J］. Irrigation and Drainage，2007，56（2 - 3）：179－194.

[46] Beyaert R R，Roy R C，Coelho B K，et al. Irrigation and fertilizer management effects on processing cucumber productivity and water use efficiency［J］. Canadian Journal of Plant Science，2007，87（2）：355－363.

[47] Wang W G，Zhang W，Luo Y F. Environment effects of saline water irrigation in Hetao irrigation district［J］. Progress in Environment Science and Technology，2007（1）：1247－1250.

[48] Klocke N L，Stone L R，Briggeman S，et al. Scheduling for deficit irrigation－crop yield predictor.［J］. Applied Engineering in Agriculture，2010，26（3）：413－418.

[49] Khalid H，Abdul M，Khalid N，et al. Comparative Study of Subsurface Drip Irrigation and Flood Irrigation Systems for Quality and Yield of Sugarcane［J］. African Journal of Agricultural Research，2010，5（22）：3026－3034.

[50] Yang K Y，Bian H X，Kang Y B，et al. Application of Fuzzy Analytic Hierarchy Process（FAHP）in Environmental Evaluation of the Yellow River Water Conservancy Irrigation Project［C］//Shang H Q，Luo X X. Proceedings of the 4th international Yellow River forum on ecological civilization and River ethics. Zhengzhou：Yellow river conservancy press，2010.

[51] 褚琳琳．节水灌溉综合效益价值评估与补偿机制研究进展［J］．节水灌溉，2015（1）：96－99.

[52] 卢文峰．农业节水效益评价指标的研究与应用［D］．武汉：长江科学院，2015.

[53] 何淑媛．农业节水综合效益评价指标体系与评估方法研究［D］．南京：河海大学，2005.

[54] 龙纪闻. 新中国农业机械化发展 60 年 [J]. 当代农机，2009 (10)：12-15.
[55] 石小星. 河北沙河市农田水利发展研究 (1949—1990) [D]. 保定：河北大学，2016.
[56] 李云玲. 水资源需求与调控研究 [D]. 北京：中国水利水电科学研究院，2007.
[57] 司振江，杨国立，王大伟，等. 黑龙江省十三五节水型社会建设探究 [J]. 黑龙江水利，2017，3 (8)：1-5.
[58] 雷欢. 陕西省高效节水灌溉发展现状分析及建议 [J]. 陕西水利，2017 (5)：48-50.
[59] "十三五"新增高效节水灌溉面积 1 亿亩 [J]. 经济研究参考，2017 (18)：26-27.
[60] Malik G Al-Ajlouni，Dawn M VanLeeuwen，Rolston St Hilaire. Performance of weather-based residential irrigation controllers in a desert environment [J]. American Water Works Association. Journal，2012，104 (12).
[61] Davis S L，Dukes M D. Irrigation scheduling performance by evapotranspiration-based controllers [J]. Agricultural Water Management，2010，98 (1).
[62] 赵来娟. 精准化微灌节水智能控制系统的研究与设计 [D]. 兰州：甘肃农业大学，2011.
[63] 邹升，毛罕平，左志宇. 基于 VB 的灌溉施肥机上位机软件系统设计 [J]. 安徽农业科学，2011，39 (7)：4237-4240.
[64] 袁寿其，王新坤. 我国排灌机械的研究现状与展望 [J]. 农业机械学报，2008，39 (10)：52-58.
[65] 王铭铭，徐浩. 安徽省非农业取水计量与监测发展历程及发展趋势研究 [J]. 治淮，2016 (6)：32-33.
[66] 史源，魏志斌，白美健，等. 无人机遥感技术在灌区信息化建设中的应用探讨 [J]. 中国水利，2016 (9)：43-44，57.
[67] 纪义胜，葛孚强. Router OS 技术在灌区信息化中的应用 [J]. 水利信息化，2015 (1)：55-57.
[68] 吴秋明，缴锡云，潘渝，等. 基于物联网的干旱区智能化微灌系统 [J]. 农业工程学报，2012，28 (1)：118-122.
[69] 陈娜娜，周益明，徐海圣，等. 基于 Zig Bee 与 GPRS 的水产养殖环境无线监控系统的设计 [J]. 传感器与微系统，2011，30 (3)：108-110.
[70] 罗克勇，陶建平，柳军，等. 基于无线传感网的温室作物根层水肥智能环境调控系统 [J]. 农业工程，2012，2 (9)：17-22.
[71] 李伟. 基于 ARM 处理器的远程灌溉控制系统设计 [D]. 杨凌：西北农林科技大学，2011.
[72] 李蕊，孙敬姝，李志有，等. 太阳能自动微灌演示系统 [J]. 物理实验，2010，30 (4)：15-17.
[73] 段益星. PAC 技术在智能灌溉施肥系统中的应用研究 [D]. 武汉：华中农业大学，2013.
[74] 顾波飞. 太阳能自动灌溉系统 [D]. 杭州：杭州电子科技大学，2012.
[75] 李含琳. 当前部分国家农业用水价格政策概述及启示 [J]. 甘肃金融，2011 (10)：18-21.
[76] 黄涛珍. 加拿大水价制度研究 [J]. 水利经济，2001，19 (2)：60-64.
[77] 赵国斌. 山东省水资源管理对策研究 [D]. 济南：山东大学，2012.
[78] 黄河，张旺，庞靖鹏. 水利在区域协调发展中的地位和作用分析 [J]. 中国水利，2010 (14)：10-12.
[79] 郑通汉. 制度激励与灌区的可持续运行——从河套灌区水价制度和供水管理体制改革的调查引起的思考 [J]. 中国水利，2002 (1)：33-35，40.
[80] 李含琳. 改革农业水价政策是促进节水农业发展的重要举措 [J]. 社科纵横，2012 (7)：22-25.
[81] 吴凤平，葛敏. 水权第一层次初始分配模型 [J]. 河海大学学报 (自然科学版)，2005，33 (2)：216-219.
[82] 尹旭红. 霍泉灌区初始水权分配研究 [J]. 山西水土保持科技，2016 (3)：4-6.
[83] 张丽珩，贾绍凤，李建平，等. 格尔木河流域初始水权分配研究 [J]. 水利科技与经济，2011，17 (10)：1-5.

[84] 朱晓春，王白陆. 卫河流域初始水权分配方案研究 [J]. 海河水利，2008 (1)：4-6.

[85] 葛敏，吴凤平. 水权第二层次初始分配模型 [J]. 河海大学学报（自然科学版），2005 (5)：592-594.

[86] 裴源生，李云玲，于福亮. 黄河置换水量的水权分配方法探讨 [J]. 资源科学，2003，25 (2)：32-37.

[87] 郑航. 初始水权分配及其调度实现——以石羊河流域为例 [D]. 北京：清华大学，2009.

[88] 李海红，赵建世. 初始水权分配原则及其量化方法 [J]. 应用基础与工程科学学报，2005 (S1)：8-14.

[89] 肖淳，邵东国，杨丰顺，等. 基于友好度函数的流域初始水权分配模型 [J]. 农业工程学报，2012，28 (12)：80-85.

[90] 肖淳，邵东国，杨丰顺. 基于改进 TOPSIS 法的流域初始水权分配模型 [J]. 武汉大学学报（工学版），2012，45 (3)：329-334.

[91] 雷波，刘钰，许迪. 灌区农业灌溉节水潜力估算理论与方法 [J]. 农业工程学报. 2011 (1)：10-14.

[92] 陈琛，骆云中，柏在耀，等. 重庆市农民用水户协会绩效评价 [J]. 西南师范大学学报（自然科学版），2011，36 (2)：158-162.

[93] 陈昌春，黄贤金，王腊春. 苏北灌区农户节水决策的定量分析——以江苏省宿豫区为例 [J]. 中国农村水利水电，2007 (10)：26-30.

[94] 冯广志. 用水户参与灌溉管理与灌区改革 [J]. 中国农村水利水电，2002 (12)：1-5.

[95] 冯广志，谷雅丽. 印度和其他国家用水户参与灌溉管理的经验及其启示 [J]. 中国农村水利水电，2000 (4)：23-26.

[96] 郭善民. 灌溉管理制度改革问题研究——以皂河灌区为例 [D]. 南京：南京农业大学，2004.

[97] 郭宗信. 深化管理体制改革促进灌区经济发展 [J]. 水利发展研究，2002 (1)：33-35+48.

[98] 韩东. 当代中国公共服务的社会化改革研究 [D]. 武汉：华中师范大学，2009.

[99] 胡登贵，吴化难，程荣. 建立灌区农民用水者协会的探讨 [J]. 中国农村水利水电，1996 (3)：5-8.

[100] 胡继连，苏百义，周玉玺. 小型农田水利产权制度改革问题研究 [J]. 山东农业大学学报（社会科学版），2000 (3)：38-41.

[101] 惠焕利，马利鹏，沈天升. 经济自立灌排区管理模式探讨 [J]. 陕西水力发电，2000 (3)：55-56.

[102] 韩洪云，赵连阁. 灌区农户合作行为的博弈分析 [J]. 中国农村观察，2002 (4)：48-53.

[103] 季仁保. 我国灌溉管理体制改革的思考 [J]. 中国水利，2002 (1)：43-44.

[104] 姜东晖，胡继连，武华光. 农业灌溉管理制度变革研究——对山东省 SIDD 试点的实证考察及理论分析 [J]. 农业经济问题，2007 (9)：44-50.

[105] 蒋俊杰. 我国农村灌溉管理的制度分析（1949—2005）——以安徽省淠史杭灌区为例 [D]. 上海：复旦大学，2005.

[106] 李琲. 内蒙古河套灌区参与式灌溉管理运行机制与绩效研究 [D]. 呼和浩特：内蒙古农业大学，2008.

[107] 李玲. 农民用水户协会自主治理的实现机制研究——以湖北漳河灌区为例 [D]. 武汉：华中师范大学，2014.

[108] 缪瑞林. 我国经济自立灌排区的建立与发展 [J]. 中国农村经济，2001 (10)：59-67.

[109] 潘护林. 干旱区集成水资源管理绩效评价及其影响因素分析 [D]. 兰州：西北师范大学，2009.

[110] 闰冠宇，苏明. 陕西省灌区工程管理体制改革初探 [J]. 中国农村水利水电，2003 (5)：20-23.

[111] 王瑞. 安徽省利用世界银行贷款加强灌溉农业项目绩效评价 [D]. 合肥：安徽农业大学，2009.
[112] 王亚华. 中国渠系灌溉管理绩效及其影响因素 [J]. 公共管理评论，第十六卷：47-68.
[113] 汪志农，薛建兴，马孝义，等. 陕西关中灌区支斗渠管理体制改革研究 [J]. 农业工程学报，2000 (4)：64-67.
[114] 袁先江，董爱军，潘强. 经济自立灌排区试点建设的认识和思考 [J]. 水利水电技术，2001 (10)：55-57.